西门子PLC
从入门到精通

刘振全　韩相争　王汉芝　编著

化学工业出版社
·北京·

图书在版编目（CIP）数据

西门子PLC从入门到精通 / 刘振全，韩相争，王汉芝编著.
北京：化学工业出版社，2018.3（2023.3重印）
ISBN 978-7-122-31510-6

Ⅰ.①西⋯　Ⅱ.①刘⋯②韩⋯③王⋯　Ⅲ.① PLC 技术
Ⅳ.①TM571.61

中国版本图书馆 CIP 数据核字（2018）第 025850 号

责任编辑：宋　辉　　　　　　　　　　　　　　　　　装帧设计：王晓宇
责任校对：吴　静

出版发行：化学工业出版社（北京市东城区青年湖南街 13 号　邮政编码 100011）
印　　装：大厂聚鑫印刷有限责任公司
787mm×1092mm　1/16　印张 30¼　字数 749 千字　2023 年 3 月北京第 1 版第 11 次印刷

购书咨询：010-64518888　　　　　　　　　售后服务：010-64518899
网　　址：http://www.cip.com.cn
凡购买本书，如有缺损质量问题，本社销售中心负责调换。

定　　价：108.00 元　　　　　　　　　　　　　　　版权所有　违者必究

前言
FOREWORD

本书以西门子 S7-200PLC 为讲授对象，以其硬件结构、工作原理、指令系统为基础，以开关量、模拟量编程设计方法为重点，以控制系统的工程设计为最终目的，结合百余个丰富的 PLC 应用案例，内容上循序渐进，由浅入深全面展开，使读者夯实基础、提高水平，最终达到从工程角度灵活运用的目的。

本书具有以下特色。

1. 图文并茂、由浅入深、案例丰富，图说指令、例说应用，可为读者提供丰富的编程借鉴；解决编程无从下手和系统设计缺乏实践经验的难题。

2. 入门篇以硬件结构、工作原理、指令系统为基础，结合丰富的应用案例解析，侧重指令的典型应用，为读者打好西门子编程的基础。

3. 提高篇系统阐述开关量和模拟量控制的编程方法，给出多个典型案例，让读者容易模仿，达到举一反三、灵活应用的目的，提高读者的 PLC 编程能力和水平。

4. 精通篇完全是工程风格，让读者与工程无缝对接，理论实践相结合，结合大量的应用实例，保证读者边学边用，提高分析解决问题的能力，精通 PLC 编程技术。

5. 以 S7-200PLC 手册为第一手资料，直接和工程接轨。

全书共分 8 章，主要内容为绪论、S7-200PLC 指令及应用、基础应用案例及解析、S7-200PLC 开关量程序设计、S7-200PLC 模拟量控制程序设计、常见应用案例及解析、PLC 控制系统的设计、综合应用案例及解析。

为方便读者学习，附录中提供了 S7-200PLC CPU 规范一览表、CPU 电源规范一览表、基本指令一览表、部分 CPU 外部接线图以及 S7-200 的特殊寄存器说明。

在出版社网站"www.cip.com.cn/ 资源下载 / 配书资源"中，找到本书，还可以下载电子版 PLC 编程资料，扫描下方二维码，也可获得。

本书不仅为读者提供了一套有效的编程方法和可借鉴的丰富的编程案例，还为工程技术人员提供了大量的实践经验，可作为广大电气工程技术人员学习PLC 技术的参考用书，也可作为高等院校、职业院校自动化类、电气类、机电一体化、电子信息类等相关专业的 PLC 教学或参考用书。

本书由刘振全、韩相争、王汉芝编著，白瑞祥教授审阅全部书稿，并提出了宝贵建议，范秀鹏、吴一鸣、肖紫锐、杨坤、刘会哲、张亚娴、包泽斌等为本书编写提供了帮助，在此一并表示衷心的感谢。

由于编者水平有限，书中难免有不足之处，敬请广大专家和读者批评指正。

编著者

配书资源

目 录
CONTENTS

第1篇 入门篇

第 2 篇　提高篇

第3篇　精通篇

第7章　PLC 控制系统的设计 ···362

二维码目录

第 **1** 篇

入门篇

第 1 章

绪论

二维码 1

二维码 2

二维码 3

二维码 4

1.1　S7-200PLC 硬件系统

S7-200PLC 是德国西门子公司生产的一种小型 PLC,它以结构紧凑、价格低廉、指令功能强大、扩展性良好和功能模块丰富等优点普遍受到用户的好评,并成为当代各种中小型控制工程的理想设备。它有不同型号的主机和功能各异的扩展模块供用户选择,主机与扩展模块能十分方便地组成不同规模的控制系统。

为了更好地理解和认识 S7-200PLC,本节将从硬件系统组成的角度进行介绍。

S7-200PLC 的硬件系统由 CPU 模块、数字量扩展模块、模拟量扩展模块、特殊功能模块、相关设备以及工业软件组成,如图 1-1 所示。

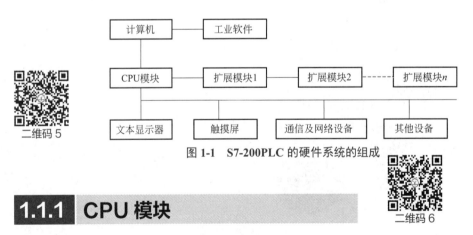

图 1-1　S7-200PLC 的硬件系统的组成

二维码 5

二维码 6

1.1.1　CPU 模块

CPU 模块又称基本模块和主机,这里说的 CPU 模块指的是 S7-200PLC 基本模块的型号,不是中央微处理器 CPU 的型号,是一个完整的控制系统,它可以单独完成一定的控制任务,主要功能是采集输入信号、执行程序、发出输出信号和驱动外部负载。

（1）CPU 模块的组成

CPU 模块由中央处理单元、存储器单元、输入输出接口单元以及电源组成。

① 中央处理单元　中央处理单元（CPU）是可编程逻辑控制器的控制中枢。一般由控制器、运算器和寄存器组成。CPU 是 PLC 的核心，它不断采集输入信号，执行用户程序，刷新系统输出。CPU 通过地址总线、数据总线、控制总线与储存单元、输入输出接口、通信接口、扩展接口相连。CPU 按照系统程序赋予的功能接收并存储用户程序和数据，检查电源、存储器、I/O 以及警戒定时器的状态，并且能够诊断用户程序中的语法错误。当 PLC 运行时，首先以扫描的方式接收现场各输入装置的状态和数据，然后分别存入 I/O 映像区，从用户程序存储器中逐条读取用户程序，经过命令解释后按指令的规定将逻辑或算数运算的结果送入 I/O 映像区或数据寄存器内。当所有的用户程序执行完毕之后，将 I/O 映像区的各输出状态或输出寄存器内的数据传送到相应的输出装置，如此循环运行直到停止。

② 存储器　PLC 的存储器包括系统存储器和用户存储器两种。存放系统软件的存储器称为系统程序存储器；存放应用软件的存储器称为用户程序存储器。

③ 输入输出接口电路　现场输入接口电路由光耦合电路和微机的输入接口电路组成，作用是将按钮、行程开关或传感器等产生的信号输入 CPU。

现场输出接口电路由输出数据寄存器、选通电路和中断请求电路组成，作用是将 CPU 向外输出的信号转换成可以驱动外部执行元件的信号，以便控制接触器线圈等电器的通、断电。

④ 电源　PLC 一般使用 220V 交流电源或 24V 直流电源，内部的开关电源为 PLC 的中央处理器、存储器等电路提供 5V、12V、24V 直流电源，使 PLC 能正常工作。可编程逻辑控制器的电源在整个系统中起着十分重要的作用。一般交流电压波动在 +10%（+15%）范围内，可以将 PLC 直接连接到交流电网上去。

（2）CPU 模块的常见的基本型号

CPU 模块常见的基本型号有 4 种，分别为 CPU221、CPU222、CPU224、CPU226。

二维码 7

① CPU221　主机有 6 输入 /4 输出，数字量 I/O 点数共计 10 点，无 I/O 扩展能力，程序和数据存储空间为 6KB，1 个 RS-485 通信接口，4 个独立的 30kHz 高速计数器，2 路独立的 20kHz 高速脉冲输出，具有 PPI、MPI 通信协议和自由通信功能，适用于小点数控制的微型控制器。

② CPU222　主机具有 8 输入 /6 输出，数字量 I/O 点数共计 14 点，与 CPU221 相比可以进行一定的模拟量控制，增加了 2 个扩展模块，适用于小点数控制的微型控制器。

③ CPU224　主机具有 14 输入 /10 输出，数字量 I/O 点数共计 24 点，有扩展能力，可连接 7 个扩展模块，程序和数据存储空间为 13kB，6 个独立 30kHz 的高速计数器，具有 PID 控制器，I/O 端子排可整体拆卸，具有较强控制能力，是使用最多的 S7-200 产品，其他特点与 CPU222 相同。

④ CPU226　主机具有 24 输入 /16 输出，数字量 I/O 点数共计 40 点，有扩展能力，可连接 7 个扩展模块，最大扩展至 248 路数字量 I/O 点或 35 路模拟量 I/O 点，具有 2 个 RS-485 通信接口，其余特点与 CPU224 相同，适用于复杂中小型控制系统。

需要指出的是，在 4 种常见模块基础上，又派生出 6 种相关产品，共计 10 种 CPU 模块。在这 10 种模块中有 DC 电源 /DC 输入 /DC 输出和 AC 电源 /DC 输入 / 继电器输出 2 类，它们具有不同的电源电压和控制电压。型号中带有 XP 的代表具有 2 个通信接口、2 个 0 ~ 10V 模拟量输入和 1 个 0 ~ 10V 模拟量输出，其性能要比不带 XP 的优越。型号加有 CN 的表示

"中国制造"。CPU226XM 只比 CPU226 增大了程序和数据存储空间。

1.1.2 数字量扩展模块

当 CPU 模块 I/O 点数不能满足控制系统的需要时，用户可根据实际的需要对 I/O 点数进行扩展。数字量扩展模块不能单独使用，需要通过自带的扁平电缆与 CPU 模块相连。数字量扩展模块通常有 3 类，分别为数字量输入模块、数字量输出模块和数字量输入输出混合模块。

1.1.3 模拟量扩展模块

模拟量扩展模块为主机提供了模拟量输入 / 输出功能，适用于复杂控制场合。它通过自身扁平电缆与主机相连，并且可以直接连接变送器和执行器。模拟量扩展模块通常可以分为 3 类，分别为模拟量输入模块、模拟量输出模块和模拟量输入输出混合模块。典型模块有 EM231、EM232 和 EM235，其中 EM231 为模拟量 4 点输入模块，EM232 为模拟量 2 点输出模块，EM235 为 4 点输入 /1 点输出模拟量输入 / 输出模块。

1.1.4 特殊功能模块

当需要完成特殊功能控制任务时，需要用到特殊功能模块。常见的特殊功能模块有通信模块、位置控制模块、热电阻和热电偶扩展模块等。

（1）通信模块

S7-200PLC 主机集成 1 ～ 2 个 RS-485 通信接口，为了扩大其接口的数量和联网能力，各 PLC 还可以接入通信模块。常见的通信模块有 PROFIBUS-DP 从站模块 EM227、调制解调器模块 EM241、工业以太网模块和 AS-i 接口模块。

（2）位置控制模块

又称定位模块，常见的如控制步进电动机或伺服电动机速度模块 EM253。为了输入运行和位置设置范围的需要，可外设编程软件。使用编程软件 STEP7-Micro/WIN 可生成位置控制模块的全部组态和移动包络信息，这些信息和程序块可一起下载到 S7-200PLC 中。位置控制模块所需的全部信息都储存在 S7-200PLC 中，当更换位置控制模块时，不需重新编程和组态。

（3）热电阻和热电偶扩展模块

热电阻和热电偶扩展模块是为 S7-200CPU222、CPU224、CPU224XP、CPU226 和 CPU226XM 设计的，是模拟量模块的特殊形式，可直接连接热电偶和热电阻测量温度，用户程序可以访问相应的模拟量通道，直接读取温度值。热电阻和热电偶扩展模块可以支持多种热电阻和热电偶，使用时经过简单的设置就可直接读出摄氏温度值和华氏温度值。常见的热电阻和热电偶扩展模块有 EM231 热电偶模块和 EM231 RTD 热电组模块。

1.1.5 相关设备和工业软件

相关设备是为了充分和方便地利用系统硬件及软件资源而开发和使用的一些设备，主要有编程设备、人机操作界面等。工业软件是为了更好管理和使用这些设备而开发的与之相配套的程序，主要有工程工具人机接口软件和运行软件。

1.2 S7-200PLC 外部结构与接线

二维码 8　二维码 9

二维码 10

1.2.1 S7-200PLC 的外部结构

CPU22X 系列 PLC 的外部结构如图 1-2 所示，其 CPU 单元、存储器单元、输入 / 输出单元及电源集中封装在同一塑料机壳内，它是典型的整体式结构。当系统需要扩展时，可选用需要的扩展模块与基本模块（又称主机、CPU 模块）连接。

（1）输入端子

输入端子是外部输入信号与 PLC 连接的接线端子，位于底部端盖下面。此外，外部端盖下面还有输入公共端子和 24V 直流电源端子，24V 直流电源为传感器和光电开关等提供能量。

（2）输出端子

输出端子是外部负载与 PLC 连接的接线端子，位于顶部端盖下面。此外，顶部端盖下面还有输出公共端子和 PLC 工作电源接线端子。

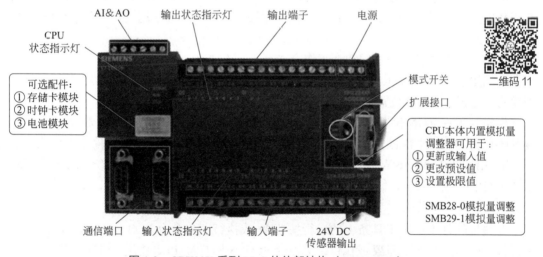

二维码 11

图 1-2　CPU22X 系列 PLC 的外部结构（CPU224XP）

（3）输入状态指示灯（LED）

输入状态指示灯用于显示是否有输入控制信号接入 PLC。当指示灯亮时，表示有控制信号接入 PLC；当指示灯不亮时，表示没有控制信号接入 PLC。

（4）输出状态指示灯（LED）

输出状态指示灯用于显示是否有输出信号驱动执行设备。当指示灯亮时，表示有输出信号驱动外部设备；当指示灯不亮时，表示没有输出信号驱动外部设备。

（5）CPU 状态指示灯

CPU 状态指示灯有 RUN、STOP、SF 三个，其中 RUN、STOP 指示灯用于显示当前工作方式。当 RUN 指示灯亮时，表示运行状态；当 STOP 指示灯亮时，表示停止状态；当 SF 指示灯亮时，表示系统故障，PLC 停止工作。

（6）可选卡插槽

该插槽可以插入 EEPROM 存储卡、电池和时钟卡等。

① EEPROM 存储卡　该卡用于复制用户程序。在 PLC 通电后插入此卡，通过操作可将 PLC 中的程序装载到存储卡中。当卡已经插在主机上，PLC 通电后不需任何操作，用户程序数据会自动复制在 PLC 中。利用此功能，可将多台实现同样控制功能的 CPU22X 系列进行程序写入。

需要说明的是，每次通电就写入一次，所以在 PLC 运行时不需插入此卡。

② 电池　用于长时间存储数据。

③ 时钟卡　可以产生标准日期和时间信号。

（7）扩展接口

扩展接口在前盖下，它通过扁平电缆实现基本模块与扩展模块的连接。

（8）模式开关

模式开关在前盖下，可手动选择 PLC 的工作方式。

① CPU 工作方式　CPU 有 2 种工作方式。

a. RUN（运行）方式　CPU 在 RUN 方式下，PLC 执行用户程序。

b. STOP（停止）方式　CPU 在 STOP 方式下，PLC 不执行用户程序，此时可以通过编程装置向 PLC 装载或进行系统设置。在程序编辑、上下载等处理过程中，必须把 CPU 置于 STOP 方式。

② 改变工作方式的方法　改变工作方式有 3 种方法。

a. 用模式开关改变工作方式　当模式开关置于 RUN 位置时，会启动用户程序的执行；当模式开关置于 STOP 位置时，会停止用户程序的执行。

模式开关在 RUN 位置时，电源通电后，CPU 自动进入 RUN（运行）模式；模式开关在 STOP 或 TEAM（暂态）位置时，电源通电后，CPU 自动进入 STOP（停止）模式。

b. 用 STEP7-Micro/WIN 编程软件改变工作方式　用编程软件控制 CPU 的工作方式必须满足两个条件：其一，编程器必须通过 PC/PPI 电缆与 PLC 连接；其二，模式开关必须置于 RUN 或 TEAM 模式。

在编程软件中单击工具条上的运行按钮▶或执行菜单命令 PLC → RUN，PLC 将进入运行状态；单击停止按钮■或执行菜单命令 PLC → STOP，PLC 将进入 STOP 状态。

c. 在程序中改变操作模式　在程序中插入 STOP 指令，可以使 CPU 由 RUN 模式进入 STOP 模式。

（9）模拟电位器

模拟电位器位于前盖下，用来改变特殊寄存器（SMB28、SMB29）中的数值，以改变程序运行时的参数，如定时器、计数器的预置值，过程量的控制值。

（10）通信接口

通信接口支持 PPI、MPI 通信协议，有自由方式通信能力，通过通信电缆实现 PLC 与编程器之间、PLC 与计算机之间、PLC 与 PLC 之间、PLC 与其他设备之间的通信。

需要说明的是，扩展模块由输入接线端子、输出接线端子、状态指示灯和扩展接口等构成，情况基本与主机（基本模块）相同，这里不做过多说明。

1.2.2 外部接线图

在 PLC 编程中，外部接线图也是其中的重要组成部分之一。由于 CPU 模块、输出类型和外部电源供电方式的不同，PLC 外部接线图也不尽相同。鉴于 PLC 的外部接线图与输入 / 输出点数等诸多因素有关，本书将给出 CPU221、CPU222、CPU224 和 CPU226 四个基本类型端子排布情况（注：派生产品与四种基本类型的情况一致），具体如表 1-1 所示。

二维码 12

表 1-1　S7-200PLC 的 I/O 点数及相关参数

CPU 模块型号	输入输出点数	电源供电方式	公共端	输入类型	输出类型
CPU221	6 输入 4 输出	24V DC 电源	输入端 I0.0 ～ I0.3 共用 1M；I0.4 ～ I0.5 共用 2M。输出端 Q0.0 ～ Q0.3 公用 L+、M	24V DC 输入	24V DC 输出
		100 ～ 230V AC 电源	输入端 I0.0 ～ I0.3 共用 1M；I0.4 ～ I0.5 共用 2M。输出端 Q0.0 ～ Q0.2 公用 1L；Q0.3 公用 2L	24V DC 输入	继电器输出
CPU222	8 输入 6 输出	24V DC 电源	输入端 I0.0 ～ I0.3 共用 1M；I0.4 ～ I0.7 共用 2M。输出端 Q0.0 ～ Q0.5 公用 L+、M	24V DC 输入	24V DC 输出
		100 ～ 230V AC 电源	输入端 I0.0 ～ I0.3 共用 1M；I0.4 ～ I0.7 共用 2M。输出端 Q0.0 ～ Q0.2 公用 1L；Q0.3 ～ Q0.5 公用 2L	24V DC 输入	继电器输出
CPU224	14 输入 10 输出	24V DC 电源	输入端：I0.0 ～ I0.7 共用 1M；I1.0 ～ I1.5 共用 2M。输出端：Q0.0 ～ Q0.4 公用 1M、1L+；Q0.5 ～ Q1.1 公用 2M、2L+	24V DC 输入	24V DC 输出
		100 ～ 230V AC 电源	输入端：I0.0 ～ I0.7 共用 1M；I1.0 ～ I1.5 共用 2M。输出端：Q0.0 ～ Q0.3 公用 1L；Q0.4 ～ Q0.6 公用 2L；Q0.7 ～ Q1.1 公用 3L	24V DC 输入	继电器输出
CPU226	24 输入 16 输出	24V DC 电源	输入端：I0.0 ～ I1.4 共用 1M；I1.5 ～ I2.7 共用 2M。输出端：Q0.0 ～ Q0.7 公用 1M、1L+；Q1.0 ～ Q1.7 公用 2M、2L+	24V DC 输入	24V DC 输出
		100 ～ 230V AC 电源	输入端：I0.0 ～ I1.4 共用 1M；I1.5 ～ I2.7 共用 2M。输出端：Q0.0 ～ Q0.3 公用 1L；Q0.4 ～ Q1.0 公用 2L；Q1.1 ～ Q1.7 公用 3L	24V DC 输入	继电器输出

需要说明的是，每个型号的 CPU 模块都有 DC 电源 /DC 输入 /DC 输出和 AC 电源 / DC 输入 / 继电器输出 2 类，因此每个型号的 CPU 模块（主机）也对应 2 种外部接线图，本书以最常用型号 CPU224 模块的外部接线图为例进行讲解，其他型号外部接线图读者可参考附录。

（1）CPU224 AC/DC/继电器型接线

CPU224 AC/DC/ 继电器型接线图如图 1-3 所示。在图 1-3 中 L1、N 端子接交流电源，电压允许范围为 85 ～ 264V。L+、M 为 PLC 向外输出 24V/400mA 直流电源，L+ 为电源正极，M 为电源负极，该电源可作为输入端电源使用，也可作为传感器供电电源。

二维码 13

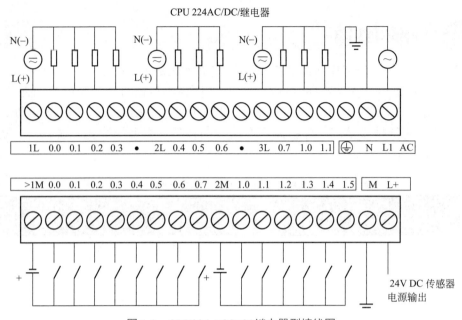

图 1-3　CPU224 AC/DC/ 继电器型接线图

① 输入端子：CPU224 模块共有 14 点输入，端子编号采用 8 进制。输入端子共分两组，I0.0 ～ I0.7 为第一组，公共端为 1M；I1.0 ～ I1.5 为第二组，公共端为 2M。

② 输出端子：CPU224 模块共有 10 点输出，端子编号也采用 8 进制。输出端子共分 3 组，Q0.0 ～ Q0.3 为第一组，公共端为 1L；Q0.4 ～ Q0.6 为第二组，公共端为 2L；Q0.7 ～ Q1.1 为第三组，公共端为 3L。根据负载性质的不同，其输出回路电源支持交流和直流。

（2）CPU224 DC/DC/DC 型接线

CPU224 DC/DC/DC 型接线图如图 1-4 所示。在图 1-4 中，电源为 DC 24V，输入点接线与 CPU224 AC/DC/ 继电器型相同。不同点在于输出点的接线，根据负载的性质不同，其输出回路只支持直流电源。

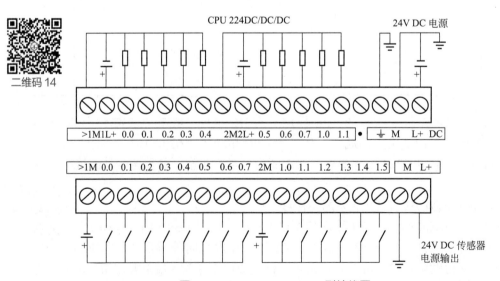

图 1-4　CPU224 DC/DC/DC 型接线图

1.3　西门子 PLC 编程软件安装及使用说明

二维码 15

1.3.1　STEP 7-Micro/WIN 简介、安装方法

（1）简介及系统需求

STEP 7-Micro/WIN 编程软件为用户开发、编辑和监控自己的应用程序提供了良好的编程环境。它简单、易学，能够解决复杂的自动化任务；适用于所有 SIMATIC S7-200 PLC 机型软件编程；同时支持 STL、LAD、FBD 三种编程语言，用户可以根据自己的喜好随时在三者之间切换；软件包提供无微不至的帮助功能，即使初学者也能容易地入门；包含多国语言包，可以方便地在各语言版本间切换；具有密码保护功能，能保护代码使其不受他人操作和破坏。

PC 机或编程器的最小配置如下：Windows 2000 SP3 以上，Windows XP（Home&Professional）。

（2）软件安装

① 双击 "Setup" 图标（或者右键单击、选择 "打开"）。

② 屏幕上弹出 "STEP7-Micro/WIN-Install Shield Wizard" 对话框，单击 "Next" 按钮，见图 1-5。

二维码 16

③ 稍等片刻，待安装程序配置好相关文件，见图 1-6。

图 1-5　安装方法（一）

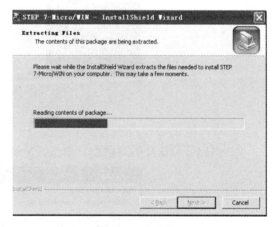

图 1-6　安装方法（二）

④ 在弹出的 "选择设置语言" 对话框中选择 "英语"，然后单击 "确定" 按钮，见图 1-7。

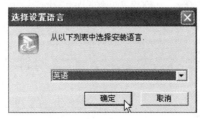

图 1-7　安装方法（三）

⑤ 等待安装程序配置好安装向导，见图 1-8。

图 1-8　安装方法（四）

⑥ 弹出"Install Shield Wizard"，单击"Next"按钮，见图 1-9。

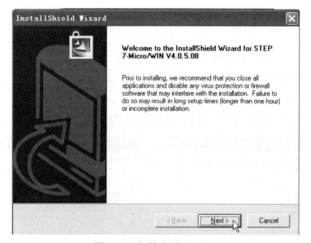

图 1-9　安装方法（五）

⑦ 弹出许可认证的对话框，单击"Yes"按钮，见图 1-10。

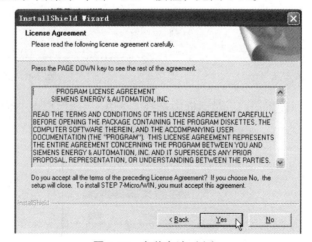

图 1-10　安装方法（六）

⑧ 弹出选择安装路径的对话框。

单击"Browse…"进行更改。

a. 如果使用程序默认的安装路径，则在对话框上直接单击"Next"按钮。

b. 如果要更改安装路径，单击"Browse"按钮。如图1-11所示。

弹出更改路径的窗口，可在"Path"子窗口中填写路径，或者在"Directories"子窗口中用鼠标选择路径。修改路径后单击对话框右下角的"确定"按钮（图1-12）。

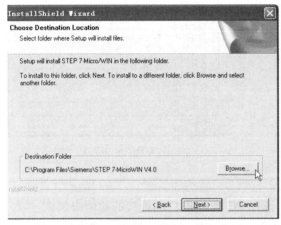

图1-11 安装方法（七）

图1-12 安装方法（八）

再在弹出的窗口上点击"Next"按钮。

⑨ 出现如图1-13所示的对话框。稍等片刻，直到安装程序准备完毕。

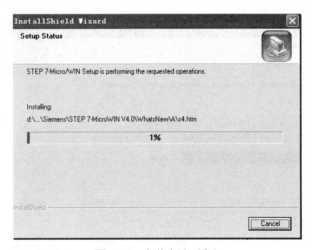

图1-13 安装方法（九）

⑩ 如果中途出现如图1-14所示的警告对话框，单击几次"确定"按钮即可。

图1-14 安装方法（十）

接下来会弹出如图 1-15 所示的对话框，稍等片刻，待程序准备好。

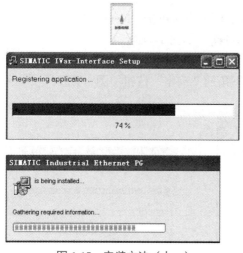

图 1-15　安装方法（十一）

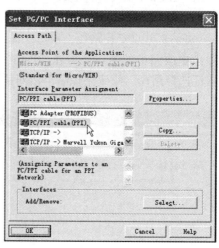

图 1-16　安装方法（十二）

⑪ 出现如图 1-16 所示的对话框。

这个对话框用于设置通信驱动程序，选择 PC 机和 PLC 间连接的通信协议。

可以在这个地方选择某一协议，然后单击左下角的"OK"按钮；也可以选择右下角的"Cancel"按钮，退出选择窗口，等程序完全安装后再设置 PG/PC 接口。

⑫ 接下来程序会继续安装诸如"TD 面板设计"等相关程序，稍等片刻，待安装完成（图 1-17）。

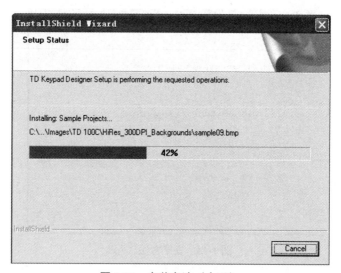

图 1-17　安装方法（十三）

计算机会提示要求重新启动，以完成安装程序（图 1-18）。

安装后，Micro/WIN Tools TD Keypad Designer 和 S7-200 Explorer 也将一起被安装。

⑬ 设置为中文版本。

安装完成后，双击桌面上"V4.0 STEP 7 MicroWIN SP5"图标，运行程序。

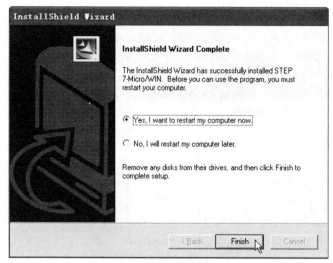

图 1-18 安装方法（十四）

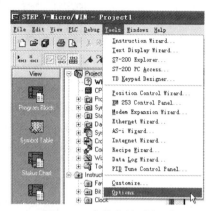

图 1-19 安装方法（十五）

在程序的菜单栏选择 Tools>Options 命令（图 1-19）。

在弹出的 Options 选项卡的左边单击 General 选项，然后在右边的 Language 选项中选择 Chinese，再单击选项卡右下角的"OK"按钮（图 1-20）。

系统会要求关闭整个程序以设置语言，待程序关闭后重新启动，可看到程序已设置为中文版本。

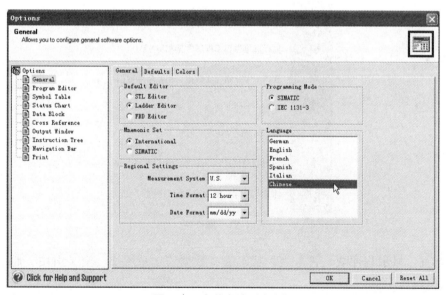

图 1-20 安装方法（十六）

1.3.2 STEP-7 Micro/WIN 使用

STEP 7-Micro/WIN 操作界面见图 1-21。

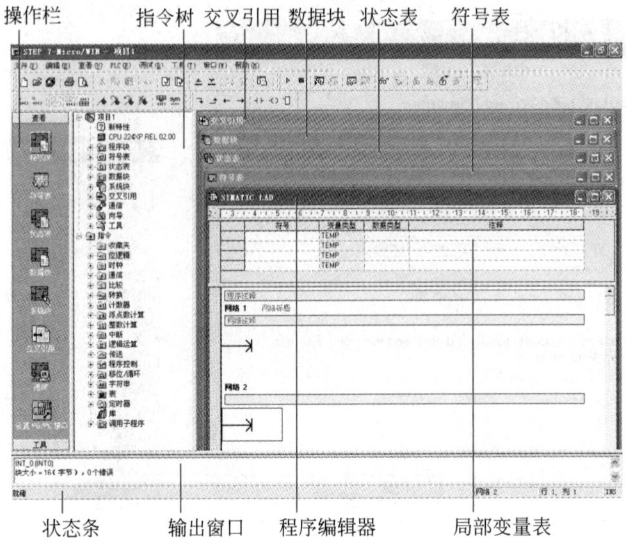
操作栏
指令树
交叉引用
数据块
状态表
符号表
状态条
输出窗口
程序编辑器
局部变量表

图 1-21　STEP 7-Micro/WIN 操作界面

（1）操作栏

操作栏是显示编程特性的按钮控制群组（图 1-22）。它包含两部分，单击每部分列出的按钮控制图标可打开相应的按钮控制。

查看
程序块
程序编辑器
符号表
为程序数据和I/O点指定符号名
状态表
监控和强制PLC程序数据和I/O点
数据块
在PLC中存储程序数据和初始条件数据
系统块
配置PLC硬件选项
交叉引用
PLC存储区使用状态总结
通信
设置和测试从PC至PLC的通信网络
设置 PG/PC 接口
添加、删除和配置通信驱动程序

图 1-22　操作栏

① 查看　显示程序块、符号表、状态表、数据块、系统块、交叉引用、通信及设置 PG/PC 接口按钮控制。

② 工具　显示指令向导、文本显示向导、位置控制向导、EM253 控制面板和调制解调器扩展向导等的按钮控制。工具栏见图 1-23。

注意：图 1-23 中，当操作栏包含的对象因为当前窗口大小无法显示时，可在操作栏处单击右键并选择“小图标”，或者拖动操作栏显示的滚动按钮，使用户能向上或向下移动至其他对象。

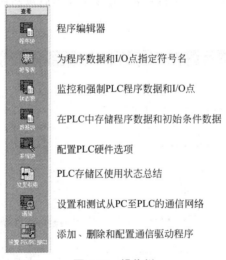

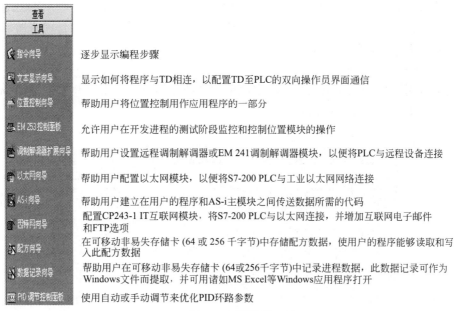

图 1-23 工具栏

（2）指令树

指令树提供所有项目对象以及为当前程序编辑器（LAD、FBD 或 STL）提供所有指令的树型视图（图 1-24）。

图 1-24 指令树

用户可以用鼠标右键单击树中"项目"部分的文件夹，插入附加程序组织单元（POU）。也可以用鼠标右键单击单个 POU，打开、删除、编辑其属性表，用密码进行保护或重命名子程序及中断例行程序。

用户可以用鼠标右键单击树中“指令”部分的一个文件夹或单个指令，以便隐藏整个树。

用户一旦打开指令文件夹，就可以拖放或双击单个指令，按照需要自动将所选指令插入程序编辑器窗口中的光标位置。

（3）交叉引用

“交叉引用”列表可以识别在程序中使用的全部操作数，并指出 POU、网络或行位置以及每次使用的操作数指令上下文。

LAD 交叉引用列表见图 1-25。

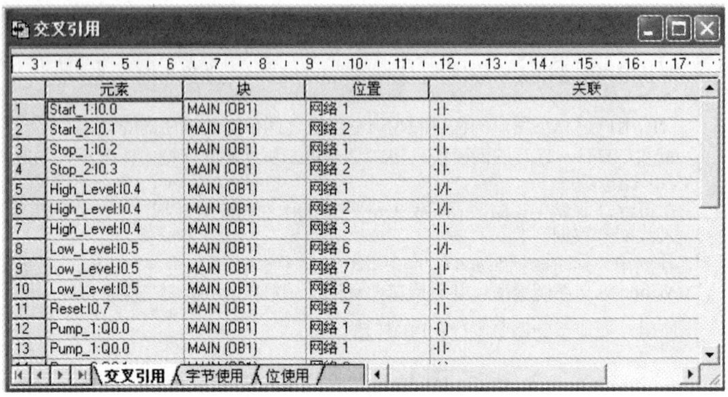

	元素	块	位置	关联
1	Start_1:I0.0	MAIN (OB1)	网络 1	-| |-
2	Start_2:I0.1	MAIN (OB1)	网络 2	-| |-
3	Stop_1:I0.2	MAIN (OB1)	网络 1	-| |-
4	Stop_2:I0.3	MAIN (OB1)	网络 2	-| |-
5	High_Level:I0.4	MAIN (OB1)	网络 1	-|/|-
6	High_Level:I0.4	MAIN (OB1)	网络 2	-|/|-
7	High_Level:I0.4	MAIN (OB1)	网络 3	-| |-
8	Low_Level:I0.5	MAIN (OB1)	网络 6	-|/|-
9	Low_Level:I0.5	MAIN (OB1)	网络 7	-| |-
10	Low_Level:I0.5	MAIN (OB1)	网络 8	-| |-
11	Reset:I0.7	MAIN (OB1)	网络 7	-| |-
12	Pump_1:Q0.0	MAIN (OB1)	网络 1	-( )
13	Pump_1:Q0.0	MAIN (OB1)	网络 1	-| |-

图 1-25　LAD 交叉引用列表

FBD 交叉引用列表见图 1-26。

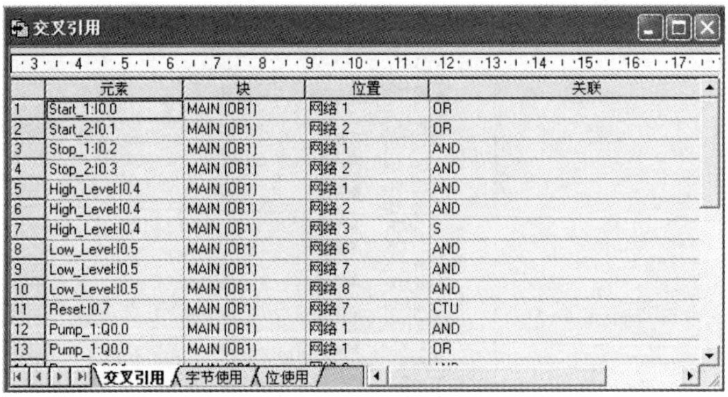

	元素	块	位置	关联
1	Start_1:I0.0	MAIN (OB1)	网络 1	OR
2	Start_2:I0.1	MAIN (OB1)	网络 2	OR
3	Stop_1:I0.2	MAIN (OB1)	网络 1	AND
4	Stop_2:I0.3	MAIN (OB1)	网络 2	AND
5	High_Level:I0.4	MAIN (OB1)	网络 1	AND
6	High_Level:I0.4	MAIN (OB1)	网络 2	AND
7	High_Level:I0.4	MAIN (OB1)	网络 3	S
8	Low_Level:I0.5	MAIN (OB1)	网络 6	AND
9	Low_Level:I0.5	MAIN (OB1)	网络 7	AND
10	Low_Level:I0.5	MAIN (OB1)	网络 8	AND
11	Reset:I0.7	MAIN (OB1)	网络 7	CTU
12	Pump_1:Q0.0	MAIN (OB1)	网络 1	AND
13	Pump_1:Q0.0	MAIN (OB1)	网络 1	OR

图 1-26　FBD 交叉引用列表

STL 交叉引用列表见图 1-27。

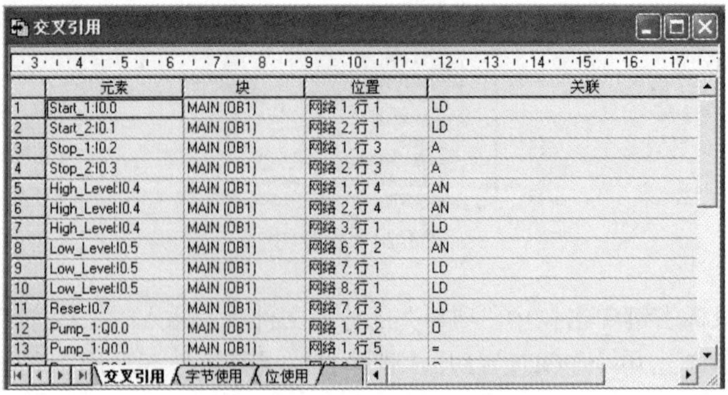

	元素	块	位置	关联
1	Start_1:I0.0	MAIN (OB1)	网络 1, 行 1	LD
2	Start_2:I0.1	MAIN (OB1)	网络 2, 行 1	LD
3	Stop_1:I0.2	MAIN (OB1)	网络 1, 行 3	A
4	Stop_2:I0.3	MAIN (OB1)	网络 2, 行 3	A
5	High_Level:I0.4	MAIN (OB1)	网络 1, 行 4	AN
6	High_Level:I0.4	MAIN (OB1)	网络 2, 行 4	AN
7	High_Level:I0.4	MAIN (OB1)	网络 3, 行 1	LD
8	Low_Level:I0.5	MAIN (OB1)	网络 6, 行 2	AN
9	Low_Level:I0.5	MAIN (OB1)	网络 7, 行 1	LD
10	Low_Level:I0.5	MAIN (OB1)	网络 8, 行 1	LD
11	Reset:I0.7	MAIN (OB1)	网络 7, 行 3	LD
12	Pump_1:Q0.0	MAIN (OB1)	网络 1, 行 2	O
13	Pump_1:Q0.0	MAIN (OB1)	网络 1, 行 5	=

图 1-27　STL 交叉引用列表

注意：用户必须编译程序后才能查看"交叉引用"表。元素指程序中使用的操作数，用户可以在符号和绝对视图之间切换，改变全部操作数显示（使用菜单命令查看>符号寻址）；块指使用操作数的POU；位置指使用操作数的行或网络；上下文指使用操作数的程序指令。

（4）数据块

允许用户显示和编辑数据块内容。

（5）状态表

状态表窗口允许用户将程序输入、输出或变量置入图表中，以便追踪其状态。

（6）符号表

符号表窗口允许用户分配和编辑全局符号（即可在任何POU中使用的符号值，不只是建立符号的POU）。

使用下列方法之一打开符号表（用SIMATIC模式）或全局变量表（用IEC 1131-3模式）。

① 单击浏览条中的"符号表" 按钮；选择查看>符号表菜单命令。

② 打开指令树中的符号表或全局变量文件夹，然后双击一个表格 图标。

（7）状态条

状态条给用户提供在STEP 7-Micro/WIN中操作时的操作状态信息。

（8）输出窗口

输出窗口在用户编译程序时可提供信息。

当输出窗口列出程序错误时，可双击错误信息，会在程序编辑器窗口中显示适当的网络。修正程序后，执行新的编译，更新输出窗口，并清除已改正的网络的错误参考。

将鼠标放在输出窗口中，用鼠标右键单击，隐藏输出窗口或清除其内容。

使用查看>框架>输出窗口菜单命令，可在窗口打开（可见）和关闭（隐藏）之间切换。

（9）程序编辑器

程序编辑器窗口包含用于该项目的编辑器（LAD、FBD或STL）的局部变量表和程序视图。

① 建立窗口 首先，使用文件>新建或文件>打开或文件>导入菜单命令，打开一个STEP 7-Micro/WIN项目，然后使用以下方法之一用"程序编辑器"窗口建立或修改程序。

a. 单击浏览条中的"程序块" 按钮，打开主程序（OB1）POU，用户可以单击子程序或中断程序标签，打开另一个POU。

b. 单击分支扩展图标或双击"程序块"文件夹 图标，打开指令树程序块文件夹，然后双击主程序（OB1）图标、子程序图标或中断程序图标，打开所需的POU。

② 更改编辑器选项 使用下列方法之一更改编辑器选项。

a. 使用查看>LAD、FBD或STL菜单命令，更改编辑器类型。

b. 使用工具>选项菜单命令，更改默认启动编辑器赋值（LAD、FBD或STL）和编程模式（SIMATIC或IEC1131-3）。

c. 使用选项 按钮设置编辑器选项。

（10）局部变量表

局部变量表包含用户对局部变量所作的赋值（即子程序和中断例行程序使用的变量）。

使用局部变量有两种原因。

① 用户希望建立不引用绝对地址或全局符号的可移动子程序。

② 用户希望使用临时变量（说明为TEMP的局部变量）进行计算，以便释放PLC内存。

1.3.3 S7-200 仿真功能举例

S7-200 仿真软件不能对 S7-200 的全部指令和全部功能仿真，但是它仍然不失为一个很好的学习 S7-200 的工具软件。

该软件不需要安装，执行其中的 "S7-200 仿真 .exe" 文件，就可以打开它。单击屏幕中间出现的画面，输入密码 6596 后按回车键，开始仿真。

软件自动打开的是老型号的 CPU214，应执行菜单命令 "配置" → "CPU 型号"，用打开的对话框更改 CPU 型号。

图 1-28 左边是 CPU224，CPU 模块下面是用于输入数字量信号的小开关板。开关板下面的直线电位器用来设置 SMB28 和 SMB29 的值。双击 CPU 模块右边空的方框，用出现的对话框添加扩展模块。

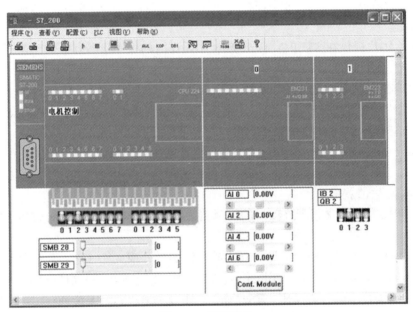

图 1-28 仿真软件

仿真软件不能直接接收 S7-200 的程序代码，必须用编程软件的 "导出" 功能将 S7-200 的用户程序转换为扩展名为 "awl" 的 ASCII 文本文件，然后再下载到仿真 PLC 中去。

在编程软件中打开主程序 OB1，执行菜单命令 "文件" → "导出"，导出 ASCII 文本文件。

在仿真软件中执行菜单命令 "文件" → "装载程序"，在出现的对话框中选择下载什么块，单击 "确定" 按钮后，在出现的 "打开" 对话框中双击要下载的 "*.awl" 文件，开始下载。下载成功后，CPU 模块上出现下载的 ASCII 文件的名称，同时会出现下载的程序代码文本框和梯形图（图 1-29）。

执行菜单命令 "PLC" → "运行"，开始执行用户程序。如果用户程序中有仿真软件不支持的指令或功能，执行菜单命令 "PLC" → "运行" 后，出现的对话框显示出仿真软件不能识别的指令。点击 "确定" 按钮，不能切换到 RUN 模式，CPU 模块左侧的 "RUN" LED

的状态不会变化。

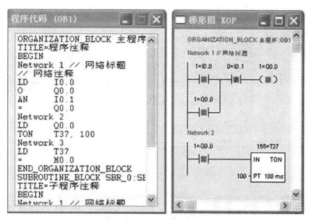

图 1-29　仿真软件

可以用鼠标单击 CPU 模块下面的开关板上的小开关来模拟输入信号，通过模块上的 LED 观察 PLC 输出点的状态变化，来检查程序执行的结果是否正确。

在 RUN 模式单击工具栏上的 ▦ 按钮，可以用程序状态功能监视梯形图中触点和线圈的状态。

执行菜单命令"查看"→"内存监控"，可以用出现的对话框监控 V、M、T、C 等内部变量的值。

1.3.2 节补充视频二维码

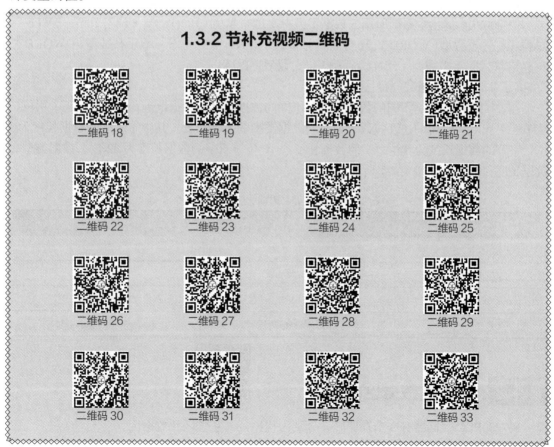

二维码 18　　二维码 19　　二维码 20　　二维码 21

二维码 22　　二维码 23　　二维码 24　　二维码 25

二维码 26　　二维码 27　　二维码 28　　二维码 29

二维码 30　　二维码 31　　二维码 32　　二维码 33

第2章

S7-200PLC 指令及应用

2.1 基础知识

2.1.1 数据类型

二维码 34

（1）数据类型

S7-200PLC 的指令系统所用的数据类型有 1 位布尔型（BOOL）、8 位字节型（BYTE）、16 位无符号整数型（WORD）、16 位有符号整数型（INT）、32 位符号双字整数型（DWORD）、32 位有符号双字整数型（DINT）和 32 位实数型（REAL）。

（2）数据长度与数据范围

在 S7-200PLC 中，不同的数据类型有不同的数据长度和数据范围。通常情况下，用位、字节、字和双字所占的连续位数表示不同数据类型的数据长度，其中布尔型的数据长度为 1 位，字节的数据长度为 8 位，字的数据长度为 16 位，双字的数据长度为 32 位。数据类型、数据长度和数据范围如表 2-1 所示。

表 2-1　数据类型、数据长度和数据范围

数据类型（数据长度）	无符号整数范围（十进制）	有符号整数范围（十进制）
布尔型（1 位）	取值 0、1	
字节 B（8 位）	0 ～ 255	−128 ～ 127
字 W（16 位）	0 ～ 65535	−32768 ～ 32767
双字 D（32 位）	0 ～ 4294967295	−2147493648 ～ 2147493647

2.1.2 存储器数据区划分

二维码 35

S7-200PLC 存储器有 3 个存储区，分别为程序区、系统区和数据区。

程序区用来存储用户程序，存储器为 EEPROM；系统区用来存储 PLC 配置结构的参数，如 PLC 主机、扩展模块 I/O 配置和编制、PLC 站地址等，存储器为 EEPROM。

数据区是用户程序执行过程中的内部工作区域。该区域用来存储工作数据和作为寄存器使用，存储器为 EEPROM 和 RAM。数据区是 S7-200PLC 存储器特定区域，具体如图 2-1 所示。

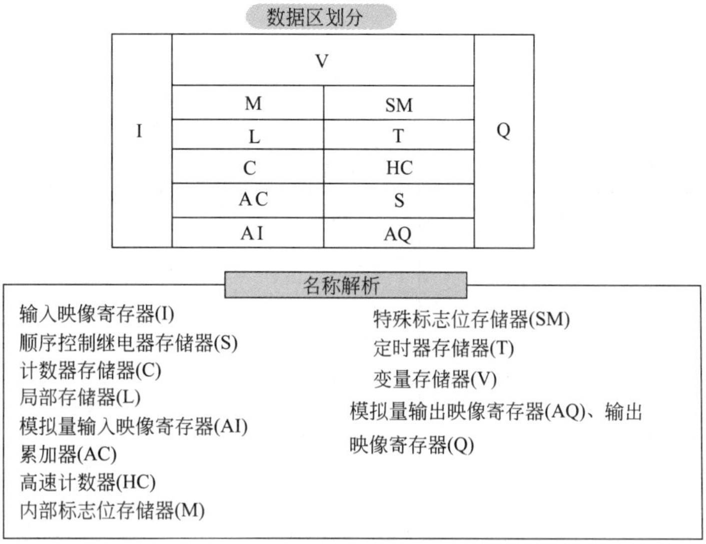

数据区划分			
	V		
I	M	SM	Q
	L	T	
	C	HC	
	AC	S	
	AI	AQ	

名称解析

输入映像寄存器(I)　　　　　　　　　　特殊标志位存储器(SM)
顺序控制继电器存储器(S)　　　　　　　定时器存储器(T)
计数器存储器(C)　　　　　　　　　　　变量存储器(V)
局部存储器(L)　　　　　　　　　　　　模拟量输出映像寄存器(AQ)、输出
模拟量输入映像寄存器(AI)　　　　　　　映像寄存器(Q)
累加器(AC)
高速计数器(HC)
内部标志位存储器(M)

图 2-1　数据区划分示意图

（1）输入映像寄存器（I）与输出映像寄存器（Q）

① 输入映像寄存器（I）　输入映像寄存器是 PLC 用来接收外部输入信号的窗口，工程上经常将其称为输入继电器。在每个扫描周期的开始，CPU 都对各个输入点进行集中采样，并将相应的采样值写入输入映像寄存器中。

需要说明的是，输入映像寄存器中的数值只能由外部信号驱动，不能由内部指令改写；输入映像寄存器有无数个常开和常闭触点供编程时使用，且在编程时，只能出现输入继电器触点不能出现线圈。

输入映像寄存器可采用位、字节、字和双字来存取。S7-200PLC 操作数地址范围如表 2-2 所示。

表 2-2　S7-200PLC 操作数地址范围

存储方式		CPU221	CPU222	CPU224	CPU226
位存储	I	0.0～15.7	0.0～15.7	0.0～15.7	0.0～15.7
	Q	0.0～15.7	0.0～15.7	0.0～15.7	0.0～15.7
	V	0.0～2047.7	0.0～2047.7	0.0～8191.7	0.0～10239.7
	M	0.0～31.7	0.0～31.7	0.0～31.7	0.0～31.7
	SM	0.0～165.7	0.0～299.7	0.0～549.7	0.0～549.7
	S	0.0～31.7	0.0～31.7	0.0～31.7	0.0～31.7
	T	0～255	0～255	0～255	0～255
	C	0～255	0～255	0～255	0～255
	L	0.0～63.7	0.0～63.7	0.0～63.7	0.0～63.7

续表

存储方式		CPU221	CPU222	CPU224	CPU226
字节存储	IB	0～15	0～15	0～15	0～15
	QB	0～15	0～15	0～15	0～15
	VB	0～2047	0～2047	0～8191	0～10239
	MB	0～31	0～31	0～31	0～31
	SMB	0～165	0～299	0～549	0～549
	SB	0～31	0～31	0～31	0～31
	LB	0～63	0～63	0～63	0～63
	AC	0～3	0～3	0～3	0～3
KB（常数）		KB（常数）	KB（常数）	KB（常数）	KB（常数）
字存储	IW	0～14	0～14	0～14	0～14
	QW	0～14	0～14	0～14	0～14
	VW	0～2046	0～2046	0～8190	0～10238
	MW	0～30	0～30	0～30	0～30
	SMW	0～164	0～298	0～548	0～548
	SW	0～30	0～30	0～30	0～30
	T	0～255	0～255	0～255	0～255
	C	0～255	0～255	0～255	0～255
	LW	0～62	0～62	0～62	0～62
	AC	0～3	0～3	0～3	0～3
	AIW	0～30	0～30	0～30	0～62
	AQW	0～30	0～30	0～62	0～62
KB（常数）		KB（常数）	KB（常数）	KB（常数）	KB（常数）
双字存储	ID	0～12	0～12	0～12	0～12
	QD	0～12	0～12	0～12	0～12
	VD	0～2044	0～2044	0～8188	0～10236
	MD	0～28	0～28	0～28	0～28
	SMD	0～162	0～296	0～546	0～546
	SD	0～28	0～28	0～28	0～28
	LD	0～60	0～60	0～60	0～60
	AC	0～3	0～3	0～3	0～3
	HC	0～5	0～5	0～5	0～5
KD（常数）		KD（常数）	KD（常数）	KD（常数）	KD（常数）

② 输出映像寄存器（Q） 输出映像寄存器是 PLC 向外部负载发出控制命令的窗口，工程上经常将其称为输出继电器。在每个扫描周期的结尾，CPU 都会根据输出映像寄存器的数值来驱动负载。

需要指出的是，输出继电器线圈的通断状态只能由内部指令驱动，即输出映像寄存器的数值只能由内部指令写入；输出映像寄存器有无数个常开和常闭触点供编程时使用，且在编程时，输出继电器触点、线圈都能出现，线圈的通断状态表示程序最终的运算结果，这与下面要介绍的辅助继电器有着明显的区别。

输出映像寄存器可采用位、字节、字和双字来存取。地址范围如表 2-2 所示。

（2）内部标志位存储器（M）

内部标志位存储器在实际工程中常称作辅助继电器，作用相当于继电器控制电路中的中间继电器，它用于存放中间操作状态或存储其他相关数据。内部标志位存储器在 PLC 中无相应的输入 / 输出端子对应，辅助继电器线圈的通断只能由内部指令驱动，且每个辅助继电器都有无数对常开 / 常闭触点供编程使用。辅助继电器不能直接驱动负载，它只能通过本身的触点与输出继电器线圈相连，由输出继电器实现最终的输出，从而达到驱动负载的目的。

内部标志位存储器可采用位、字节、字和双字来存取。地址范围如表 2-2 所示。

（3）特殊标志位存储器（SM）

有些内部标志位存储器具有特殊功能或用来存储系统的状态变量和有关控制参数及信息，这样的内部标志位存储器被称为特殊标志位存储器。它用于 CPU 与用户之间的信息交换，其位地址有效范围为 SM0.0 ～ SM179.7，共有 180 个字节，其中 SM0.0 ～ SM29.7 这 30 个字节为只读型区域，用户只能使用其触点。

常用的特殊标志位存储器有如下几个，具体如图 2-2 所示。

常用的特殊标志位存储器时序图及举例如图 2-3 所示。

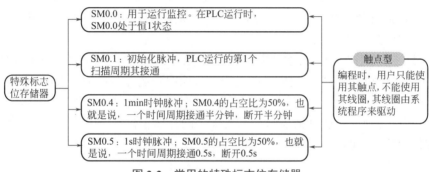

图 2-2　常用的特殊标志位存储器

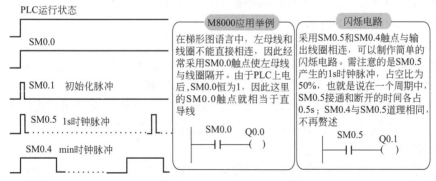

图 2-3　常用的特殊标志位存储器时序图及举例

① SM1.0　零标志位，当运算结果 =0 时，该位置为 1。

② SM1.1　溢出标志位，当运算结果 =1 时，该位置为 1；SM1.0、SM1.1 在移位指令中有应用。

其他特殊标志位存储器的用途这里不做过多说明，若有需要可参考附录，或者查阅 PLC 的相关书籍、文献和手册。

（4）顺序控制继电器存储器（S）

顺序控制继电器用于顺序控制（也称步进控制），与辅助继电器一样也是顺序控制编程中的重要编程元件之一，它通常与顺序控制继电器指令（也称步进指令）联用，以实现顺序控制编程。

顺序控制继电器存储器可采用位、字节、字和双字来存取，地址范围如表 2-2 所示。需要说明的是，顺序控制继电器存储器的顺序功能图与辅助继电器的顺序功能图基本一致。

（5）定时器存储器（T）

定时器相当于继电器控制电路中的时间继电器，它是 PLC 中的定时编程元件。按其工作方式的不同可以分为通电延时型定时器、断电延时型定时器和保持型通电延时定时器三种。定时时间 = 预置值 × 时基，其中预置值在编程时设定，时基有 1ms、10ms 和 100ms 三种。定时器的位存取有效地址范围为 T0 ～ T255，因此定时器共计 256 个。在编程时定时器可以有无数个常开和常闭触点供用户使用。

（6）计数器存储器（C）

计数器是 PLC 中常用的计数元件，它用来累计输入端的脉冲个数。按其工作方式的不同可以分为加计数器、减计数器和加减计数器三种。计数器的位存取有效地址范围为 C0 ～ C255，因此计数器共计 256 个，但其常开和常闭触点有无数对供编程使用。

（7）高速计数器（HC）

高速计数器的工作原理与普通计数器基本相同，只不过它是用来累计高速脉冲信号的。当高速脉冲信号的频率比 CPU 扫描速度更快时必须用高速计时器来计数。注意高速计时器的计数过程与扫描周期无关，它是一个较为独立的过程；高速计数器的当前值为只读值，在读取时以双字寻址。高速计数器只能采用双字的存取形式，CPU224、CPU226 的双字有效地址范围为 HC0 ～ HC5。

（8）局部存储器（L）

局部存储器用来存放局部变量，并且只在局部有效，局部有效是指某个局部存储器只能在某一程序分区（主程序、子程序和中断程序）中被使用。它可按位、字节、字和双字来存取。地址范围如表 2-2 所示。

（9）变量存储器（V）

变量存储器与局部存储器十分相似，只不过变量存储器存放的是全局变量，它用在程序执行的控制过程中，控制操作中间结果或其他相关数据。变量存储器全局有效，全局有效是指同一个存储器可以在任意程序分区（主程序、子程序和中断程序）被访问。它和局部存储器一样可按位、字节、字和双字来存取。地址范围如表 2-2 所示。

（10）累加器（AC）

累加器是用来暂时存储计算中间值的存储器，也可向子程序传递参数或返回参数。S7-200PLC 的 CPU 提供了 4 个 32 位累加器（AC0、AC1、AC2、AC3），可按字节、字和双字存取累加器中的数值。累加器是可读写单元。累加器的有效地址为 AC0 ～ AC3。

（11）模拟量输入映像寄存器（AI）

模拟量输入模块将外部输入连续变化的模拟量信号通过 A/D（模数转换）转换为 1 个字长（16 位）的数字量信号，并存放在模拟量输入映像寄存器中，供 CPU 运算和处理。模拟量输入映像寄存器中的数值为只读值，且模拟量输入映像寄存器的地址必须使用偶数字节地址来表示，如 AIW2，AIW4 等。模拟量输入映像寄存器的地址编号范围因 CPU 模块型号的不同而不同，CPU224、CPU226 地址编号范围为 AIW0 ～ AIW62。

（12）模拟量输出映像寄存器（AQ）

CPU 运算相关结果存放在模拟量输出映像寄存器中，将 1 个字长（16 位）的数字量信号通过 D/A（数模转换）转换为模拟量输出信号，用以驱动外部模拟量控制设备。和模拟量输入映像寄存器一样，模拟量输出映像寄存器中的数值也为只读值，且模拟量输出映像寄存器的地址也必须使用偶数字节地址来表示，如 AQW2，AQW4 等。CPU224、CPU226 地址编号范围为 AQW0 ～ AQW62。

2.1.3　数据区存储器的地址格式

二维码 36

存储器由许多存储单元组成，每个存储单元都有唯一的地址，在寻址时可以依据存储器的地址来存储数据。数据区存储器的地址格式有如下几种。

（1）位地址格式

位是最小的存储单位，常用 0、1 两个数值来描述各元件的工作状态。当某位取值为 1 时，表示线圈闭合，对应触点发生动作，即常开触点闭合、常闭触点断开；当某位取值为 0 时，表示线圈断开，对应触点不动作，即常开触点断开、常闭触点闭合。

数据区存储器位地址格式可以表示为区域标识符 + 字节地址 + 字节与位分隔符 + 位号，例如 I1.5，如图 2-4 所示，其中第 0 位为最低位（LSB），第 7 位为最高位（MSB）。

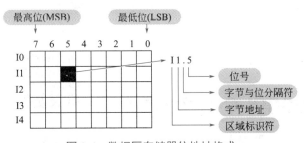

图 2-4　数据区存储器位地址格式

（2）字节地址格式

相邻的 8 位二进制数组成一个字节。字节地址格式可以表示为区域识别符 + 字节长度符 B+ 字节号，例如 QB0，表示由 Q0.0 ～ Q0.7 这 8 位组成的字节，如图 2-5 所示。

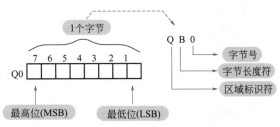

图 2-5　数据区存储器字节地址格式

（3）字地址格式

两个相邻的字节组成一个字。字地址格式可以表示为区域识别符 + 字长度符 W+ 起始字节号，且起始字节为高有效字节，例如 VW100，表示由 VB100 和 VB101 这 2 个字节组成的字，如图 2-6 所示。

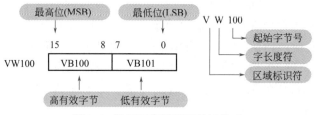

图 2-6　数据区存储器字地址格式

（4）双字地址格式

相邻的两个字组成一个双字。双字地址格式可以表示为区域识别符 + 双字长度符 D+ 起始字节号，且起始字节为最高有效字节，例如 VD100，表示由 VB100 ～ VB103 这 4 个字节组成的双字，如图 2-7 所示。

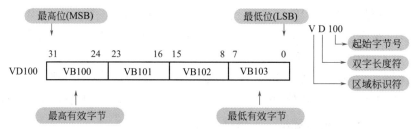

图 2-7　数据区存储器双字地址格式

需要说明的是，以上区域标识符与图 2-1 一致。

二维码 37

2.1.4 S7-200PLC 的寻址方式

在执行程序过程中，处理器根据指令中所给的地址信息来寻找操作数的存放地址的方式称为寻址方式。S7-200PLC 的寻址方式有立即寻址、直接寻址和间接寻址，如图 2-8 所示。

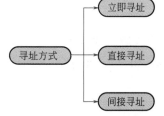

图 2-8　寻址方式

（1）立即寻址

可以立即进行运算操作的数据称为立即数，对立即数直接进行读写的操作寻址称为立即寻址。立即寻址可用于提供常数和设置初始值等。立即寻址的数据在指令中常常以常数的形式出现，常数可以为字节、字、双字等数据类型。CPU 通常以二进制方式存储所有常数，指令中的常数也可按十进制、十六进制、ASCII 等形式表示，具体格式如下。

① 二进制格式　在二进制数前加 2# 表示二进制格式，如 2#1010。

② 十进制格式　直接用十进制数表示即可，如 8866。

③ 十六进制格式　在十六进制数前加 16# 表示十六进制格式，如 16#2A6E。

④ ASCII 码格式　用单引号 ASCII 码文本表示，如 'Hi'。

需要指出，"#" 为常数格式的说明符，若无 "#" 则默认为十进制。

　　此段文字很短，但点明数据的格式，请读者加以重视，尤其是在功能指令中，此应用很多。

　　（2）直接寻址

　　直接寻址是指在指令中直接使用存储器或寄存器地址编号，直接到指定的区域读取或写入数据。直接寻址有位、字节、字和双字等寻址格式，如 I1.5、QB0、VW100、VD100，具体图例与图 2-4～图 2-6 大致相同，这里不再赘述。

　　需要说明的是，位寻址的存储区域有 I、Q、M、SM、L、V、S；字节、字、双字寻址的存储区域有 I、Q、M、SM、L、V、S、AI、AQ。

　　（3）间接寻址

　　间接寻址是指数据存储在存储器或寄存器中，在指令中只出现所需数据所在单元的内存地址，即指令给出的是存储操作数地址的存储单元的地址，把存储单元地址的地址称为地址指针。在 S7-200PLC 中只允许使用指针对 I、Q、M、L、V、S、T（仅当前值）、C（仅当前值）存储区域进行间接寻址，而不能对独立位（bit）或模拟量进行间接寻址。

　　① 建立指针　间接寻址前必须事先建立指针，指针为双字（即 32 位），存放的是另一个存储器的地址，指针只能为变量存储器（V）、局部存储器（L）或累加器（AC1、AC2、AC3）。建立指针时，要使用双字传送指令（MOVD）将数据所在单元的内存地址传送到指针中，双字传送指令（MOVD）的输入操作数前需加 "&" 符号，表示送入的是某一存储器的地址而不是存储器中的内容。例如 "MOVD&VB200，AC1" 指令，表示将 VB200 的地址送入累加器 AC1 中，其中累加器 AC1 就是指针。

　　② 利用指针存取数据　在利用指针存取数据时，指令中的操作数前需加 "*" 符号，表示该操作数作为指针。例如 "MOVW*AC1，AC0" 指令，表示把 AC1 中的内容送入 AC0 中，如图 2-9 所示。

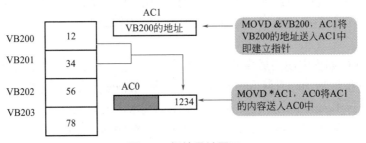

图 2-9　间接寻址图示

　　③ 间接寻址举例　用累加器（AC1）作地址指针，将变量存储器 VB200、VB201 中的 2 个字节数据内容 1234 移入标志位寄存器 MB0、MB1 中。

　　解析：如图 2-10 所示。

　　a. 建立指针，用双字节移位指令 MOVD 将 VB200 的地址移入 AC1 中。

　　b. 用字移位指令 MOVW 将 AC1 中的地址 VB200 所存储的内容（VB200 中的值为 12，VB201 中的值为 34）移入 MW0 中。

LD　　　SM0.0

MOVD　　&VB200，AC1

MOVW　　*AC1，MW0

(a) 梯形图　　　　　　　　　(b) 语句表

图 2-10　间接寻址举例

二维码 38

2.1.5　PLC 编程语言

利用 PLC 厂家的编程语言来编写用户程序是 PLC 在工业现场控制中最重要的环节之一。用户程序的设计主要面向的是企业电气技术人员，因此对于用户程序的编写语言来说，应采用面对控制过程和控制问题的"自然语言"。1994 年 5 月国际电工委员会（IEC）公布了 IEC 61131-3《PLC 编程语言标准》，该标准具体阐述、说明了 PLC 的句法、语义和 5 种编程语言，具体情况如下：

① 梯形图语言（ladder diagram，LD）；

② 指令表（instruction list，IL）；

③ 顺序功能图（sequential function chart，SFC）；

④ 功能块图（function block diagram，FBD）；

⑤ 结构文本（structured text，ST）。

在该标准中，梯形图（LD）和功能块图（FBD）为图形语言；指令表（IL）和结构文本（ST）为文字语言；顺序功能图（SFC）是一种结构块控制程序流程图。

（1）梯形图

梯形图是 PLC 编程中使用最多的编程语言之一，它是在继电器控制电路的基础上演绎出来的，因此分析梯形图的方法和分析继电器控制电路的方法非常相似。对于熟悉继电器控制系统的电气技术人员来说，学习梯形图不用花费太多的时间。

① 梯形图的基本编程要素　梯形图通常由触点、线圈和功能框 3 个基本编程要素构成。为了进一步了解梯形图，需要清楚以下几个基本概念。

a. 能流　在梯形图中，为了分析各个元器件输入/输出关系而引入的一种假象的电流，称为能流。通常认为能流按从左到右的方向流动，能流不能倒流，这一流向与执行用户程序的逻辑运算关系一致，如图 2-11 所示。在图 2-11 中，在 I0.0 闭合的前提下，能流有两条路径：一条为触点 I0.0、I0.1 和线圈 Q0.0 构成的电路；另一条为触点 Q0.0、I0.1 和 Q0.0 构成的电路。

b. 母线　梯形图中两侧垂直的公共线，称为母线。通常左母线不可省，右母线可省，能流可以看成由左母线流向右母线，如图 2-11 所示。

c. 触点 触点表示逻辑输入条件。触点闭合表示有"能流"流过，触点断开表示无"能流"流过。常用的有常开触点和常闭触点 2 种，如图 2-11 所示。

d. 线圈 线圈表示逻辑输出结果。若有"能流"流过线圈，线圈吸合，否则断开。

e. 功能框 代表某种特定的指令。"能流"通过功能框时，则执行功能框的功能，功能框代表的功能有多种，如定时、计数、数据运算等，如图 2-11 所示。

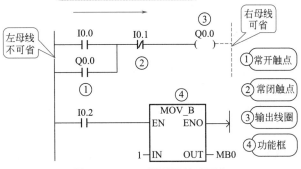

图 2-11 PLC 梯形图基础要素

② 举例 三相异步电动机的启保停电路，如图 2-12 所示。

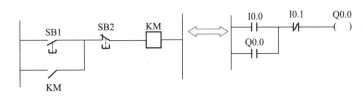

图 2-12 三相异步电动机的启保停电路

通过上图的分析不难发现，梯形图的电路和继电器的控制电路一一呼应，电路结构大致相同，控制功能相同，因此对于梯形图的理解完全可以仿照分析继电器控制电路的方法。对于两者元件的对应关系，如表 2-3 所示。

表 2-3 梯形图电路与继电器控制电路符号对照表

梯形图电路			继电器电路	
元件	符号	常用地址	元件	符号
常开触点	⊣⊦	I、Q、M、T、C	按钮、接触器、时间继电器、中间继电器的常开触点	
常闭触点	⊣/⊦	I、Q、M、T、C	按钮、接触器、时间继电器、中间继电器的常闭触点	
线圈	⊣( )⊦	Q、M	接触器、中间继电器线圈	

③ 梯形图的特点

a. 梯形图与继电器原理图相呼应，形象直观，易学易懂。

b. 梯形图可以有多个网络，每个网络只写一条语言，在一个网络中可以有一个或多个梯级，如图 2-13 所示。

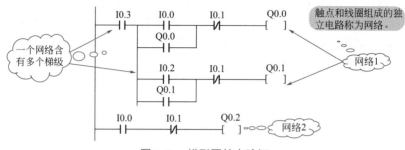

图 2-13　梯形图特点验证

c. 在每个网络中，梯形图都起于左母线，经触点，终止于软继电器线圈或右母线，如图 2-14 所示。

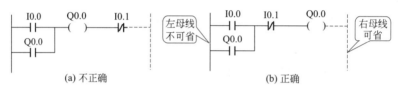

图 2-14　触点、线圈和母线排布情况

d. 线圈不能与左母线直接相连；如果线圈动作需要无条件执行时，可借助未用过元件的常闭触点或特殊标志位存储器 SM0.0 的常开触点，使左母线与线圈隔开，如图 2-15 所示。

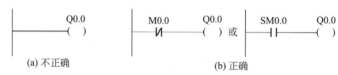

图 2-15　线圈与左母线直接相连的处理方案

e. 同一编号的输出线圈在同一程序中不能使用两次，否则会出现双线圈问题，双线圈输出很容易引起误动作，应尽量避免，如图 2-16 所示。

f. 不同编号的线圈可以并行输出，如图 2-17 所示。

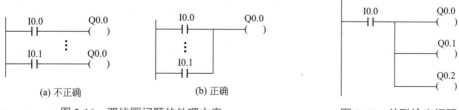

图 2-16　双线圈问题的处理方案　　　　图 2-17　并联输出问题

g. 能流不是实际的电流，而是为了方便对梯形图的理解假想出来的电流，能流方向为从左向右，不能倒流。

h.　在梯形图中每个编程元素都应按一定的规律加标字母和数字串，例 I0.0 与 Q0.1。

i.　梯形图中的触点、线圈仅为软件上的触点和线圈，不是硬件意义上的触点和线圈，因此在驱动控制设备时需要接入实际的触点和线圈。

④ 常见的梯形图错误图形　在编辑梯形图形时，虽然可以利用各种梯形符号组合成各种图形，但 PLC 处理图形程序的原则是由上而下、由左至右，因此在绘制时，要以左母线为起点，右母线为终点，从左向右逐个横向写入。一行写完，自上而下依次再写下一行。表 2-4 给出了常见的梯形图错误图形及错误原因。

表 2-4　常见的梯形图错误图形及错误原因

常见的梯形图错误图形	错误原因
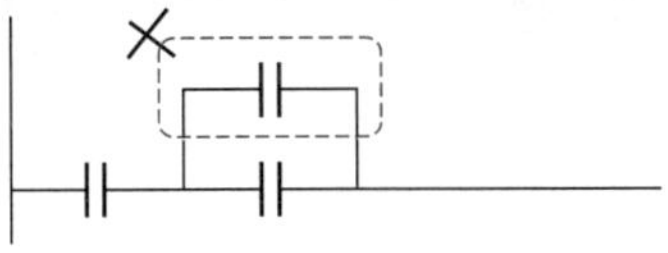	不可往上做 OR 运算
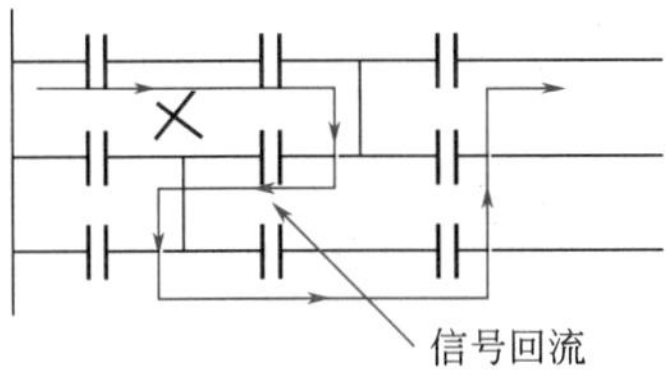	输入起始至输出的信号回路有"回流"存在
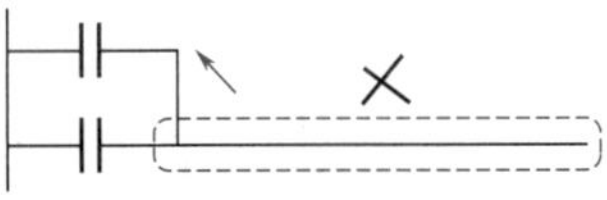	应该先由右上角输出
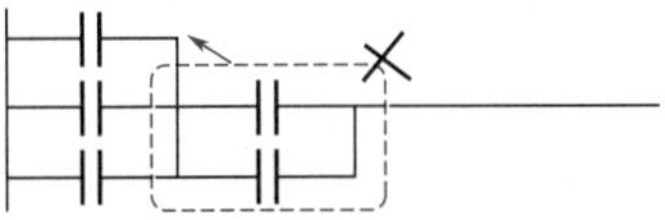	要做合并或编辑，应由左上往右下，虚线框处的区块应往上移
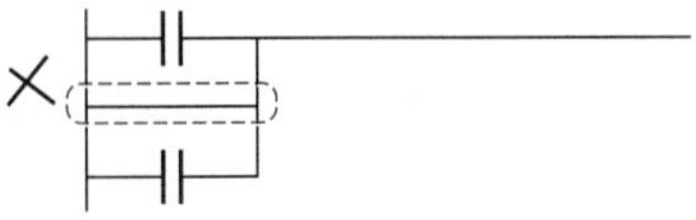	不可与空装置做并接运算
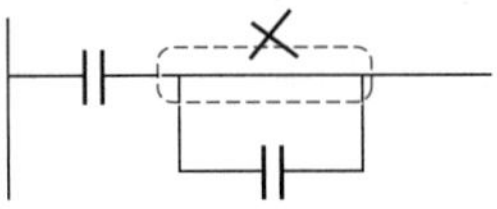	空装置也不可以与别的装置做运算
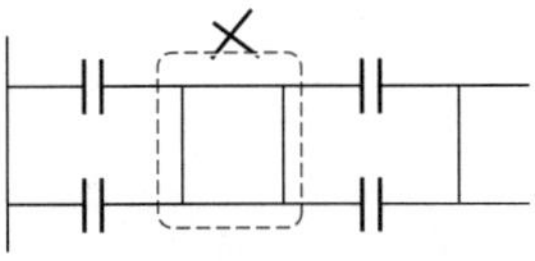	中间的区块没有装置
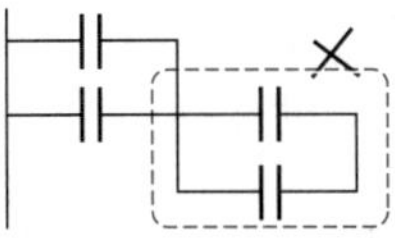	串联装置要与所串联的区块水平方向接齐

续表

常见的梯形图错误图形	错误原因
	Label P0 的位置要在完整网络的第一行
	区块串联要与串并左边区块的最上段水平线接齐

⑤ 梯形图的书写规律

a. 写输入时　要左重右轻，上重下轻，如图 2-18 所示。

b. 写输出时　要上轻下重，如图 2-19 所示。

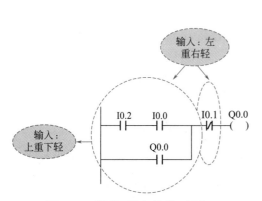

图 2-18　梯形图输入的书写规律

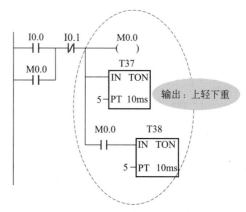

图 2-19　梯形图输出的书写规律

（2）语句表

在 S7 系列的 PLC 中将指令表称为语句表（statement list，STL），语句表是一种类似于微机汇编语言的一种文本语言。

① 语句表的构成　语句表由助记符（也称操作码）和操作数构成。其中助记符表示操作功能，操作数表示指定存储器的地址，语句表的操作数通常按位存取，如图 2-20 所示。

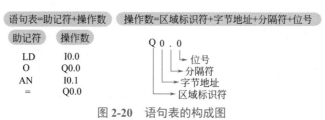

图 2-20　语句表的构成图

② 语句表的特点

a. 在语句表中，一个程序段由一条或多条语句构成，多条语句的情况如图 2-20

所示。

b. 在语句表中，几块独立的电路对应的语句可以放在一个网络中。

c. 语句表和梯形图可以相互转化，如图 2-21 所示。

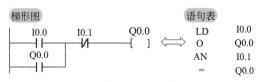

图 2-21　梯形图和语句表转化图

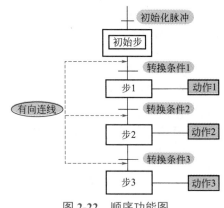

图 2-22　顺序功能图

d. 语句表可供经验丰富的编程员使用，它可以实现梯形图所不能实现的功能。

（3）顺序功能图

顺序功能图是一种图形语言，在 5 种国际标准语言中，顺序功能图被确定为首位编程语言，尤其是在 S7-300/400PLC 中更有较大的应用，其中 S7 Graph 就是典型的顺序功能图语言。顺序功能图具有条理清晰、思路明确、直观易懂等优点，往往适用于开关量顺序控制程序的编写。

顺序功能图主要由步、有向连线、转换条件和动作等要素组成，如图 2-22 所示。在编写顺序程序时，往往根据输出量的状态将一个完整的控制过程划分为若干个阶段，每个阶段就称为步，步与步之间有转换条件，且步与步之间有不同的动作。当上一步被执行时，满足转换条件立即跳到下一步，同时上一步停止。在编写顺序控制程序时，往往先画出顺序功能图，然后再根据顺序功能图写出梯形图，经过这一过程后使程序的编写大大简化。

重点提示

① 顺序功能图的画法　根据输出量的状态将一个完整的控制过程划分为若干个步，步与步之间有转换条件，且步与步之间有不同的动作。

② 程序编制方法：先画顺序功能图，再根据顺序功能图编写梯形图程序。

（4）功能块图

功能块图是一种类似于数字逻辑门电路的图形语言，它用类似于与门（AND）、或门（OR）的方框表示逻辑运算关系。

如图 2-23 所示，方框左侧表示逻辑运算输入变量，方框右侧表示逻辑运算输出变量，若输入 / 输出端有小圆圈则表示"非"运算，方框与方框之间用导线相连，信号从左向右流动。

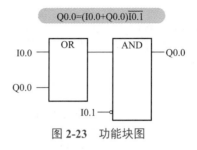

图 2-23　功能块图

在 S7-200 中，梯形图、语句表和功能块图之间可以相互转化，如图 2-24 所示。需要指出的是，并不是所有的梯形图、语句表和功能块图都能相互转化，对于逻辑关系较复杂的梯形图和语句表就不能转化为功能块图。功能块图在国内应用较少，但对于逻辑比较明显的程序来说，用功能块图就非常简单、方便。功能块适用于有数字电路基础的编程人员。

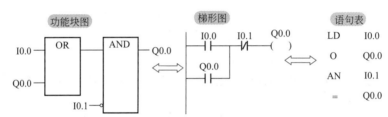

图 2-24　梯形图、语句表和功能块图之间的相互转换

（5）结构文本

结构文本是为 IEC 61131-3 标准创建的一种专用高级编程语言，与梯形图相比它能实现复杂的数学运算，编写程序非常简洁和紧凑。通常用计算机的描述语句来描述系统中的各种变量之间的运算关系，完成所需的功能或操作。在大中型 PLC 中，常常采用结构文本设计语言来描述控制系统中各个变量的关系，同时也被集散控制系统的编程和组态所采用，该语句适用于习惯使用高级语言编程的人员使用。

2.2　位逻辑指令

位逻辑指令主要指对 PLC 存储器中的某一位进行操作的指令，它的操作数是位。位逻辑指令包括触点指令和线圈指令两大类，常见的触点指令有触点取用指令、触点串、并联指令、电路块串、并联指令等；常见的线圈指令有线圈输出指令、置位复位指令等。

位逻辑指令是依靠 1、0 两个数进行工作的，1 表示触点或线圈的通电状态，0 表示触点或线圈的断电状态。利用位逻辑指令可以实现位逻辑运算和控制，在继电器系统的控制中应用较多。

> **编者心语**
>
> ① 在位逻辑指令中，每个指令的常见语言表达形式均有两种：一种是梯形图；另一种是语句表。
>
> ② 语句表的基本表达形式为操作码 + 操作数，其中操作数以位地址格式形式出现。

2.2.1　触点的取用指令与线圈输出指令

（1）指令格式及功能说明

触点取用指令与线圈指令格式及功能说明如表 2-5 所示。

二维码 39

表 2-5　触点取用指令与线圈指令格式及功能说明

指令名称	梯形图表达方式	指令表表达方式	功能	操作数
常开触点取用指令	<位地址> ┤ ├	LD< 位地址 >	用于逻辑运算的开始，表示常开触点与左母线相连	I、Q、M、SM、T、C、V、S
常闭触点取用指令	<位地址> ┤/├	LDN< 位地址 >	用于逻辑运算的开始，表示常闭触点与左母线相连	I、Q、M、SM、T、C、V、S
线圈输出指令	<位地址> ─( )	=< 位地址 >	用于线圈的驱动	Q、M、SM、T、C、V、S

（2）应用举例

触点取用指令与线圈指令应用举例如图 2-25 所示。

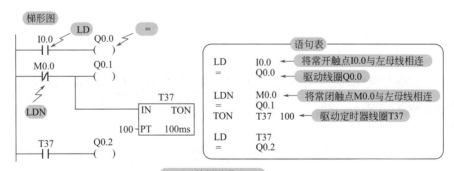

图 2-25　触点取用指令与线圈指令应用举例

2.2.2 触点串联指令

二维码40

（1）指令格式及功能说明

触点串联指令格式及功能说明如表 2-6 所示。

表 2-6　触点串联指令格式及功能说明

指令名称	梯形图 表达方式	指令表 表达方式	功能	操作元件
常开触点 串联指令	〈位地址〉 ⊣ ⊢ ( )	A〈位地址〉	用于单个常开触点 的串联	I、Q、M、SM、T、 C、V、S
常闭触点 串联指令	〈位地址〉 ⊣/⊢ ( )	AN〈位地址〉	用于单个常闭触点 的串联	I、Q、M、SM、T、 C、V、S

（2）应用举例

触点串联指令应用举例如图 2-26 所示。

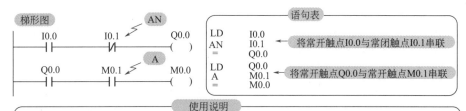

① 单个触点串联指令可以连续使用，但受编程软件和打印宽度的限制，一般串联不超过11个触点。

② 在 "=" 之后，通过串联触点对其他线圈使用 "=" 指令，称为连续输出。

图 2-26　触点串联指令应用举例

2.2.3 触点并联指令

（1）指令格式及功能说明

触点并联指令格式及功能说明如表 2-7 所示。

表 2-7　触点并联指令格式及功能说明

指令名称	梯形图 表达方式	指令表 表达方式	功能	操作元件
常开触点 并联指令	⊣ ⊢ ( ) 〈位地址〉 ⊣ ⊢	O〈位地址〉	用于单个常开触点 的并联	I、Q、M、SM、T、 C、V、S
常闭触点 并联指令	⊣ ⊢ ( ) 〈位地址〉 ⊣/⊢	ON〈位地址〉	用于单个常闭触点 的并联	I、Q、M、SM、T、 C、V、S

（2）应用举例

触点并联指令应用举例如图 2-27 所示。

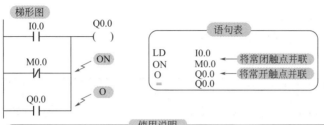

①单个触点并联指令可以连续使用，但受编程软件和打印宽度的限制，一般并联不超过7个。
②若两个以上触点串联后与其他支路并联，则需用到后面要讲的OLD指令。

图 2-27　触点并联指令应用举例

2.2.4　电路块串联指令

（1）指令格式及功能说明

电路块串联指令格式及功能说明如表 2-8 所示。

表 2-8　电路块串联指令格式及功能说明

指令名称	梯形图表达方式	指令表表达方式	功能	操作元件
电路块串联指令		ALD	用来描述并联电路块的串联关系 注：两个以上触点并联形成的电路称为并联电路块	无

（2）应用举例

电路块串联指令应用举例如图 2-28 所示。

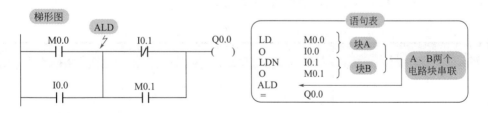

①在每个并联电路块的开始都需用LD或LDN指令。
②可顺次使用ALD指令，进行多个电路块的串联。
③ALD指令用于并联电路块的串联，而A/AN用于单个触点的串联。

图 2-28　电路块串联指令应用举例

2.2.5 电路块并联指令

（1）指令格式及功能说明

电路块并联指令格式及功能说明如表 2-9 所示。

表 2-9　电路块并联指令格式及功能说明

指令名称	梯形图 表达方式	指令表 表达方式	功能	操作元件
电路块 并联指令	——┤├──┤├──（　） ——┤├──┤├──	OLD	用来描述串联电路块的 并联关系 注：两个以上触点串联形 成的电路称为串联电路块	无

（2）应用举例

电路块并联指令应用举例如图 2-29 所示。

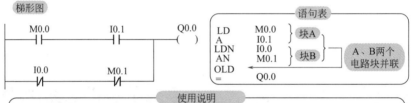

```
梯形图
    M0.0        I0.1         Q0.0
  ──┤├────────┤├─────────（　）

    I0.0        M0.1
  ──┤├────────┤├──
```

语句表
```
LD    M0.0  ┐ 块A
A     I0.1  ┘
LDN   I0.0  ┐ 块B
AN    M0.1  ┘
OLD
=     Q0.0
```
A、B两个
电路块并联

使用说明
①在每个串联电路块的开始都需用LD或LDN指令。
②可顺次使用OLD指令，进行多个电路块的并联。
③OLD指令用于串联电路块的并联，而O/ON用于单个触点的并联。

图 2-29　电路块并联指令应用举例

2.2.6 置位与复位指令

二维码 41

（1）指令格式及功能说明

置位与复位指令格式及功能说明如表 2-10 所示。

表 2-10　置位与复位指令格式及功能说明

指令名称	梯形图	语句表	功能	操作数
置位指令 S（set）	〈位地址〉 ——（ S ） N	S< 位地址 >，N	从起始位（bit）开始连 续 N 位被置 1	S/R指令操作数为Q、M、 SM、T、C、V、S、L
复位指令 R（Reset）	〈位地址〉 ——（ R ） N	R< 位地址 >，N	从起始位（bit）开始连 续 N 位被清 0	

（2）应用举例

置位与复位指令应用举例如图 2-30 所示。

图 2-30　置位与复位指令应用举例

2.2.7　脉冲生成指令

二维码 42

（1）指令格式及功能说明

脉冲生成指令格式及功能说明如表 2-11 所示。

表 2-11　脉冲生成指令格式及功能说明

指令名称	梯形图	语句表	功能	操作数
上升沿脉冲发生指令	—|P|—	EU	产生宽度为一个扫描周期的上升沿脉冲	无
下降沿脉冲发生指令	—|N|—	ED	产生宽度为一个扫描周期的下降沿脉冲	无

（2）应用举例

脉冲生成指令应用举例如图 2-31 所示。

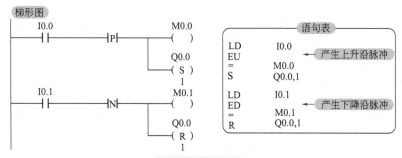

图 2-31　脉冲生成指令应用举例

（3）由特殊内部标志位存储器构成的脉冲发生电路举例

脉冲发生电路是应用广泛的一种控制电路，它的构成形式很多，如图 2-32 所示。

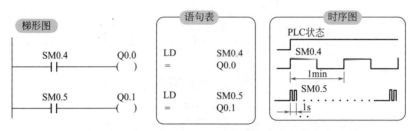

图 2-32　由 SM0.4 和 SM0.5 构成的脉冲发生电路

SM0.4 和 SM0.5 构成的脉冲发生电路最为简单，SM0.4 和 SM0.5 是最为常用的特殊内部标志位存储器。SM0.4 为分脉冲，在一个周期内接通 30s、断开 30s，SM0.5 为秒脉冲，在一个周期内接通 0.5s、断开 0.5s。

2.2.8　触发器指令

二维码 43

（1）指令格式及功能说明

触发器指令格式及功能说明如表 2-12 所示。

表 2-12　触发器指令格式及功能说明

指令名称	梯形图	语句表	功能	操作数
置位优先触发器指令（SR）	bit S1　OUT SR R	SR	置位信号 S1 和复位信号 R 同时为 1 时，置位优先	S1、R1、S、R 的操作数：I、Q、V、M、SM、S、T、C Bit 的操作数：I、Q、V、M、S
复位优先触发器指令（RS）	bit S　OUT RS R1	RS	置位信号 S 和复位信号 R1 同时为 1 时，复位优先	

（2）应用举例

触发器指令应用举例如图 2-33 所示。

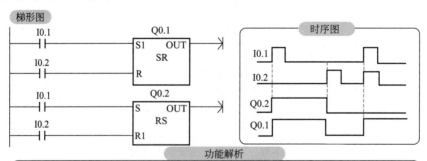

图 2-33　触发器指令应用举例

2.2.9　取反指令与空操作指令

（1）指令格式及功能说明

取反指令与空操作指令格式及功能说明如表 2-13 所示。

表 2-13　取反指令与空操作指令格式及功能说明

指令名称	梯形图	语句表	功能	操作数
取反指令	─┤ NOT ├─	NOT	对逻辑结果取反操作	无
空操作指令	N ─ NOP	NOP N	空操作，其中 N 为空操作次数，N=0 ～ 255	无

（2）应用举例

取反指令与空操作指令应用举例如图 2-34 所示。

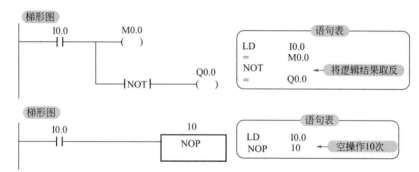

图 2-34　取反指令与空操作指令应用举例

2.2.10　逻辑堆栈指令

堆栈是一组能够存储和取出数据的暂存单元。在 S7-200PLC 中，堆栈有 9 层，顶层叫栈顶，底层叫栈底。堆栈的存取特点是"后进先出"，每次进行入栈操作时，新值都放在栈顶，栈底值丢失；每次进行出栈操作时，栈顶值弹出，栈底值补进随机数。

逻辑堆栈指令主要用来完成对触点进行复杂连接，配合 ALD、OLD 指令使用，逻辑堆栈指令主要有逻辑入栈指令、逻辑读栈指令和逻辑出栈指令，具体如下。

（1）逻辑入栈（LPS）指令

逻辑入栈（LPS）指令又称分支指令或主控指令，执行逻辑入栈指令时，把栈顶值复制后压入堆栈，原堆栈中各层栈值依次下压一层，栈底值被压出丢失。逻辑入栈（LPS）指令的执行情况如图 2-35（a）所示。

（2）逻辑读栈（LRD）指令

执行逻辑读栈（LRD）指令时，把堆栈中第 2 层的值复制到栈顶，2 ～ 9 层数据不变，堆栈没有压入和弹出，但原来的栈顶值被新的复制值取代。逻辑读栈（LRD）指令的执行情况如图 2-35（b）所示。

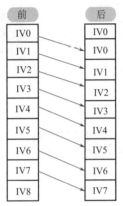

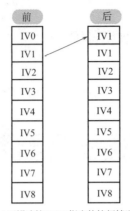
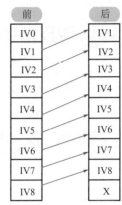

(a) 逻辑入栈(LPS)指令的执行情况　　(b) 逻辑读栈(LRD)指令的执行情况　　(c) 逻辑出栈(LPP)指令的执行情况

图 2-35　堆栈操作过程

（3）逻辑出栈（LPP）指令

逻辑出栈（LPP）指令又称分支结束指令或主控复位指令，执行逻辑出栈（LPP）指令时，堆栈做弹出栈操作，将栈顶值弹出，原堆栈各级栈值依次上弹一级，原堆栈第 2 级的值成为栈顶值，原栈顶值从栈内丢失。逻辑出栈（LPP）指令的执行情况如图 2-35（c）所示。

（4）使用说明

① LPS 指令和 LPP 指令必须成对出现。

② 受堆栈空间的限制，LPS 指令和 LPP 指令连续使用不得超过 9 次。

③ 堆栈指令 LPS、LRD、LPP 无操作数。

（5）应用举例

堆栈指令应用举例如图 2-36 所示。

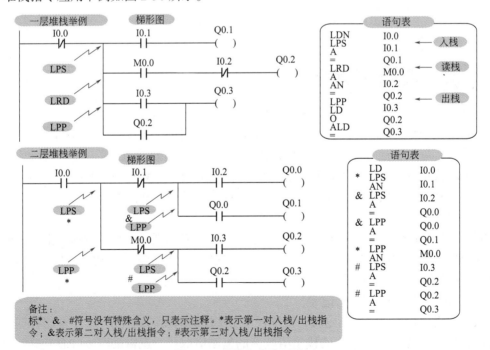

备注：
标*、&、#符号没有特殊含义，只表示注释。*表示第一对入栈/出栈指令；&表示第二对入栈/出栈指令；#表示第三对入栈/出栈指令

图 2-36　堆栈指令应用举例

2.3 定时器指令

2.3.1 定时器指令介绍

二维码 46

定时器是 PLC 中最常用的编程元件之一，其功能与继电器控制系统中的时间继电器相同，起到延时作用。与时间继电器不同的是定时器有无数对常开 / 常闭触点供用户编程使用。其结构主要由一个 16 位当前值寄存器（用来存储当前值）、一个 16 位预置值寄存器（用来存储预置值）和 1 位状态位（反映其触点的状态）组成。

在 S7-200PLC 中，按工作方式的不同，可以将定时器分为 3 大类，它们分别为通电延时型定时器、断电延时型定时器和保持型通电延时定时器。定时器指令的指令格式如表 2-14 所示。

表 2-14 定时器指令的指令格式

名称	通电延时型定时器	断电延时型定时器	保持型通电延时定时器
定时器类型	TON	TOF	TONR
梯形图	Tn —IN TON —PT	Tn —IN TOF —PT	Tn —IN TONR —PT
语句表	TON Tn, PT	TOF Tn, PT	TONR Tn, PT

（1）图说定时器指令

图说定时器指令如图 2-37 所示。

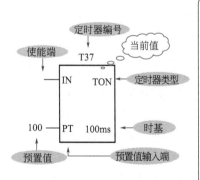

定时器相关概念

①定时器编号：T0~T255
②使能端：使能端控制着定时器的能流，当使能端输入有效时，也就是说使能端有能流流过时，定时时间到，定时器输出状态为1(定时器输出状态为1可以近似理解为定时器线圈吸合)；当使能端输入无效时，也就是说使能端无能流流过时，定时器输出状态为0
③预置值输入端：在编程时，根据时间设定需要在预置值输入端输入相应的预置值，预置值为16位有符号整数，允许设定的最大值为32767，其操作数为VW、IW、QW、SW、SMW、LW、AIW、T、C、AC、常数等
④时基：相应的时基有3种，它们分别为1ms、10ms和100ms，不同的时基，对应的最大定时范围、编号和定时器刷新方式不同
⑤当前值：定时器当前所累计的时间称为当前值，当前值为16位有符号整数，最大计数值为32767
⑥定时时间计算公式为

$$T = PT \times S$$

式中，T 为定时时间；PT 为预置值；S 为时基

图 2-37 图说定时器指令

（2）定时器类型、时基和编号

定时器类型、时基和编号如表 2-15 所示。

表 2-15 定时器类型、时基和编号

定时器类型	时基 /ms	最大定时范围 /s	定时器编号
TONR	1	32.767	T0 和 T64
	10	327.67	T1 ~ T4 和 T65 ~ T68
	100	3276.7	T5 ~ T31 和 T69 ~ T95
TON/TOF	1	32.767	T32 和 T96
	10	327.67	T33 ~ T36 和 T97 ~ T100
	100	3276.7	T37 ~ T63 和 T101 ~ T255

二维码 47

2.3.2 定时器指令的工作原理

（1）通电延时型定时器（TON）指令工作原理

① 工作原理 当使能端输入（IN）有效时，定时器开始计时，当前值从 0 开始递增，当当前值大于或等于预置值时，定时器输出状态为 1（定时器输出状态为 1 可以近似理解为定时器线圈吸合），相应的常开触点闭合、常闭触点断开；到达预置值后，当前值继续增大，直到最大值 32767，在此期间定时器输出状态仍然为 1，直到使能端无效时，定时器才复位，当前值被清零，此时输出状态为 0。

② 应用举例 如图 2-38 所示。

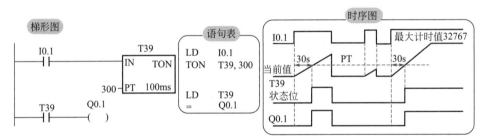

图 2-38 通电延时定时器应用举例

> 💡 **案例解析**
>
> 当 I0.1 接通时，使能端（IN）输入有效，定时器 T39 开始计时，当前值从 0 开始递增，当当前值等于预置值 300 时，定时器输出状态为 1，定时器对应的常开触点 T39 闭合，驱动线圈 Q0.1 吸合；当 I0.1 断开时，使能端（IN）输出无效，T39 复位，当前值清 0，输出状态为 0，定时器常开触点 T39 断开，线圈 Q0.1 断开。若使能端接通时间小于预置值，定时器 T39 立即复位，线圈 Q0.1 也不会有输出；若使能端输出有效，计时到达预置值以后，当前值仍然增加，直到 32767，在此期间定时器 T39 输出状态仍为 1，线圈 Q0.1 仍处于吸合状态。

（2）断电延时型定时器（TOF）指令工作原理

① 工作原理 当使能端输入（IN）有效时，定时器输出状态为 1，当前值复位；当使

能端（IN）断开时，当前值从 0 开始递增，当当前值等于预置值时，定时器复位并停止计时，当前值保持。

②应用举例　如图 2-39 所示。

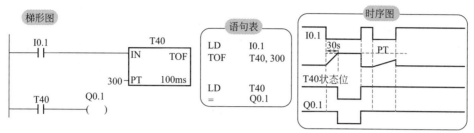

图 2-39　断电延时定时器应用举例

案例解析

当 I0.1 接通时，使能端（IN）输入有效，当前值为 0，定时器 T40 输出状态为 1，驱动线圈 Q0.1 有输出；当 I0.1 断开时，使能端输入无效，当前值从 0 开始递增，当当前值到达预置值时，定时器 T40 复位为 0，线圈 Q0.1 也无输出，但当前值保持；当 I0.1 再次接通时，当前值仍为 0；若 I0.1 断开的时间小于预置值，定时器 T40 仍处于置 1 状态。

（3）保持型通电延时定时器（TONR）指令工作原理

①工作原理　当使能端（IN）输入有效时，定时器开始计时，当前值从 0 开始递增，当当前值到达预置值时，定时器输出状态为 1；当使能端（IN）无效时，当前值处于保持状态，但当使能端再次有效时，当前值在原来保持值的基础上继续递增计时；保持型通电延时定时器采用线圈复位指令（R）进行复位操作，当复位线圈有效时，定时器当前值被清 0，定时器输出状态为 0。

②应用举例　如图 2-40 所示。

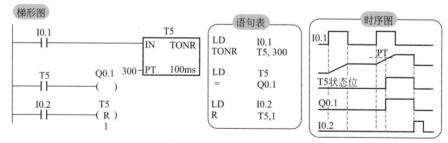

图 2-40　保持型通电延时定时器应用举例

案例解析

当 I0.1 接通时，使能端（IN）有效，定时器开始计时；当 I0.1 断开时，使能端无效，但当前值仍然保持并不复位，当使能端再次有效时，其当前值在原来的基础上开始递增，当前值大于等于预置值时，定时器 T5 状态位置 1，线圈 Q0.1 有输出，此后即使是使能端无效时，定时器 T5 状态位仍然为 1，直到 I0.2 闭合，线圈复位（T5）指令进行复位操作时，定时器 T5 状态位才被清 0，定时器 T5 常开触点断开，线圈 Q0.1 断电。

（4）使用说明

① 通电延时型定时器符合通常的编程习惯，与其他两种定时器相比，在实际编程中通电延时型定时器应用最多。

② 通电延时型定时器适用于单一间隔定时；断电延时型定时器适用于故障发生后的时间延时；保持型通电延时定时器适用于累计时间间隔定时。

③ 通电延时型定时器和断电延时型定时器共用同一组编号（表2-14），因此同一编号的定时器不能既作通电延时型定时器使用，又作断电延时型（TOF）定时器使用。例如，不能既有通电延时型定时器T37，又有断电延时型定时器T37。

④ 可以用复位指令对定时器进行复位，且保持型通电延时定时器只能用复位指令对其进行复位操作。

⑤ 对于不同时基的定时器，它们当前值的刷新周期是不同的。

2.3.3 定时器指令应用举例

二维码48

（1）定时器在顺序控制中应用举例

① 控制要求　有红、绿、黄三盏小灯，当按下启动按钮时，三盏小灯每隔2s轮流点亮，并循环；当按下停止按钮时，三盏小灯都熄灭。

② 解决方案　顺序控制电路如图2-41所示。

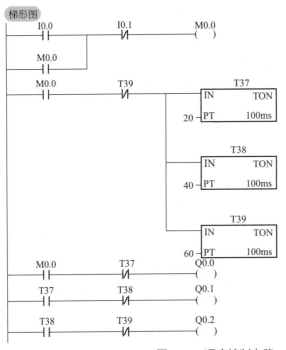

图 2-41　顺序控制电路

> 🔖 **案例解析**
>
> 　　当按下启动按钮时，I0.0的常开触点闭合，辅助继电器M0.0线圈得电并自锁，其常开触点M0.0闭合，输出继电器线圈Q0.0得电，红灯亮；与此同时，定时器

T37、T38 和 T39 开始定时，当 T37 定时时间到时，其常时闭触点断开、常开触点闭合，Q0.0 断电、Q0.1 得电，对应的红灯灭、绿灯亮；当 T38 定时时间到时，Q0.1 断电、Q0.2 得电，对应的绿灯灭、黄灯亮；当 T39 定时时间到时，其常闭触点断开，Q0.2 失电且 T37、T38 和 T39 复位，接着定时器 T37、T38 和 T39 又开始新的一轮计时，红、绿、黄灯依次点亮往复循环；当按下停止按钮时，M0.0 失电，其常开触点断开，定时器 T37、T38 和 T39 断电，三盏灯全熄灭。

（2）定时器在脉冲发生电路中的应用举例

① 单个定时器构成的脉冲发生电路　如图 2-42 所示。

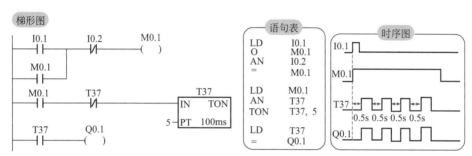

图 2-42　单个定时器构成的脉冲发生电路

案例解析

　　单个定时器构成的脉冲发生电路的脉冲周期可调，通过改变 T37 的预置值，从而改变脉冲的延时时间，进而改变脉冲的发生周期。当按下启动按钮时，I0.1 闭合，线圈 M0.1 接通并自锁，M0.1 的常开触点闭合，T37 计时，0.5s 后 T37 定时时间到，其线圈得电，其常开触点闭合，Q0.1 接通。在 T37 常开触点接通的同时，其常闭触点断开，T37 线圈断电，从而 Q0.1 失电，接着 T37 再从 0 开始计时，如此周而复始会产生间隔为 0.5s 的脉冲，直到按下停止按钮，才停止脉冲发生。

② 多个定时器构成的脉冲发生电路

a. 方案（一），如图 2-43 所示。

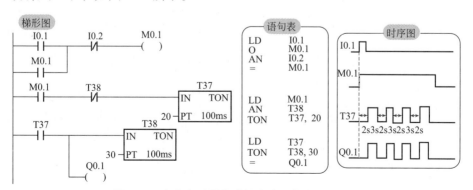

图 2-43　多个定时器构成的脉冲发生电路（一）

案例解析

当按下启动按钮时，I0.1 闭合，线圈 M0.1 接通并自锁，M0.1 的常开触点闭合，T37 计时，2s 后 T37 定时时间到，其线圈得电，常开触点闭合，Q0.1 接通，与此同时 T38 定时，3s 后定时时间到，T38 线圈得电，其常闭触点断开，T37 断电，其常开触点断开，Q0.1 和 T38 线圈断电，T38 的常闭触点复位，T37 又开始定时，如此反复，会发出一个个脉冲。

b. 方案（二），如图 2-44 所示。

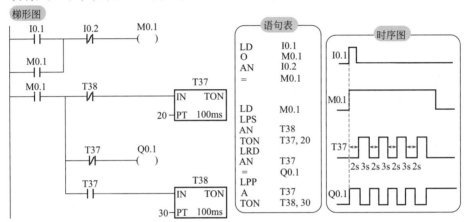

图 2-44　多个定时器构成的脉冲发生电路（二）

案例解析

方案（二）的实现与方案（一）几乎一致，只不过方案（二）的 Q0.1 先得电且得电 2s 断 3s，方案（一）的 Q0.1 后得电且得电 3s 断 2s 而已。

③ 顺序脉冲发生电路　如图 2-45 所示为 3 个定时器顺序脉冲发生电路。

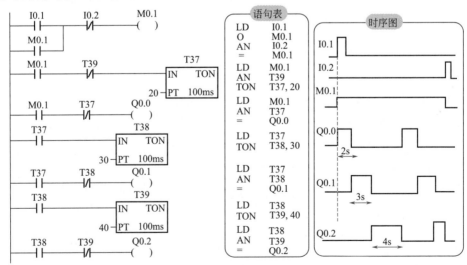

图 2-45　3 个定时器顺序脉冲发生电路

✍ 案例解析

　　当按下启动按钮时，常开触点 I0.1 接通，辅助继电器 M0.1 得电并自锁，且其常开触点闭合，T37 开始定时，同时 Q0.0 接通，T37 定时 2s 时间到，T37 的常闭触点断开，Q0.0 断电；T37 常开触点闭合，T38 开始定时，同时 Q0.1 接通，T38 定时 3s 时间到，Q0.1 断电；T38 常开触点闭合，T39 开始定时，同时 Q0.2 接通，T39 定时 4s 时间到，Q0.2 断电；若 M0.1 线圈仍接通，该电路会重新开始产生顺序脉冲，直到按下停止按钮，常闭触点 I0.2 断开；当按下停止按钮时，常闭触点 I0.2 断开，线圈 M0.1 失电，定时器全部断电复位，线圈 Q0.0、Q0.1 和 Q0.2 全部断电。

2.4　计数器指令

二维码 49

　　计数器是一种用来累计输入脉冲个数的编程元件，在实际应用中用来对产品进行计数或完成复杂逻辑控制任务。其结构主要由一个 16 位当前值寄存器、一个 16 位预置值寄存器和 1 位状态位组成。在 S7-200PLC 中，按工作方式的不同，可将计数器分为 3 大类：加计数器、减计数器和加减计数器。

2.4.1　加计数器

（1）加计数器（CTU）

加计数器如图 2-46 所示。

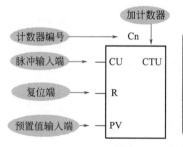

图 2-46　加计数器

（2）工作原理

　　复位端（R）的状态为 0 时，脉冲输入有效，计数器可以计时，当脉冲输入端（CU）有上升沿脉冲输入时，计数器的当前值加 1，当当前值大于或等于预置值（PV）时，计数器的状态位置 1，其常开触点闭合，常闭触点断开；若当前值到达预置值后，脉冲输入依然上升沿脉冲输入，计数器的当前值继续增加，直到最大值 32767，在此期间计数器的状态位仍然处于置 1 状态；当复位端（R）状态为 1 时，计数器复位，当前值被清 0，计数器的状态位置 0。

（3）应用举例

加计数器应用举例如图 2-47 所示。

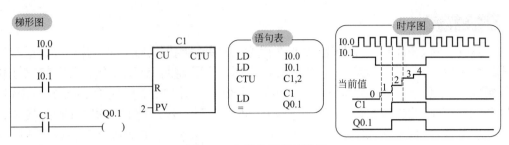

图 2-47　加计数器应用举例

案例解析

　　当 R 端常开触点 I0.1=1 时，计数器脉冲输入无效；当 R 端常开触点 I0.1=0 时，计数器脉冲输入有效，CU 端常开触点 I0.0 每闭合一次，计数器 C1 的当前值加 1，当当前值到达预置值 2 时，计数器 C1 的状态位置 1，其常开触点闭合，线圈 Q0.1 得电；当 R 端常开触点 I0.1=1 时，计时器 C1 被复位，其当前值清零，C1 状态位清零。

2.4.2　减计数器

（1）减计数器（CTD）

减计数器如图 2-48 所示。

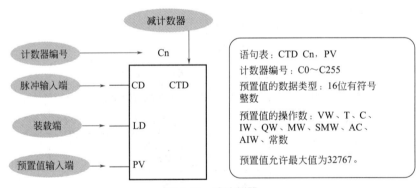

图 2-48　减计数器

（2）工作原理

　　当装载端 LD 的状态为 1 时，计数器被复位，计数器的状态位为 0，预置值被装载到当前值寄存器中；当装载端 LD 的状态为 0 时，脉冲输入端有效，计数器可以计数，当脉冲输入端（CD）有上升沿脉冲输入时，计数器的当前值从预置值开始递减计数，当当前值减至为 0 时，计数器停止计数，其状态位为 1。

（3）应用举例

减计数器应用举例如图 2-49 所示。

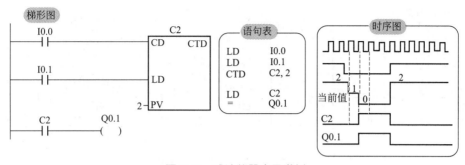

图 2-49　减计数器应用举例

> 🌱 **案例解析**
>
> 　　当 LD 端常开触点 I0.1 闭合时，减计数器 C2 被置 0，线圈 Q0.1 失电，其预置值被装载到 C2 当前值寄存器中；当 LD 端常开触点 I0.1 断开时，计数器脉冲输入有效，CD 端 I0.0 常开触点每闭合一次，其当前值就减 1，当当前值减为 0 时，减计数器 C2 的状态位被置 1，其常开触点闭合，线圈 Q0.1 得电。

2.4.3　加减计数器

（1）加减计数器（CTUD）

加减计数器如图 2-50 所示。

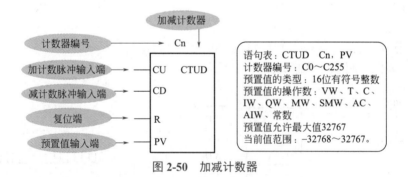

图 2-50　加减计数器

（2）工作原理

　　当复位端（R）状态为 0 时，计数脉冲输入有效，当加计数输入端（CU）有上升沿脉冲输入时，计数器的当前值加 1，当减计数输入端（CD）有上升沿脉冲输入时，计数器的当前值减 1，当计数器的当前值大于等于预置值时，计数器状态位被置 1，其常开触点闭合、常闭触点断开；当复位端（R）状态为 1 时，计数器被复位，当前值被清零；加减计数器当前值范围为 -32768 ~ 32767，若加减计数器当前值为最大值 32767，则 CU 端再输入一个上升沿脉冲，其当前值立刻跳变为最小值 -32768；若加减计数器当前值为最小值 -32768，则 CD 端再输入一个上升沿脉冲，其当前值立刻跳变为最大值 32767。

（3）应用举例

加减计数器应用举例如图 2-51 所示。

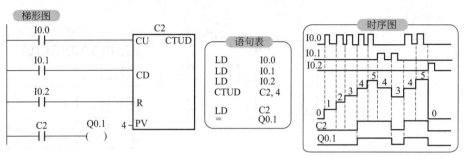

图 2-51 加减计数器应用举例

> **程序解析**
>
> 当与复位端（R）连接的常开触点 I0.2 断开时，脉冲输入有效，此时与加计数脉冲输入端连接的 I0.0 每闭合一次，计数器 C2 的当前值就会加 1，与减计数脉冲输入端连接的 I0.1 每闭合一次，计数器 C2 的当前值就会减 1，当当前值大于等于预置值 4 时，C2 的状态位置 1，C2 常开触点闭合，线圈 Q0.1 接通；当与复位端（R）连接的常开触点 I0.2 闭合时，C2 的状态位置 0，其当前值清零，线圈 Q0.1 断开。

2.4.4 计数器指令的应用举例

（1）计数器在照明灯控制中的应用举例

① 控制要求　用一个按钮控制一盏灯，当按钮按 4 次时灯点亮，再按 2 次时灯熄灭。

② 解决方案

a. I/O 分配　启动按钮为 I0.1，灯为 Q0.1。

b. 程序编制　照明灯控制如图 2-52 所示。

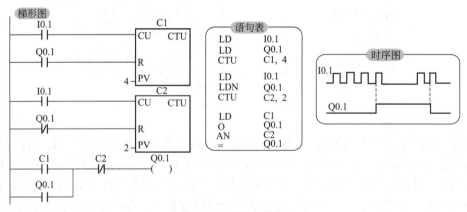

图 2-52 照明灯控制

> **程序解析**
>
> 计数器 C1 的复位端为 0 可以计数，计数器 C2 的复位端为 1 不能计数；按钮按够（即 I0.1=1）4 次，C1 接通，Q0.1 得电并自锁，灯点亮，同时 C1 复位端接通，C2 复位端断开，可计数。再按（即 I0.1=1）2 次，C2 接通，Q0.1 失电，灯熄灭。

（2）计数器在产品数量检测控制中的应用举例

① 控制要求　产品数量检测控制如图 2-53 所示。传送带传输工件，用传感器检测通过的产品数量，每凑够 12 个产品机械手动作 1 次，机械手动作后延时 3s，将机械手电磁铁切断。

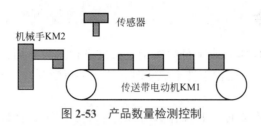

图 2-53　产品数量检测控制

② I/O 分配　产品数量检测控制 I/O 分配如表 2-16 所示。

表 2-16　产品数量检测控制 I/O 分配

输入量		输出量	
传送带启动开关	I0.1	传送带电动机	Q0.1
传送带停止开关	I0.2	机械手	Q0.2
传感器	I0.3		

③ 程序编制与解析　产品数量检测控制程序如图 2-54 所示。按下启动按钮 I0.1 得电，线圈 Q0.1 得电并自锁，KM1 吸合，传送带电动机运转；随着传送带的运动，传感器每检测到一个产品都会给 C2 脉冲，当脉冲数为 12 时，C2 状态位置 1，其常开触点闭合，Q0.2 得电，机械手将货物抓走，与此同时 T38 定时，3s 后 Q0.2 断开，机械手断电复位。

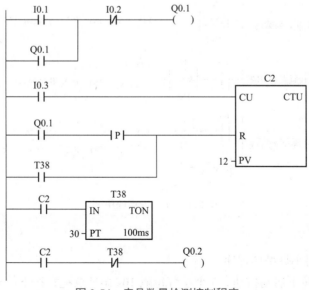

图 2-54　产品数量检测控制程序

2.5 比较指令与数据传送指令

二维码 50

2.5.1 比较指令

比较指令是将两个操作数或字符串按指定条件进行比较，当比较条件成立时，其触点闭合，后面的电路接通；当比较条件不成立时，比较触点断开，后面的电路不接通。

（1）指令格式

比较指令的运算符有 6 种，其操作数可以为字节、双字、整数或实数，其指令格式如图 2-55 所示。

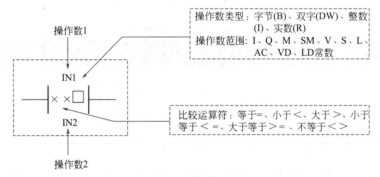

图 2-55 比较指令格式

（2）指令用法

比较指令的触点和普通的触点一样，可以装载、串联和并联，具体如图 2-56 所示。

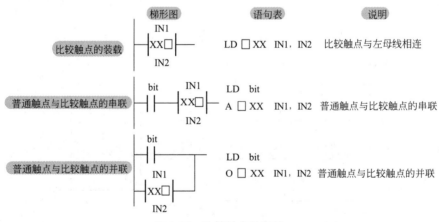

图 2-56 比较触点的用法

（3）举例

用比较指令编写小灯循环程序。

① 控制要求 按下启动按钮，3 个小灯每隔 10s 循环点亮；按下停止按钮，3 个小灯全部熄灭。

② 程序设计

a. 小灯循环控制 I/O 分配如表 2-17 所示。

表 2-17　小灯循环程序的 I/O 分配

输入量		输出量	
启动按钮	I0.0	红灯	Q0.0
停止按钮	I0.1	绿灯	Q0.1
		黄灯	Q0.2

b. 小灯循环控制梯形图程序如图 2-57 所示。

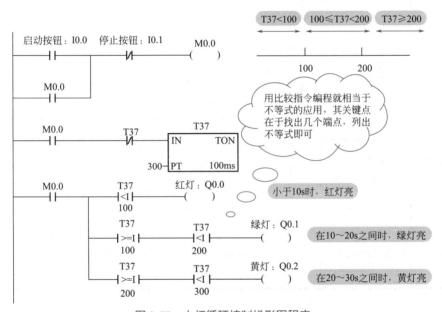

图 2-57　小灯循环控制梯形图程序

2.5.2　数据传送指令

数据传送指令用来完成各存储单元之间一个或多个数据的传送，传送过程中数值保持不变。根据每次传送数据的多少，可将其分为单一传送指令和数据块传送指令，无论是单一传送指令还是数据块传送指令，都有字节、字、双字和实数等几种数据类型。为了满足立即传送的要求，设有字节立即传送指令；为了方便实现在同一字内高低字节的交换，还设有字节交换指令。

数据传送指令适用于存储单元的清零、程序的初始化等场合。

（1）单一传送指令

① 指令格式　单一传送指令用来传送一个数据，其数据类型可以为字节、字、双字和实数。在传送过程中数据内容保持不变，其指令格式如表 2-18 所示。

表 2-18　单一传送指令 MOV 的指令格式

指令名称	编程语言		操作数类型及操作范围
	梯形图	语句表	
字节传送指令	MOV_B EN　ENO IN　OUT	MOVB　IN, OUT	IN：IB、QB、VB、MB、SB、SMB、LB、AC、常数 OUT：IB、QB、VB、MB、SB、SMB、LB、AC IN/OUT 数据类型：字节
字传送指令	MOV_W EN　ENO IN　OUT	MOVW　IN, OUT	IN：IW、QW、VW、MW、SW、SMW、LW、AC、T、C、AIW、常数 OUT：IW、QW、VW、MW、SW、SMW、LW、AC、T、C、AQW IN/OUT 数据类型：字
双字传送指令	MOV_DW EN　ENO IN　OUT	MOVD　IN, OUT	IN：ID、QD、VD、MD、SD、SMD、LD、AC、HC、常数 OUT：ID、QD、VD、MD、SD、SMD、LD、AC IN/OUT 数据类型：双字
实数传送指令	MOV_R EN　ENO IN　OUT	MOVR　IN, OUT	IN：ID、QD、VD、MD、SD、SMD、LD、AC、常数 OUT：ID、QD、VD、MD、SD、SMD、LD、AC IN/OUT 数据类型：实数
EN（使能端）	I、Q、M、T、C、SM、V、S、L　　　　EN 数据类型：位		
功能说明	当使能端 EN 有效时，将一个输入 IN 的字节、字、双字或实数传送到 OUT 的指定存储单元输出，传送过程数据内容保持不变		

② 应用举例

a. 将常数 3 传送 QB0，观察 PLC 小灯的点亮情况。

b. 将常数 3 传送 QW0，观察 PLC 小灯的点亮情况。

c. 程序设计：单一传送指令应用举例如图 2-58 所示。

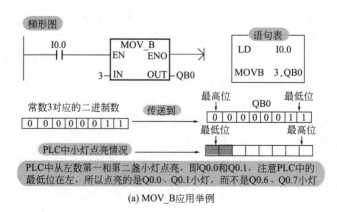

(a) MOV_B 应用举例

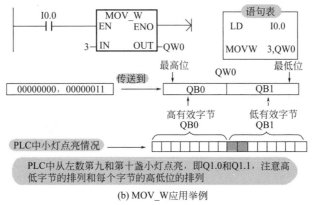

PLC 中从左数第九和第十盏小灯点亮，即Q1.0和Q1.1，注意高低字节的排列和每个字节的高低位的排列

(b) MOV_W应用举例

图 2-58　单一传送指令应用举例

（2）数据块传送指令

① 指令格式　数据块传送指令用来一次性传送多个数据，块传送包括字节的块传送、字的块传送和双字的块传送，其指令格式如表 2-19 所示。

表 2-19　数据块传送指令 BLKMOV 的指令格式

指令名称	编程语言		操作数类型及操作范围
	梯形图	语句表	
字节的块传送指令	BLKMOV_B EN　ENO IN　OUT N	BMB　IN, OUT, N	IN：IB、QB、VB、MB、SB、SMB、LB 　OUT：IB、QB、VB、MB、SB、SMB、LB 　IN/OUT 数据类型：字节
字的块传送指令	BLKMOV_W EN　ENO IN　OUT N	BMW　IN, OUT, N	IN：IW、QW、VW、MW、SW、SMW、LW、T、C、AIW 　OUT：IW、QW、VW、MW、SW、SMW、LW、T、C、AQW 　IN/OUT 数据类型：字
双字的块传送指令	BLKMOV_D EN　ENO IN　OUT N	BMD　IN, OUT, N	IN：ID、QD、VD、MD、SD、SMD、LD 　OUT：ID、QD、VD、MD、SD、SMD、LD 　IN/OUT 数据类型：双字
EN（使能端）	I、Q、M、T、C、SM、V、S、L　　　　数据类型：位		
N（源数据数目）	IB、QB、VB、MB、SB、SMB、LB、AC、常数。数据类型：字节。数据范围：1 ~ 255		
功能说明	当使能端 EN 有效时，把从输入 IN 开始 N 个字节、字、双字传送到 OUT 的起始地址中，传送过程中数据内容保持不变		

② 应用举例

a. 控制要求　将内部标志位存储器 MB0 开始的 2 个字节（MB0 和 MB1）中的数据，移至 QB0 开始的 2 个字节（QB0 和 QB1）中，观察 PLC 小灯的点亮情况。

b. 程序设计　数据块传送指令应用举例如图 2-59 所示。

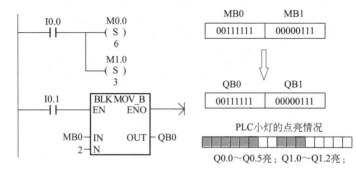

二维码 51

图 2-59 数据块传送指令应用举例

（3）字节交换指令

① 指令格式　字节交换指令用来交换输入字 IN 的最高字节和最低字节，具体指令格式如图 2-60 所示。

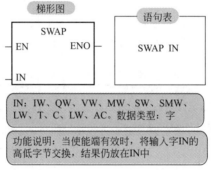

图 2-60 字节交换指令的指令格式

② 应用举例

a. 控制要求　将字 QW0 中高低字节的内容交换，观察 PLC 小灯的点亮情况。

b. 程序设计　字节交换指令应用举例如图 2-61 所示。

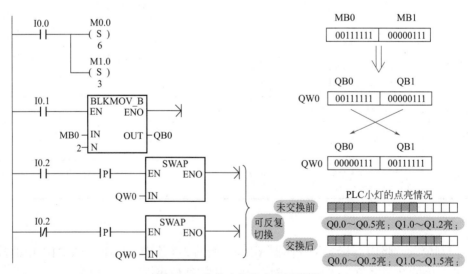

图 2-61 字节交换指令应用举例

（4）字节立即传送指令

字节立即传送指令和位逻辑指令中的立即指令一样，用于输入 / 输出的立即处理，它包括字节立即读指令和字节立即写指令，具体指令格式如表 2-20 所示。

表 2-20　字节立即传送指令的指令格式

指令名称	编程语言		操作数类型及操作范围
	梯形图	语句表	
字节立即读指令	MOV_BIR EN　ENO IN　OUT	BIR　IN, OUT	IN：IB OUT：IB、QB、VB、MB、SB、SMB、LB、AC IN/OUT 数据类型：字节
字节立即写指令	MOV_BIW EN　ENO IN　OUT	BIW　IN, OUT	IN：IB、QB、VB、MB、SB、SMB、LB、AC、常数 OUT：QB IN/OUT 数据类型：字节

① 字节立即读指令　当使能端有效时，读取实际输入端 IN 给出的 1 个字节的数值，并将结果写入 OUT 所指定的存储单元，但输入映像寄存器未更新。

② 字节立即写指令　当使能端有效时，从输入端 IN 所指定的存储单元中读取 1 个字节的数据，并将结果写入 OUT 所指定的存储单元，刷新输出映像寄存器，将计算结果立即输出到负载。

（5）数据传送指令综合举例

① 初始化程序设计　初始化程序用于开机运行时，对某些存储器置位的一种操作，具体如图 2-62 所示。

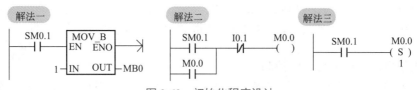

图 2-62　初始化程序设计

② 停止程序设计　停止程序是指对某些存储器清零的一种操作，具体如图 2-63 所示。

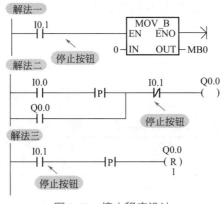

图 2-63　停止程序设计

③ 应用举例　两级传送带启停控制。

a. 控制要求　两级传送带启停控制如图 2-64 所示。当按下启动按钮后，电动机 M1 接通；当货物到达 I0.1 后，I0.1 接通并启动电动机 M2；当货物到达 I0.2 后，M1 停止；当货物到达 I0.3 后，M2 停止；试设计梯形图。

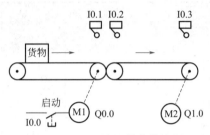

图 2-64　两级传送带启停控制

b. 程序设计　两级传送带启停控制的梯形图如图 2-65 所示。

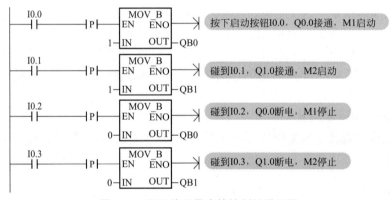

图 2-65　两级传送带启停控制的梯形图

④ 应用举例　小车运行方向控制。

a. 控制要求　小车运行方向控制示意图如图 2-66 所示。当小车所停止位置限位开关 SQ 的编号大于呼叫位置按钮 SB 的编号时，小车向左运行到呼叫位置时停止；当小车所停止位置限位开关 SQ 的编号小于呼叫位置按钮 SB 的编号时，小车向右运行到呼叫位置时停止；当小车所停止位置限位开关 SQ 的编号等于呼叫位置按钮 SB 的编号时，小车不动作。

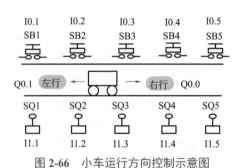

图 2-66　小车运行方向控制示意图

b. 程序设计　小车运行方向控制程序如图 2-67 所示。

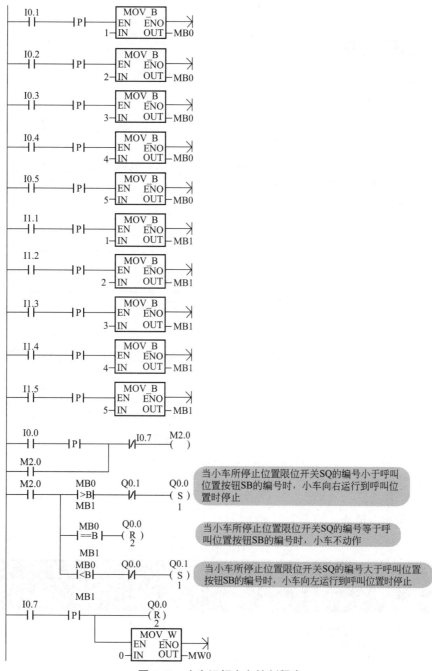

图 2-67　小车运行方向控制程序

2.6　移位与循环指令

移位与循环指令主要有三大类，分别为移位指令、循环移位指令和移位寄存器指令。其中前两类根据移位数据长度的不同，可分为字节型、字型和双字型三种。

移位与循环指令在程序中可方便地实现某些运算，也可以用于取出数据中的有效位数字。移位寄存器指令多用于顺序控制程序的编制。

2.6.1 移位指令

（1）工作原理

移位指令分为两种，分别为左移位指令和右移位指令。该指令是指在满足使能条件的情况下，将 IN 中的数据向左或向右移 N 位后，把结果送到 OUT 的指定地址。移位指令对移出位自动补 0，如果移动位数 N 大于允许值（字节操作为 8，字操作为 16，双字操作为32）时，实际移动的位数为最大允许值。移位数据存储单元的移位端与溢出位 SM1.1 相连，若移位次数大于 0 时，最后移出位的数值将保存在溢出位 SM1.1 中；若移位结果为 0，零标志位 SM1.0 将被置 1，具体情况如图 2-68 所示。

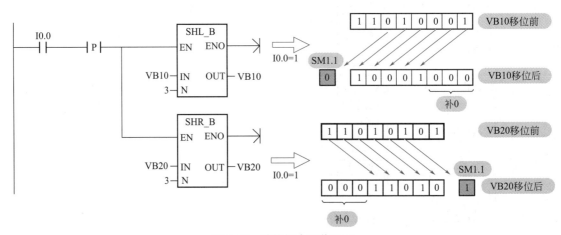

图 2-68　移位指令工作原理

（2）指令格式

移位指令的指令格式，如表 2-21 所示。

表 2-21　移位指令的指令格式

指令名称	编程语言		操作数类型及操作范围
	梯形图	语句表	
字节左移位指令	SHL_B EN ENO IN OUT N	SLB OUT, N	IN：IB、QB、VB、MB、SB、SMB、LB、AC、常数 OUT：IB、QB、VB、MB、SB、SMB、LB、AC IN/OUT 数据类型：字节
字节右移位指令	SHR_B EN ENO IN OUT N	SRB OUT, N	

续表

指令名称	编程语言		操作数类型及操作范围
	梯形图	语句表	
字左移位指令	SHL_W EN ENO IN OUT N	SLW OUT, N	IN：IW、QW、VW、MW、SW、SMW、LW、AC、T、C、AIW、常数 OUT：IW、QW、VW、MW、SW、SMW、LW、AC、T、C、AQW IN/OUT 数据类型：字
字右移位指令	SHR_W EN ENO IN OUT N	SRW OUT, N	
双字左移位指令	SHL_DW EN ENO IN OUT N	SLD OUT, N	IN：ID、QD、VD、MD、SD、SMD、LD、AC、HC、常数 OUT：ID、QD、VD、MD、SD、SMD、LD、AC IN/OUT 数据类型：双字
双字右移位指令	SHR_DW EN ENO IN OUT N	SRD OUT, N	
EN	I、Q、M、T、C、SM、V、S、L EN 数据类型：位		
N	IB、QB、VB、MB、SB、SMB、LB、AC、常数 N 数据类型：字节		

（3）应用举例

小车自动往返控制。

① 控制要求 设小车初始状态停止在最左端，当按下启动按钮时小车按图 2-69 所示的轨迹运动；当再次按下启动按钮时，小车又开始了新的一轮运动。

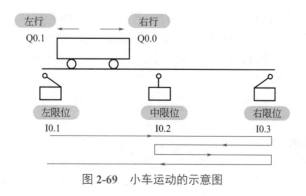

图 2-69 小车运动的示意图

② 程序设计 小车自动往返控制顺序功能图与梯形图如图 2-70 所示。

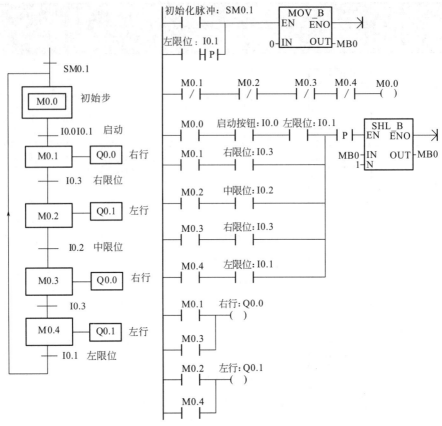

图 2-70 小车自动往返控制顺序功能图与梯形图

　　a. 绘制顺序功能图。

　　b. 将顺序功能图转化为梯形图。

2.6.2 循环移位指令

（1）工作原理

　　循环移位指令分为两种，分别为循环左移位指令和循环右移位指令。该指令是指在满足使能条件的情况下，将 IN 中的数据向左或向右移 N 位后，把结果输出到 OUT 得指定地址。循环移位是一个环形，即被移出来的位将返回另一端空出的位置。若移动的位数 N 大于允许值（字节操作为 8，字操作为 16，双字操作为 32）时，执行循环移位之前先对 N 进行取模操作，例如字节移位，将 N 除以 8 后取余数，从而得到一个有效的移位次数。取模的结果对于字节操作是 0 ~ 7，对于字操作是 0 ~ 15，对于双字操作是 0 ~ 31，若取模操作为 0，则不能进行循环移位操作。

　　若执行循环移位操作，移位的最后一位的数值存放在溢出位 SM1.1 中；若实际移位次数为 0，零标志位 SM1.0 被置 1；字节操作是无符号的，对于有符号的双字移位时，符号位也被移位，具体如图 2-71 所示。

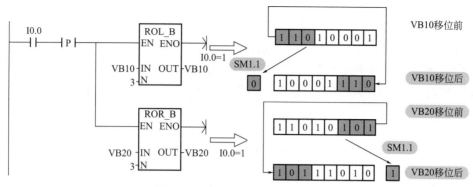

图 2-71　移位循环指令工作原理

（2）指令格式

位移循环指令的指令格式如表 2-22 所示。

表 2-22　移位循环指令的指令格式

指令名称	编程语言		操作数类型及操作范围
	梯形图	语句表	
字节左移位循环指令	ROL_B EN　ENO IN　OUT N	RLB　OUT, N	IN：IB、QB、VB、MB、SB、SMB、LB、AC、常数 OUT：IB、QB、VB、MB、SB、SMB、LB、AC IN/OUT 数据类型：字节
字节右移位循环指令	ROR_B EN　ENO IN　OUT N	RRB　OUT, N	
字左移位循环指令	ROL_W EN　ENO IN　OUT N	RLW　OUT, N	IN：IW、QW、VW、MW、SW、SMW、LW、AC、T、C、AIW、常数 OUT：IW、QW、VW、MW、SW、SMW、LW、AC、T、C、AQW IN/OUT 数据类型：字
字右移位循环指令	ROR_W EN　ENO IN　OUT N	RRW　OUT, N	
双字左移位循环指令	ROL_DW EN　ENO IN　OUT N	RLD　OUT, N	IN：ID、QD、VD、MD、SD、SMD、LD、AC、HC、常数 OUT：ID、QD、VD、MD、SD、SMD、LD、AC IN/OUT 数据类型：双字
双字右移位循环指令	ROR_DW EN　ENO IN　OUT N	RRD　OUT, N	
N	IB、QB、VB、MB、SB、SMB、LB、AC、常数		N 数据类型：字节

（3）应用举例

彩灯移位循环控制。

① 控制要求　按下启动按钮 I0.0 且选择开关处于 1 位置（I0.2 常闭处于闭合状态），小灯左移循环；搬动选择开关处于 2 位置（I0.2 常开处于闭合状态），小灯右移循环，试设计程序。

② 程序设计　彩灯移位循环控制程序如图 2-72 所示。

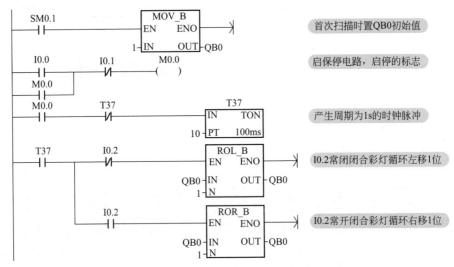

图 2-72　彩灯移位循环控制程序

2.6.3　移位寄存器指令

移位寄存器指令是移位长度和移位方向可调的移位指令。在顺序控制、物流及数据流控制等场合应用广泛。

（1）指令格式

移位寄存器指令格式如图 2-73 所示。

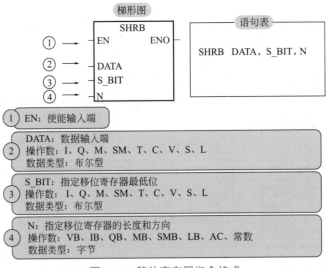

图 2-73　移位寄存器指令格式

（2）工作过程

当使能输入端 EN 有效时，位数据 DATA 实现装入移位寄存器的最低位 S_BIT，此后每当有 1 个脉冲输入使能端时，移位寄存器都会移动 1 位。需要说明移位长度和方向与 N 有关，移位长度范围为 1 ～ 64；移位方向取决于 N 的符号，当 N>0 时，移位方向向左，输入数据 DATA 移入移位寄存器的最低位 S_BIT，并移出移位寄存器的最高位；当 N<0 时，移位方向向右，输入数据移入移位寄存器的最高位，并移出最低位 S_BIT，移出的数据被放置在溢出位 SM1.1 中，具体如图 2-74 所示。

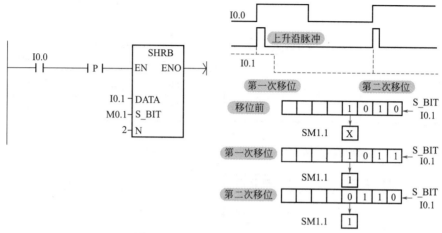

图 2-74　移位寄存器指令工作过程

（3）应用举例

喷泉控制。

重点提示

移位寄存器中的 N 是移位总的长度，即一共移动了多少位；左右移位（循环）指令中的 N 是每次移位的长度。

① 控制要求　某喷泉由 L1 ～ L10 十根水柱构成，喷泉水柱布局及喷水花样如图 2-75 所示。按下启动按钮，喷泉按图 2-75 所示花样喷水；按下停止按钮，喷水全部停止。

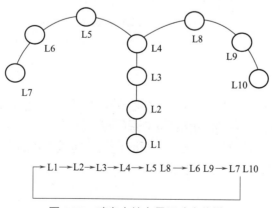

图 2-75　喷泉水柱布局及喷水花样

② 程序设计

a. I/O 分配　喷泉控制 I/O 分配如表 2-23 所示。

表 2-23　喷泉控制 I/O 分配表

输入量		输出量	
启动按钮	I0.0	L1 水柱	Q0.0
		L2 水柱	Q0.1
		L3 水柱	Q0.2
		L4 水柱	Q0.3
停止按钮	I0.1	L5/L8 水柱	Q0.4
		L6/L9 水柱	Q0.5
		L7/L10 水柱	Q0.6

b. 梯形图　喷泉控制程序如图 2-76 所示。

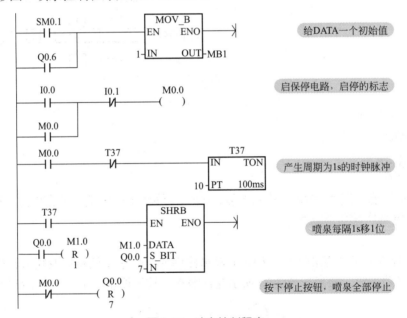

图 2-76　喷泉控制程序

🔥 **重点提示**

① 将输入数据 DATA 置 1，可以采用启保停电路置 1，也可采用传送指令。

② 构造脉冲发生器，用脉冲控制移位寄存器的移位。

③ 通过输出的第一位确定 S_BIT，有时还可能需要中间编程元件。

④ 通过输出个数确定移位长度。

2.7　数学运算类指令

PLC 普遍具有较强的运算功能，其中数学运算指令是实现运算的主体，它包括四则运算指令、数学功能指令和递增、递减指令。其中四则运算指令包括整数四则运算指令、双整数四则运算指令、实数四则运算指令；数学功能指令包括三角函数指令、对数函数指令和平方根指令等。S7-200PLC 对于数学运算指令来说，在使用时需注意存储单元的分配，在梯形图中，源操作数 IN1、IN2 和目标操作数 OUT 可以使用不一样的存储单元，这样编写程序比较清晰且容易理解。在使用语句表时，其中的一个源操作数需要和目标操作数 OUT 的存储单元一致，因此给理解和阅读带来不便，在使用数学运算指令时，建议读者使用梯形图。

2.7.1　四则运算指令

（1）加法/乘法运算

整数、双整数、实数的加法/乘法运算是将源操作数运算后产生的结果，存储在目标操作数 OUT 中，操作数数据类型不变。常规乘法两个 16 位整数相乘，产生一个 32 位的结果。

梯形图表示：IN1+IN2=OUT（IN1×IN2=OUT），其含义为当加法（乘法）允许信号 EN=1 时，被加数（被乘数）IN1 与加数（乘数）IN2 相加（乘）送到 OUT 中。

语句表表示：IN1+OUT=OUT（IN1×OUT=OUT），其含义为先将加数（乘数）送到 OUT 中，然后把 OUT 中的数据和 IN1 中的数据进行相加（乘），并将其结果传送到 OUT 中。

① 指令格式　加法运算指令格式如表 2-24 所示，乘法运算指令格式如表 2-25 所示。

表 2-24　加法运算指令格式

指令名称	编程语言		操作数类型及操作范围
	梯形图	语句表	
整数加法指令	ADD_I EN　ENO IN1　OUT IN2	+I IN1, OUT	IN1/IN2：IW、QW、VW、MW、SW、SMW、LW、AC、T、C、AIW、常数 OUT：IW、QW、VW、MW、SW、SMW、LW、AC、T、C IN/OUT 数据类型：整数
双整数加法指令	ADD_DI EN　ENO IN1　OUT IN2	+D IN1, OUT	IN1/IN2：ID、QD、VD、MD、SD、SMD、LD、AC、HC、常数 OUT：ID、QD、VD、MD、SD、SMD、LD、AC IN/OUT 数据类型：双整数
实数加法指令	ADD_R EN　ENO IN1　OUT IN2	+R IN1, OUT	IN1/IN2：ID、QD、VD、MD、SD、SMD、LD、AC、常数 OUT：ID、QD、VD、MD、SD、SMD、LD、AC IN/OUT 数据类型：实数

表 2-25   乘法运算指令格式

指令名称	编程语言		操作数类型及操作范围
	梯形图	语句表	
整数乘法 指令	MUL_I EN ENO IN1 OUT IN2	*I IN1, OUT	IN1/IN2: IW、QW、VW、MW、SW、SMW、LW、AC、T、C、AIW、常数 OUT: IW、QW、VW、MW、SW、SMW、LW、AC、T、C IN/OUT 数据类型: 整数
双整数乘法 指令	MUL_DI EN ENO IN1 OUT IN2	*D IN1, OUT	IN1/IN2: ID、QD、VD、MD、SD、SMD、LD、AC、HC、常数 OUT: ID、QD、VD、MD、SD、SMD、LD、AC IN/OUT 数据类型: 双整数
实数乘法 指令	MUL_R EN ENO IN1 OUT IN2	*R IN1, OUT	IN1/IN2: ID、QD、VD、MD、SD、SMD、LD、AC、常数 OUT: ID、QD、VD、MD、SD、SMD、LD、AC IN/OUT 数据类型: 实数

② 应用举例   按下启动按钮，小灯 Q0.0 会点亮吗？加法 / 乘法指令应用举例如图 2-77 所示。

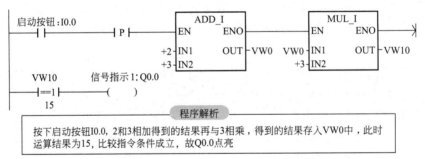

图 2-77   加法 / 乘法指令应用举例

（2）减法/除法运算

整数、双整数、实数的减法 / 除法运算是将源操作数运算后产生的结果，存储在目标操作数 OUT 中，整数、双整数除法不保留小数。而常规除法两个 16 位整数相除，产生一个 32 位的结果，其中高 16 位存储余数，低 16 位存储商。

梯形图表示: IN1-IN2=OUT（IN1/IN2=OUT），其含义为当减法（除法）允许信号 EN=1 时，被减数（被除数）IN1 与减数（除数）IN2 相减（除）送到 OUT 中。

语句表表示: IN1-OUT=OUT（IN1/OUT=OUT），其含义为先将减数（除数）送到 OUT 中，然后把 OUT 中的数据和 IN1 中的数据进行相减（除），并将其结果传送到 OUT 中。

① 指令格式   减法运算指令格式如表 2-26 所示，除法运算指令格式如表 2-27 所示。

表 2-26 减法运算指令格式

指令名称	编程语言		操作数类型及操作范围
	梯形图	语句表	
整数减法指令	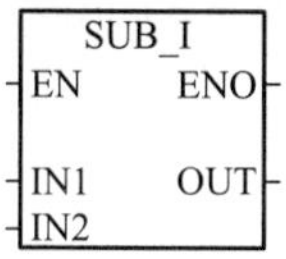 SUB_I EN　ENO IN1　OUT IN2	-I IN1, OUT	IN1/IN2：IW、QW、VW、MW、SW、SMW、LW、AC、T、C、AIW、常数 OUT：IW、QW、VW、MW、SW、SMW、LW、AC、T、C IN/OUT 数据类型：整数
双整数减法指令	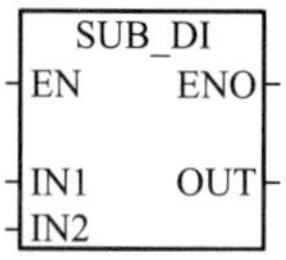 SUB_DI EN　ENO IN1　OUT IN2	-D IN1, OUT	IN1/IN2：ID、QD、VD、MD、SD、SMD、LD、AC、HC、常数 OUT：ID、QD、VD、MD、SD、SMD、LD、AC IN/OUT 数据类型：双整数
实数减法指令	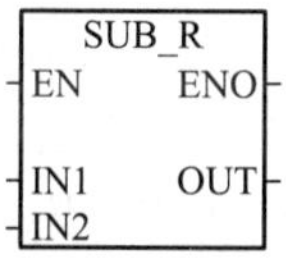 SUB_R EN　ENO IN1　OUT IN2	-R IN1, OUT	IN1/IN2：ID、QD、VD、MD、SD、SMD、LD、AC、常数 OUT：ID、QD、VD、MD、SD、SMD、LD、AC IN/OUT 数据类型：实数

表 2-27 除法运算指令格式

指令名称	编程语言		操作数类型及操作范围
	梯形图	语句表	
整数除法指令	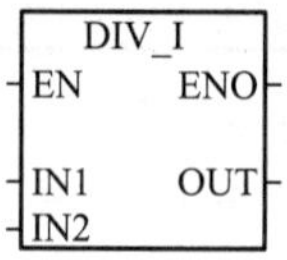 DIV_I EN　ENO IN1　OUT IN2	/I IN1, OUT	IN1/IN2：IW、QW、VW、MW、SW、SMW、LW、AC、T、C、AIW、常数 OUT：IW、QW、VW、MW、SW、SMW、LW、AC、T、C IN/OUT 数据类型：整数
双整数除法指令	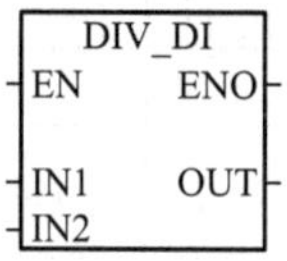 DIV_DI EN　ENO IN1　OUT IN2	/D IN1, OUT	IN1/IN2：ID、QD、VD、MD、SD、SMD、LD、AC、HC、常数 OUT：ID、QD、VD、MD、SD、SMD、LD、AC IN/OUT 数据类型：双整数
实数除法指令	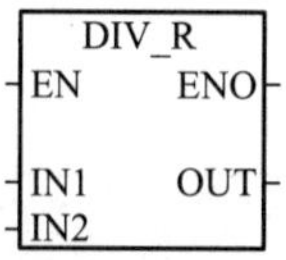 DIV_R EN　ENO IN1　OUT IN2	/R IN1, OUT	IN1/IN2：ID、QD、VD、MD、SD、SMD、LD、AC、常数 OUT：ID、QD、VD、MD、SD、SMD、LD、AC IN/OUT 数据类型：实数

② 应用举例 按下启动按钮，小灯 Q0.0 会点亮吗？减法 / 除法指令应用实例如图 2-78 所示。

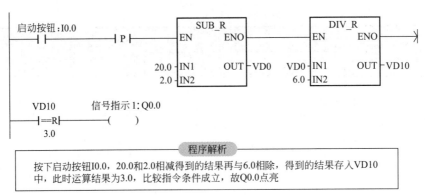

程序解析

按下启动按钮I0.0，20.0和2.0相减得到的结果再与6.0相除，得到的结果存入VD10
中，此时运算结果为3.0，比较指令条件成立，故Q0.0点亮

图 2-78　减法 / 除法指令应用举例

2.7.2　数学功能指令

S7-200PLC 的数学函数指令有平方根指令、自然对数指令、指数指令、正弦指令、余弦指令和正切指令。平方根指令是将一个双字长（32 位）的实数 IN 开平方，得到 32 位的实数结果送到 OUT；自然对数指令是将一个双字长（32 位）的实数 IN 取自然对数，得到 32 位的实数结果送到 OUT；指数指令是将一个双字长（32 位）的实数 IN 取以 e 为底的指数，得到 32 位的实数结果送到 OUT；正弦、余弦和正切指令是将一个弧度值 IN 分别求正弦、余弦和正切，得到 32 位的实数结果送到 OUT。以上运算输入 / 输出数据都为实数，结果大于 32 位二进制数表示的范围时产生溢出。

（1）指令格式

数学功能指令的指令格式如表 2-28 所示。

表 2-28　数学功能指令的指令格式

指令名称	平方根指令	指数指令	自然对数指令	正弦指令	余弦指令	正切指令
编程语言 梯形图	SQRT EN　ENO IN　OUT	EXP EN　ENO IN　OUT	LN EN　ENO IN　OUT	SIN EN　ENO IN　OUT	COS EN　ENO IN　OUT	TAN EN　ENO IN　OUT
语句表	SQRT IN, OUT	EXP IN, OUT	LN IN, OUT	SIN IN, OUT	COS IN, OUT	TAN IN, OUT
操作数类型及操作范围	IN: ID、QD、VD、MD、SD、SMD、LD、AC、常数 OUT: ID、QD、VD、MD、SD、SMD、LD、AC IN/OUT 数据类型：实数					

（2）应用举例

按下启动按钮，观察哪些灯亮，哪些灯不亮，为什么？三角函数指令应用举例如图 2-79 所示。

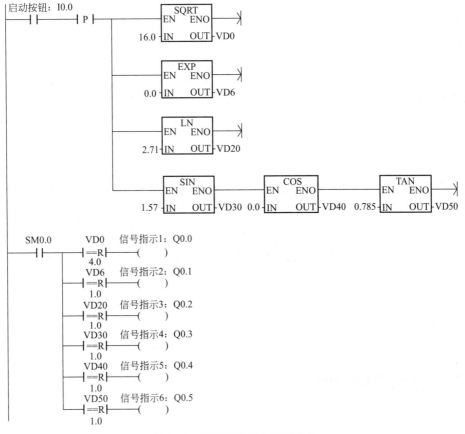

图 2-79　三角函数指令应用举例

2.7.3　递增、递减指令

（1）指令简介

字节、字、双字的递增 / 递减指令是源操作数加 1 或减 1，并将结果存放到 OUT 中，其中字节增减是无符号的数，字和双字增减是有符号的数。

① 梯形图表示　IN+1=OUT，IN-1=OUT。

② 语句表表示　OUT+1=OUT，OUT-1=OUT。

值得说明的是，IN 和 OUT 使用相同的存储单元。递增、递减指令格式如表 2-29 所示。

表 2-29　递增、递减指令格式

指令名称		字节递增指令	字节递减指令	字递增指令	字递减指令	双字递增指令	双字递减指令
编程语言	梯形图	INC_B EN　ENO IN　OUT	DEC_B EN　ENO IN　OUT	INC_W EN　ENO IN　OUT	DEC_W EN　ENO IN　OUT	INC_DW EN　ENO IN　OUT	DEC_DW EN　ENO IN　OUT
	语句表	INCB OUT	DECB OUT	INCW OUT	DECW OUT	INCD OUT	DECD OUT

续表

指令名称	字节递增指令	字节递减指令	字递增指令	字递减指令	双字递增指令	双字递减指令
操作数范围	IN：IB、QB、VB、MB、SB、SMB、LB、AC、常数 OUT：IB、QB、VB、MB、SB、SMB、LB、AC		IN：IW、QW、VW、MW、SW、SMW、LW、AC、T、C、AIW、常数 OUT：IW、QW、VW、MW、SW、SMW、LW、AC、T、C		IN1/IN2：ID、QD、VD、MD、SD、SMD、LD、AC、HC、常数 OUT：ID、QD、VD、MD、SD、SMD、LD、AC	

（2）应用举例

按下启动按钮，观察 Q0.0 灯是否会点亮？递增 / 递减指令应用举例如图 2-80 所示。

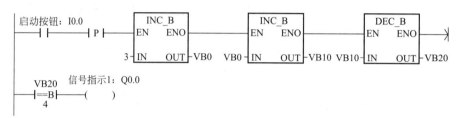

图 2-80　递增 / 递减指令应用举例

2.7.4　综合应用举例

例 1：试用编程计算 (9+1)×10-19，再开方的值。

具体程序如图 2-81 所示。程序编制并不难，按照数学 (9+1)×10-19，一步步地用数学运算指令表达出来即可。这里考虑到 SQRT 指令输入 / 输出操作数均为实数，故加、减和乘指令也都选择了实数型。如果结果等于 9，Q0.0 灯会亮。

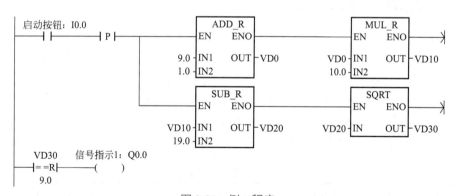

图 2-81　例 1 程序

例 2：控制 1 台 3 相异步电动机，要求电动机按正转 30s →停止 30s →反转 30s →停止 30s 的顺序并自动循环运行，直到按下停止按钮，电动机方停止。

具体程序如图 2-82 所示。需要注意的是，递增指令前面习惯上加一个脉冲 P，否则每个扫描周期都会加 1。

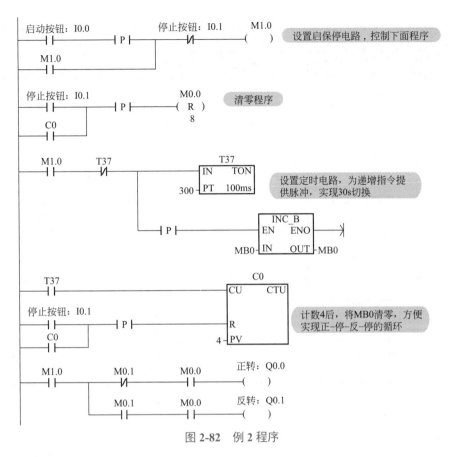

图 2-82　例 2 程序

⚡ 重点提示

　① 数学运算类指令是实现模拟量等复杂运算的基础，需要予以重视。

　② 递增 / 递减指令习惯上用脉冲形式，如使能端一直为 ON，则每个扫描周期都会加 1 或减 1，这样有些程序就无法实现了。

2.8　逻辑操作指令

二维码 54

　　逻辑操作指令对逻辑数（无符号数）对应位间的逻辑操作，它包括逻辑与、逻辑或、逻辑异或和取反指令。

2.8.1　逻辑与指令

　　在梯形图中，当逻辑与条件满足时，IN1 和 IN2 按位与，结果传送到 OUT 中；在语句表中，IN1 和 OUT 按位与，结果传送到 OUT 中，IN2 和 OUT 使用同一存储单元。

　　（1）指令格式

　　逻辑与的指令格式如表 2-30 所示。

表 2-30 逻辑与的指令格式

指令名称	编程语言		操作数类型及操作范围
	梯形图	语句表	
字节与指令	WAND_B EN ENO IN1 OUT IN2	ANDB IN1，OUT	IN：IB、QB、VB、MB、SB、SMB、LB、AC、常数 OUT：IB、QB、VB、MB、SB、SMB、LB、AC IN/OUT 数据类型：字节
字与指令	WAND_W EN ENO IN1 OUT IN2	ANDW IN1，OUT	IN：IW、QW、VW、MW、SW、SMW、LW、AC、T、C、AIW、常数 OUT：IW、QW、VW、MW、SW、SMW、LW、AC、T、C、AQW IN/OUT 数据类型：字
双字与指令	WAND_DW EN ENO IN1 OUT IN2	ANDD IN，OUT	IN：ID、QD、VD、MD、SD、SMD、LD、AC、HC、常数 OUT：ID、QD、VD、MD、SD、SMD、LD、AC IN/OUT 数据类型：双字

（2）应用举例

按下启动按钮，观察灯 Q0.0 是否会点亮，为什么？与指令应用举例如图 2-83 所示。

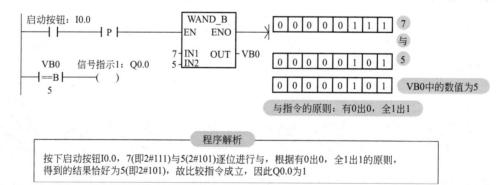

图 2-83　与指令应用举例

2.8.2　逻辑或指令

在梯形图中，当逻辑或条件满足时，IN1 和 IN2 按位或，结果传送到 OUT 中；在语句表中，IN1 和 OUT 按位或，结果传送到 OUT 中，IN2 和 OUT 使用同一存储单元。

（1）指令格式

逻辑或的指令格式如表 2-31 所示。

表 2-31　逻辑或的指令格式

指令名称	编程语言		操作数类型及操作范围
	梯形图	语句表	
字节或指令	WOR_B EN　ENO IN1　OUT IN2	ORB IN1，OUT	IN：IB、QB、VB、MB、SB、SMB、LB、AC、常数 OUT：IB、QB、VB、MB、SB、SMB、LB、AC IN/OUT 数据类型：字节
字或指令	WOR_W EN　ENO IN1　OUT IN2	ORW IN1，OUT	IN：IW、QW、VW、MW、SW、SMW、LW、AC、T、C、AIW、常数 OUT：IW、QW、VW、MW、SW、SMW、LW、AC、T、C、AQW IN/OUT 数据类型：字
双字或指令	WOR_DW EN　ENO IN1　OUT IN2	ORD IN，OUT	IN：ID、QD、VD、MD、SD、SMD、LD、AC、HC、常数 OUT：ID、QD、VD、MD、SD、SMD、LD、AC IN/OUT 数据类型：双字

（2）应用举例

按下启动按钮，观察灯 Q0.0 是否会点亮，为什么？或指令应用举例如图 2-84 所示。

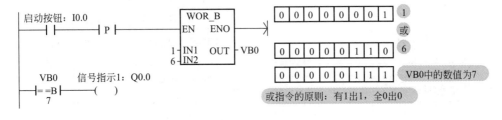

图 2-84　或指令应用举例

2.8.3　逻辑异或指令

在梯形图中，当逻辑与条件满足时，IN1 和 IN2 按位异或，结果传送到 OUT 中；在语句表中，IN1 和 OUT 按位异或，结果传送到 OUT 中，IN2 和 OUT 使用同一存储单元。

（1）指令格式

逻辑异或的指令格式如表 2-32 所示。

表 2-32　逻辑异或的指令格式

指令名称	编程语言		操作数类型及操作范围
	梯形图	语句表	
字节异或 指令	WXOR_B EN　ENO IN1　OUT IN2	XORB IN1，OUT	IN：IB、QB、VB、MB、SB、SMB、LB、AC、 常数 OUT：IB、QB、VB、MB、SB、SMB、LB、AC IN/OUT 数据类型：字节
字异或 指令	WXOR_W EN　ENO IN1　OUT IN2	XORW IN1，OUT	IN：IW、QW、VW、MW、SW、SMW、LW、 AC、T、C、AIW、常数 OUT：IW、QW、VW、MW、SW、SMW、 LW、AC、T、C、AQW IN/OUT 数据类型：字
双字异或 指令	WXOR_DW EN　ENO IN1　OUT IN2	XORD IN，OUI	IN：ID、QD、VD、MD、SD、SMD、LD、 AC、HC、常数 OUT：ID、QD、VD、MD、SD、SMD、LD、 AC IN/OUT 数据类型：双字

（2）应用举例

按下启动按钮，观察灯 Q0.0 是会否点亮，为什么？异或指令应用举例如图 2-85 所示。

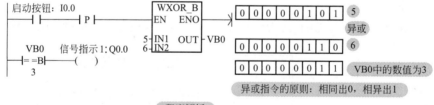

图 2-85　异或指令应用举例

> **重点提示**
>
> 按照运算口诀，掌握相应的指令是不难的。
> 逻辑与：有 0 出 0，全 1 出 1。
> 逻辑或：有 1 出 1，全 0 出 0。
> 逻辑异或：相同出 0，相异出 1。

2.8.4 取反指令

在梯形图中，当逻辑条件满足时，IN 按位取反，结果传送到 OUT 中；在语句表中，OUT 按位取反，结果传送到 OUT 中，IN 和 OUT 使用同一存储单元。

（1）指令格式

取反指令的指令格式如表 2-33 所示。

表 2-33　取反指令的指令格式

指令名称	编程语言		操作数类型及操作范围
	梯形图	语句表	
字节取反指令	INV_B EN ENO IN OUT	INVB OUT	IN：IB、QB、VB、MB、SB、SMB、LB、AC、常数 OUT：IB、QB、VB、MB、SB、SMB、LB、AC IN/OUT 数据类型：字节
字取反指令	INV_W EN ENO IN OUT	INVW OUT	IN：IW、QW、VW、MW、SW、SMW、LW、AC、T、C、AIW、常数 OUT：IW、QW、VW、MW、SW、SMW、LW、AC、T、C、AQW IN/OUT 数据类型：字
双字取反指令	INV_DW EN ENO IN OUT	INVD OUT	IN：ID、QD、VD、MD、SD、SMD、LD、AC、HC、常数 OUT：ID、QD、VD、MD、SD、SMD、LD、AC IN/OUT 数据类型：双字

（2）应用举例

按下启动按钮，观察灯哪些点亮，哪些灯不亮，为什么？取反指令应用举例如图 2-86 所示。

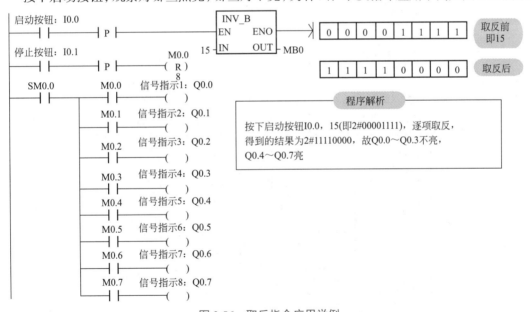

图 2-86　取反指令应用举例

2.8.5　综合应用举例

（1）控制要求

某节目有两位评委和若干选手，评委需对每位选手做出评价，是过关还是淘汰。

当主持人按下给出评价按钮时，两位评委均按 1 键，表示选手过关，否则将选手被淘汰。

过关绿灯亮，淘汰红灯亮。试设计程序。

（2）程序设计

① 抢答器控制 I/O 分配如表 2-34 所示。

表 2-34　抢答器控制 I/O 分配

输入量		输出量	
A 评委 1 键	I0.0	过关绿灯	Q0.0
A 评委 0 键	I0.1	淘汰红灯	Q0.1
B 评委 1 键	I0.2		
B 评委 0 键	I0.3		
主持人键	I0.4		
主持人清零按钮	I0.5		

② 抢答器控制程序如图 2-87 所示。

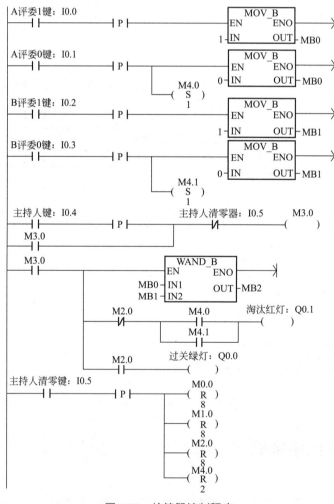

图 2-87　抢答器控制程序

二维码 55

2.9 数据转换指令

编程时，当实际的数据类型与需要的数据类型不符时，就需要对数据类型进行转换。数据转换指令就是完成这类任务的指令。

数据转换指令将操作数类型转换后，把输出结果存入到指定的目标地址中。数据转换指令包括数据类型转换指令、编码与译码指令以及字符串类型转换指令等。

2.9.1 数据类型转换指令

数据类型转换指令包括字节与字整数间的转换指令、字整数与双字整数间的转换指令、双整数与实数间的转换指令及 BCD 码与整数间的转换指令。

（1）字节与字整数间的转换指令

① 指令格式 字节与字整数间的转换指令格式如表 2-35 所示。

表 2-35 字节与字整数间的转换指令格式

指令名称	编程语言		操作数类型及操作范围
	梯形图	语句表	
字节转换成字整数指令	B_I EN ENO IN OUT	BTI IN, OUT	IN: IB、QB、VB、MB、SB、SMB、LB、AC、常数 OUT: IW、QW、VW、MW、SW、SMW、LW、AC、T、C IN 数据类型: 字节 OUT 数据类型: 整数
字整数转换成字节指令	I_B EN ENO IN OUT	ITB IN, OUT	IN: IW、QW、VW、MW、SW、SMW、LW、AC、T、C、常数 OUT: IB、QB、VB、MB、SB、SMB、LB、AC IN 数据类型: 整数 OUT 数据类型: 字节
功能说明	（1）字节转换成字整数指令将字节数值（IN）转换成整数值，将结果存入目标地址（OUT）中 （2）字整数转换字节指令将字整数（IN）转换成字节，将结果存入目标地址（OUT）中		

② 应用举例 按下启动按钮，小灯 Q0.0 和 Q0.1 会不会点亮？字节与字整数间转换指令举例如图 2-88 所示。

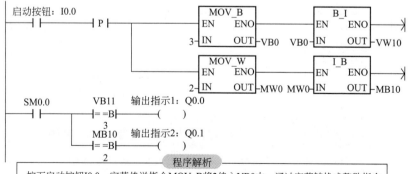

图 2-88 字节与字整数间转换指令举例

（2）字整数与双字整数间的转换指令

字整数与双字整数间的转换指令格式如表 2-36 所示。

表 2-36 字整数与双字整数间的转换指令格式

指令名称	编程语言		操作数类型及操作范围
	梯形图	语句表	
字整数转换成双字整数指令	I_DI —EN ENO— —IN OUT—	ITD IN，OUT	IN：IW、QW、VW、MW、SW、SMW、LW、AC、T、C、AIW、常数 OUT：ID、QD、VD、MD、SD、SMD、LD、AC IN 数据类型：整数 OUT 数据类型：双整数
双字整数转换成字整数指令	DI_I —EN ENO— —IN OUT—	DTI IN，OUT	IN：ID、QD、VD、MD、SD、SMD、LD、AC、HC、常数 OUT：IW、QW、VW、MW、SW、SMW、LW、AC、T、C IN 数据类型：双整数 OUT 数据类型：整数
功能说明	（1）字整数转换成双字整数指令将整数值（IN）转换成双整数值，将结果存入目标地址（OUT）中 （2）双字整数转换成字整数指令将双整数值转换成整数值，将结果存入目标地址（OUT）中		

（3）双整数与实数间的转换指令

① **指令格式**　双整数与实数间的转换指令格式如表 2-37 所示。

表 2-37 双整数与实数间的转换指令格式

指令名称	编程语言		操作数类型及操作范围
	梯形图	语句表	
双整数转换成实数指令	DI_R —EN ENO— —IN OUT—	DIR IN，OUT	IN：ID、QD、VD、MD、SD、SMD、LD、HC、AC、常数 OUT：ID、QD、VD、MD、SD、SMD、LD、AC IN 数据类型：双整数 OUT 数据类型：实数
四舍五入取整指令	ROUND —EN ENO— —IN OUT—	ROUND IN，OUT	IN：ID、QD、VD、MD、SD、SMD、LD、AC、常数 OUT：ID、QD、VD、MD、SD、SMD、LD、AC IN 数据类型：实数 OUT 数据类型：双整数
截位取整指令	TRUNC —EN ENO— —IN OUT—	TRUNC IN，OUT	IN：ID、QD、VD、MD、SD、SMD、LD、HC、AC、常数 OUT：ID、QD、VD、MD、SD、SMD、LD、AC IN 数据类型：实数 OUT 数据类型：双整数
功能说明	（1）DIR 指令将 32 位带符号整数（IN）转换成 32 位实数，将结果存入目标地址中（OUT） （2）ROUND 指令按小数部分四舍五入的原则，将实数（IN）转换成双整数值，将结果存入目标地址中（OUT） （3）TRUNC 指令按小数部分直接舍去原则，将 32 位实数（IN）转换成 32 位双整数值，将结果存入目标地址中（OUT）		

② **应用举例**　按下启动按钮，小灯 Q0.0 和 Q0.1 会不会点亮？双整数与实数间的转换

指令实例如图 2-89 所示。

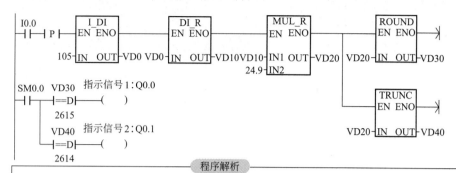

<table>
<tr><td colspan="5">程序解析</td></tr>
<tr><td colspan="5">按下启动按钮 I0.0，I_DI 指令将 105 转换为双整数传入 VD0 中，通过 DI_R 指令将双整数转换为实数送入 VD10 中，VD10 中的 I05.0×24.9 存入 VD20 中，ROUND 指令将 VD20 中的数四舍五入，存入 VD30 中，VD30 中的数为 2615；TRUNC 指令将 VD20 中的数舍去小数部分，存入 VD40 中，VD40 中的数为 2614，因此 Q0.0 和 Q0.1 都亮</td></tr>
</table>

图 2-89　双整数与实数间的转换指令举例

重点提示

以上转换指令是实现模拟量等复杂计算的基础，读者们需予以重视。

（4）BCD 码与整数的转换指令

BCD 码与整数的转换指令格式如表 2-38 所示。

表 2-38　BCD 码与整数的转换指令格式

指令名称	编程语言		操作数类型及操作范围
	梯形图	语句表	
BCD 码转换整数指令	BCD_I EN　ENO IN　　OUT	BCDI, OUT	IN：IW、QW、VW、MW、SW、SMW、LW、AC、T、C、AIW、常数 OUT：IW、QW、VW、MW、SW、SMW、LW、AC、T、C IN/OUT 数据类型：字
整数转换BCD 码指令	I_BCD EN　ENO IN　　OUT	IBCD, OUT	IN：IW、QW、VW、MW、SW、SMW、LW、AC、T、C、AIW、常数 OUT：IW、QW、VW、MW、SW、SMW、LW、AC、T、C IN/OUT 数据类型：字
功能说明	（1）BCD 码转换整数指令将 2 进制编码的十进制数 IN 转换成整数，将结果存入目标地址中（OUT）；IN 的有效范围是 BCD 码 0～9999 （2）整数转换成 BCD 码指令将输入整数 IN 转换成二进制编码的十进制数，将结果存入目标地址中（OUT）；IN 的有效范围是 BCD 码 0～9999		

2.9.2　译码与编码指令

（1）译码与编码指令

① 指令格式　译码与编码指令格式如表 2-39 所示。

表 2-39　译码与编码指令格式

指令名称	编程语言		操作数类型及操作范围
	梯形图	语句表	
译码指令	DECO EN　ENO IN　　OUT	DECO IN, OUT	IN：IB、QB、VB、MB、SB、SMB、LB、AC、常数 OUT：IW、QW、VW、MW、SW、SMW、LW、AC、T、C、AQW IN 数据类型：字节 OUT 数据类型：字
编码指令	ENCO EN　ENO IN　　OUT	ENCO IN, OUT	IN：IW、QW、VW、MW、SW、SMW、LW、AC、T、C、AIW OUT：IB、QB、VB、MB、SB、SMB、LB、AC、常数 IN 数据类型：字 OUT 数据类型：字节
功能说明	（1）译码指令根据输入字节 IN 的低 4 位表示的输出字的位号，将输出字的相对应位置 1 （2）编码指令将输入字 IN 最低有效位的位号写入输出字节的低 4 位中		

② 应用举例　按下启动按钮，小灯 Q0.0 和 Q0.1 会不会点亮？译码与编码指令举例如图 2-90 所示。

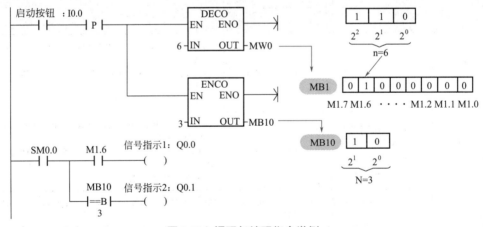

图 2-90　译码与编码指令举例

（2）段译码指令

段译码指令将输入字节中 16#0 ～ F 转换成点亮七段数码管各段代码，并送到输出（OUT）。

① 指令格式　段译码指令的指令格式如图 2-91 所示。

② 应用举例　编写显示数字 3 的七段显示码程序，程序设计如图 2-92 所示。

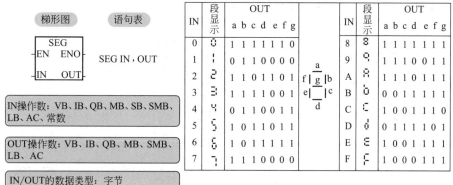

图 2-91　段译码指令的指令格式

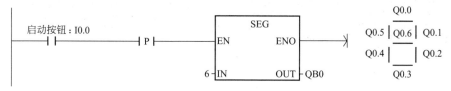

图 2-92　段译码指令举例

程序解析

按下启动按钮 I0.0，SEG 指令 6 传给 QB0，除 Q0.1 外，Q0.0，Q0.2 ~ Q0.6 均点亮。

2.10　程序控制类指令

二维码 56

程序控制类指令用于程序结构及流程的控制，它主要包括跳转 / 标号指令、子程序指令、循环指令等。

2.10.1　跳转 / 标号指令

（1）指令格式

跳转 / 标号指令是用来跳过部分程序使其不执行，必须用在同一程序块内部实现跳转。跳转 / 标号指令有两条，分别为跳转指令（JMP）和标号指令（LBL），具体如图 2-93 所示。

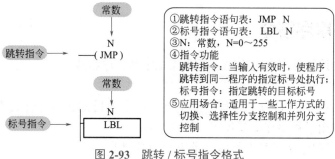

图 2-93　跳转 / 标号指令格式

（2）工作原理及应用举例

跳转 / 标号指令工作原理及应用举例如图 2-94 所示。

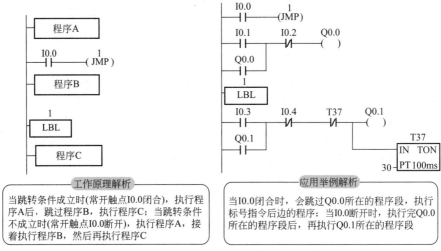

图 2-94　跳转 / 标号指令工作原理及举例

（3）使用说明

① 跳转 / 标号指令必须匹配使用，而且只能使用在同一程序块中，如主程序、同一子程序或同一中断程序。不能在不同的程序块中互相跳转。

② 执行跳转后，被跳过程序段中的各元器件的状态如下。

a. Q、M、S、C 等元器件的位保持跳转前的状态。

b. 计数器 C 停止计数，当前值存储器保持跳转前的计数值。

c. 对于定时器来说，因刷新方式不同而工作状态不同。在跳转期间，分辨率为 1ms 和 10ms 的定时器会一直保持跳转前的工作状态，原来工作的继续工作，到预置值后，其位的状态也会改变，输出触点动作，其当前值存储器一直累计到最大值 32767 才停止；对于分辨率为 100ms 的定时器来说，跳转期间停止工作，但不会复位，存储器里的值为跳转时的值，跳转结束后，若输入条件允许，可继续计时，但已失去了准确值的意义，所以在跳转段里的定时器要慎用。

d. 由于跳转指令具有选择程序段的功能，在同一程序中且位于因跳转而不会被同时执行程序段中的同一线圈，不被视为双线圈。

e. 跳转指令和标号指令必须成对出现，且可以有多条跳转指令使用同一标号，但不允许一个跳转指令对应两个标号的情况，即在同一程序中不允许存在两个相同的标号。

2.10.2　子程序指令

S7-200PLC 的控制程序由主程序、子程序和中断程序组成。

（1）S7-200PLC 程序结构

① 主程序　主程序（OB1）是程序的主体。每个项目都必须并且只能有一个主程序，在主程序中可以调用子程序和中断程序。

② 子程序　子程序是指具有特定功能并且多次使用的程序段。子程序仅在被其他程序

调用时执行，同一子程序可在不同的地方多次被调用，使用子程序可以简化程序代码和减少扫描时间。

③ 中断程序 中断程序用来及时处理与用户程序无关的操作或者不能事先预测何时发生的中断事件。中断程序是用户编制的，它不由用户程序来调用，而是在中断事件发生时由操作系统来调用的。

如图 2-95 所示是主程序、子程序和中断程序在编程软件 STEP 7-Micro/WIN 4.0 中的状态，总是主程序在先，接下来是子程序和中断程序。

图 2-95 软件中的主程序、子程序和中断程序

（2）子程序的编写与调用

① 子程序的作用与优点 子程序常用于需要多次反复执行相同任务的地方，只需要写一次子程序，当别的程序需要时可以调用它，而无需重新编写该程序。

子程序的调用是有条件的，未调用它时不会执行子程序中的指令，因此使用子程序可以减少程序扫描时间；子程序使程序结构简单清晰，易于调试、检查错误和维修，因此在编写复杂程序时，建议将全部功能划分为几个符合控制工艺的子程序块。

② 子程序的创建 可以采用下列方法之一创建子程序。

a. 从"编辑"菜单中，选择"插入→子程序"。

b. 从"指令树"中，右击"程序块"图标，并从弹出的菜单中选择"插入→子程序"。

c. 从"程序编辑器"窗口中，单击右键，并从弹出的菜单中选择"插入→子程序"。

附带指出，子程序名称的修改，可以右击指令树中的子程序图标，在弹出的菜单中选择"重命名"选项，输入你想要的名称。

（3）指令格式

子程序指令有子程序调用指令和子程序返回指令，其指令格式如图 2-96 所示。需要指出的是，程序返回指令由编程软件自动生成，无需用户编写，这点编程时需要注意。

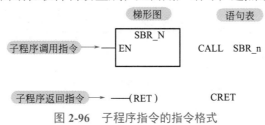

图 2-96 子程序指令的指令格式

（4）子程序调用

子程序调用由在主程序内使用的调用指令完成。当子程序调用允许时，调用指令将程序控制转移给子程序（SBR_n），程序扫描将转移到子程序入口处执行。当执行子程序时，子程序将执行全部指令直到满足条件才返回，或者执行到子程序末尾而返回。子程序会返回到原主程序出口的下一条指令执行，继续往下扫描程序，如图 2-97 所示。

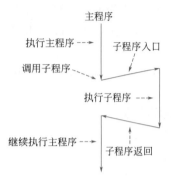

图 2-97　子程序调用示意图

（5）子程序指令应用举例

例：两台电动机选择控制。

① 控制要求　按下系统启动按钮，为两台电动机选择控制做准备。当选择开关常开点接通时，按下电动机 M1 启动按钮，电动机 M1 工作；当选择开关常闭点接通时，按下电动机 M2 启动按钮，电动机 M2 工作；按下停止按钮，无论是电动机 M1 还是 M2 都停止工作；用子程序指令实现以上控制功能。

② 程序设计　两台电动机选择控制 I/O 分配如表 2-40 所示。

表 2-40　两台电动机选择控制 I/O 分配表

输入量		输出量	
系统启动按钮	I0.0	电动机 M1	Q0.0
系统停止按钮	I0.1	电动机 M2	Q0.1
选择开关	I0.2		
电动机 M1 启动	I0.3		
电动机 M2 启动	I0.4		

③ 绘制梯形图　两台电动机选择控制程序如图 2-98 所示。

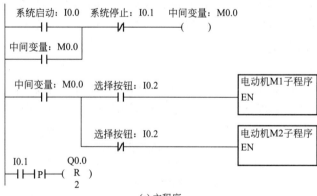

(a) 主程序

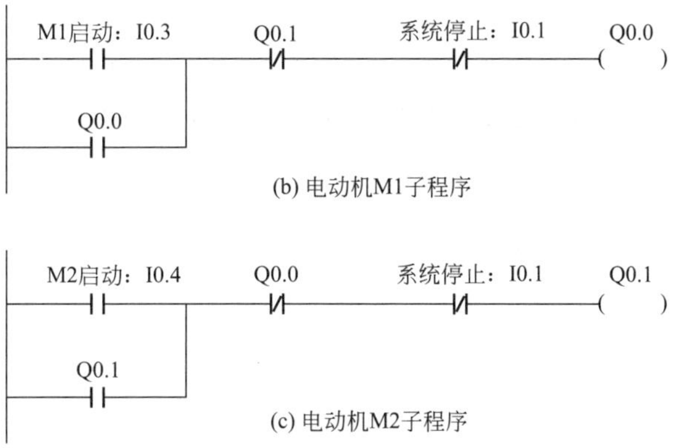

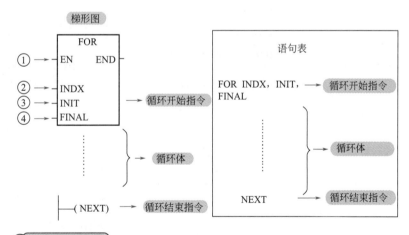

M1启动：I0.3
Q0.1
系统停止：I0.1
Q0.0
Q0.0
(b) 电动机M1子程序
M2启动：I0.4
Q0.0
系统停止：I0.1
Q0.1
Q0.1
(c) 电动机M2子程序

图 2-98　两台电动机选择控制程序

2.10.3 循环指令

（1）指令格式

程序循环结构用于描述一段程序的重复循环执行，应用循环指令是实现程序循环的方法之一。循环指令有两条，循环开始指令（FOR）和循环结束指令（NEXT），具体如下。

① 循环开始指令（FOR）　用来标记循环体的开始。

② 循环结束指令（NEXT）　用于标记循环体的结束，无操作数。

循环开始指令（FOR）与循环结束指令（NEXT）之间的程序段称为循环体。循环指令的指令格式如图 2-99 所示。

梯形图
FOR
① EN END
② INDX
③ INIT
④ FINAL
循环开始指令
循环体
(NEXT)
循环结束指令
语句表
FOR INDX，INIT，FINAL
循环开始指令
循环体
NEXT
循环结束指令
① EN：使能输入端
② INDX：当前值计数器，其操作数为VW、IW、QW、MW、SW、SMW、LW、T、C、AC
③ INIT：循环次数初始值，其操作数为VW、IW、QW、MW、SW、SMW、LW、T、C、AC、AIW、常数
④ 循环计数终止值：循环次数初始值，其操作数为VW、IW、QW、MW、SW、SMW、LW、T、C、AC、AIW、常数

图 2-99　循环指令的指令格式

（2）工作原理

当输入使能端有效时，循环体开始执行，执行到 NEXT 指令返回。每执行一次循环体，当前值计数器 INDX 都加 1，当到达终止值 FINAL 时，循环体结束；当使能输入端无效时，循环体不执行。

（3）使用说明

① FOR、NEXT 指令必须成对使用。

② FOR、NEXT 指令可以循环嵌套，最多可嵌套 8 层。

③ 每次使能输入端重新有效时，指令将自动复位各参数。

④ 当初始值大于终止值时，循环体不执行。

（4）循环指令应用举例

例：循环指令的嵌套。每执行 1 次外循环，内循环都要循环 3 次。

根据控制要求，设计梯形图程序，如图 2-100 所示。

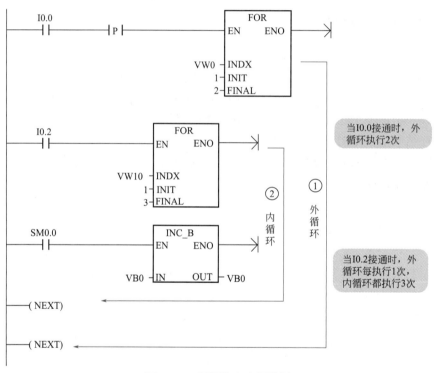

图 2-100　循环指令应用举例

2.10.4　综合举例——三台电动机顺序控制

（1）控制要求

按下启动按钮 SB1，电动机 M1、M2、M3 间隔 3s 顺序启动；按下停止按钮 SB2，电动机 M1、M2、M3 间隔 3s 顺序停止。

（2）程序设计

① 3 台电动机顺序控制 I/O 分配如表 2-41 所示。

表 2-41　3 台电动机顺序控制 I/O 分配表

输入量		输出量	
启动按钮 SB1	I0.0	接触器 KM1	Q0.0
停止按钮 SB2	I0.1	接触器 KM2	Q0.1
		接触器 KM3	Q0.2

② 梯形图程序

a. 解法一　用子程序指令编程。

如图 2-101 所示为用子程序指令设计三台电动机顺序控制，该程序分为主程序、电动机顺序启动和顺序停止的子程序。

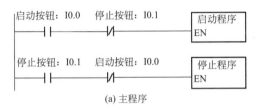

(a) 主程序

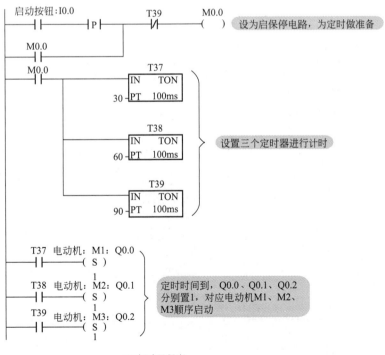

(b) 起动子程序

图 2-101

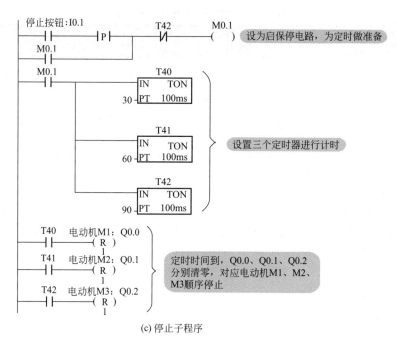

(c) 停止子程序

图 2-101 用子程序指令设计三台电动机顺序控制

b. 解法二 用跳转 / 标号指令编程。

如图 2-102 所示为用跳转 / 标号指令设计三台电动机顺序控制。

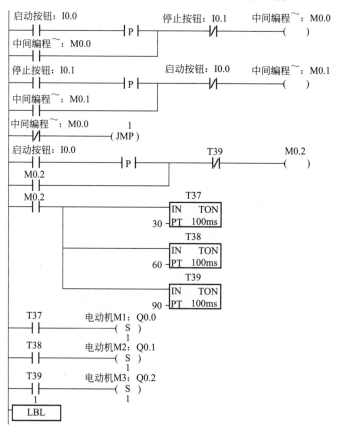

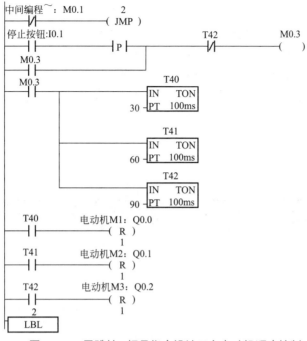

图 2-102　用跳转 / 标号指令设计三台电动机顺序控制

二维码 57

2.11　中断指令

中断是指当 PLC 正执行程序时，如果有中断输入，它会停止执行当前正在执行的程序，转而去执行中断程序，当执行完毕后，又返回原先被终止的程序并继续运行。中断功能用于实时控制、通信控制和高速处理等场合。

2.11.1　中断事件

（1）中断事件

发生中断请求的事件，称为中断事件。每个中断事件都有自己固定的编号，称为中断事件号。中断事件可分为 3 大类：时基中断、输入 / 输出中断、通信中断。

① 时基中断　时基中断包括两类，分别为定时中断和定时器 T32/T96 中断。

a. 定时中断　定时中断支持周期性活动，周期时间为 1 ～ 255ms，时基为 1ms。使用定时中断 0 或 1，必须在 SMB34 或 SMB35 中写入周期时间。将中断程序连在定时中断事件上，如定时中断允许，则开始定时，每到达定时时间，都会执行中断程序。此项功能可用于 PID 控制和模拟量定时采样。

b. 定时器 T32/T96 中断　这类中断只能用时基为 1ms 的定时器 T32 和 T96 构成。中断启动时后，当当前值等于预设值时，在执行 1ms 定时器更新过程中，执行连接中断程序。

② 输入 / 输出中断　它包括输入上升 / 下降沿中断、高速计数器中断和高速脉冲输出

中断。

　　a. 输入上升 / 下降沿中断用于捕捉立即处理的事件。

　　b. 高速计数器中断是指对高速计数器运行时产生的事件实时响应，这些事件包括计数方向改变产生的中断，当前值等于预设值产生的中断等。

　　c. 脉冲输出中断是指预定数目完成所产生的中断。

③ 通信中断　在自由口通信模式下，用户可通过编程来设置波特率和通信协议等。

（2）中断优先级、中断事件编号及意义

中断优先级、中断事件编号及其意义如表 2-42 所示。其中优先级是指中断同时执行时，有先后顺序。

表 2-42　中断优先级、中断事件编号及意义

优先级分组	优先级	中断事件号	备注	中断事件类别
定时中断	0	10	定时中断 0	定时
	1	11	定时中断 1	
	2	21	定时器 T32 CT=PT 中断	定时器
	3	22	定时器 T96 CT=PT 中断	
通信中断	0	8	通信口 0：接收字符	通信口 0
	0	9	通信口 0：发送完成	
	0	23	通信口 0：接收信息完成	
	1	24	通信口 1：接收字符	通信口 1
	1	25	通信口 1：发送完成	
	1	26	通信口 1：接收信息完成	
输入 / 输出中断	0	19	PT0 0 脉冲串输出完成中断	脉冲输出
	1	20	PT0 1 脉冲串输出完成中断	
	2	0	I0.0 上升沿中断	外部输入
	3	2	I0.1 上升沿中断	
	4	4	I0.2 上升沿中断	
	5	6	I0.3 上升沿中断	
	6	1	I0.0 下降沿中断	
	7	3	I0.1 下降沿中断	
	8	5	I0.2 下降沿中断	

续表

优先级分组	优先级	中断事件号	备注	中断事件类别
输入 / 输出中断	9	7	I0.3 下降沿中断	外部输入
	10	12	HSC0 当前值 = 预设值中断	高速计数器
	11	27	HSC0 计数方向改变中断	
	12	28	HSC0 外部复位中断	
	13	13	HSC1 当前值 = 预设值中断	
	14	14	HSC1 计数方向改变中断	
	15	15	HSC1 外部复位中断	
	16	16	HSC2 当前值 = 预设值中断	
	17	17	HSC2 计数方向改变中断	
	18	18	HSC2 外部复位中断	
	19	32	HSC3 当前值 = 预设值中断	
	20	29	HSC4 当前值 = 预设值中断	
	21	30	HSC4 计数方向改变中断	
	22	31	HSC4 外部复位中断	
	23	33	HSC5 当前值 = 预设值中断	

2.11.2　中断指令及中断程序

（1）中断指令

中断指令有 4 条，分别为开中断指令、关中断指令、中断连接指令和分离中断指令。中断指令格式如表 2-43 所示。

表 2-43　中断指令格式

指令名称	编程语言		操作数类型及操作范围
	梯形图	语句表	
开中断指令	——（ ENI ）	ENI	无
关中断指令	——（ DISI ）	DISI	无
中断连接指令	ATCH EN　ENO INT EVNT	ATCH INT，EVNT	INT：常数 0 ~ 127 EVNT：常数，CPU224：0 ~ 23 和 27 ~ 33；CPU226/CPU224XP：0 ~ 33 INT/EVNT：字节型
分离中断指令	DTCH EN　ENO EVNT	DTCH EVNT	EVNT：常数，CPU224：0 ~ 23 和 27 ~ 33；CPU226/CPU224XP：0 ~ 33 EVNT：字节型

续表

指令名称	编程语言		操作数类型及操作范围
	梯形图	语句表	
功能说明	（1）开中断指令：全局性允许所有中断事件 （2）关中断指令：全局禁止所有中断 （3）中断连接指令：将中断事件（EVNT）与中断程序码（INT）相连接，并启动中断事件 （4）分离中断指令：取消中断事件（EVNT）与所有程序之间的连接，并禁止该中断事件		

（2）中断程序

① 简介　中断程序是为了处理中断事件，而由用户事先编制好的程序。它不由用户程序调用，由操作系统调用，因此它与用户程序执行的时序无关。

用户程序将中断程序和中断事件连接在一起，当中断条件满足，则执行中断程序。

② 建立中断的方法　插入中断程序的方法如图 2-103 所示。

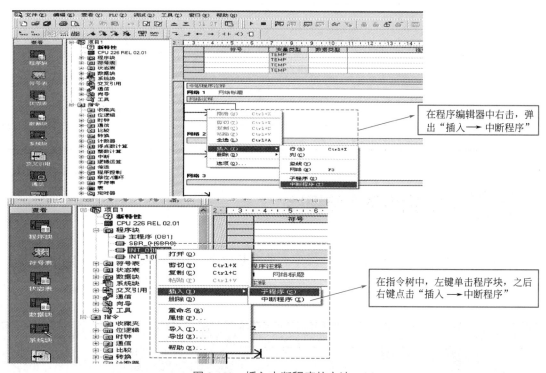

图 2-103　插入中断程序的方法

2.11.3 中断指令应用举例

例：模拟量定时采样。

（1）控制要求

要求每 3s 采样 1 次。

（2）程序设计

每 3ms 采样 1 次，用到了定时中断；首先设置采样周期，接着用中断连接指令连接中断程序和中断事件，最后编写中断程序，如图 2-104 所示。

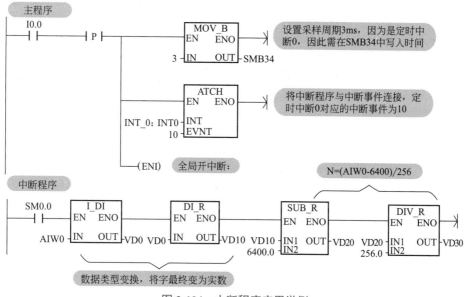

图 2-104 中断程序应用举例

⚠ **重点提示**

中断程序有一点儿子程序的意味，但中断程序由操作系统调用，不是由用户程序调用，关键是不受用户程序的执行时序影响；子程序是由用户程序调用，这是两者的区别。

2.12 高速计数器指令

二维码 58

普通计数器的计数速度受扫描周期的影响，遇到比其 CPU 频率高的输入脉冲，它就显得无能为力了。为此 S7-200PLC 设计了高速计数功能，其计数自动进行，不受扫描周期的影响。高速计数器指令可实现高速运动的精确定位。

2.12.1 高速计数器输入端子及工作模式

（1）高速计数器的输入端子及其含义

高速计数器的端子有 4 种，即启动端、复位端、时钟脉冲端和方向控制端。每种端子都有它特定的含义，复位端负责清零，当复位端有效时，将清除计数器的当前值并保持这种清除状态，直到复位端关闭；启动端有效时，将允许计数器计数，当关闭启动输入时，计数器当前值保持不变，时钟脉冲不起作用；方向端控制加减，方向端为 1 时，为加计数，方向端为 0 时，为减计数；时钟脉冲端负责接收输入脉冲。

（2）高速计数器的工作模式

① 无外部方向输入信号的单相加 / 减计数器　只有 1 个脉冲输入端，用高速计数器的控制字节的第 3 位来控制加计数或减计数。若该位为 1，则为加计数；相反，则为减计数，如图 2-105 所示。

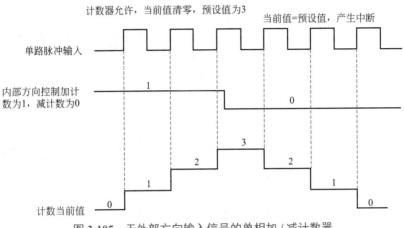

图 2-105　无外部方向输入信号的单相加 / 减计数器

② 有外部方向输入信号的单相加 / 减计数器　有 1 个脉冲输入端和 1 个方向控制端，方向端信号为 1，则为加计数；方向端信号为 0，则为减计数。与图 2-105 相似，只不过将内部方向控制换成外部方向控制。

③ 两路脉冲输入的单相加 / 减计数器　有 2 个脉冲输入端，1 个为加计数；1 个为减计数；计数值是两者的代数和，如图 2-106 所示。

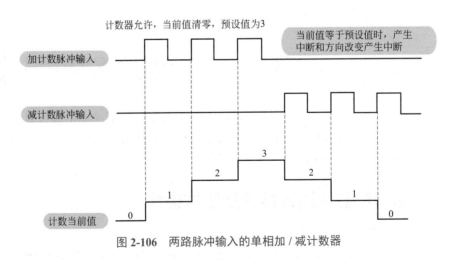

图 2-106　两路脉冲输入的单相加 / 减计数器

④ 两路脉冲输入的双相正交计数器　有 2 个脉冲输入端，输入 2 路脉冲 A、B 两相相位相差 90°，即两相正交；若 A 相超前 B 相 90°，则为加计数；若 A 相滞后 B 相 90°，则为减计数。在这种计数方式下，可选择 1X 模式和 4X 模式。所谓的 1X 模式即单倍频率，1 个时钟脉冲计 1 个数；4X 模式即 4 倍频率，1 个时钟脉冲计 4 个数；1X 模式如图 2-107 所示，4X 模式与其类似，只不过产生 1 个脉冲，计数器当前值变化 4 而已，故不赘述。

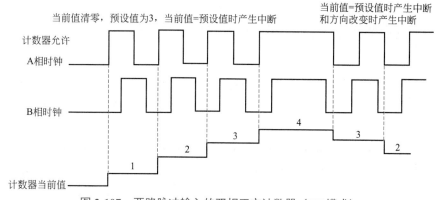

图 2-107　两路脉冲输入的双相正交计数器（1X 模式）

（3）高速计数器输入端子与工作模式的关系

高速计数器输入端子与工作模式的关系如表 2-44 所示。

表 2-44　高速计数器输入端子与工作模式的关系

模式	描述	输	入		
	HSC0	I0.0	I0.1	I0.2	
	HSC1	I0.6	I0.7	I1.0	I1.1
	HSC2	I1.2	I1.3	I1.4	I1.5
	HSC3	I0.1			
	HSC4	I0.3	I0.4	I0.5	
	HSC5	I0.4			
0	带有内部方向控制的单相计数器	时钟			
1		时钟		复位	
2		时钟		复位	启动
3	带有外部方向控制的单相计数器	时钟	方向		
4		时钟	方向	复位	
5		时钟	方向	复位	启动
6	带有增减计数时钟的两相计数器	增时钟	减时钟		
7		增时钟	减时钟	复位	
8		增时钟	减时钟	复位	启动
9	A/B 相正交计数器	时钟 A	时钟 B		
10		时钟 A	时钟 B	复位	
11		时钟 A	时钟 B	复位	启动
12	只有 HSC0 和 HSC3 支持模式 12 HSC0 计数 Q0.0 输出的脉冲数 HSC3 计数 Q0.1 输出的脉冲数				

2.12.2 高速计数器控制字节与状态字节

（1）控制字节

定义完高速计数器工作模式后，还要设置相应的控制字节。每个高速计数器都有 1 个控制字节，控制字节负责方向控制、计数允许与禁止等，具体作用如表 2-45 所示。

表 2-45　控制字节及含义

HSC0	HSC1	HSC2	HSC4	描述（仅当 HDEF 执行时使用）
SM37.0	SM47.0	SM57.0	SM147.0	用于复位的有效电平控制位 0 = 复位为高电平有效　　1 = 复位为低电平有效
-	SM47.1	SM57.1	-	用于启动的有效电平控制位 0 = 启动为高电平有效　　1 = 启动为低电平有效
SM37.2	SM47.2	SM57.2	SM147.2	正交计数器的计数速率选择 0 = 4X 计数速率　　1 = 1X 计数速率

HSC0	HSC1	HSC2	HSC3	HSC4	HSC5	描述
SM37.3	SM47.3	SM57.3	SM137.3	SM147.3	SM157.3	计数方向控制位 0 = 减计数　　1 = 增计数
SM37.4	SM47.4	SM57.4	SM137.4	SM147.4	SM157.4	将计数方向写入 HSC 0 = 无更新　　1 = 更新方向
SM37.5	SM47.5	SM57.5	SM137.5	SM147.5	SM157.5	将新预设值写入 HSC 0 = 无更新　　1 = 更新预设值
SM37.6	SM47.6	SM57.6	SM137.6	SM147.6	SM157.6	将新的当前值写入 HSC 0 = 无更新　　1 = 更新当前值
SM37.7	SM47.7	SM57.7	SM137.7	SM147.7	SM157.7	启用 HSC 0 = 禁止 HSC　　1 = 启用 HSC

（2）状态字节

每个高速计数器都有 1 个状态字节，通常 0 ～ 4 控制位不用，其余位或表示当前计数方向，或表示当前值与预置值的关系，具体含义如表 2-46 所示。

表 2-46　状态字节及含义

HSC0	HSC1	HSC2	HSC3	HSC4	HSC5	描述
SM36.0	SM46.0	SM56.0	SM136.0	SM146.0	SM156.0	不用
SM36.1	SM46.1	SM56.1	SM136.1	SM146.1	SM156.1	不用
SM36.2	SM46.2	SM36.2	SM136.2	SM146.2	SM156.2	不用
SM36.3	SM46.3	SM56.3	SM136.3	SM146.3	SM156.3	不用
SM36.4	SM46.4	SM56.4	SM136.4	SM146.4	SM156.4	不用
SM36.5	SM46.5	SM56.5	SM136.5	SM146.5	SM156.5	当前计数方向状态位 0 = 减计数 1 = 增计数

续表

HSC0	HSC1	HSC2	HSC3	HSC4	HSC5	描述
SM36.6	SM46.6	SM56.6	SM136.6	SM146.6	SM156.6	当前值等于预设值状态位 0 = 不等 1 = 相等
SM36.7	SM46.7	SM56.7	SM136.7	SM146.7	SM156.7	当前值大于预设值状态位 0 = 小于等于 1 = 大于

2.12.3　高速计数器指令

高速计数器指令有两条，分别为高速计数器定义指令和高速计数器指令，其指令格式如表 2-47 所示。

表 2-47　高速计数器指令的指令格式

指令名称	编程语言		操作数类型及操作范围
	梯形图	语句表	
高速计数器 定义指令	HDEF —EN　ENO— —HSC —MODE	HDEF HSC，MODE	HSC：高速计数器的编号，常数 0 ～ 5，数据类型为字节 MODE 工作模式，常数 0 ～ 11，数据类型为字节
高速计数器 指令	HSC —EN　ENO— —N	HSC N	N：高速计数器编号，常数 0 ～ 5，数据类型为字
功能说明	（1）高速计数器定义指令：该指令指定了高速计数器的 HSCx 工作模式。工作模式选择：选择输入脉冲、计数方向、复位和启动功能 （2）高速计数器指令：根据高速计数器控制位的状态，按照高速计数器定义指令指定的工作模式，控制高速计数器		

2.12.4　高速计数器指令编程的一般步骤

高速计数器指令编程的一般步骤，读者可自己根据需要给图中的指令赋值，如图 2-108 所示。

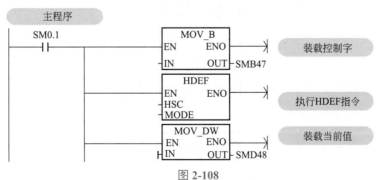

图 2-108

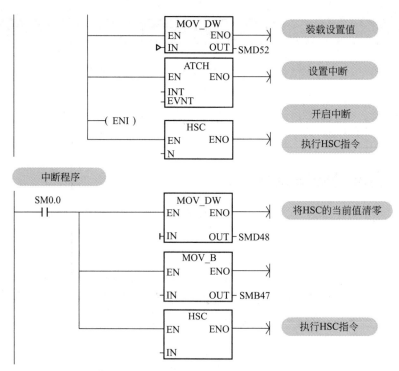

图 2-108　高速计数器指令编程的一般步骤

 2.13　表功能指令

二维码 59

2.13.1　填表指令

填表指令的梯形图和语句表如图 2-109 所示。DATA 为数值输入端，指出被储存的自行数据或地址；TBL 为表的首地址输入端，用于指明被访问的表格。

增加至表格（ATT）指令向表格（TBL）中加入字值（DATA）。

表格中的第一个数值是表格的最大长度（TL），第二个数值是条目计数（EC），向表格中增加新数据后，条目计数加 1。

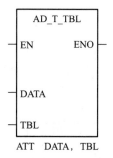

ATT　DATA，TBL

图 2-109　填表指令的梯形图和语句表

元件说明

元件说明见表 2-48。

表 2-48　元件说明

PLC 软元件	控制说明	PLC 软元件	控制说明
SM0.1	PLC 为 RUN 时，得电一个周期	I0.0	启动填表，得电后常开触点闭合

控制程序

程序控制如图 2-110 所示。

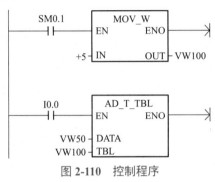

图 2-110　控制程序

2.13.2　查表指令

表格查找（TBL）指令可用于在表格（TBL）中搜索与某些标准相符的数据。"表格查找"指令搜索表，从 INDX 指定的表格条目开始，寻找与 CMD 定义的搜索标准相匹配的数据数值（PTN）。命令参数（CMD）被指定为一个 1～4 的数值，分别代表 =、<>、<、和 >。

程序说明如图 2-111 所示。

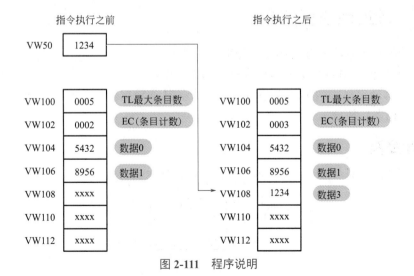

图 2-111　程序说明

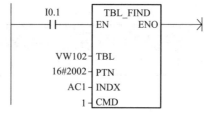

程序举例

控制程序如图 2-112 所示，程序说明如图 2-113 所示。

图 2-112　控制程序

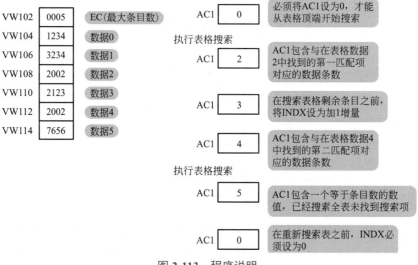

当I0.1打开时，在表格中搜索一个等于2002HEX的数值

图 2-113　程序说明

2.13.3　表取数功能指令

表取数功能指令有两种方式：先进先出和后进先出。

先进先出指令（FIFO）通过移除表格（TBL）中的第一个条目，并将数值移至 DATA 指定的地址，移动表格中的第一个条目。表格中的其他数据均向上移动一个地址。每次执行指令后，表格条目数减 1。

程序举例

程序举例如图 2-114 所示，程序说明如图 2-115 所示。

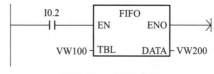

图 2-114　程序举例

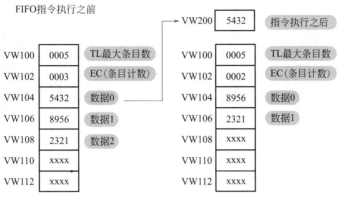

图 2-115　程序说明

后进先出（LIFO）指令是将表格中最后一个条目中的数值移至输出内存地址，方法是移出表格最后一个条目，并将数值移至 DATA 指定的位置。每次执行后，表格条目数减 1。

程序举例

程序举例如图 2-116 所示，程序说明如图 2-117 所示。

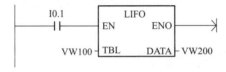

图 2-116　程序举例

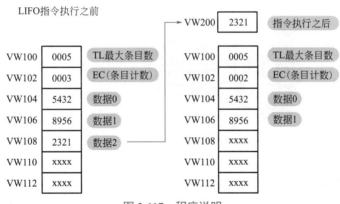

图 2-117　程序说明

第3章

基础应用案例及解析

3.1 启动优先程序

3.1.1 启动优先程序实现方案1

范例示意如图3-1所示。

图3-1 范例示意

⬛ **〈控制要求〉**

启动优先：当启动与停止信号同时到达时，输出的状态若为启动，则为启动优先。例如，消防水泵启动的控制场合，需要选用启动优先控制程序。对于该程序，若同时按下启动和停止按钮，则启动优先。无论停止按钮I0.1按下与否，只要按下启动按钮I0.0，则负载启动。

⬛ **〈元件说明〉**

元件说明见表3-1。

表3-1 元件说明

PLC软元件	控制说明
I0.0	消防水泵启动按钮，按下时，I0.0状态由Off → On

续表

PLC 软元件	控制说明
I0.1	消防水泵停止按钮，按下时，I0.1 状态由 Off → On
Q0.0	消防水泵接触器

控制程序

控制程序如图 3-2 所示。

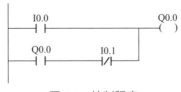

图 3-2　控制程序

二维码 60

程序说明

① 按下启动按钮，I0.0 得电，常开触点闭合，此时若 I0.1 没有按下，Q0.0 得电并自锁，消防水泵正常启动；此时按下 I0.1，Q0.0 失电，自锁解除，消防水泵停止。

② 当 I0.0 与 I0.1 同时被按下时，Q0.0 得电，但无法完成自锁，消防水泵仍然启动，松开两按钮后，Q0.0 失电，消防水泵停止运行（相当于点动控制）。

3.1.2　启动优先程序实现方案 2

元件说明

元件说明见表 3-2。

表 3-2　元件说明

PLC 软元件	控制说明
I0.0	消防水泵启动开关，按下时，I0.0 状态由 Off → On
I0.1	消防水泵停止开关，按下时，I0.1 状态由 Off → On
Q0.0	消防水泵接触器

控制程序

控制程序如图 3-3 所示。

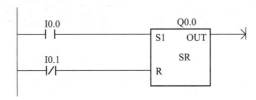

图 3-3　控制程序

二维码 61

程序说明

① 按下启动开关，I0.0 得电，常开触点闭合，此时若 I0.1 没有按下，Q0.0 得电，消防水泵正常启动；此时若 I0.1 按下，Q0.0 得电，消防水泵仍然启动。

② 当启动按钮 I0.0、停止按钮 I0.1 都失电时，I0.0 常开触点断开，I0.1 常闭触点闭合，Q0.0 失电，消防水泵处于停止状态。

③ 当停止按钮 I0.1 按下，而启动按钮 I0.0 未按时，消防水泵保持原来的状态。

3.2 停止优先程序

控制要求

停止优先：启动与停止信号同时到达时，输出为停止则为停止优先。本案例属于原理说明，对于实际应用环境中的用电保护进行简单的举例。停止优先是编程中常用的保护之一，它保证了停止主令信号的有效性和优先性，保证在出现情况时可以按照意愿顺利停止。

3.2.1 停止优先程序实现方案 1

范例示意如图 3-4 所示。

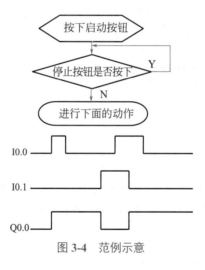

图 3-4　范例示意

元件说明

元件说明见表 3-3。

表 3-3　元件说明

PLC 软元件	控制说明
I0.0	启动按钮，按下时，I0.0 状态由 Off → On
I0.1	停止按钮，按下时，I0.1 状态由 Off → On
I0.2	热继电器，电动机过载热继电器动作时，I0.2 状态由 Off → On
Q0.0	程序规定的输出

控制程序

控制程序如图 3-5 所示。

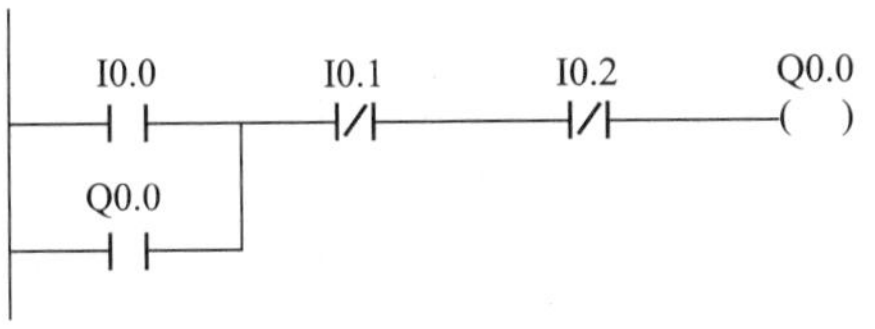

二维码 62

图 3-5　控制程序

程序说明

① 本案例属于停止优先程序说明。为了确保安全，在 PLC 起保停电路的两个启动方式中，一般情况下会选择停止优先。对于该程序，若同时按下启动和停止按钮，则停止优先。无论启动按钮 I0.0 按下与否，只要按下停止按钮 I0.1，则 Q0.0 必然失电，因此，这种电路也被称为失电优先的自锁电路。这种控制方式常用于需要紧急停车的场合。

② 电动机发生过载时，热继电器动作，I0.2 得电，常闭接点断开，输出线圈 Q0.0 失电，自锁解除，电动机失电停转。

③ 若热继电器设定为手动复位，若因过载停机，需对热继电器手动复位后方可再次启动电动机。这样有利于设备维护人员查清电动机过载的原因并排除后，再对热继电器进行复位，对于保护电动机和维护生产安全有好处。

3.2.2　停止优先程序实现方案 2

元件说明

元件说明见表 3-4。

表 3-4　元件说明

PLC 软元件	控制说明
I0.0	启动开关，按下时，I0.0 状态由 Off → On
I0.1	停止开关，按下时，I0.1 状态由 Off → On
Q0.0	程序规定的输出

控制程序

控制程序如图 3-6 所示。

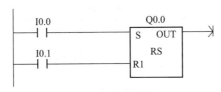

图 3-6　控制程序

⮕ 程序说明

① 按下启动按钮，I0.0 得电，此时 I0.1 若没有按下，Q0.0 得电，消防水泵正常启动；此时若按下 I0.1，Q0.0 失电，消防水泵停止。

② 当启动按钮 I0.0 未按下时，I0.0 失电，常开触点断开；停止按钮 I0.1 按下时，I0.1 得电，常开触点闭合，消防水泵处于停止状态，Q0.0 失电。

③ 当启动按钮 I0.0 与停止按钮 I0.1 都未按下时，消防水泵保持原来的状态。

3.3 互锁联锁控制

范例示意如图 3-7 所示。

图 3-7 范例示意

⮕ 控制要求

本案例属于原理说明，对于冲床来讲，为避免机器因人为疏忽导致的一些器件损坏，使用了一系列互锁和联锁结构。

在机床控制线路中，要求两个或多个电器不能同时得电动作，相互之间有排他性，这种关系称为互锁。如控制电动机正反转的两个接触器同时得电，将导致电源短路。

在机床控制线路中，常要求电动机或其他电器有一定的得电顺序，这种先后顺序称为联锁。

⮕ 元件说明

元件说明见表 3-5。

表 3-5 元件说明

PLC 软元件	控制说明
I0.0	润滑泵启动按钮，按下时，I0.0 状态由 Off → On
I0.1	机头上行启动按钮，按下时，I0.1 状态由 Off → On
I0.2	机头下行启动按钮，按下时，I0.2 状态由 Off → On
I0.3	润滑泵停止按钮，按下时，I0.3 状态由 Off → On
Q0.0	润滑泵接触器
Q0.1	机头上行接触器
Q0.2	机头下行接触器

控制程序

控制程序如图 3-8 所示。

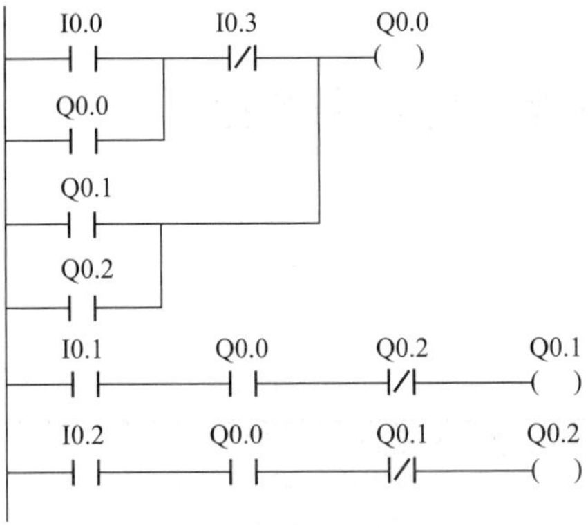

二维码 63

图 3-8 控制程序

程序说明

① 本案例讲述联锁与互锁的用法。在启动机床时要求先启动润滑泵，否则不能启动电动机，则在此时使用联锁结构编写程序；在机床机头上下行过程中，要求两种情况不能同时发生，以避免短路，则此时可使用互锁结构。

② 先启动润滑泵，当按下启动按钮 I0.0 时，I0.0 得电，常开触点闭合，Q0.0 得电自锁，润滑泵启动。当需要机头上行时，按下上行按钮 I0.1，I0.1 得电，常开触点闭合，Q0.1 得电，上行接触器得电，机头上行。同时，下行回路中 Q0.1 常闭接点断开，下行无法启动。

③ 当需要机头下行时，需要先停止上行，即松开上行按钮，此时按下下行按钮 I0.2，I0.2 得电，常开触点闭合，Q0.2 得电，下行接触器得电，机头下行。同时，上行回路中 Q0.2 常闭断开，上行无法启动。

④ 停止润滑泵时，需要在机头驱动电动机停止的情况下，才能停止润滑泵，满足条件时，按下润滑泵停止按钮 I0.3，I0.3 得电，常闭触点断开，Q0.0 失电，润滑泵停止。

⑤ 注意机头的上下行控制实际为电动机的点动正反转控制。

3.4 自保持与解除程序

范例示意如图 3-9 所示。

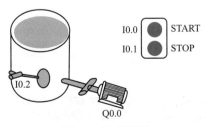

图 3-9 范例示意

控制要求

① 按下 START 按钮，抽水泵运行，开始将容器中的水抽出。

② 按下 STOP 按钮或容器中无水为空，抽水泵自动停止工作。

3.4.1 自保持与解除回路实现方案 1

元件说明

元件说明见表 3-6。

表 3-6　元件说明

PLC 软元件	控制说明
I0.0	START 控制按钮：按下时，I0.0 状态由 Off → On
I0.1	STOP 控制按钮：按下时，I0.1 状态由 Off → On
I0.2	浮标水位检测器，只要容器中有水，I0.2 状态为 On
Q0.0	抽水泵电动机

控制程序

如图 3-10 所示。

二维码 64

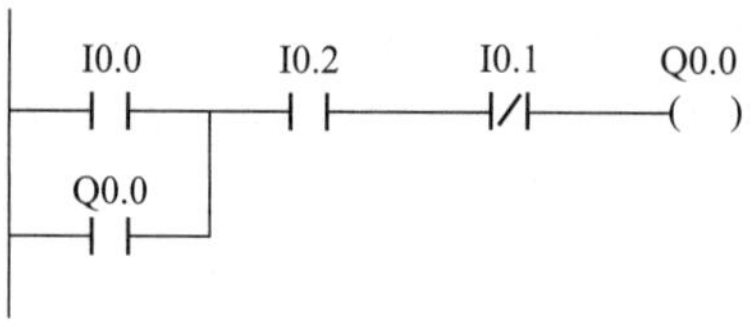

```
   I0.0      I0.2      I0.1      Q0.0
   ─┤ ├──────┤ ├──────┤/├───────( )
   Q0.0
   ─┤ ├─
```

图 3-10　控制程序

程序说明

① 只要容器中有水，I0.2 得电常开触点闭合，按下 START 按钮时，I0.0 得电常开触点闭合，Q0.0 得电并自锁，抽水泵电动机开始抽水。

② 当按下 STOP 按钮，I0.1 得电，常闭触点断开，水泵电动机停止抽水；或当容器中的水被抽干之后，I0.2 失电，Q0.0 失电，抽水泵电动机停止抽水。

3.4.2 自保持与解除回路实现方案 2

元件说明

元件说明见表 3-7。

表 3-7　元件说明

PLC 软元件	控制说明
I0.0	START 控制按钮，按下时，I0.0 状态由 Off → On

PLC 软元件	控制说明
I0.1	STOP 控制按钮，按下时，I0.1 状态由 Off → On
I0.2	浮标水位检测器，只要容器中有水，I0.2 状态为 On
M0.0	内部辅助继电器
Q0.0	抽水泵电动机

◀ 控制程序 ▶

控制程序如图 3-11 所示。

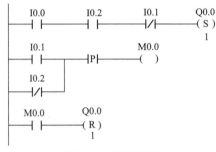

图 3-11　控制程序

◀ 程序说明 ▶

① 容器中有水，I0.2 得电，常开触点闭合，按下 START 按钮时，I0.0 得电，置位操作指令被执行，Q0.0 得电，抽水泵电动机开始抽水。

② 当按下 STOP 按钮时，I0.1 得电，常闭触点断开、常开触点闭合，通过上升沿指令将 I0.1 的不规则信号转换为瞬时触发信号，M0.0 接通一个扫描周期，复位操作指令执行，Q0.0 失电，抽水泵电动机停止抽水。

③ 另外一种停止抽水的情况是当容器水抽干后，I0.2 失电，常闭触点接通，上升沿指令瞬时触发，M0.0 接通一个扫描周期，复位操作指令执行，Q0.0 被复位，抽水泵电动机停止抽水。

3.5　单一开关控制启停

范例示意如图 3-12 所示。

图 3-12　范例示意

控制要求

上电后，甲灯亮（甲组设备工作），乙灯不亮（乙组设备不工作）；按一次按钮，乙灯亮（乙组设备工作），甲灯不亮（甲组设备不工作）；再按一次按钮，甲灯亮（甲组设备工作），乙灯不亮（乙组设备不工作）；以此类推。

元件说明

元件说明见表 3-8。

表 3-8　元件说明

PLC 软元件	控制说明	PLC 软元件	控制说明
I0.0	开关控制按钮	Q0.1	灯 L1（乙组设备）
Q0.0	灯 L0（甲组设备）	M1.0	内部辅助继电器

控制程序

控制程序如图 3-13 所示。

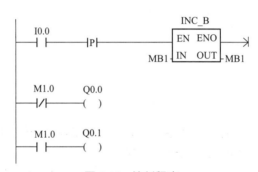

二维码 65

图 3-13　控制程序

程序说明

① 上电后，M1.0 状态为 Off，M1.0 常闭触点闭合，Q0.0 得电，灯 L0 亮（甲组设备工作）；M1.0 常开触点断开，Q0.1 失电，灯 L1 灭（乙组设备不工作）。

② 按一下 I0.0 按钮，上升沿触发 INC 自增指令执行使 M1.0 得电，常闭接点断开，Q0.0 失电，灯 L0 灭（甲组设备不工作）；M1.0 常开接点闭合，Q0.1 得电，灯 L1 亮（乙组设备工作）。

③ 再按一下 I0.0 按钮，上升沿触发自增指令执行，使得 M1.0 状态由 On → Off；分析过程同①。

另外：

① 本例可用于两组设备（如主设备和备用设备）的交替运行，当一组设备由于某种原因需要检修维护或故障时，可通过按操作按钮切换为另一组设备工作；

② 本例一上电便有一组设备启动，如果一上电甲乙两组设备都不许自行启动，可加一个总开关。

控制程序

如图 3-14 所示，I0.1 为总启动开关，I0.2 为停止开关，I0.0 为两组设备的切换开关。

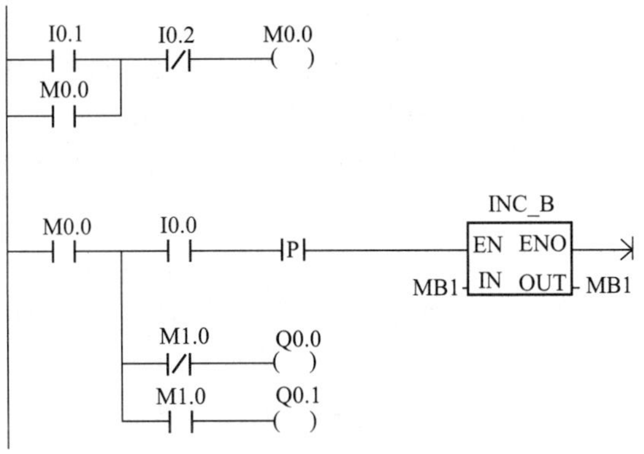

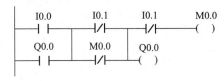

图 3-14　控制程序

3.6　按钮控制圆盘旋转一圈

控制要求

一个圆盘在原始位置时，限位开关受压，处于动作状态；按一下控制按钮，电动机带动圆盘转一圈，到原始位置时停止。

元件说明

元件说明见表 3-9。

表 3-9　元件说明

PLC 软元件	控制说明
I0.0	控制按钮，按下时，I0.0 状态由 Off → On
I0.1	圆盘限位开关，当圆盘到达原位时，I0.1=On
Q0.0	电动机（接触器）
M0.0	内部辅助继电器

控制程序

控制程序如图 3-15 所示。

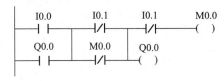

图 3-15　控制程序

二维码 66

〈程序说明〉

① 圆盘在原位时，限位开关 I0.1 常开触点受压闭合，I0.1 常闭触点断开，M0.0 输出线圈为失电状态，M0.0 常闭触点闭合。

② 当按下控制按钮时，I0.0 得电，I0.0 常开触点闭合，且 M0.0 常闭触点为闭合状态，输出线圈 Q0.0 得电并自锁，电动机启动运转，带动圆盘转动。

③ 圆盘转动，限位开关复位，I0.1 常闭触点闭合，M0.0 输出线圈得电，M0.0 常闭触点断开。

Q0.0 线圈当前得电路径为 Q0.0 常开触点闭合，I0.1 常闭触点闭合，Q0.0 输出线圈得电。

当圆盘转一圈后又碰到限位开关 I0.1，I0.1 常闭触点断开，Q0.0 输出线圈失电，电动机停止转动。

④ 若想再旋转一圈，再按按钮 I0.0，过程同上，不再赘述。

3.7　三地控制一盏灯

范例示意如图 3-16 所示。

〈控制要求〉

一盏灯可以由三个地方的普通开关共同控制，按下任一个开关，都可以控制电灯的点亮和熄灭。

〈元件说明〉

元件说明见表 3-10。

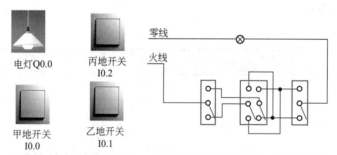

电灯 Q0.0　丙地开关 I0.2

甲地开关 I0.0　乙地开关 I0.1

(a) 范例要求由三个普通开关　　(b) 由两个单刀双掷开关和一个双刀双掷
实现灯的三地控制　　　　　　开关实现灯的三地控制接线图

图 3-16　范例示意

表 3-10　元件说明

PLC 软元件	控制说明
I0.0	甲地普通开关，上方按下时，I0.0 状态由 Off → On；下方按下时，I0.0 状态由 On → Off
I0.1	乙地普通开关，上方按下时，I0.1 状态由 Off → On；下方按下时，I0.1 状态由 On → Off
I0.2	丙地普通开关，上方按下时，I0.2 状态由 Off → On；下方按下时，I0.2 状态由 On → Off
Q0.0	电灯

控制程序

控制程序如图 3-17 所示。

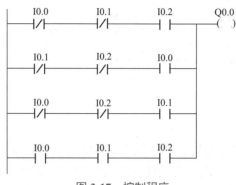

二维码 67

图 3-17 控制程序

程序说明

（1）假定三个开关原始状态均为 Off 状态

仅按下甲地开关，I0.0 得电，常开触点闭合，因乙、丙两地不动作，I0.1、I0.2 常闭触点导通，Q0.0 得电，灯亮。

再按下甲地开关，I0.0 失电，常开触点断开，Q0.0 失电，灯灭。

仅操作乙地或丙地开关情况类似。

（2）假定三个开关原始状态均为 On 状态

I0.0、I0.1、I0.2 常开触点闭合，Q0.0 得电，灯亮。

若仅操作乙地开关，I0.1 常开触点断开，Q0.0 失电，灯灭；再按一下乙地开关，I0.1 得电，常开触点闭合，Q0.0 得电，灯亮；其余两地操作类似。

（3）甲地状态为 On，乙地、丙地状态为 Off 情况

I0.0 为 On，I0.1、I0.2 为 Off，I0.0 常开触点闭合，I0.1 常闭触点闭合，I0.2 常闭触点闭合，Q0.0 得电，灯亮。

① 在甲地操作 操作甲地开关 I0.0 为 Off。

I0.0 为 Off、I0.1 为 Off、I0.2 为 Off，I0.0 常开触点断开、I0.1 常闭触点闭合、I0.2 常闭触点闭合，Q0.0 失电，灯灭；再按一次灯亮。

② 在乙地操作 操作乙地开关 I0.1 为 On。

I0.0 为 On、I0.1 为 On、I0.2 为 Off，I0.0 常开触点闭合、I0.1 常闭触点断开、I0.2 常闭触点闭合，Q0.0 失电，灯灭；再按一次灯亮。

③ 其余情况 类似，不再赘述。

（4）小结

用实际开关连线来实现灯的控制时，两地控制较容易，三地控制如图 3-16（b）所示，需要用到双刀双掷开关，实现起来较为麻烦。

用 PLC 编程可以很容易地实现多地控制，如四个开关控制一盏照明灯的控制程序如图 3-18 所示，具体原理读者可自行分析。

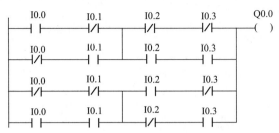

图 3-18　四个开关控制一盏照明灯的控制程序

 应用拓展提示

若将灯泡改为其他设备（如某重要仓库的灭火设备），甲、乙、丙三处为三个监控中心，均对该仓库进行监控，在甲、乙、丙三处三个监控中心安装灭火设备的控制开关，那么出现险情时，任一个监控中心均可启动或关闭灭火装置。

3.8　停止操作保护和接触器故障处理程序

 控制要求

在某些特定的工业场合下，接触器卡阻不能吸合、接触器触点熔焊、按钮按下不能启动等故障不再是小概率事件。为了避免接触器不吸合、电动机启动按钮不弹起以致停止按钮失效带来的不良后果，需要通过一定的 PLC 程序对停止操作做出保护，或者给予现场维护人员以不同形式的声光报警等提示，以便于设备维护人员进行相应的处理。本案例要求通过一定的 PLC 程序完成对停止操作的保护，并在接触器不吸合时进行报警。

 元件说明

元件说明见表 3-11。

表 3-11　元件说明

PLC 软元件	控制说明
I0.0	电动机启动按钮，按下时，I0.0 状态由 Off → On
I0.1	电动机停止按钮，按下时，I0.1 状态由 Off → On
I0.2	接触器辅助触点，闭合时，I0.2 状态由 Off → On
T32	计时 0.5s 定时器
Q0.0	电动机（接触器）
Q0.1	报警蜂鸣器

 控制程序

控制程序如图 3-19 所示。

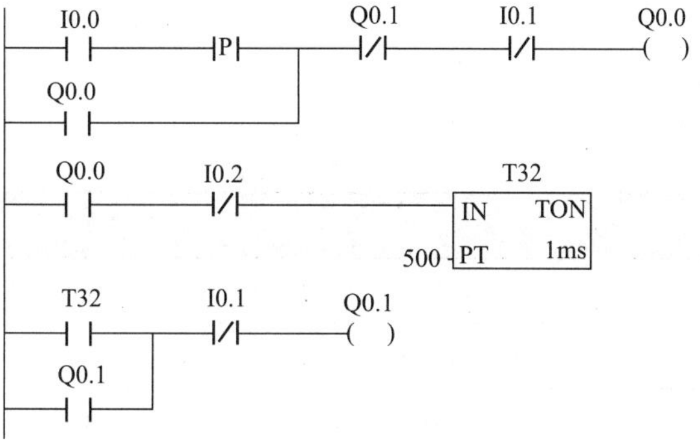

图 3-19 控制程序

二维码 68

程序说明

（1）电动机无故障

当按下 I0.0 时，I0.0 得电，常开触点闭合，Q0.0 得电，接触器线圈得电，其常开触点闭合，电动机启动运转。按下停止按钮 I0.1，I0.1 得电，常闭触点断开，Q0.0 失电，电动机停止运行。

（2）启动按钮不能正常弹起的故障

按下停止按钮 I0.1，I0.1 得电，I0.1 常闭触点断开，Q0.0 输出线圈失电，Q0.0 常开触点断开，自锁解除电动机停转。

① 若网络 1 中 I0.0 为普通常开触点　松开停止按钮 I0.1，I0.1 状态为 Off，I0.1 常闭触点闭合，因启动按钮不能正常弹起，I0.0 状态始终为 On，电动机重新启动。

② 本例分析（网络 1 中 I0.0 为上升沿触发）　松开停止按钮 I0.1，I0.1 状态为 Off，I0.1 常闭触点闭合。网络 1 中 I0.0 为上升沿触发触点且启动按钮不能正常弹起，I0.0 上升沿触发处为断开状态，电动机不会重新启动，仍然处于停转状态。

这样就通过程序（将启动按钮 I0.0 常开触点用上升沿触发来代替）避免了特殊情况（启动按钮不能正常弹起）下停止按钮失效（按下停止按钮并松开后电动机的重新自启动）问题。

（3）接触器不能正常吸合的故障

若接触器 Q0.0 已经得电，而接触器未正常吸合，则其辅助触点同样不能闭合，则 I0.2 常闭触点闭合，且 Q0.0 常开触点闭合，定时器 T32 开始计时，0.5s 后 T32 常开触点闭合，Q0.1 得电，报警蜂鸣器启动（并自锁），提醒维护人员进行处理。

按下停止按钮 I0.1 时，Q0.0 失电，Q0.1 失电，报警器停止报警，可进行后续维护检修等工作。

3.9 停电系统保护程序

控制要求

本案例要求使用 PLC 达成对突发停电状况的处理程序。在发生突发的停电状况后，电力突然恢复时，生产装置有可能会处于原来的工作状态，在立即恢复工作时，会使得设备产生混乱，从而引发严重事故。为了避免此类情况，使用 PLC 编程来对停电状况进行保护。

元件说明

元件说明见表 3-12。

表 3-12　元件说明

PLC 软元件	控制说明
I0.0	停电保护复位按钮，按下时，I0.0 状态由 Off → On
I0.1	启动开关，按下时，I0.1 状态由 Off → On
I0.2	启动开关，按下时，I0.2 状态由 Off → On
M0.0	内部辅助继电器
SM0.3	开机接通一个扫描周期
Q0.0	输出设备 1
Q0.1	输出设备 2

控制程序

控制程序如图 3-20 所示。

二维码 69

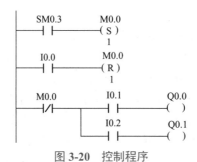

图 3-20　控制程序

程序说明

为应对各种不可预知的突发情况，该程序被设定为无论是否为突发的停电事故，都会起作用，以保证生产设备的安全。

在断电后重新通电时，SM0.3 会接通并仅接通一个扫描周期，SM0.3 得电，M0.0 被置位，此时，无论 1 号和 2 号输出信号的启动开关 I0.1、I0.2 处于什么状态，Q0.0、Q0.1 都会处于失电状态，来保护设备。

若需要启动设备，只需要按下停电保护复位按钮 I0.0，I0.0 得电，常开触点闭合，M0.0 被复位，此时，网络 3M0.0 常闭触点恢复闭合状态，按下启动开关 I0.1 或 I0.2，Q0.0 或 Q0.1 得电，设备开始正常工作。

3.10　卷帘门控制

范例示意如图 3-21 所示。

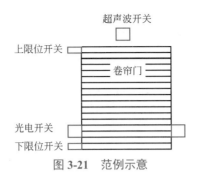

图 3-21　范例示意

📎 **控制要求**

某车库卷帘门如图 3-21 所示，用钥匙开关选择大门三个控制方式：停止、手动、自动。在停止位置时不能对大门进行控制，在手动位置时，可以用按钮进行开门、关门的控制。在自动位置时，可由汽车驾驶员控制，当汽车到达大门前时，由驾驶员发出超声波编码，如编码正确，超声波开关输出逻辑信号，通过 PLC 控制大门开启。当光电开关检测到有车辆进入大门时，红外线被挡住，输出逻辑 1 信号，当车辆进入大门后，红外线不受遮挡，输出逻辑 0 信号，关闭大门。

📎 **元件说明**

元件说明见表 3-13。

表 3-13　元件说明

PLC 软元件	控制说明
I0.0	手动控制方式开关，按下时，I0.0 状态由 Off → On
I0.1	自动控制方式开关，按下时，I0.1 状态由 Off → On
I0.2	手动控制开门按钮，按下时，I0.2 状态由 Off → On
I0.3	手动控制关门按钮，按下时，I0.3 状态由 Off → On
I0.4	开门上限位开关，接触时，I0.4 状态由 Off → On
I0.5	关门下限位开关，接触时，I0.5 状态由 Off → On
I0.6	超声波开关
I0.7	光电开关
Q0.0	开门接触器
Q0.1	关门接触器

📎 **控制程序**

控制程序如图 3-22 所示。

```
      I0.2      I0.0      I0.4     Q0.1      Q0.0
   ┤├──────┤├──────┤/├──────┤/├─────( )
      Q0.0
   ┤├
      I0.6      I0.1
   ┤├──────┤├
      Q0.0
   ┤├

      I0.3      I0.0               I0.5     Q0.0      Q0.1
   ┤├──────┤├───────────────┤/├──────┤/├─────( )
      Q0.1
   ┤├
      I0.7              I0.1
   ┤├──────┤N├──────┤├
      Q0.1
   ┤├
```

图 3-22　控制程序

▷ 〈 程序说明 〉

（1）手动控制方式

将钥匙开关扳向手动控制位置，I0.0 得电。

按下开门按钮 I0.2，I0.2 得电，常开触点闭合，Q0.0 得电自锁，卷帘门上升，碰到上限开关，I0.4 得电，常闭触点断开，Q0.0 失电，卷帘门停止。

按下关门按钮 I0.3，I0.3 得电，常开触点闭合，Q0.1 得电自锁，卷帘门下降，碰到下限开关，I0.5 得电，常闭触点断开，Q0.1 失电，卷帘门停止。

（2）自动控制方式

将钥匙开关扳向自动控制位置，I0.1 得电。

汽车到达大门前驾驶员发出开门超声波编码，超声波开关接收到正确的编码则 I0.6 得电，常开触点闭合，Q0.0 得电自锁，卷帘门上升，碰到上限开关，I0.4 得电，常闭触点断开，Q0.0 失电，卷帘门停止。

当车辆进入大门时，光电开关发出的红外线被挡住，I0.7 动作但不起作用，当车辆进入大门后，红外线不受遮挡时，I0.7 产生一个下降沿，Q0.1 得电自锁，卷帘门下降，碰到下限开关，I0.5 得电，常闭触点断开，Q0.1 失电，卷帘门停止。

➤ 3.11　仓库大门控制程序

范例示意如图 3-23 所示。

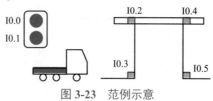

图 3-23　范例示意

控制要求

本案例要求使用 PLC 控制仓库大门的自动打开和关闭，使用超声波传感器检测是否有车辆需要进入仓库，由光电传感器检测车辆是否已经进入大门。

元件说明

元件说明见表 3-14。

表 3-14　元件说明

PLC 软元件	控制说明
I0.0	大门自动控制系统启动按钮，按下时，I0.0 状态由 Off → On
I0.1	大门自动控制系统关闭按钮，按下时，I0.1 状态由 Off → On
I0.2	超声波传感器，接收到车辆信号时，I0.2 状态由 Off → On
I0.3	光电传感器，当有车辆经过时，I0.3 状态由 Off → On
I0.4	大门上限位开关
I0.5	大门下限位开关
Q0.0	电动机开门接触器
Q0.1	电动机关门接触器
M0.0、M0.1	内部辅助继电器

控制程序

控制程序如图 3-24 所示。

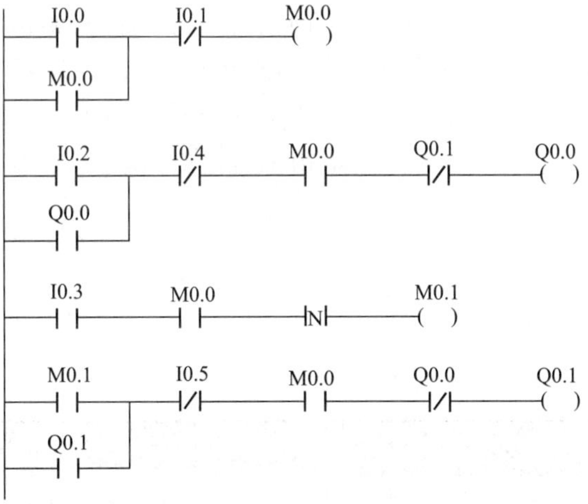

图 3-24　控制程序

程序说明

① 启动时，按下大门自动控制系统按钮 I0.0，I0.0 得电，常开触点闭合，M0.0 得电并自锁，

大门控制系统得电启动。

②当有车辆接近大门时，超声波传感器接收到识别信号，I0.2 得电，常开触点闭合，Q0.0 得电并自锁，大门打开。同时，Q0.1 被互锁，不能启动。当大门接触到门上限位开关时，I0.4 得电，Q0.0 失电，大门驱动电动机停止运行，Q0.1 解除互锁。

③当车辆前端进入大门时，光电开关 I0.3 得电，常开触点闭合，当车辆后端进入大门时，光电开关 I0.3 失电，此时，I0.3 信号的下降沿使 M0.1 得电一个扫描周期，M0.1 得电，Q0.1 得电并自锁，大门关闭，且 Q0.0 被互锁，不能启动。当大门接触到门下限位开关时，I0.5 得电，常闭触点断开，大门驱动电动机停止运行。

④停止时，按下大门自动控制系统停止按钮 I0.1，I0.1 得电，常闭触点断开，M0.0 失电，控制系统停止。

3.12   水塔水位监测与报警

范例示意如图 3-25 所示。

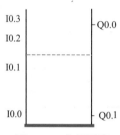

图 3-25   范例示意

控制要求

保持水位在 I0.1 和 I0.2 之间，当水塔中的水位低于下限位开关 I0.1 时，电磁阀 Q0.0 打开，开始向水塔中注水；若水位低于最低水位传感器 I0.0，除向内注水外，1s 后若还低于最低水位，则系统发出警报。当水塔中的水位高于上限位开关 I0.2 时，电磁阀 Q0.1 打开，开始向水塔外排水；若水位高于最高水位传感器 I0.3，除向外排水外，1s 后若还高于最高水位，则系统发出警报。

元件说明

元件说明见表 3-15。

表 3-15   元件说明

PLC 软元件	控制说明
I0.0	最低水位传感器，处于最低水位时，I0.0 状态为 On
I0.1	正常水位的下限传感器，处于正常水位下限时，I0.1 状态为 On
I0.2	正常水位的上限传感器，处于正常水位上限时，I0.2 状态为 On
I0.3	最高水位传感器，处于最高水位时，I0.3 状态为 On

PLC 软元件	控制说明
I0.4	复位按钮，按下时，I0.4 状态由 Off → On
T37	定时器
Q0.0	给水阀门
Q0.1	排水阀门
Q0.2	报警器

◀ 控制程序 ▶

控制程序如图 3-26 所示。

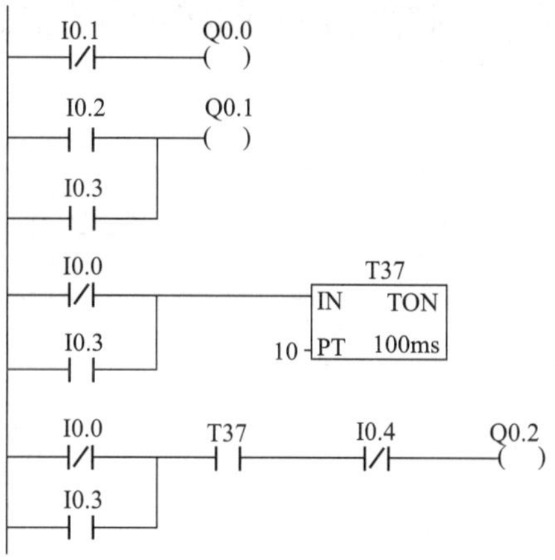

```
     I0.1        Q0.0
    ──┤/├────────( )

     I0.2        Q0.1
    ──┤ ├────────( )
     I0.3
    ──┤ ├──

     I0.0              ┌──────────────┐
    ──┤/├──────────────┤      T37     │
     I0.3              │ IN    TON    │
    ──┤ ├──          10┤ PT    100ms  │
                       └──────────────┘

     I0.0    T37    I0.4    Q0.2
    ──┤/├───┤ ├────┤/├──────( )
     I0.3
    ──┤ ├──
```

图 3-26　控制程序

◀ 程序说明 ▶

① 水位处在 I0.1 与 I0.2 之间，为正常水位，此时 I0.0 状态为 On，I0.1 状态为 On，I0.2 状态为 Off，I0.3 状态为 Off。I0.1 常闭触点断开，输出 Q0.0 为失电状态，进水阀门为关闭状态；I0.2 常开触点断开、I0.3 常开触点断开，输出 Q0.1 为失电状态，排水阀门为关闭状态。

② 水位处在 I0.2 与 I0.3 之间时，I0.2 状态为 On，Q0.1 状态为 On，排水阀门开始向外排水。

③ 若水位高于 I0.3，I0.3 状态为 On，Q0.1 状态为 On，排水阀门向外排水，T37 开始计时，1s 后，若水位还高于 I0.3，Q0.2 状态为 On，系统发出警报，直到水位恢复正常，Q0.2 状态为 Off，报警装置复位，或按下复位按钮 I0.4，使报警装置复位。

④ 水位处在 I0.0 与 I0.1 之间时，I0.1 状态为 Off，I0.1 常闭触点闭合，Q0.0 状态为 On，给水阀门开始向水塔内供水。

⑤ 若水位低于 I0.0，给水阀门同样向内供水，同时开始计时，当计时时间到后 Q0.2 状态为 On，系统发出警报，直到水位恢复正常，Q0.2 状态为 Off，报警装置复位，或按下复位按钮 I0.4，使报警装置复位。

3.13 一个按钮控制三组灯

控制要求

用 PLC 组成一个控制器,每按下一次按钮增加一组灯亮;三组灯全亮后,每按下一次按钮灭一组灯,要求先亮的灯先灭;如果按下按钮的时间超过 2s,则灯全灭。

元件说明

元件说明见表 3-16。

表 3-16 元件说明

PLC 软元件	控制说明
I0.0	控制按钮,按下时,I0.0 状态由 Off → On
T37	计时 2s 定时器
Q0.0	照明灯 1
Q0.1	照明灯 2
Q0.2	照明灯 3
M0.0 ~ M0.2	内部辅助继电器

控制程序

控制程序如图 3-27 所示。

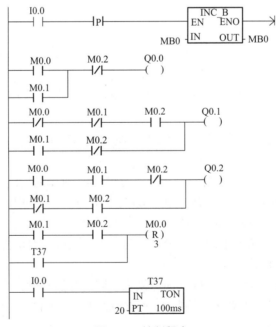

图 3-27 控制程序

⟐ **程序说明**

根据要求，可用字节加一个指令 INC_B 计数，计数值用 M0.0-M0.2 表示，用计数结果控制三个灯的组合状态。三组灯显示输出与计数值的关系如表 3-17 所示。

表 3-17　三组灯显示输出与计数值的关系

计数值	计数值 MB0			照明灯 3	照明灯 2	照明灯 1
	M0.2	M0.1	M0.0	Q0.2	Q0.1	Q0.0
0	0	0	0	0	0	0
1	0	0	1	0	0	1
2	0	1	0	0	1	1
3	0	1	1	1	1	1
4	1	0	0	1	1	0
5	1	0	1	1	0	0
6	1	1	0	0	0	0

① 第一次按下控制按钮，I0.0 产生一个上升沿触发，INC 计数为 1，M0.0=On，Q0.0=On，照明灯 1 亮。

② 第二次按下控制按钮，I0.0 产生一个上升沿触发，INC 加 1 计数为 2，M0.0=Off，M0.1=On，Q0.0=On，Q0.1=On，照明灯 1、2 亮。

③ 第三次按下控制按钮，I0.0 产生一个上升沿触发，INC 加 1 计数为 3，M0.0=On，M0.1=On，M0.2=Off，Q0.0=On，Q0.1=On，Q0.2=On，照明灯 1、2、3 亮。

④ 第四次按下控制按钮，I0.0 产生一个上升沿触发，INC 加 1 计数为 4，M0.0=Off，M0.1=Off，M0.2=On，Q0.0=Off，Q0.1=On，Q0.2=On，照明灯 1 灭，照明灯 2、3 亮。

⑤ 第五次按下控制按钮，I0.0 产生一个上升沿触发，INC 加 1 计数为 5，M0.0=On，M0.1=Off，M0.2=On，Q0.0=Off，Q0.1=Off，Q0.2=On，照明灯 1、2 灭，照明灯 3 亮。

⑥ 第六次按下控制按钮，I0.0 产生一个上升沿触发，INC 加 1 计数为 6，M0.0=Off，M0.1=On，M0.2=On，Q0.0=Off，Q0.1=Off，Q0.2=Off，照明灯 1、2、3 灭，同时从 M0.0 开始复原 3 个点，即 M0.0 ～ M0.2 复位。

在中间任何时候长按控制按钮，T37 开始计时，计时到达 2s 后，T37=On，M0.0 ～ M0.2 复位，所有灯熄灭。

3.14　三相异步电动机的点动控制

范例示意如图 3-28 所示。

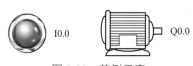

图 3-28　范例示意

控制要求

当按下按钮时，电动机转动；当松开按钮时，电动机停转。

控制要求元件说明

元件说明见表3-18。

表3-18 元件说明

PLC 软元件	控制说明	PLC 软元件	控制说明
I0.0	按钮，按下时，I0.0 状态由 Off → On	Q0.0	电动机（接触器）

控制程序

控制程序如图 3-29 所示。

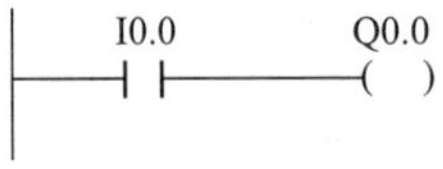

```
    I0.0        Q0.0
├──┤ ├──────────( )──
```

图 3-29 控制程序

程序说明

当按下按钮时，I0.0 处导通，Q0.0 得电（即接触器线圈得电，接触器主触点闭合），电动机得电启动运转。

松开按钮时，I0.0 处不导通，Q0.0 失电（即接触器线圈失电，接触器主触点断开），电动机失电停止运转。

3.15 三相异步电动机的连续控制

范例示意如图 3-30 所示。

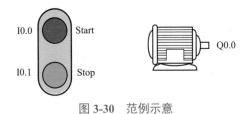

图 3-30 范例示意

控制要求

当按下 Start 按钮时，电动机开始运转，松开 Start 按钮后电动机仍保持运转状态；当按下 Stop 按钮时，电动机停止运转。

元件说明

元件说明见表 3-19。

表 3-19 元件说明

PLC 软元件	控制说明	PLC 软元件	控制说明
I0.0	按下 Start 时，I0.0 状态由 Off → On	Q0.0	电动机（接触器）
I0.1	按下 Stop 时，I0.1 状态由 Off → On		

控制程序

控制程序如图 3-31 所示。

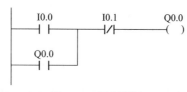

图 3-31 控制程序

程序说明

① 按下 Start 按钮，I0.0 得电，常开触点闭合，Q0.0 得电并保持，电动机开始运转。与 I0.0 并联的常开触点闭合，保证 Q0.0 持续得电，这就相当于继电控制线路中的自锁。松开 Start 按钮后，由于自锁的作用，电动机仍保持运转状态。

② 按下 Stop 按钮时，I0.1 得电，I0.1 常闭触点断开，电动机失电停止运转。

③ 要想再次启动，重复步骤①。

3.16 三相异步电动机点动、连续混合控制

范例示意如图 3-32 所示。

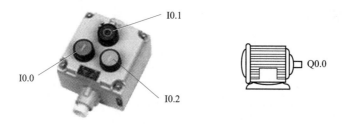

图 3-32 范例示意

控制要求

① 当按下 I0.0 时，电动机启动运转，松开时；电动机保持运转状态。

② 当按下 I0.1 时，电动机停止运转。

③ 当按下 I0.2 时，电动机运转（无论此前处于何状态）。松开时，电动机停止运转。

3.16.1　一般编程

常见的点动、连续混合继电控制线路原理如图 3-33 所示。

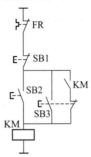

图 3-33　常见的点动、连续混合继电控制线路原理

在较常用的三相异步电动机的点动、连续混合继电控制线路中，SB2 为电动机连续运行启动按钮，SB3 为电动机点动运行启动按钮，SB1 为电动机连续运行停止按钮。

元件说明

元件说明见表 3-20。

表 3-20　元件说明

PLC 软元件	控制说明
I0.0	启动按钮，按下时，I0.0 状态由 Off → On
I0.1	停止按钮，按下时，I0.1 状态由 Off → On
I0.2	点动按钮，按下时，I0.2 状态由 Off → On
Q0.0	电动机（接触器）

控制程序

控制程序如图 3-34 所示。

二维码 70

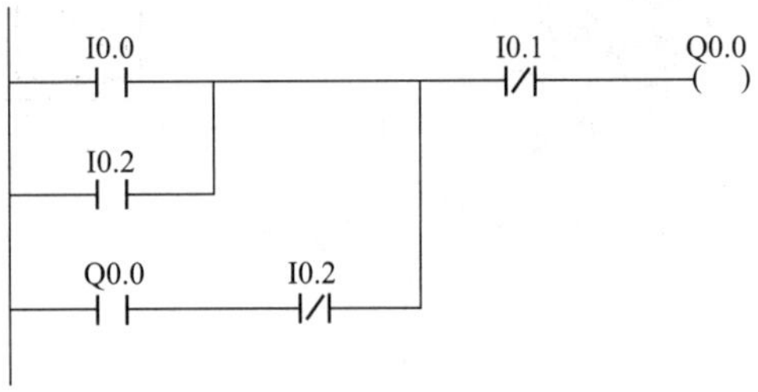

图 3-34　控制程序

程序说明

按照图 3-33 的原理很容易编写出图 3-34 所示的 PLC 程序。按常规分析，图 3-34 所示

的控制程序应该能实现点动、连续混合控制，但实际运行结果如何呢？程序分析及实际运行结果如下。

①按下 I0.0 按钮，I0.0 得电，常开触点闭合，Q0.0 得电并保持，电动机启动运转，松开时仍然保持运转状态。实现了连续运行的控制。

②按下 I0.1 按钮，I0.1 得电，常闭触点断开，Q0.0 失电，电动机停止运转，停止功能实现。

③按下 I0.2 按钮，无论电动机处于何种状态都将运转；松开 I0.2 按钮，电动机没有停止运转，反而继续运转，即 I0.2 没有实现点动控制，实现的是连续控制，原因在于没有有效破坏自锁。

④也就是说图 3-34 所示的控制程序不能完成点动控制。

3.16.2　改进方案 1

◀元件说明▶

元件说明见表 3-21。

表 3-21　元件说明

PLC 软元件	控制说明
I0.0	连续启动按钮，按下时，I0.0 状态由 Off → On
I0.1	停止按钮，按下时，I0.1 状态由 Off → On
I0.2	点动按钮，按下时，I0.2 状态由 Off → On
T32	计时 0.001s 定时器，时基为 1ms 的定时器
Q0.0	电动机（接触器）

◀控制程序▶

控制程序如图 3-35 所示。

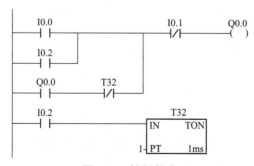

图 3-35　控制程序

◀程序说明▶

①按下 I0.0 按钮，I0.0 得电，常开触点闭合，Q0.0 得电并保持，电动机启动并连续运转，

松开时仍然保持运转状态。

② 按下 I0.1 按钮，I0.1 得电，I0.1 常闭触电断开，Q0.0 失电，电动机停止运转。

③ 按下 I0.2 按钮，无论电动机处于何种状态都将运转；松开 I0.2 按钮，电动机停止运转。

④ 按下 I0.2 按钮，0.001s（T32 延时）后，计时时间到 T32 常闭触点断开，有效地破坏了自锁电路，形成了点动控制效果。

3.16.3 改进方案 2

元件说明

元件说明见表 3-22。

表 3-22 元件说明

PLC 软元件	控制说明
I0.0	连续启动按钮，按下时，I0.0 状态由 Off → On
I0.1	停止按钮，按下时，I0.1 状态由 Off → On
I0.2	点动按钮，按下时，I0.2 状态由 Off → On；松开时，I0.2 状态由 On → Off
M0.0	内部辅助继电器
Q0.0	电动机（接触器）

控制程序

控制程序如图 3-36 所示。

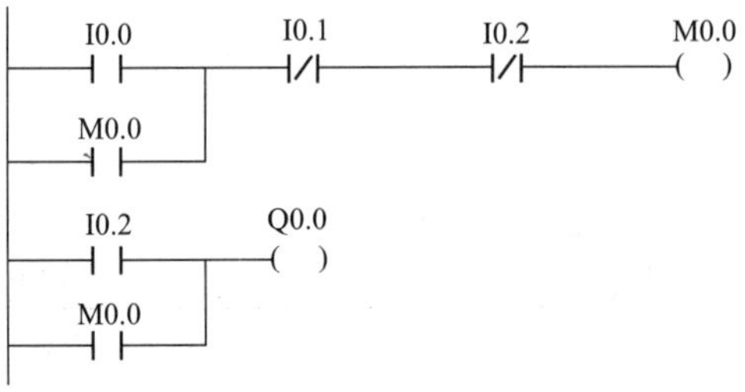

图 3-36 控制程序

程序说明

① 按下 I0.0 按钮，I0.0 得电，常开触点闭合，M0.0 得电并自锁保持，Q0.0 得电，电动机启动运转，松开时仍然保持运转状态。

② 按下 I0.1 按钮，I0.1 得电，I0.1 常闭触点断开，M0.0 失电，Q0.0 失电，电动机停止运转。

③ 按下 I0.2 按钮，I0.2 得电，其常开触点闭合，Q0.0=On，常闭触点断开，确保辅助继电器 M0.0 不得电，实现了无论电动机之前处于何种状态都将运转的效果；松开 I0.2 按钮，Q0.0 失电，电动机停止运转，实现了点动控制效果。

3.17　两地控制的三相异步电动机连续控制

范例示意如图 3-37 所示。

 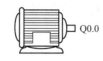

图 3-37　范例示意

控制要求

甲、乙两地均可控制电动机的启动与停止：按下按钮 I0.0，电动机启动运转；按下 I0.2 按钮，电动机停止运转；按下按钮 I0.1，电动机启动运转；按下 I0.3 按钮，电动机停止运转。

元件说明

元件说明见表 3-23。

表 3-23　元件说明

PLC 软元件	控制说明
I0.0	甲地启动按钮，按下时，I0.0 状态由 Off → On
I0.1	乙地启动按钮，按下时，I0.1 状态由 Off → On
I0.2	甲地停止按钮，按下时，I0.2 状态由 Off → On；I0.2 常闭接点断开
I0.3	乙地停止按钮，按下时，I0.3 状态由 Off → On；I0.3 常闭接点断开
Q0.0	电动机（接触器）

控制程序

控制程序如图 3-38 所示。

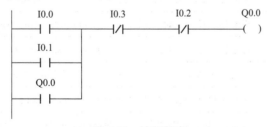

二维码 71

图 3-38　控制程序

程序说明

在甲、乙两地都可以控制电动机运转。

① 按下甲地启动按钮 I0.0 时，I0.0 得电，即 I0.0=On，则 Q0.0=On，并自锁，电动机启

动且持续运转。

② 按下甲地停止按钮 I0.2 时，I0.2 常闭触点断开，Q0.0=Off，电动机失电，停止运转。

③ 按下乙地启动按钮 I0.1 时，I0.1 得电，即 I0.1=On，Q0.0=On，并自锁，电动机启动且持续运转。

④ 按下乙地停止按钮 I0.3 时，I0.3 常闭触点断开，Q0.0=Off，电动机失电，停止运转。

3.18 两地控制的三相异步电动机点动连续混合控制

范例示意如图 3-39 所示。

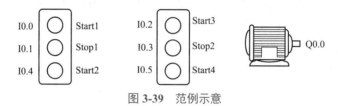

图 3-39 范例示意

控制要求

在甲地可以通过控制按钮控制电动机的运转情况，进行点动与连续的转换，按下 Start1 时，电动机启动并连续运转，按下 Start2 时，电动机切换为点动运转状态，按下 Stop1 时，电动机停止运转；在乙地也可不受干扰地通过另一套控制按钮控制电动机运转。

元件说明

元件说明见表 3-24。

表 3-24 元件说明

PLC 软元件	控制说明
I0.0	甲地电动机连续控制按钮，按下 Start1 时，I0.0 状态由 Off → On
I0.1	甲地电动机停止按钮，按下 Stop1 时，I0.1 状态由 Off → On
I0.2	乙地电动机连续控制按钮，按下 Start3 时，I0.2 状态由 Off → On
I0.3	乙地电动机停止按钮，按下 Stop2 时，I0.3 状态由 Off → On
I0.4	甲地电动机点动控制按钮，按下 Start2 时，I0.4 状态由 Off → On
I0.5	乙地电动机点动控制按钮，按下 Start4 时，I0.5 状态由 Off → On
Q0.0	电动机（接触器）

控制程序

控制程序如图 3-40 所示。

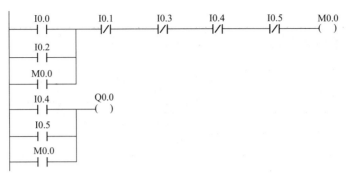

图 3-40 控制程序

程序说明

① 在甲地，按下 Start1 按钮时，I0.0 得电，I0.0 常开触点闭合，M0.0=On 并保持，Q0.0=On，电动机启动运转，保持运行状态，实现连续控制。按下 Stop1 按钮时，I0.1 常闭触点断开，Q0.0=Off，电动机停止运转。按下 Start2 按钮时，I0.4=On（I0.4 常闭触点断开，确保内部辅助继电器 M0.0 输出线圈为 Off，故 M0.0 常开触点断开，M0.0 失电），Q0.0=On，电动机启动运转，当松开按钮时，Q0.0=Off，电动机停止运转，实现点动控制。

② 在乙地，按下 Start3 按钮时，I0.2 得电，M0.0=On 并保持，Q0.0=On，电动机启动运转，保持运转状态，实现连续控制。按下 Stop2 按钮时，I0.3 常闭触点断开，Q0.0=Off，电动机停止运转。按下 Start4 按钮时，I0.5=On（I0.5 常闭触点断开，确保内部辅助继电器 M0.0 输出线圈为 Off，故 M0.0 常开触点断开，M0.0 失电），Q0.0=On，电动机启动运转，当松开按钮时，Q0.0=Off，电动机停止运转，实现点动控制。

3.19 三相异步电动机正反转控制

范例示意如图 3-41 所示。

图 3-41 范例示意

控制要求

按下正转按钮，电动机正转；按下反转按钮，电动机反转；按下停止按钮，电动机停止运转。

元件说明

元件说明见表 3-25。

表 3-25 元件说明

PLC 软元件	控制说明
I0.0	电动机正转按钮，按下按钮时，I0.0 状态由 Off → On
I0.1	电动机反转按钮，按下按钮时，I0.1 状态由 Off → On
I0.2	停止按钮，按下按钮时，I0.2 状态由 Off → On
Q0.0	正转接触器（实现电动机的正转）
Q0.1	反转接触器（实现电动机的反转）

◀ 控制程序 ▶

控制程序如图 3-42 所示。

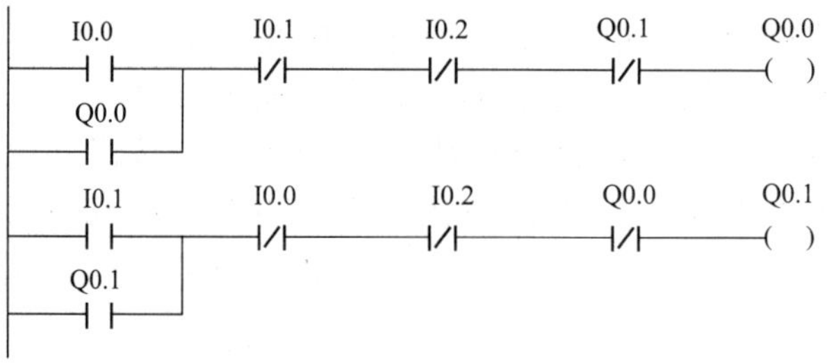

二维码 73

图 3-42 控制程序

◀ 程序说明 ▶

按下正转按钮，I0.0 得电，I0.0 常开触点闭合，正转接触器 Q0.0 得电，且 Q0.0 实现自锁，电动机正向启动连续运转。

按下反转按钮，I0.1 常闭触点断开，正转接触器 Q0.0 失电，Q0.0 常闭触点闭合，反转接触器 Q0.1 得电，Q0.1 常开触点闭合实现自锁，电动机实现反向连续运转。

按下停止按钮，I0.2 状态由 Off → On；I0.2 常闭触点断开，无论是 Q0.0 还是 Q0.1 都会立即失电并解除各自的自锁，电动机停止转动。

3.20 三相异步电动机顺序启动同时停止控制

范例示意如图 3-43 所示。

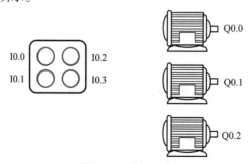

图 3-43 范例示意

控制要求

电动机 Q0.0、Q0.1、Q0.2 顺序启动，即 Q0.0 启动运转后 Q0.1 才可以启动，随后 Q0.2 才能启动，并且三个电动机可同时关闭。

元件说明

元件说明见表 3-26。

表 3-26 元件说明

PLC 软元件	控制说明
I0.0	电动机 0 启动按钮，按下时，I0.0 状态由 Off → On
I0.1	电动机 1 启动按钮，按下时，I0.1 状态由 Off → On
I0.2	电动机 2 启动按钮，按下时，I0.2 状态由 Off → On
I0.3	停止按钮，按下时，I0.3 状态由 Off → On
Q0.0	电动机 0（接触器 0 线圈）
Q0.1	电动机 1（接触器 1 线圈）
Q0.2	电动机 2（接触器 2 线圈）

控制程序

控制程序如图 3-44 所示。

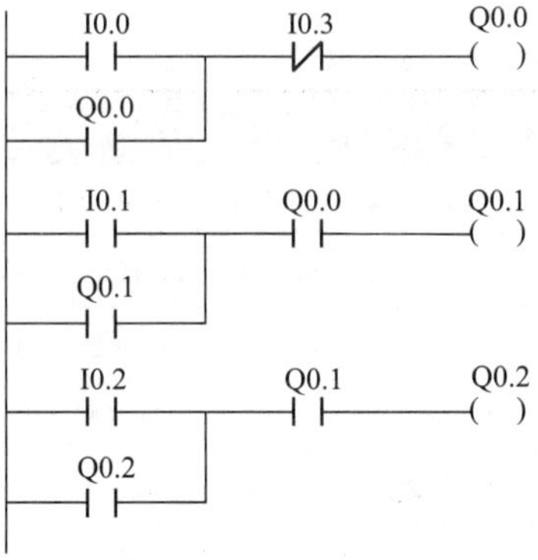

图 3-44 控制程序

二维码 74

程序说明

① 按下启动按钮 I0.0 时，Q0.0=On（此时，与 I0.0 并联的常开接点 Q0.0 闭合实现自锁；与输出线圈 Q0.1 相连的常开触点 Q0.0 闭合，为输出线圈 Q0.1 得电做好了准备），电动机 0 启动运转。

② 在 Q0.0=On 的前提下，按下启动按钮 I0.1，Q0.1=On（此时，与 I0.1 并联的常开接点 Q0.1 闭合实现自锁；与输出线圈 Q0.2 相连的常开接点 Q0.1 闭合，为输出线圈 Q0.2 得电做好了准备），电动机 1 启动；否则，电动机 1 不启动。

③ 在 Q0.1=On 的前提下，按下启动按钮 I0.2，Q0.2=On 并实现自锁，电动机 2 启动；否则，电动机 2 不启动。

④ 按下停止按钮 I0.3，三个电动机均停止运转。

3.21　三相异步电动机顺序启动逆序停止控制

范例示意如图 3-45 所示。

图 3-45　范例示意

控制要求

在电动机的控制环节中，经常要求电动机的启停有一定的顺序，例如，磨床要求先启动润滑油泵，然后再启动主轴电动机等。这里要求三台电动机依次顺序启动，逆序停止，即 1 号电动机启动后，2 号电动机才可以启动，以此类推。停止时 3 号电动机先停止后，2 号电动机才能停止，2 号电动机停止后，1 号电动机才能停止。

元件说明

元件说明见表 3-27。

表 3-27　元件说明

PLC 软元件	控制说明
I0.0	1 号电动机启动开关，按下时，I0.0 状态由 Off → On
I0.1	2 号电动机启动开关，按下时，I0.1 状态由 Off → On
I0.2	3 号电动机启动开关，按下时，I0.2 状态由 Off → On
I0.3	3 号电动机停止开关，按下时，I0.3 状态由 Off → On；I0.3 常闭触点断开
I0.4	2 号电动机停止开关，按下时，I0.4 状态由 Off → On；I0.4 常闭触点断开
I0.5	1 号电动机停止开关，按下时，I0.5 状态由 Off → On；I0.5 常闭触点断开
Q0.0	1 号电动机（接触器）
Q0.1	2 号电动机（接触器）
Q0.2	3 号电动机（接触器）

控制程序

控制程序如图 3-46 所示。

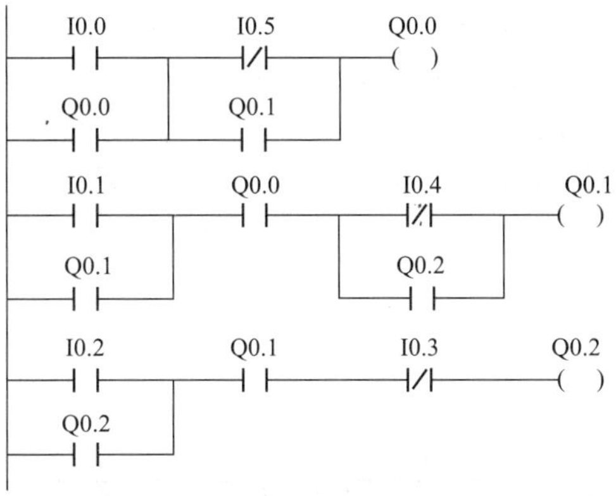

二维码 75

图 3-46　控制程序

【程序说明】

① 按下启动开关 I0.0 时，I0.0=On，Q0.0=On（与 I0.0 并联的 Q0.0 常开触点闭合，实现自锁；与 I0.1 串联的 Q0.0 常开触点闭合，为 Q0.1 得电做好准备），一号电动机启动运转，并保持运转状态。

② 因为该控制要求启动设备的顺序依次为 1 号、2 号、3 号电动机。所以，在第一步后，按下 I0.1，I0.1=On，Q0.0=On，Q0.1=On，2 号电动机才可以启动，3 号电动机同理。

③ 停止时，该控制要求必须依次按照 3 号、2 号、1 号的顺序停止，才可以停下设备。首先按下 I0.3，I0.3=On，Q0.2=Off，与 I0.2 并联的 Q0.2 常开触点断开，解除自锁，三号电动机停止运转。与 I0.4 并联的 Q0.2 常开触点断开，为 Q0.1 失电做好准备。此时按下 I0.4，I0.4=On，I0.4 常闭触点断开，Q0.1=Off，与 I0.1 并联的 Q0.1 常开触点断开，解除自锁，2 号电动机停止运转。与 I0.5 并联的 Q0.1 常开触点断开，为 Q0.0 失电做好准备。按下 I0.5，I0.5=On，I0.5 常闭触点断开，Q0.0=Off，与 I0.0 并联的 Q0.0 常开触点断开，解除自锁，1 号电动机停止运转。

3.22　三相异步电动机星 - 三角降压启动控制

范例示意如图 3-47 所示。

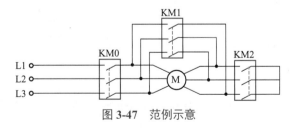

图 3-47　范例示意

【控制要求】

三相交流异步电动机启动时电流较大，一般为额定电流的 4～7 倍。为了减小启动电流对电网的影响，采用星 - 三角形降压启动方式。

星 - 三角形降压启动过程：合上开关后，电动机启动接触器和星形降压方式启动接触器先启动。10s（可根据需要进行适当调整）延时后，星形降压方式启动接触器断开，再经过 0.1s 延时后将三角形正常运行接触器接通，电动机主电路接成三角形接法，正常运行。采用两级延时的目的是确保星形降压方式启动接触器完全断开后才去接通三角形正常运行接触器。

◀ 元件说明 ▶

元件说明见表 3-28。

表 3-28 元件说明

PLC 软元件	控制说明
I0.0	Start 按钮，按下时，I0.0 状态由 Off → On
I0.1	Stop 按钮，按下时，I0.1 状态由 Off → On
T37	计时 10s 定时器，时基为 100ms 的定时器
T38	计时 0.1s 定时器，时基为 100ms 的定时器
Q0.0	电动机启动接触器 KM0
Q0.1	星形降压方式启动接触器 KM2
Q0.2	三角形正常运行接触器 KM1

◀ 控制程序 ▶

控制程序如图 3-48 所示。

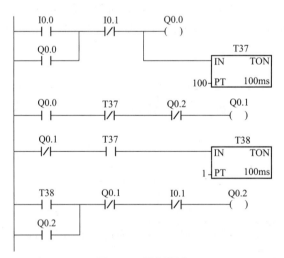

二维码 76

图 3-48 控制程序

◀ 程序说明 ▶

① 按下启动按钮 I0.0，I0.0=On，Q0.0=On 并自锁，电动机启动接触器 KM0 接通，同时 T37 计时器开始计时，在 10s 到来之前，T37=Off，Q0.2=Off，所以 Q0.1=On，即星形降

压方式启动接触器 KM2 接通，电动机星形接法启动运转。10s 后，T37 计时器到达预设值，T37=On，Q0.1=Off，Q0.1 常闭触点闭合，T38 计时器计时开始，0.1s 后，T38 计时器到达预设值，T38=On，Q0.1=Off，I0.1=Off，所以 Q0.2=On，即三角形正常运行接触器 KM1 导通，电动机切换为三角形接法，正常运转。

② 无论电动机处于什么运行状态，当按下停止按钮 I0.1 时，I0.1=On，I0.1 常闭触点断开。输出线圈 Q0.0、Q0.1、Q0.2 的状态都变为 Off，各接触器常开触点均断开，电动机将停止运行。

3.23　三相异步电动机时间原则控制的单向能耗制动

范例示意如图 3-49 所示。

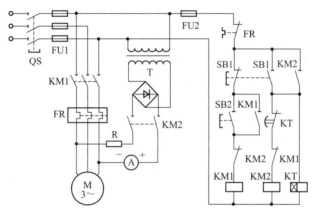

图 3-49　范例示意

控制要求

按下启动按钮 SB2，电动机运转；按下停止按钮 SB1，电动机立即断电（由于惯性电动机转子会继续转动），为了使电动机转速尽快降到零，将二相定子接入直流电源进行能耗制动，电动机快速停转，然后直流电源自动断电。

元件说明

元件说明见表 3-29。

表 3-29　元件说明

PLC 软元件	控制说明
I0.0	电动机启动按钮 SB2，按下按钮时，I0.0 状态由 Off → On
I0.1	电动机停止按钮 SB1、二相定子启动按钮，按下按钮时，I0.1 状态由 Off → On，电动机立即断电，同时二相定子接入直流电，开始能耗制动
T37	时基为 100ms 的定时器
Q0.0	接触器 KM1
Q0.1	接触器 KM2

⟨控制程序⟩

控制程序如图 3-50 所示。

图 3-50 控制程序

⟨程序说明⟩

① 按下启动按钮 SB2，I0.0 得电，常开触点闭合，Q0.0 得电自锁，接触器 KM1 得电，电动机启动运转。

② 电动机已正常运行后，若要快速停机，则按下按钮 SB1，I0.1 得电，常闭触点断开，Q0.0 输出线圈失电，Q0.0 常开触点断开，自锁解除，接触器 KM1 失电；Q0.0 常闭触点闭合，输出线圈 Q0.1 得电自锁，同时，定时器 T37 开始计时，此时，二相定子接入直流电源，进行能耗制动，电动机转速迅速降低；计时时间 3s 后，T37 常闭触点断开，Q0.1 输出线圈失电（自锁解除，定时器断电复位），接触器 KM2 失电，接触器 KM2 常开触点断开，能耗制动结束。

3.24 三相异步电动机时间原则控制的可逆运行能耗制动

范例示意如图 3-51 所示。

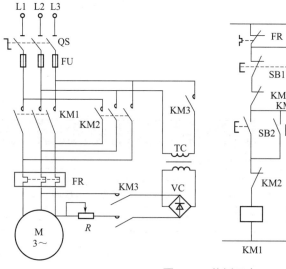
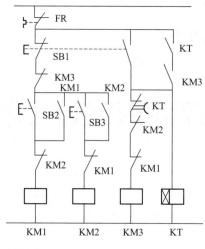

图 3-51 范例示意

控制要求

按下按钮 SB2，电动机正转；按下按钮 SB3，电动机反转；按下停止按钮 SB1，电动机立即断电（由于惯性电动机转子会继续转动），为了使电动机转速尽快降到零，将二相定子接入直流电源，进行能耗制动，电动机快速停转，然后直流电源自动断电。

元件说明

元件说明见表 3-30。

表 3-30　元件说明

PLC 软元件	控制说明
I0.0	电动机正转按钮 SB2，按下按钮时，I0.0 状态由 Off → On
I0.1	电动机反转按钮 SB3，按下按钮时，I0.1 状态由 Off → On
I0.2	电动机断电、制动启动按钮 SB1，按下按钮时，电动机立即断电， 同时二相定子接入直流电，开始能耗制动
T37	时基为 100ms 的定时器
Q0.0	接触器 KM1
Q0.1	接触器 KM2
Q0.2	接触器 KM3

控制程序

控制程序如图 3-52 所示。

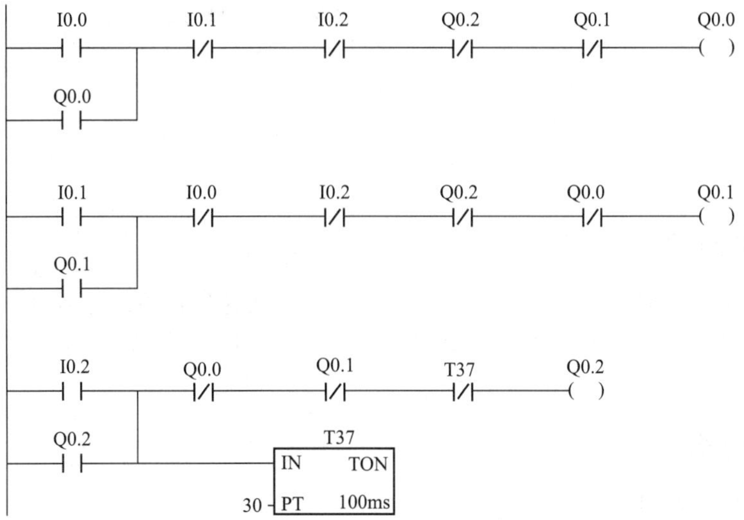

图 3-52　控制程序

程序说明

① 按下按钮 SB2，I0.0 得电，Q0.0 得电自锁，接触器 KM1 得电，电动机启动正转。
② 按下按钮 SB3，I0.1 得电，Q0.1 得电自锁，接触器 KM2 得电，电动机反转。

③ 电动机已正常运行后，若此时电动机为正转，停机过程分析如下。

按下停止按钮 SB1，I0.2 得电，常闭触点断开，Q0.0 输出线圈失电，Q0.0 常开触点断开，自锁解除，接触器 KM1 失电；Q0.0 常闭触点闭合，输出线圈 Q0.2 得电自锁，接触器 KM3 处于得电状态，进行能耗制动，电动机转速迅速降低。

定时器 T37 开始计时，计时时间 3s 到，T37 常闭接点断开，Q0.2 输出线圈失电，自锁解除，计时器断电复位，接触器 KM3 失电，能耗制动结束。

④ 电动机反转时的制动过程与正转时的制动过程类似，不再赘述。

3.25 三相异步电动机反接制动控制

范例示意如图 3-53 所示。

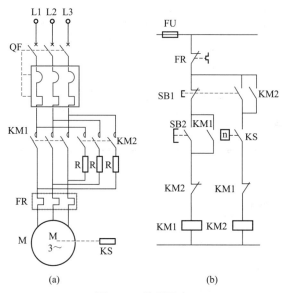

图 3-53 范例示意

控制要求

按下启动按钮 SB2，电动机启动运转，达到一定转速后速度继电器闭合；按下停止按钮 SB1，KM2 得电，电动机进行反接制动，转速迅速下降，当降到一定速度时，速度继电器断开，KM2 失电，反接停止，制动结束。

元件说明

元件说明见表 3-31。

表 3-31 元件说明

PLC 软元件	控制说明
I0.0	电动机启动按钮 SB2，按下按钮时，I0.0 状态由 Off → On
I0.1	电动机停止与制动开始按钮 SB1，按下按钮时，I0.1 状态由 Off → On

续表

PLC 软元件	控制说明
I0.2	速度继电器，当速度上升到一定程度时继电器闭合；当速度下降到一定程度时继电器断开
Q0.0	接触器 KM1
Q0.1	接触器 KM2

◀ 控制程序 ▶

控制程序如图 3-54 所示。

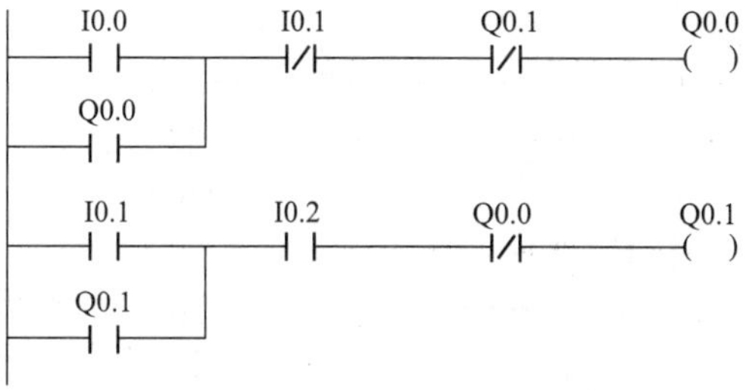

图 3-54 控制程序

◀ 程序说明 ▶

① 按下启动按钮 SB2，I0.0 得电，常开触点闭合，输出线圈 Q0.0 得电并自锁，电动机启动正向运转，当电动机达到一定转速时，速度继电器 I0.2 常开触点闭合。

② 按下停止按钮 SB1，I0.1 得电。

I0.1 常闭触点断开，输出线圈 Q0.0 失电，Q0.0 常开触点断开，自锁解除，接触器 KM1 失电。

I0.1 常开触点闭合，输出线圈 Q0.1 得电并自锁，接触器 KM2 得电，电动机进入反接制动状态，电动机转速迅速降低，当电动机达到一定速度时，速度继电器 I0.2 常开触点断开，输出线圈 Q0.1 失电，制动结束。

3.26 三相双速异步电动机的控制

范例示意如图 3-55 所示。

◀ 控制要求 ▶

三相笼型异步电动机的调速方法之一是依靠变更定子绕组的极对数来实现的。图 3-55 为 4/2 极的双速异步电动机定子绕组接线示意图。如图 3-55（a）所示，将 U1、V1、W1 三个接线端接三相交流电源，而将电动机定子绕组的 U2、V2、W2 三个接线端悬空，三相定子绕组接成三角形。此时每组绕组中的两个线圈都串联，电动机以四极运行，为低速。若将电动机定子绕组的 U2、V2、W2 三个接线端子接三相交流电源，而将另外三个接线端子 U1、V1、W1 连接在一起，如图 3-55（b）所示，则原来三相定子绕组的三角形接线变为双星形接线，此时每相绕组中的两个线圈相互并联，于是电动机便以两极运行，为高速。

如图 3-55 所示的双速电动机控制线路采用两个接触器来换接电动机的出线端以改变电动机的转速，图中由按钮分别控制电动机低速和高速运行。

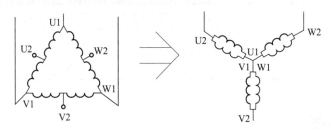

(a) 4/2极的双速异步电动机定子绕组接线示意图

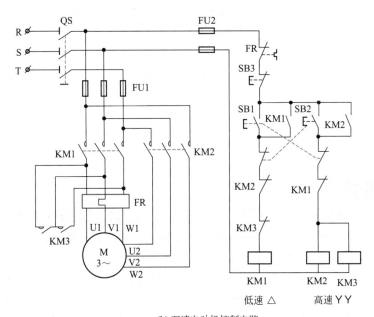

(b) 双速电动机控制电路

图 3-55 范例示意

⬛ ‹元件说明›

元件说明见表 3-32。

表 3-32 元件说明

PLC 软元件	控 制 说 明	PLC 软元件	控 制 说 明
I0.0	低速按钮，按下时，I0.0 状态由 Off → On	I0.2	停止按钮，按下时，I0.2 状态由 Off → On
I0.1	高速按钮，按下时，I0.1 状态由 Off → On	Q0.0	电动机（接触器）
		Q0.1	电动机（接触器）

⬛ ‹控制程序›

控制程序如图 3-56 所示。

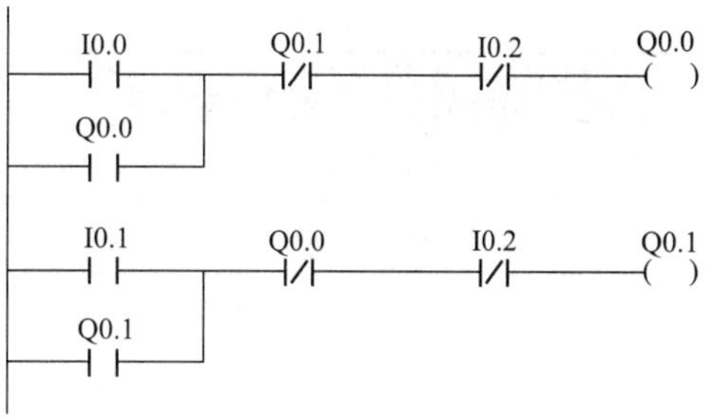

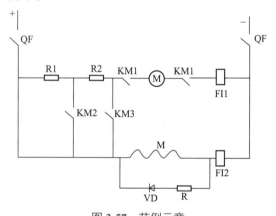

二维码 77

图 3-56　控制程序

程序说明

① 按下 I0.0 按钮，I0.0 得电，常开触点闭合，Q0.0 得电并自锁，电动机低速运转。

② 按下 I0.1 按钮，I0.1 得电，常开触点闭合，Q0.1 得电并自锁，电动机高速运转。

③ 按下 I0.2 按钮，电动机停止运转。

④ 高低速切换需经过停止按钮使电动机停止后再进行。

3.27　并励电动机电枢串电阻启动调速控制

范例示意如图 3-57 所示。

图 3-57　范例示意

控制要求

启动前，选择开关打到停止位置。将选择开关打到低速位，接触器 KM1 得电→电枢串电阻 R1、R2，低速启动；将选择开关打到中速位，接触器 KM2 得电→短接电阻 R1，电枢串联 R2，中速启动；将选择开关打到高速位，接触器 KM3 得电→短接电阻 R1、R2，高速启动。如将选择开关直接打到高速位，电动机先低速，延时 8s 转为中速，再延时 4s 转为高速。

元件说明

元件说明见表 3-33。

表 3-33　元件说明

PLC 软元件	控 制 说 明
I0.0	停止开关，按下时，I0.0 状态由 Off → On
I0.1	低速选择开关，拨到该位置时，I0.1 状态由 Off → On
I0.2	中速选择开关，拨到该位置时，I0.2 状态由 Off → On
I0.3	高速选择开关，拨到该位置时，I0.3 状态由 Off → On
I0.4	FI1，过电流继电器 FI2，欠电流继电器
T37	计时 8s 定时器，时基为 100ms 的定时器
T38	计时 4s 定时器，时基为 100ms 的定时器
Q0.0	接触器 KM1
Q0.1	接触器 KM2
Q0.2	接触器 KM3
M0.0	内部辅助继电器

控制程序

控制程序如图 3-58 所示。

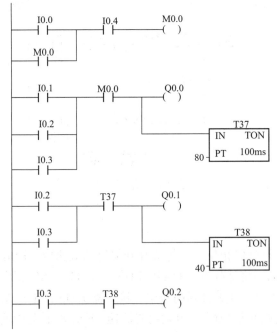

图 3-58　控制程序

程序说明

① 首先合上直流断路器 QF，电动机励磁绕组得电，FI2 动作，I0.4 得电，常开触点闭合，

选择开关扳到停止位置，I0.0 触点闭合，M0.0 得电自锁。

②将选择开关打到低速位置，I0.1 得电，常开触点闭合，Q0.0 得电（接触器 KM1 得电），直流电动机电枢绕组串全部电阻低速启动，同时定时器 T37 得电，计时开始。

③将选择开关打到中速位置，I0.2 得电，常开触点闭合，Q0.0 仍得电，如果 T37 延时未到 8s，则继续延时；如果 T37 延时已到 8s，Q0.1（接触器 KM2）立即得电，短接 R1，直流电动机电枢绕组串 R2 电阻中速运行，同时 T38 得电，计时开始。

④将选择开关打到高速位置，I0.3 得电，常开触点闭合，Q0.0、Q0.1 仍得电，如果定时器 T38 延时未到 4s，则继续延时；如果定时器 T38 延时已到 4s，Q0.2 立即得电，KM3 主接点闭合，再短接一段电阻 R2，直流电动机电枢绕组高速运行。

⑤如果直接将选择开关打到高速位置，I0.3 得电，常开触点闭合，则 Q0.0 先得电，电动机低速启动；T37 延时 8s 后，Q0.1 得电，电动机中速运行；T38 延时 4s 后，Q0.2 得电，电动机高速运行。

⑥如果电动机在运行时突然停电，选择开关不在停止位置，停电后，M0.0 失电，再来电时，M0.0 断开，输出 Q0.0～Q0.2，不能得电，为了防止电动机自启动现象，必须把选择开关打到停止位置，接通 M0.0 后才能启动电动机。

⑦如果励磁绕组断线，欠电流继电器失电，FI2（I0.4）常开接点断开，M0.0 断开，使输出 Q0.0～Q0.2 失电，电动机停止。同理，如果电动机过载，电枢电流增大，过电流继电器 FI1（I0.4）常开触点断开，电动机停止。如果电动机短路，直流断路器 QF 跳闸，直流电源断开，起到保护作用。

3.28　倍数计时

范例示意如图 3-59 所示。

此处以一块秒表来近似表示倍数计时的原理，其中大表盘为所需成倍计量的时间，小表盘为已经记过的倍数。由此可近似看出此种方式进行计时的过程

图 3-59　范例示意

控制要求

日常生活中经常需要各种定时器以满足不同方面的需求，这里利用 PLC 控制的倍数计时程序，来完成成倍形式的计时功能。

元件说明

元件说明见表 3-34。

表 3-34　元件说明

PLC 软元件	控　制　说　明
I0.0	计时程序启动按钮，按下时，I0.0 得电，常开触点闭合，常闭触点断开
I0.1	计数器的复位按钮，按下时，I0.1 得电，常开触点闭合，常闭触点断开
T37	计时 10s 定时器，时基为 100ms 的定时器
C0	普通计数器
Q0.0	计数完成后的提醒装置

◆〈控制程序〉

控制程序如图 3-60 所示。

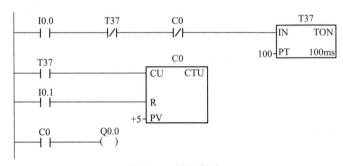

二维码 78

图 3-60　控制程序

◆〈程序说明〉

① 按下启动按钮 I0.0 时，I0.0=On，此时定时器 T37 开始工作，10s 后计时时间到，T37=On，计数器加 1。同时，T37 由于自复位断开，然后，T37 再次闭合，又一次开始计时。

② 当计数器的当前值累计到 5 时，C0=On，Q0.0=On，提醒装置启动。同时，梯形图第 1 行的 C0 常闭触点断开，使 T37 复位，重新计时。

③ 按下 I0.1 时，I0.1=On，C0 复位。

3.29　多个定时器实现长计时

◆〈控制要求〉

每一种 PLC 的定时器都有它自己的最大计时时间，如果需计时的时间超过了定时器的最大计时时间，可以多个定时器联合使用，以延长其计时时间。

◆〈元件说明〉

元件说明见表 3-35。

表 3-35　元件说明

PLC 软元件	控 制 说 明
I0.0	启动控制开关，按下时，I0.0 状态由 Off → On
Q0.0	计时完成指示灯
T37 ～ T39	2000s 定时器，时基为 100ms 的定时器

◀ 控制程序 ▶

控制程序如图 3-61 所示。

◀ 程序说明 ▶

按下 I0.0 启动开关，I0.0=On，T37 开始计时，2000s 后 T37 计时时间到，T37=On；T38 开始计时，2000s 后 T38 计时时间到，T38=On；T39 开始计时，2000s 后 T39 计时时间到，T39=On，Q0.0=On，计时完成指示灯亮。

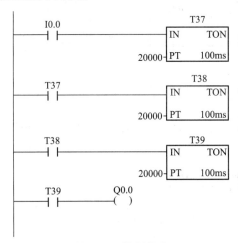

图 3-61　控制程序

3.30　转盘旋转 90° 间歇运动控制

范例示意如图 3-62 所示。

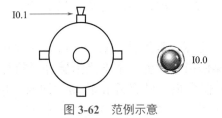

图 3-62　范例示意

◀ 控制要求 ▶

按下控制开关，圆盘开始转动，每转 90° 停止 30s，并不断重复上述过程。

元件说明

元件说明见表 3-36。

表 3-36 元件说明

PLC 软元件	控 制 说 明
I0.0	电动机启动开关，闭合开关时，I0.0 状态由 Off → On
I0.1	常闭限位开关，转盘处于原位时受压断开
T37	计时 30s 定时器，时基为 100ms 的定时器
Q0.0	接触器

控制程序

控制程序如图 3-63 所示。

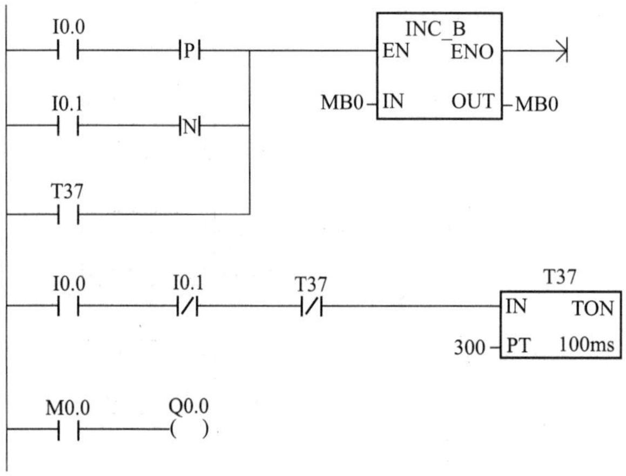

图 3-63 控制程序

程序说明

① 转盘在原位时，I0.1=On，限位开关常闭触点受压断开，I0.1 的常开触点断开，常闭触点闭合。

② 按下启动开关 I0.0，通过一个上微分操作指令产生一个上升沿脉冲，执行一次 INC 指令，MB0=1，M0.0=1，使接触器得电，Q0.0=1，转盘开始转动，转盘转动后限位开关常闭触点不再受压，I0.1=Off，I0.1 的常开接点闭合，常闭接点断开（定时器还未开始计时）。

③ 转 90° 后，限位开关受压，常闭触点断开，I0.1 的常开触点断开，常闭触点闭合。I0.1 接点通过一个下微分操作指令产生一个下降沿脉冲，执行一次 INC 指令，MB0=2，M0.0=0，使 Q0.0=0，接触器失电，转盘停止转动。同时，I0.1 常闭触点闭合，使定时器 T37 开始计时，延迟 30s 后，T37=On，T37 常开触点闭合，再执行一次 INC 指令，使 MB0=3，M0.0=1 使 Q0.0=1，接触器 Q0.0 得电，转盘重新开始转动。之后将重复上述过程。

3.31　打卡计数

范例示意如图 3-64 所示。

图 3-64　范例示意

控制要求

打卡器开启，每检测到一张磁卡，计数器加一，当数值达到应上班的总人数时，指示灯变亮，按下复位键，计数器清零。

元件说明

元件说明见表 3-37。

表 3-37　元件说明

PLC 软元件	控　制　说　明
I0.0	电磁传感器，磁卡接近时，I0.0 状态由 Off → On
I0.1	清零键，按下时，I0.1 状态由 Off → On，计数器清零
C120	计数器
Q0.0	指示灯

控制程序

控制程序如图 3-65 所示。

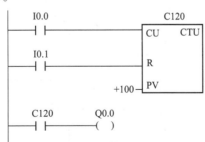

二维码 79

图 3-65　控制程序

程序说明

① 打卡器开启后，每有一张磁卡靠近，I0.0 得电，常开触点闭合，C120 计数一次。

② 当 C120 数值达到应上班的总人数时，C120 得电，常开触点闭合，Q0.0 得电，指示灯变亮。

③ 按下复位键 I0.1 时，I0.1 常开触点闭合，计数器清零。

3.32 交替输出程序

《控制要求》

在继电器 - 接触器控制系统中，控制电动机的启停往往需要两个按钮，这样当 1 台 PLC 控制多个这种具有启停操作的设备时，势必占用很多输入点。有时为了节省输入点，通过利用 PLC 软件编程，实现交替输出。

操作方法是按一下该按钮，输入的是启动信号。再按一下该按钮，输入的是停止信号……即单数次为启动信号，双数次为停止信号。

3.32.1 计数器实现交替输出功能

《元件说明》

元件说明见表 3-38。

表 3-38 元件说明

PLC 软元件	控制说明	PLC 软元件	控制说明
I0.0	控制按钮，按下时，I0.0 得电，常开触点闭合，常闭触点断开	C0	16 位数停电保持计数
Q0.0	电动机（接触器）	C1	16 位数停电保持计数

《控制程序》

控制程序如图 3-66 所示。

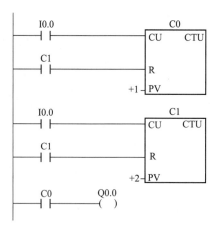

二维码 80

图 3-66 控制程序

程序说明

① 第一次按下 I0.0，I0.0 得电，计数器 C0、C1 分别加 1，C0 计数到位，C0 常开触点闭合，Q0.0 得电，电动机运转。

② 第二次按下 I0.0，I0.0 得电，计数器 C1 加 1，C1 计数到 2，计数器 C0、C1 被复位，C0 常开触点断开，电动机停止运转。

③ 第三次按下 I0.0，步骤如上述，不再赘述。

3.32.2　用上升沿（正跳变）触发指令实现交替输出功能

元件说明

元件说明见表 3-39。

表 3-39　元件说明

PLC 软元件	控制说明
I0.0	控制按钮，按下时，I0.0 得电，常开触点闭合，常闭触点断开
Q0.0	电动机（接触器）
M0.0、M0.1	内部辅助继电器

控制程序

控制程序如图 3-67 所示。

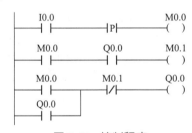

图 3-67　控制程序

程序说明

① 第一次按下 I0.0，I0.0 得电，其上升沿触发使 M0.0 得电，Q0.0 得电并自锁，电动机启动运行。在下一个扫描周期，虽然 Q0.0 常开触点闭合，但由于 I0.0 无上升沿，M0.0 常开触点断开，因此 M0.1 不得电。

② 第二次按下 I0.0，I0.0 得电，其上升沿触发使 M0.0 得电，由于电动机在运行中，Q0.0 常开触点此时闭合，为 M0.1 做准备，进而使 M0.1 得电，Q0.0 失电，电动机停止运行。

3.33　一个数据的保持控制

范例示意如图 3-68 所示。

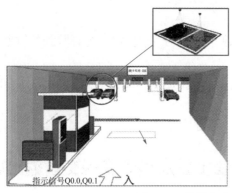

信号显示开关I0.2

指示信号Q0.0,Q0.1

图 3-68 范例示意

控制要求

检测停车厂里有多少辆车，当停车场里满位或非满位时，分别给出不同的信号。

元件说明

元件说明见表 3-40。

表 3-40 元件说明

PLC 软元件	控 制 说 明
I0.0	感应器，有车进入时，I0.0 状态由 Off → On
I0.1	感应器，有车离开时，I0.1 状态由 Off → On
I0.2	信号显示开关，按下时，I0.2 状态由 Off → On
Q0.0	满位信号灯，车位满时，Q0.0 状态由 Off → On
Q0.1	非满位信号灯，车位未满时，Q0.1 状态由 Off → On

控制程序

控制程序如图 3-69 所示。

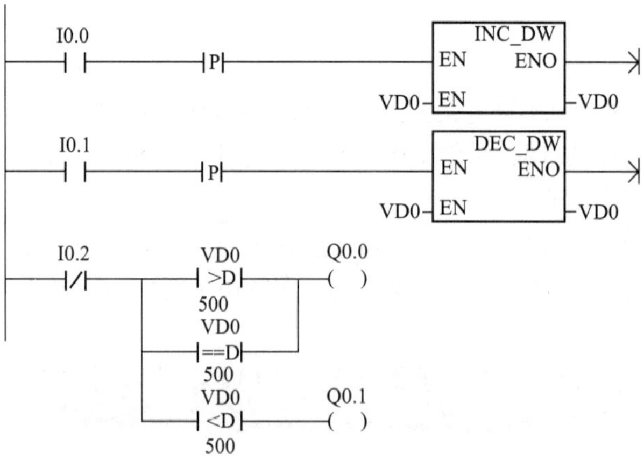

图 3-69 控制程序

> **程序说明**

本例以停车场能容纳 500 辆车进行编程。

① 通过比较指令，判定 VD0 内的数值与 500 的大小关系；信号显示开关 I0.2 常闭触点闭合，当 VD0 小于 500 时，Q0.0=Off，Q0.1=On，即车位未满，非满位信号灯亮。当 VD0 大于或等于 500 时，Q0.0=On，Q0.1=Off，即车位已满，满位信号灯亮。

② 当有车进入停车场时，I0.0=On，VD0 加 1，当有车离开停车场时，I0.1=On，VD0 减 1。

3.34　读卡器（付费计时）

范例示意如图 3-70 所示。

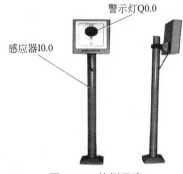

警示灯 Q0.0

感应器 I0.0

图 3-70　范例示意

> **控制要求**

小区暂时停车时，通过读卡计时来付费，在不超过一天的时间内通过读卡器计时付费；超过一天，在读卡时，Q0.0 警示灯亮提示停车已经超过一天。

> **元件说明**

元件说明见表 3-41。

表 3-41　元件说明

PLC 软元件	控制说明	PLC 软元件	控制说明
I0.0	感应开关，接触后，I0.0 状态由 Off → On	C0	增计数器
		C1	增计数器
I0.1	计时器复位按钮，按下时，I0.1 状态由 Off → On	C2	增计数器
Q0.0	警示灯	SM0.5	1s 时钟脉冲

> **控制程序**

控制程序如图 3-71 所示。

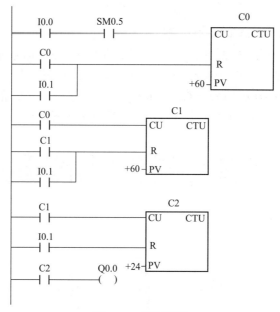

图 3-71 控制程序

程序说明

① 有车进入小区时，I0.0=On，SM0.5 触发一个脉冲，C0 计数一次，当 C0 计数满 60 次时，C1 开始计数一次，同时 C0 复位，重新计数；当 C1 计数满 60 次时，C2 开始计数，同时 C1 复位；C2 计数满 24 次，C2 得电，Q0.0=On，警示灯亮。

② 当停车时间未超过一天时，C2 未计满 24 次，C2 常开触点断开，Q0.0=Off，警示灯不亮，C2 当前值乘以 3600 加上 C1 当前值乘以 60 再加上 C0 当前值，即为停车时间（单位为 s）；当停车时间超过一天时，即 C2 计满 24 次，C2 常开触点闭合，Q0.0=On，警示灯亮。

③ 按下复位开关，I0.1 常开触点闭合，I0.1=On，计时器 C0、C1、C2 复位。

3.35 权限不同混合竞赛抢答器

范例示意如图 3-72 所示。

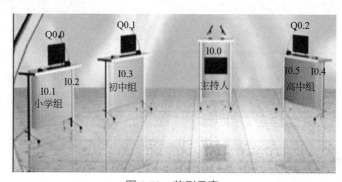

图 3-72 范例示意

控制要求

① 有小学生、初中生、高中生 3 组选手参加智力竞赛。要获得回答主持人问题的机会，必须抢先按下桌上的抢答按钮。任何一组抢答成功后，其他组再按按钮无效。

② 小学生组和高中生组桌上都有两个抢答按钮，初中生组桌上只有一个抢答按钮。为给小学生组一些优待，其桌上的 I0.1 和 I0.2 任何一个抢答按钮按下，Q0.0 灯都亮；而为了限制高中生组，其桌上的 I0.4 和 I0.5 抢答按钮必须同时按下时，Q0.2 灯才亮；中学生组按下 I0.3 按钮，Q0.1 灯亮。

③ 主持人按下 I0.0 复位按钮时，Q0.0、Q0.1、Q0.2 灯都熄灭。

元件说明

元件说明见表 3-42。

表 3-42　元件说明

PLC 软元件	控 制 说 明
I0.0	主持人复位按钮，按下时，I0.0 状态由 Off → On
I0.1	小学生组按钮，按下时，I0.1 状态由 Off → On
I0.2	小学生组按钮，按下时，I0.2 状态由 Off → On
I0.3	初中生组按钮，按下时，I0.3 状态由 Off → On
I0.4	高中生组按钮，按下时，I0.4 状态由 Off → On
I0.5	高中生组按钮，按下时，I0.5 状态由 Off → On
Q0.0	小学生组指示灯
Q0.1	初中生组指示灯
Q0.2	高中生组指示灯

控制程序

控制程序如图 3-73 所示。

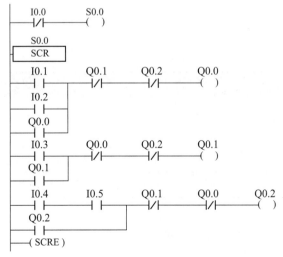

图 3-73　控制程序

程序说明

① 主持人未按下按钮时，I0.0 不得电，S0.0 被置 1，SCR 段程序执行。小学生组两个按钮为并联连接，高中生组两个按钮为串联连接，而初中生组只有一个按钮，任何一组抢答成功后都是通过自锁回路形成自锁，即松开按钮后指示灯也不会熄灭。

② 例如，小学组抢答成功后，通过 Q0.0 在其他回路串联的常闭触点形成互锁回路，其他组再按按钮无效。

③ 主持人按下复位按钮后，I0.0 得电，S0.0 不被置 1，SCR 指令 S0.0 不执行，即 SCR 段程序不被执行。Q0.0、Q0.1、Q0.2 全部失电，所有组的指示灯熄灭。主持人松开按钮后，I0.0 失电，S0.0 被置位，SCR 段程序又正常执行，进入新一轮的抢答。

在知识竞赛、文体娱乐活动（抢答赛活动）中，抢答器能准确、公正、直观地判断出抢答者的座位号。本案例通过程序设计实现了不同类别人群竞赛抢答功能，通过 PLC 梯形图中输入设备对应接点的串、并联来实现不同的优先级别。

3.36 单灯周期交替亮灭

范例示意如图 3-74 所示。

Q0.0
I0.0

图 3-74 范例示意

控制要求

通过定时器产生单灯闪烁动作。

元件说明

元件说明见表 3-43。

表 3-43 元件说明

PLC 软元件	控 制 说 明
I0.0	启动开关
Q0.0	灯
T37	计时 2s 定时器，时基为 100ms 的定时器
T38	计时 4s 定时器，时基为 100ms 的定时器

控制程序

控制程序如图 3-75 所示。

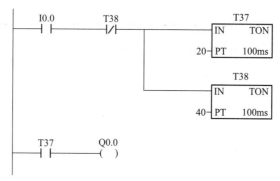

二维码 81

图 3-75　控制程序

程序说明

当 I0.0=On 时，T37 每隔 2s 产生一个脉冲，Q0.0 输出会根据 T37 脉冲产生 On/Off 交替闪烁。

3.37　定时与区域置位指令实现多灯交替闪烁

范例示意如图 3-76 所示。

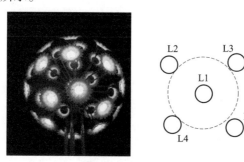

图 3-76　范例示意

控制要求

闭合开关，灯 L1 先亮，7s 后 L2 ～ L5 灯闪烁；按下停止按钮，灯停止闪烁。

元件说明

元件说明见表 3-44。

表 3-44　元件说明

PLC 软元件	控 制 说 明
I0.0	控制开关，按下时，I0.0 状态由 Off → On
I0.1	停止按钮，按下时，I0.1 状态由 Off → On
Q0.0	中间灯 L1
Q0.1	外围灯 L2 ～ L5

续表

PLC 软元件	控 制 说 明
T37	计时 2s 定时器，时基为 100ms 的定时器
T38	计时 5s 定时器，时基为 100ms 的定时器
T39	计时 10s 定时器，时基为 100ms 的定时器
SM0.5	1s 时钟脉冲

◀ **控制程序** ▶

控制程序如图 3-77 所示。

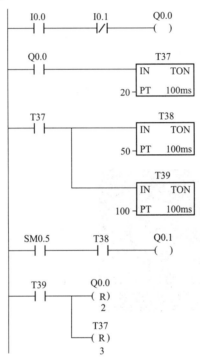

二维码 82

图 3-77　控制程序

◀ **程序说明** ▶

① 闭合开关时，I0.0 得电，I0.0 常开触点闭合，Q0.0 得电，中间灯点亮，T37 开始计时。

② T37 计时到 2s 时，T37 常开触点闭合，T38、T39 开始计时。

③ T38 计时到 5s 时，Q0.1 得电，外围灯闪烁。

④ T39 计时到 10s 时，T39 常开触点闭合，Q0.0、Q0.1、T37 ～ T39 复位，进入下一次循环。

3.38　用循环移位指令实现多灯控制

范例示意如图 3-78 所示。

图 3-78 范例示意

控制要求

本案例通过采用循环移位指令对多个灯进行控制，达到 PIZZA 循环点亮的演示效果。

元件说明

元件说明见表 3-45。

表 3-45 元件说明

PLC 软元件	控 制 说 明
I0.0	启动按钮，按下时，I0.0 状态由 Off → On
I0.1	停止按钮，按下时，I0.1 状态由 Off → On
Q0.0	P 字母灯
Q0.1	I 字母灯
Q0.2	Z 字母灯
Q0.3	Z 字母灯
Q0.4	A 字母灯
Q0.5	小人形灯

控制程序

控制程序如图 3-79 所示。

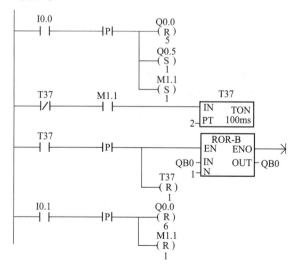

二维码 83

图 3-79 控制程序

程序说明

① 当按下启动按钮 I0.0 时，I0.0=On，复位 Q0.0 ～ Q0.4，置位 Q0.5、M1.1。

② M1.1=On，启动 T37 定时器。

③ T37=On 时，启动循环右移字节指令，并复位 T37。

④ 按下停止按钮 I0.1 时，I0.1=On，复位 Q0.0 ～ Q0.5，复位 M1.1，停止灯的循环点亮。

3.39 楼宇声控灯系统

范例示意如图 3-80 所示。

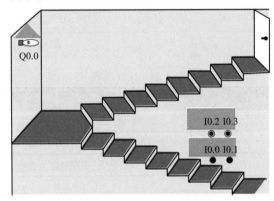

图 3-80 范例示意

控制要求

要求一种既可以手动，也可以自动控制的照明灯光系统。手动情况下，可以自由控制灯的开启和关闭。自动情况下，在弱光且有声音出现时，灯会点亮；无声音时，灯保持关闭状态；强光下，无论有无声音出现，灯都不会点亮。

元件说明

元件说明见表 3-46。

表 3-46 元件说明

PLC 软元件	控 制 说 明
I0.0	声控开关，当有声音时，I0.0 状态由 Off → On
I0.1	光控开关，当光线为弱光时，I0.1 状态由 Off → On
I0.2	手动灯光开关，按下后，I0.2 状态由 Off → On
I0.3	照明灯关闭按钮，按下后，I0.3 状态由 Off → On
T37	计时 10s 定时器，时基为 100ms 的定时器
Q0.0	照明灯
M0.0	内部辅助继电器

控制程序

控制程序如图 3-81 所示。

```
        I0.0        I0.1        I0.2        Q0.0
    ├──┤ ├──────┤ ├──────┤/├──────( S )
                                           1

                I0.2        Q0.0
            ├──┤ ├────────( S )
                           1
                           M0.0
                          ( S )
                           1

                I0.3        Q0.0
            ├──┤ ├────────( R )
                           1
                           M0.0
                          ( R )
                           1

                T37         Q0.0
            ├──┤ ├────────( R )
                           1

        Q0.0        M0.0            T37
    ├──┤ ├──────┤/├───────┤IN    TON │
                                      │
                            100┤PT  100ms│
```

图 3-81　控制程序

程序说明

① 在自动模式下，当照明灯周围环境处于弱光时，光控开关 I0.1=On，若此时周围无声音出现，则 I0.0=Off，不执行置位指令；若此时周围有声音出现时，则 I0.0=On，Q0.0 被置位，Q0.0=On，照明灯点亮。同时定时器 T37 开始计时，10s 后，T37 计时时间到，T37=On，Q0.0 被复位，照明灯关闭。

② 在手动模式下，按下手动开关 I0.2，I0.2=On，执行置位指令，Q0.0 和 M0.0 被置位，照明灯点亮。M0.0=On，M0.0，常闭触点断开。定时器 T37 无法启动，则 Q0.0 不能被复位，照明灯将一直亮，无时间限制。

③ 在任意模式下，当按下 I0.3 时，I0.3=On，Q0.0 被复位，照明灯灭。M0.0 被复位，M0.0=Off，M0.0，常闭接点闭合，同时自动模式的再次启动不受影响。

3.40　高楼自动消防泵控制系统

范例示意如图 3-82 所示。

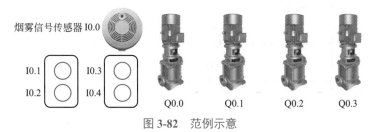

图 3-82　范例示意

高楼自动消防泵系统要求当放置在楼体内的烟雾传感器发出报警信号后，该系统可自行启动消防泵，以供居民和消防人员取用水源。同时在正常消防泵以外，设置一组备用消防泵，当正常设备出现故障时，启动备用装置应急。

元件说明

元件说明见表 3-47。

表 3-47　元件说明

PLC 软元件	控 制 说 明
I0.0	烟雾信号传感器，有烟雾产生时，I0.0 状态由 Off → On
I0.1	1 号消防泵停止按钮，按下时，I0.1 状态由 Off → On
I0.2	2 号消防泵停止按钮，按下时，I0.2 状态由 Off → On
I0.3	1 号消防泵热继电器，当线路过热时，I0.3 状态由 Off → On
I0.4	2 号消防泵热继电器，当线路过热时，I0.4 状态由 Off → On
Q0.0	1 号消防泵接触器
Q0.1	2 号消防泵接触器
Q0.2	1 号备用消防泵接触器
Q0.3	2 号备用消防泵接触器
M0.0	内部辅助继电器

控制程序

控制程序如图 3-83 所示。

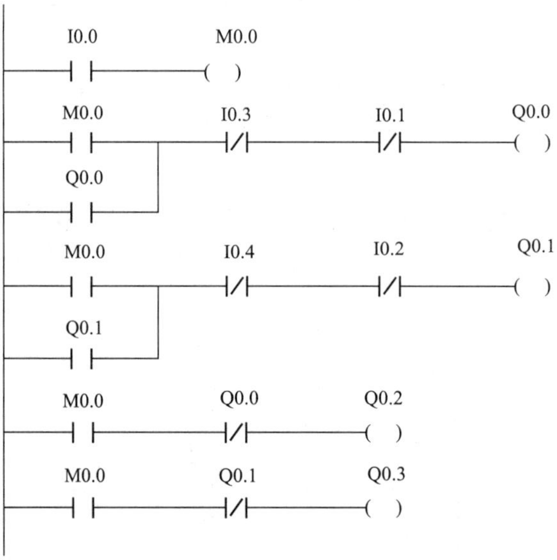

图 3-83　控制程序

■ 程序说明

① 本案例讲述高楼消防泵系统的简易控制。若正常消防泵没有损坏，则当烟雾报警器发出报警信号后，I0.0 常开触点闭合，I0.0=On，M0.0 得电导通，Q0.0、Q0.1 得电导通并自锁；1 号和 2 号消防泵自行持续启动，提供高压水源，若长时间工作或出现其他情况导致电路过热，则 I0.3 与 I0.4 常闭触点断开，Q0.0=Off，Q0.1=Off，两消防泵均被关闭。

② 当 1 号消防泵无法启动时，1 号备用泵启动，Q0.0=Off，Q0.0 常闭触点闭合，Q0.2 得电，1 号备用泵启动；与此相同，当 2 号消防泵无法启动时，Q0.1 常闭触点闭合，Q0.3=On，2 号备用泵启动。

③ 要关闭正常消防泵时，需要在烟雾信号消失后，按下各自的停止按钮。按下 I0.1 时，I0.1 常闭接点断开，Q0.0=Off，1 号消防泵关闭；按下 I0.2 时，I0.2 常闭触点断开，Q0.1=Off，2 号消防泵关闭。对于备用泵，当烟雾信号消失时或正常消防泵可以工作时，自行关闭。

3.41　机床工作台自动往返控制

范例示意如图 3-84 所示。

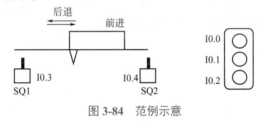

图 3-84　范例示意

■ 控制要求

在机床的使用过程中，时常需要机床工作台自动工作循环。即电动机启动后，机床工作台向前运动到达终点时，电动机自行反转，机床工作台向后移动；反之，工作台向后到达终点时，电动机自行正转，工作台向前移动。

■ 元件说明

元件说明见表 3-48。

表 3-48　元件说明

PLC 软元件	控 制 说 明
I0.0	电动机正转启动按钮，按下时，I0.0 状态由 Off → On
I0.1	电动机反转启动按钮，按下时，I0.1 状态由 Off → On
I0.2	电动机停止按钮，按下时，I0.2 状态由 Off → On
I0.3	后行程开关 SQ1，磁压时，I0.3 状态由 Off → On
I0.4	前行程开关 SQ2，碰压时，I0.4 状态由 Off → On
Q0.0	电动机正转接触器
Q0.1	电动机反转接触器

控制程序

控制程序如图 3-85 所示。

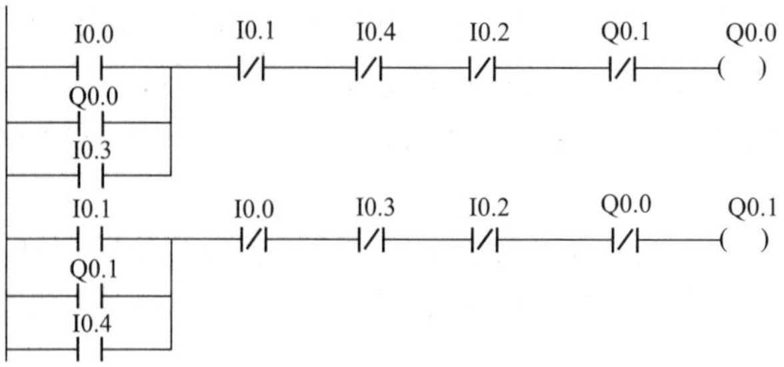

图 3-85 控制程序

程序说明

① 若按下正转启动按钮 I0.0，I0.0 得电，使 Q0.0 得电，Q0.0 接触器接通，电动机正转，机床工作台前移，当工作台到达终点时，碰到前行程开关 SQ2，I0.4 得电，Q0.0 接触器断开，Q0.1 接触器接通，电动机反转部件后移。

② 当工作台后移到达终点时，碰到后行程开关 SQ1，I0.3 得电，Q0.1 接触器断开，Q0.0 接触器接通，电动机正转工作台前移，机床工作台实现自动往返循环。

③ 按下反转启动按钮 I0.1 时，运转状态相反，同样自动往返。

④ 按下 I0.2 按钮时，I0.2 得电，电动机无论正转还是反转均停止。

3.42 车床滑台往复运动、主轴双向控制

范例示意如图 3-86 所示。

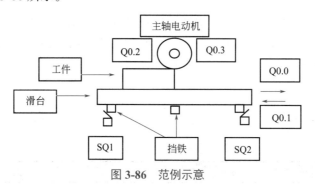

图 3-86 范例示意

控制要求

按下启动按钮，要求滑台每往复运动一个来回，主轴电动机改变一次转动方向，滑台和主轴均由电动机控制，用行程开关控制滑台的往返运动距离。

元件说明

元件说明见表 3-49。

表 3-49　元件说明

PLC 软元件	控 制 说 明
I0.0	后限位开关，当挡铁压下 SQ2 时，I0.0 状态为 On
I0.1	前限位开关，当挡铁压下 SQ1 时，I0.1 状态为 On
I0.2	启动按钮，按下时，I0.2 状态为 On
I0.3	停止按钮，按下时，I0.3 状态为 On
M0.0、M0.2	内部辅助继电器
Q0.0	滑台前进接触器
Q0.1	滑台后退接触器
Q0.2	主轴电动机正转接触器
Q0.3	主轴电动机反转接触器

◀控制程序▶

控制程序如图 3-87 所示。

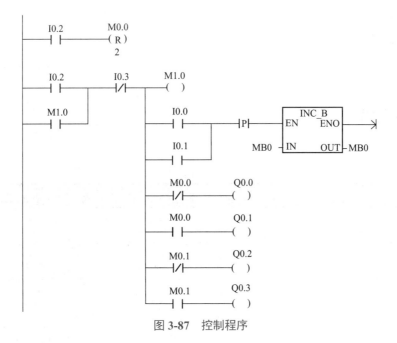

图 3-87　控制程序

◀程序说明▶

① 按下启动按钮，I0.2 得电，常开触点闭合，M1.0 得电并自锁，M0.0=0，M0.1=0，滑台前进，接触器 Q0.0 得电，主轴电动机正转，接触器 Q0.2 得电，滑台前进，主轴正转；当挡铁碰到行程开关 SQ1 时，I0.1 触发一个上升沿，计数器计 1，M0.0=1，M0.1=0，M0.0，常开触点闭合，常闭触点断开，M0.1 保持原态，主轴电动机仍正转，滑台后退；当挡铁碰

到行程开关 SQ2 时，I0.0 触发一次上升沿，计数为 2，M0.0=0，M0.1=1，M0.1，常开触点闭合，常闭触点断开，主轴电动机反转，滑台前进；再碰到行程开关 SQ1 时，I0.1 触发一次上升沿，计数为 3，M0.0=1，M0.1=1，主轴电动机反转，滑台后退。当再碰到 SQ2 时完成一个工作循环，并重复上述循环。

② 当按下停止按钮后，I0.3 常闭触点断开，主轴和滑台立即停止。

3.43 磨床 PLC 控制

范例示意如图 3-88 所示。

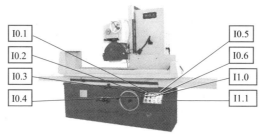

图 3-88 范例示意

控制要求

该磨床由砂轮电动机 Q0.0、液压泵电动机 Q0.1 和冷却泵电动机 Q0.2 拖动。要求按下启动按钮，砂轮电动机先旋转，然后冷却泵工作，液压泵可以独立工作。

元件说明

元件说明见表 3-50。

表 3-50 元件说明

PLC 软元件	控 制 说 明
I0.0	电流继电器，正常时，I0.0 状态为 Off
I0.1	砂轮电动机启动按钮，按下时，I0.1 状态由 Off → On
I0.2	砂轮电动机停止按钮，按下时，I0.2 状态由 Off → On
I0.3	液压泵电动机启动按钮，按下时，I0.3 状态由 Off → On
I0.4	液压泵电动机停止按钮，按下时，I0.4 状态由 Off → On
I0.5	冷却泵电动机启动按钮，按下时，I0.5 状态由 Off → On
I0.6	冷却泵电动机停止按钮，按下时，I0.6 状态由 Off → On
I0.7	热继电器，正常时，I0.7 为 Off
I1.0	退磁转化开关
I1.1	总停止按钮
M0.0	内部辅助继电器

PLC 软元件	控 制 说 明
Q0.0	砂轮电动机控制接触器
Q0.1	液压泵电动机控制接触器
Q0.2	冷却泵电动机控制接触器

控制程序

控制程序如图 3-89 所示。

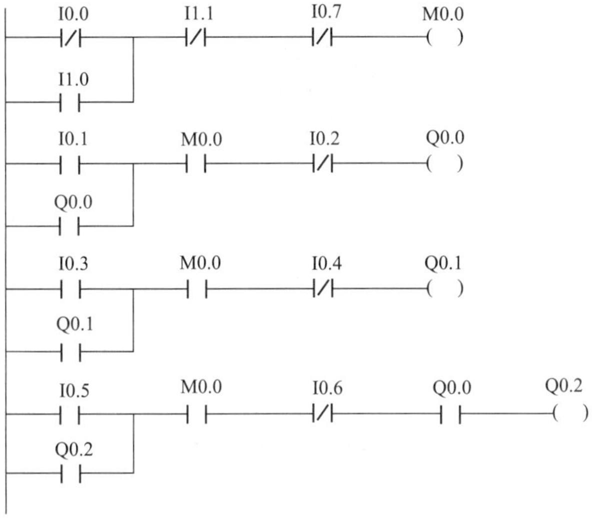

图 3-89　控制程序

程序说明

① 当电流处于正常范围时，I0.0=Off，I0.0，常闭触点闭合，使得 M0.0=On。

② 当按下砂轮电动机启动按钮 I0.1 时，I0.1=On，砂轮电动机控制接触器 Q0.0 得电，Q0.0=On 并自锁，砂轮电动机开始运转。砂轮电动机启动后，由于 Q0.0=On，Q0.0 的常开触点闭合，按下冷却泵电动机启动按钮 I0.5，I0.5=On，冷却泵电动机控制接触器 Q0.2=On，冷却泵电动机开始运转。若按下冷却泵停止按钮 I0.6，I0.6=On，可以使冷却泵 Q0.2 单独停止，若按下砂轮电动机停止按钮 I0.2，I0.2=On，可以使 Q0.0=Off、Q0.2=Off，砂轮电动机和冷却泵电动机都将停止运转。

③ 当按下液压泵电动机启动按钮 I0.3 时，I0.3=On，使得 Q0.1 得电，Q0.1=On，液压泵电动机启动运转，当按下液压泵电动机停止按钮 I0.4 时，I0.4=Off，使得 Q0.1 失电。液压泵电动机停止运转。

④ 当按下总停止按钮 I1.1 时，使得 M0.0=Off，M0.0 的常开触点断开，所有电动机都将停止运转。

⑤ 如果出现电流不正常时，常闭触点 I0.0 断开将使得 M0.0=Off，电动机停转。如果出现电动机过载情况时，常闭触点 I0.7 断开，也会使得 M0.0=Off，电动机停转。

3.44　万能工具铣床 PLC 控制

范例示意如图 3-90 所示。

图 3-90　范例示意

控制要求

如图 3-90 所示，某万能铣床由两台电动机拖动：主轴电动机 M1 和冷却电动机 M2。其中主轴电动机 M1 为双速电动机，并可进行正反转控制。将手动转换开关打到左边，电动机为低速旋转模式，此时按下正转按钮，主轴电动机正向低速旋转，按下反转按钮，主轴电动机反向低速旋转；将手动转换开关打到右边，电动机为高速旋转模式，此时按下正转按钮，主轴电动机正向高速旋转，按下反转按钮，主轴电动机反向高速旋转。冷却泵可以独立控制启停。

元件说明

元件说明见表 3-51。

表 3-51　元件说明

PLC 软元件	控 制 说 明
I0.0	热继电器常闭触点
I0.1	总停止按钮，按下时，I0.1 状态由 Off → On
I0.2	主轴正转启动按钮，按下时，I0.2 状态由 Off → On
I0.3	主轴反转启动按钮，按下时，I0.3 状态由 Off → On
I0.4	冷却泵电动机启动按钮，按下时，I0.4 状态由 Off → On
I0.5	冷却泵停止按钮，按下时，I0.5 状态由 Off → On
I0.6	主轴电动机低速开关
I0.7	主轴电动机高速开关
Q0.0	主轴电动机正转接触器
Q0.1	主轴电动机反转接触器
Q0.2	主轴电动机低速接触器
Q0.3	主轴电动机高速接触器
Q0.4	冷却泵电动机接触器

控制程序

控制程序如图 3-91 所示。

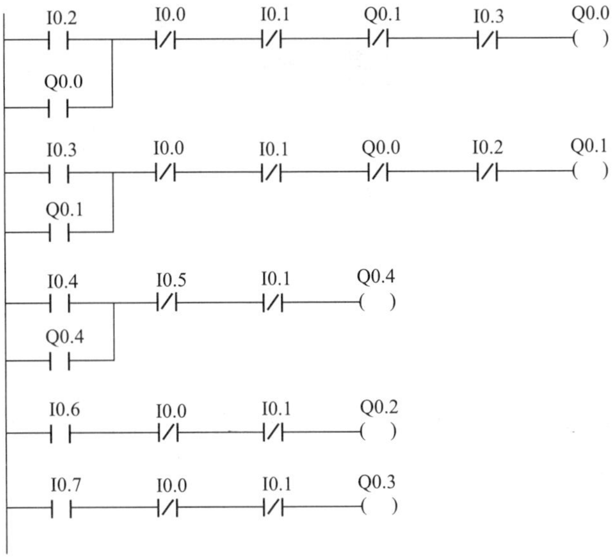

图 3-91　控制程序

程序说明

①当主轴电动机正常工作时，热继电器不动作，I0.0=Off，常闭触点 I0.0 导通。

②当将手动转换开关打到左边时，主轴电动机低速开关 I0.6 被接通，I0.6=On，使 Q0.2 得电，Q0.2=On，电动机切换至低速模式。此时，按下正转启动按钮 I0.2，I0.2=On，使主轴电动机正转接触器 Q0.0 得电，Q0.0=On，主轴电动机正向低速旋转，将带动铣头正向低速对工件进行加工，按下反转启动按钮，I0.3=On，使主轴电动机反转接触器 Q0.1 得电，Q0.1=On，主轴电动机反向低速旋转，将带动铣头反向低速对工件进行加工。

③当将手动切换开关打到右边时，I0.7=On，使 Q0.3 得电，Q0.3=On，电动机切换至高速模式，此时，按下正转启动按钮 I0.2，I0.2=On，使主轴电动机正转接触器 Q0.0 得电，Q0.0=On，主轴电动机正向高速旋转，将带动铣头正向高速对工件进行加工，按下反转启动按钮，I0.3=On，使主轴电动机反转，接触器 Q0.1 得电，Q0.1=On，主轴电动机反向高速旋转，将带动铣头反向高速对工件进行加工。

④当按下冷却泵启动按钮 I0.4 时，I0.4=On，使得 Q0.4=On，冷却泵电动机通电旋转，当按下冷却泵停止按钮 I0.5 时，I0.5 的常闭触点断开，Q0.4 失电，冷却泵电动机停止旋转。

⑤当按下总停止按钮 I0.1 时，所有电动机都将停转。

3.45　滚齿机 PLC 控制

范例示意如图 3-92 所示。

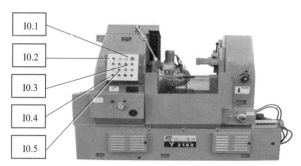

图 3-92　范例示意

控制要求

某滚齿机由两台电动机拖动：主轴电动机 M1 和冷却电动机 M2。其中主轴电动机 M1可正、反转。按下正转按钮，主轴电动机开始正转，带动滚齿轮机顺铣齿轮，按下点动按钮，电动机带动滚齿轮机点动顺铣齿轮。当主轴电动机 M1 启动后，闭合冷却泵启动开关，冷却泵 M2 通电运转。

元件说明

元件说明见表 3-52。

表 3-52　元件说明

PLC 软元件	控 制 说 明
I0.0	热继电器，正常状态下，I0.0 状态为 Off
I0.1	总停止按钮，按下时，I0.1 状态由 Off → On
I0.2	主轴逆铣启动按钮，按下时，I0.2 状态由 Off → On
I0.3	主轴顺铣点动按钮，按下时，I0.3 状态由 Off → On
I0.4	主轴顺铣启动按钮，按下时，I0.4 状态由 Off → On
I0.5	冷却泵电动机手动开关，打开时，I0.5 状态由 Off → On
I0.6	逆铣限位行程开关
I0.7	顺铣限位行程开关
Q0.0	主轴电动机逆铣接触器
Q0.1	主轴电动机顺铣接触器
Q0.2	冷却泵电动机接触器

控制程序

控制程序如图 3-93 所示。

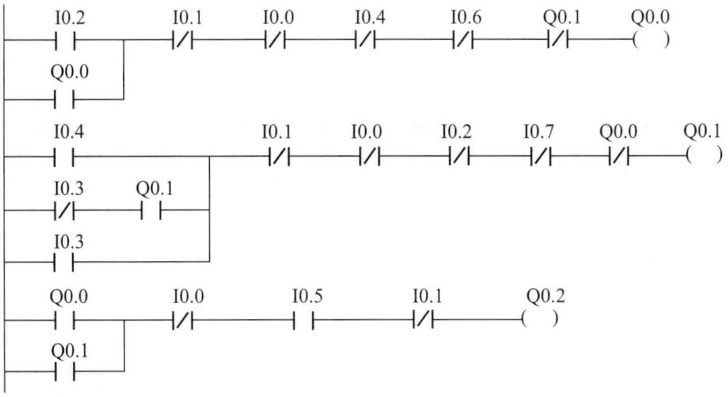

图 3-93 控制程序

① 按下主轴电动机逆铣启动按钮，I0.2 常开触点闭合，主轴电动机逆铣接触器 Q0.0 得电，Q0.0=On，主轴电动机 M1 反向旋转，带动滚齿轮机逆铣齿轮；按下主轴顺铣启动按钮 I0.4，I0.4 常开触点闭合，Q0.1=On，主轴电动机 M1 正向旋转，带动滚齿轮机顺铣齿轮，按下 I0.3，主轴电动机 M1 点动运转，带动滚齿轮机点动顺铣齿轮。

② 当主轴电动机 M1 启动后，将冷却泵电动机手动开关打到闭合，I0.5 常开触点闭合，Q0.2=On，冷却泵电动机通电运转。

③ 行程开关是主轴电动机逆、顺铣到位行程开关。当行程开关 I0.6=On 或 I0.7=On 时，电动机应停止运转。

④ 按下总停止按钮 I0.1，电动机全部停止运转。

3.46 双头钻床 PLC 控制

范例示意如图 3-94 所示。

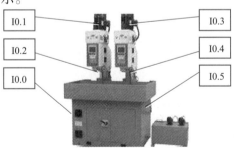

图 3-94 范例示意

待加工工件放在加工位置后，操作人员按下启动按钮 I0.0，两个钻头同时开始工作。首先将工件夹紧，然后两个钻头同时向下运动，对工件进行钻孔加工，达到各自的加工深度后，分别返回原始位置。待两个钻头全部返回原始位置后，释放工件，完成一个加工过程。

◀ 元件说明 ▶

元件说明见表 3-53。

表 3-53　元件说明

PLC 软元件	控 制 说 明
I0.0	启动按钮，按下时，I0.0 状态由 Off → On
I0.1	1 号钻头上限位开关，碰到时，I0.1 状态由 Off → On
I0.2	1 号钻头下限位开关，碰到时，I0.2 状态由 Off → On
I0.3	2 号钻头上限位开关，碰到时，I0.3 状态由 Off → On
I0.4	2 号钻头下限位开关，碰到时，I0.4 状态由 Off → On
I0.5	压力继电器，到达设定值时，I0.5 状态由 Off → On
Q0.0	加紧与释放控制电磁阀
Q0.1	1 号钻头上升控制接触器
Q0.2	1 号钻头下降控制接触器
Q0.3	2 号钻头上升控制接触器
Q0.4	2 号钻头下降控制接触器
M0.0、M0.1	内部辅助继电器

◀ 控制程序 ▶

控制程序如图 3-95 所示。

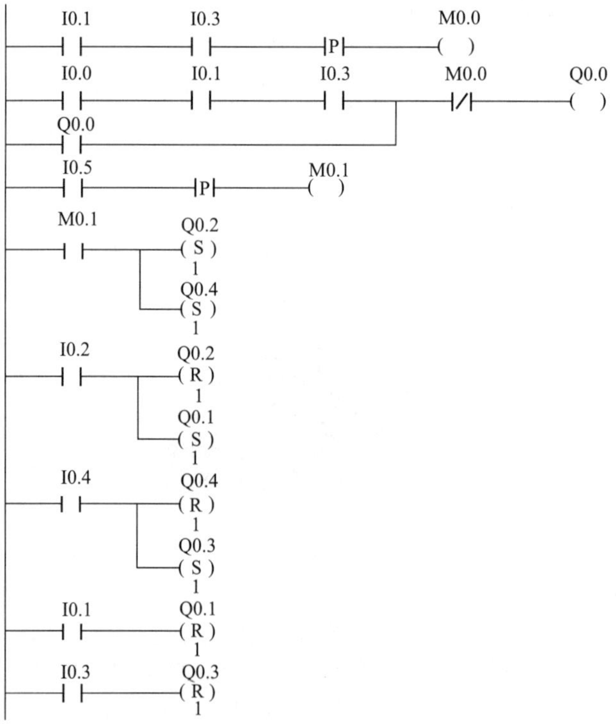

图 3-95　控制程序

程序说明

① 两个钻头同时在原始位置，I0.1 和 I0.3 被压，I0.1 和 I0.3 得电，按下启动按钮 I0.0，I0.0=On，Q0.0=On，并自锁，工件被夹紧，到达设定压力值后，I0.5=On，M0.1=On，Q0.2 和 Q0.4 置位并保持，1 号和 2 号钻头下降。

② 1 号钻头下降到位，I0.2=On，Q0.2 被复位，Q0.1 置位并保持，1 号钻头停止下降，开始上升；2 号钻头下降到位，I0.4=On，Q0.4 被复位，Q0.3 置位并保持，2 号钻头停止下降，开始上升。

③ 两钻头返回原始位置后，I0.1 和 I0.3 被压，使 Q0.1、Q0.3 复位，两钻头停止上升，同时 I0.1 和 I0.3 上升沿使 M0.0 得电，常闭触点断开，Q0.0 失电，释放工件，完成一个加工过程。

3.47 传送带产品检测与次品分离

范例示意如图 3-96 所示。

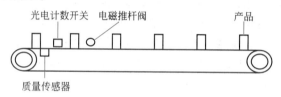

图 3-96 范例示意

控制要求

利用传送带传送产品，产品在传送带上按等间距排列，要求在传送带入口处，每进来一个产品，光电计数器发出一个脉冲。同时质量传感器对该产品进行检测，如果合格则不动作，如果不合格则输出逻辑信号 1，将不合格产品位置记忆下来，当不合格产品到电磁推杆位置时，电磁杆动作，将不合格产品推出，当产品推到位时，推杆限位开关动作，使电磁杆断电并返回原位。

元件说明

元件说明见表 3-54。

表 3-54 元件说明

PLC 软元件	控 制 说 明
I0.0	质量传感器，检测到次品时，I0.0 状态由 Off → On
I0.1	光电计数开关，有产品通过时，I0.1 状态由 Off → On
I0.2	推杆限位开关，触碰时，I0.2 的状态由 Off → On
M0.0、M0.1	内部辅助继电器
Q0.0	推杆电磁阀

◀ **控制程序** ▶

控制程序如图 3-97 所示。

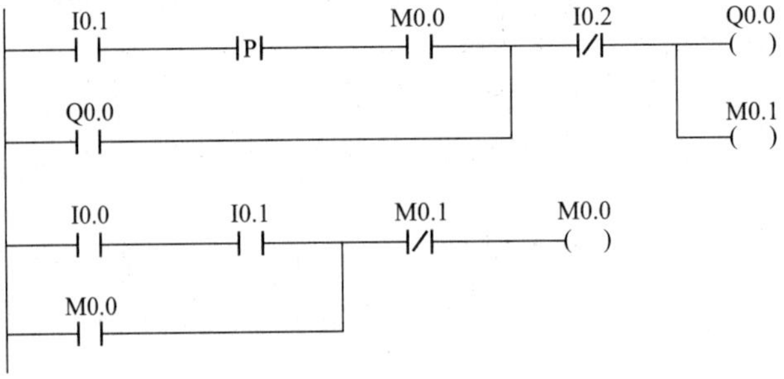

```
    I0.1              M0.0     I0.2    Q0.0
 ──┤ ├──┤P├──┤ ├────┤/├────( )──
                    │
    Q0.0            │             M0.1
 ──┤ ├──┘          ( )──

    I0.0      I0.1      M0.1     M0.0
 ──┤ ├──┤ ├──┬──┤/├────( )──
                    │
    M0.0            │
 ──┤ ├──┘
```

图 3-97　控制程序

◀ **程序说明** ▶

① 当合格产品通过时，I0.0=Off，I0.0 常开触点断开，M0.0 不得电，当不合格产品通过时，I0.0 得电，常开触点闭合。同时光电计数开关 I0.1 检测到有产品通过，I0.1 得电，I0.1 常开触点闭合，M0.0 得电并自锁。当下一个产品通过时，不合格产品正好在下一个位置，I0.1 上升沿常开触点接通，Q0.0 线圈得电并自锁，同时 M0.1 得电，M0.0 失电。推杆电磁阀得电后，将不合格产品推出，触及限位开关后，I0.2=On，常闭触点 I0.2 断开，Q0.0 线圈失电，M0.1 失电，推杆在弹簧的作用下返回原位。

② 假如第二个产品也是不合格产品，由于 I0.0、I0.1 仍然闭合，M0.0 线圈又会重新得电。

3.48　车间换气系统控制

范例示意如图 3-98 所示。

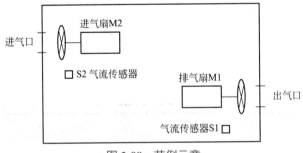

图 3-98　范例示意

◀ **控制要求** ▶

某车间要求空气压力要稳定在一定范围内，所以要求只有在排气扇 M1 运转，排气流传感器 S1 检测到排风正常后，进气扇 M2 才能开始工作，如果进气扇或者排气扇工作 5s 后，各自传感器都没有发出信号，则对应的指示灯闪动报警。

元件说明

元件说明见表 3-55。

表 3-55　元件说明

PLC 软元件	控 制 说 明
I0.0	启动按钮，按下时，I0.0 状态由 Off → On
I0.1	停止按钮，按下时，I0.1 状态由 Off → On
I0.2	排气流传感器，检测到排气正常时，I0.2 的状态为 On
I0.3	进气流传感器，检测到进气正常时，I0.3 的状态为 On
T37	计时 5s 定时器，时基为 100ms 的定时器
SM0.5	占空比周期为 1s 的时钟脉冲
Q0.0	排气风扇
Q0.1	进气风扇
Q0.2	排气扇指示灯
Q0.3	进气扇指示灯

控制程序

控制程序如图 3-99 所示。

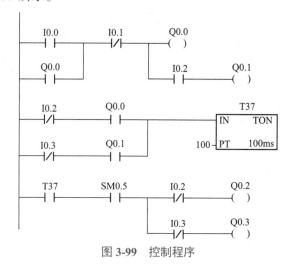

图 3-99　控制程序

程序说明

① 按下启动按钮 I0.0，I0.0=On，Q0.0 线圈得电自锁，排气扇得电启动，排气流传感器 S1 检测到排风正常，I0.2 得电，Q0.1 线圈得电，进气扇工作；如果进气扇与排气扇工作均正常，则 I0.2、I0.3 常闭触点均断开，定时器 T37 不得电，不能执行计时功能；如果进气扇或者排气扇工作不正常，I0.2、I0.3 只要有一个不工作，其常闭触点导通，定时器 T37 计时 5s，5s 后 T37 得电导通，SM0.5 得电，对应指示灯 Q0.2 和 Q0.3 闪动报警。

② 按下停止按钮，I0.1=On，I0.1 常闭触点断开，风扇失电停止工作。

3.49 风机与燃烧机连动控制

范例示意如图 3-100 所示。

图 3-100 范例示意

控制要求

某车间用一条生产线为产品外表做喷漆处理。其中烘干室的燃烧机与风机连动控制，即燃烧机在启动前 2min 先启动对应的风机，当燃烧机停止 2min 后停止对应的风机。

元件说明

元件说明见表 3-56。

表 3-56 元件说明

PLC 软元件	控制说明	PLC 软元件	控制说明
I0.0	启动按钮，按下时，I0.0 的状态由 Off → On	T38	计时 2min 计时器，时基为 100ms 的计时器
I0.1	停止按钮，按下时，I0.1 的状态由 Off → On	Q0.0	风机接触器
T37	计时 2min 计时器，时基为 100ms 的计时器	Q0.1	燃烧机接触器

控制程序

控制程序如图 3-101 所示。

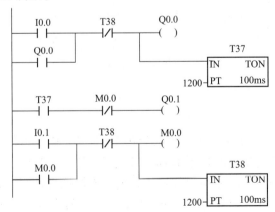

图 3-101 控制程序

按下启动按钮 I0.0，Q0.0 得电自锁，风机启动，同时 T37 开始计时，计时 2min 到时，T37 常开触点闭合。Q0.1 得电，燃烧机启动。按下停止按钮 I0.1，M0.0 得电自锁，T38 开始计时，计时 2min 到时，T38 常闭触点断开，使 Q0.0、M0.0 失电。同时复位 T37，使 Q0.1 失电，则风机和燃烧机都停止运行。

3.50 混凝土搅拌机的 PLC 控制

范例示意如图 3-102 所示。

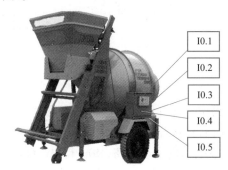

图 3-102 范例示意

▶ 控制要求 ◀

该搅拌机由搅拌、上料电动机 M1 和水泵电动机 M2 拖动，其中搅拌、上料电动机 M1 可正反转。按下上料按钮，搅拌机上料并正转。按下水泵电动机启动按钮，开始向搅拌机加水，5s 后停止加水，混凝土搅拌完成后，按下反转按钮，混凝土排出。

▶ 元件说明 ◀

元件说明见表 3-57。

表 3-57 元件说明

PLC 软元件	控 制 说 明
I0.0	搅拌、上料电动机 M1 热继电器，正常状态时，I0.0 状态为 On
I0.1	搅拌、上料电动机 M1 正转停止按钮，按下时，I0.1 状态由 Off → On
I0.2	搅拌、上料电动机 M1 正转启动按钮，按下时，I0.2 状态由 Off → On
I0.3	搅拌、上料电动机反转启动按钮，按下时，I0.3 状态由 Off → On
I0.4	水泵电动机停止按钮，按下时，I0.4 状态由 Off → On
I0.5	水泵电动机启动按钮，按下时，I0.5 状态由 Off → On
T37	计时 5s 计时器，时基为 100ms 的计时器
Q0.0	搅拌、上料电动机 M1 正转接触器
Q0.1	搅拌、上料电动机 M1 反转接触器
Q0.2	水泵电动机 M2 接触器

控制程序

控制程序如图 3-103 所示。

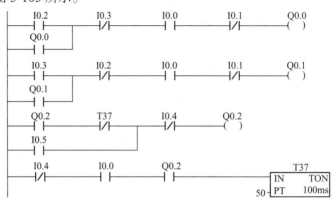

图 3-103　控制程序

程序说明

① 按下启动按钮，I0.2 得电，常开触点闭合，Q0.0 得电，搅拌、上料电动机 M1 正转，开始向搅拌机上料，上料完成后直接开始搅拌。如果上料过程中想要停下，按下 I0.1 即可。

② 上料结束后，按下水泵电动机启动按钮，I0.5 得电，Q0.2 得电，开始向搅拌机注水，同时定时器开始计时，计时 5s 后断开水泵电动机，停止注水。

③ 搅拌完成后，按下搅拌机反转按钮，I0.3 得电，Q0.1 得电并自锁，混凝土导出，结束后按下 I0.1，搅拌机停止。

3.51　旋转圆盘 180° 正反转控制

控制要求

按下启动按钮，电动机带动转盘正转 180°，然后反转 180°，不断重复以上过程。按下急停按钮，转盘立即停止。按下到原位停止按钮，圆盘旋转到 180° 原位时碰到限位开关停止。

元件说明

元件说明见表 3-58。

表 3-58　元件说明

PLC 软元件	控制说明
I0.0	启动按钮，按下时，I0.0 状态由 Off → On
I0.1	原位停止按钮，按下后，圆盘转到 180° 原位处停止
I0.2	立即停止按钮，按下后，圆盘立刻停止转动
I0.3	常闭限位开关，初始时在原位受压断开
Q0.0	电动机正转接触器
Q0.1	电动机反转接触器

控制程序

控制程序如图 3-104 所示。

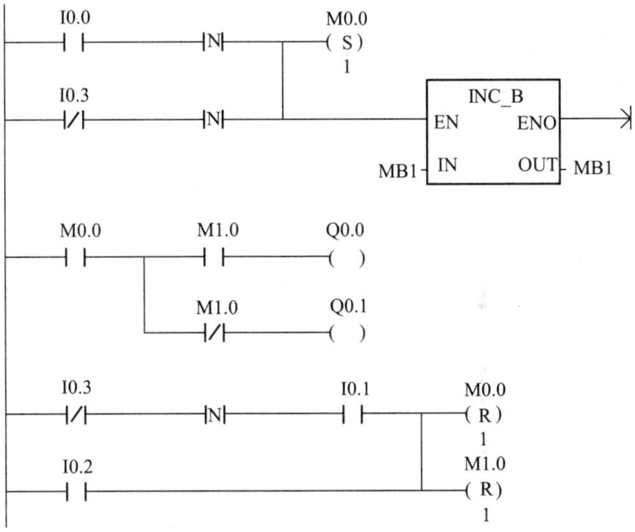

图 3-104　控制程序

程序说明

① 初始状态，转盘在原位时限位开关受压，常闭接点断开。按下启动按钮，I0.0 得电，在松开按钮时，I0.0 失电，I0.0 的下降沿使 M0.0 置位，执行 INC 指令使 M1.0=On，Q0.0=On，圆盘正转。转动后限位开关常闭触点闭合，转动 180° 后，限位开关常闭触点受压断开，I0.3 下降沿又接通一次，再执行一次 INC 指令，M1.0=Off，M1.0 常闭触点闭合，Q0.1 得电，圆盘反转。转动后限位开关常闭触点闭合，转动 180° 后限位开关又受压，常闭触点断开，I0.3 下降沿再接通一次，执行一次 INC 指令，M1.0=On，M1.0 常开触点闭合，Q0.0 得电，圆盘正转，重复上述过程。

② 按下原位停止按钮，I0.1 得电，当圆盘碰到限位开关时停止转动。

③ 按下立即停止按钮，I0.2 得电，M0.0 和 M1.0 复位，Q0.0、Q0.1 失电，圆盘立即停止转动。

3.52　选择开关控制三个阀门顺序开启、逆序关闭

控制要求

用一个按钮控制三个阀门顺序启动、逆序关闭。要求每按一次按钮顺序启动一个阀门，全部启动后每按一次按钮逆序停止一个阀门。

元件说明

元件说明见表 3-59。

表 3-59 元件说明

PLC 软元件	控制说明
I0.0	控制按钮，按下时，I0.0 产生一个上升沿
M0.0 ～ M0.6	内部辅助继电器
SM0.1	该位在首次扫描时为 1
Q0.0	阀门一
Q0.1	阀门二
Q0.2	阀门三

▶ 控制程序 ◀

控制程序如图 3-105 所示。

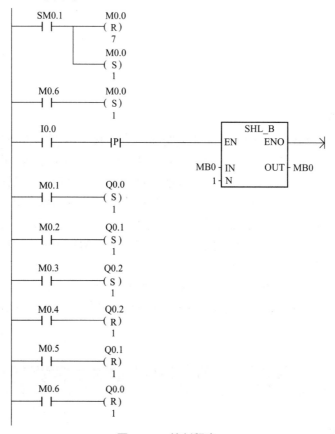

图 3-105 控制程序

▶ 程序说明 ◀

初始状态 M0.0 被置位，M0.0=On。

① 第一次按下控制按钮 I0.0 时，M0.1=On，Q0.0 置位，第一个阀门开启。

② 第二次按下控制按钮 I0.0 时，M0.2=On，Q0.1 置位，第二个阀门开启。

③ 第三次按下控制按钮 I0.0 时，M0.3=On，Q0.2 置位，第三个阀门开启。

④ 第四次按下控制按钮 I0.0 时，M0.4=On，Q0.2 复位，第三个阀门关闭。

⑤ 第五次按下控制按钮 I0.0 时，M0.5=On，Q0.1 复位，第二个阀门关闭。

⑥ 第六次按下控制按钮 I0.0 时，M0.6=On，Q0.0 复位，第一个阀门关闭；同时 M0.0 ～ M0.6 复位，M0.0=On，回到初始状态，完成一次三个阀门顺序开启、逆序关闭的过程。

3.53 物流检测控制

范例示意如图 3-106 所示。

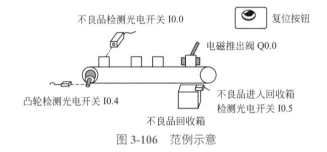

图 3-106 范例示意

控制要求

产品被传送至传送带上做检测，当光电开关检测到有不良品时（高度偏高），在第 4 个定点将不良品通过电磁阀排出，排出到回收箱后电磁阀自动复位。当在传送带上的不良品记忆错乱时，可按下复位按钮将记忆数据清零，系统重新开始该检测。

元件说明

元件说明见表 3-60。

表 3-60 元件说明

PLC 软元件	控制说明
I0.0	不良品检测光电开关，检测到不良品时，I0.0 状态由 Off → On
I0.1	凸轮检测光电开关，检测到有产品通过时，I0.1 状态由 Off → On
I0.2	进入回收箱检测光电开关，不良品被排出时，I0.2 状态由 Off → On
I0.3	复位按钮
M0.0 ～ M0.3	内部辅助继电器
Q0.0	电磁阀推出杆

控制程序

控制程序如图 3-107 所示。

```
      I0.1                              ┌─────────────┐
    ──┤ ├──────────┤P├─────────────────┤ SHRB        │
                                        │ EN       ENO├──┤
                                   I0.0─┤ DATA        │
                                   M0.0─┤ S_BIT       │
                                     +4─┤ N           │
                                        └─────────────┘

      M0.3        Q0.0
    ──┤ ├─────────( S )
                    1
      I0.2                   Q0.0
    ──┤ ├──────────┤P├──────( R )
                    │        1
                    │        M0.3
                    ├───────( R )
                             1
      I0.3                   M0.0
    ──┤ ├──────────┤P├──────( R )
                             4
```

图 3-107   控制程序

程序说明

① 凸轮每转一圈，产品从一个定点移到另外一个定点，I0.1 的状态由 Off 变化为 On 一次，同时移位指令执行一次，M0.0 ～ M0.3 的内容往左移位一位，I0.0 的状态被传到 M0.0。

② 当有不良品产生时（产品高度偏高），I0.0=On，"1" 的数据进入 M0.0，移位 3 次后到达第 4 个定点，使得 M0.3=On，Q0.0 被置位，Q0.0=On，使得电磁阀动作，将不良品推到回收箱。

③ 当不良品确认已经被排出后，I0.2 由 Off 变化为 On 一次，产生一个上升沿，使得 M0.3 和 Q0.0 被复位，电磁阀被复位，直到下一次有不良品产生时才有动作。

④ 当按下复位按钮 I0.3 时，I0.3 由 Off 变化为 On 一次，产生一个上升沿，使得 M0.0 ～ M0.3 被全部复位为 "0"，保证传送带上产品发生不良品记忆错乱时，重新开始检测。

3.54   公交简易报站程序

范例示意如图 3-108 所示。

图 3-108   范例示意

控制要求

当公交车到站时，由驾驶员按下代表本站的按钮或由 GPS 报站器输出信号，启动相应的指示灯和语音提示，也可用于地铁、火车等相似的环境中。

元件说明

元件说明见表 3-61。

表 3-61 元件说明

PLC 软元件	控制说明
I0.0	停止按钮，按下时，I0.0 状态由 Off → On
I0.1	一站点启动按钮，按下启动时，I0.1 状态由 Off → On
I0.2	二站点启动按钮，按下启动时，I0.2 状态由 Off → On
I0.3	三站点启动按钮，按下启动时，I0.3 状态由 Off → On
Q0.0	一站点指示灯和语音提示
Q0.1	二站点指示灯和语音提示
Q0.2	三站点指示灯和语音提示
M0.0 ～ M0.2	内部辅助继电器
SM0.0	开机后始终保持接通
SM0.1	该位在首次扫描时为 1

控制程序

控制程序如图 3-109 所示。

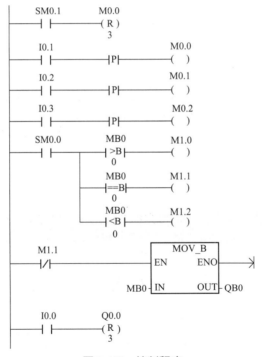

图 3-109 控制程序

程序说明

① 当公交车到一站点时，按下启动按钮 I0.1，使得 I0.1=On，产生一个上升沿，M0.0=On，此时 M0.0>0，使得 M1.1 不得电，M1.1=Off，MOV 指令执行，使得 Q0.0=On，

相应的一站点的指示灯与语音提示启动。此状态将一直保持，直至到达下一站时，得到新的到站信号。

② 如果按下停止按钮 I0.0，将执行复位指令，Q0.0、Q0.1、Q0.2 复位，指示灯熄灭，语音提示停止。

3.55 自动售水机

范例示意如图 3-110 所示。

I0.0

I0.1

Q0.0

图 3-110　范例示意

〈控制要求〉

顾客向投币口投入硬币，按下启动按钮，售水机出水口出水，松开按钮，停止出水，不论售水机有几次暂停出水，都会保证顾客得到完整的 2min 的使用时间。

〈元件说明〉

元件说明见表 3-62。

表 3-62　元件说明

PLC 软元件	控制说明
I0.0	启动按钮，按下时，I0.0 状态由 Off → On
I0.1	投币感应装置，有硬币投入时，I0.1 状态由 Off → On
M2.0	内部辅助继电器
T37	计时 120s 定时器，时基为 100ms 的定时器
MW0	保存的时间记录值
Q0.0	出水阀门

〈控制程序〉

控制程序如图 3-111 所示。

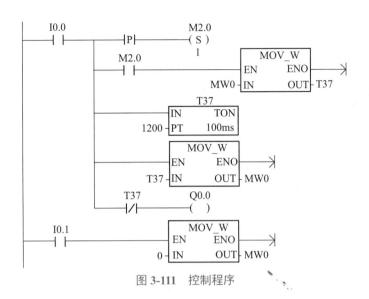

图 3-111　控制程序

程序说明

① 当顾客投入适当的硬币时，I0.1=On，将 MW0 中数值清零。

② 当顾客按下启动按钮后，使得 I0.0=On，产生一个上升沿，使得 M2.0=On，通过 MOV 指令使 T37 清零，同时 T37 开始计时（计时时间为 2min），此时，Q0.0=On，出水阀门打开。

③ 如果松开启动按钮 I0.0，定时器将停止计时，当前使用的时间被传送到 MW0 保存，暂时中断出水。

④ 当再次按下启动按钮 I0.0 时，定时器 T37 会从上次保存的时间开始继续计时。因为当 T37 在运行时，T37 的现在值被传送到 MW0 保存，当下次启动时，MW0 的数值又被传送到定时器 T37 中，成为 T37 的现在值。因此，即使出水过程有多次中断，T37 都将从停止的地方继续计时，这样就可以保证顾客得到完整的 2min 的出水时间。

3.56　模具成型

范例示意如图 3-112 所示。

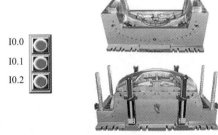

图 3-112　范例示意

控制要求

① 在试验模式下，工程师先根据经验设定试验模具压制成型的时间，其时间长短为按

下试验按钮的时间。

② 在自动模式运行情况下，每触发一次启动按钮，就按照试验时设置的时间对模具进行压制成型。

元件说明

元件说明见表 3-63。

表 3-63　元件说明

PLC 软元件	控制说明
I0.0	试验按钮，按下时，I0.0 状态由 Off → On
I0.1	试验模式选择开关，选择时，I0.1 状态由 Off → On
I0.2	自动模式选择开关，选择时，I0.2 状态由 Off → On
T37	时基为 100ms 的定时器
T38	时基为 100ms 的定时器
VW0	记录上一次试验模式下压制成型的时间
Q0.0	启动机床接触器
M0.0、M0.1	内部辅助继电器

控制程序

控制程序如图 3-113 所示。

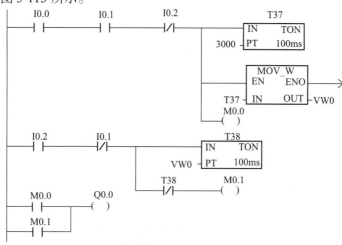

图 3-113　控制程序

程序说明

① 选择试验模式时，I0.1 得电，按下试验按钮后，I0.0 得电，Q0.0 得电导通，开始压制模具，同时 T37 计时器开始计时，T37 的现在值被传到 VW0 中；当完成模具压制过程后，松开试验按钮，Q0.0 失电断开，停止压制模具。

② 按下自动模式按钮，I0.2 得电，M0.1 得电导通，机床开始自动压制模具，同时 T38 计时器开始计时，到达预设值（VW0 中内容值）后，T38 得电，M0.1 失电断开，自动压制模具成型。

第**2**篇

提高篇

第**4**章

S7-200PLC 开关量程序设计

本章要点

① 经验设计法。
② 翻译设计法。
③ 启保停电路编程法。
④ 置位复位指令编程法。
⑤ 顺序控制继电器指令编程法。
⑥ 移位寄存器指令法。
⑦ 交通信号灯程序设计。

一个完整的 PLC 应用系统由硬件和软件两部分构成，其中软件程序质量的好坏，直接影响着整个控制系统的性能。因此，本书第 4 章、第 5 章重点讲解开关量控制程序设计和模拟量控制程序设计。开关量控制程序设计包括 3 种方法，分别是经验设计法、翻译设计法和顺序控制设计法。

 ## 4.1 经验设计法

二维码 84

4.1.1 经验设计法简述

经验设计法顾名思义是一种根据设计者的经验进行设计的方法。该方法需要在一些经典控制程序的基础上，根据被控对象的具体要求，不断地修改和完善梯形图。有时需多次反复调试和修改梯形图，增加一些辅助触点和中间编程元件，最后才能得到一个较为满意的结果。

该方法没有普遍的规律可循，具有很大的试探性和随意性，最后的结果不唯一，设计所用的时间、设计的质量与设计者的经验有很大关系。该方法适用于简单控制方案（如手动程序）的设计。

4.1.2　设计步骤

① 准确了解系统的控制要求，合理确定输入 / 输出端子。

② 根据输入 / 输出关系，表达出程序的关键点。关键点往往通过一些典型的环节进行表达，如启保停电路、互锁电路、延时电路等，这些基本编程环节以前已经介绍过，这里不再重复。但需要强调的是，这些典型电路是掌握经验设计法的基础，需熟记。

③ 在完成关键点的基础上，针对系统的最终输出进行梯形图程序的编制，即初步绘出草图。

④ 检查完善梯形图程序，在草图的基础上，按梯形图的编制原则检查梯形图，补充遗漏功能，更改错误、合理优化，从而达到最佳的控制要求。

4.1.3　应用举例

例 1：送料小车的自动控制。

（1）控制要求

送料小车的自动控制系统如图 4-1 所示。送料小车首先在轨道的最左端，左限位开关 SQ1 压合，小车装料，25s 后小车装料结束并右行；当小车碰到右限位开关 SQ2 后，小车停止右行并停下来卸料，20s 后卸料完毕并左行；当再次碰到左限位开关 SQ1 后，小车停止左行，并停下来装料。小车总是按"装料→右行→卸料→左行"模式循环工作，直到按下停止按钮，才停止整个工作过程。

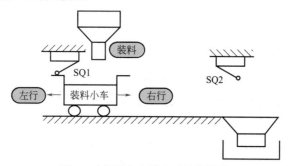

图 4-1　送料小车的自动控制系统

（2）设计过程

① 明确控制要求后，确定 I/O 端子，如表 4-1 所示。

表 4-1　送料小车的自动控制 I/O 分配

输入量		输出量	
左行启动按钮	I0.0	左行	Q0.0
右行启动按钮	I0.1	右行	Q0.1
停止按钮	I0.2	装料	Q0.2
左限位	I0.3	卸料	Q0.3
右限位	I0.4		

② 关键点确定。由小车运动过程可知，小车左行、右行由电动机的正反转实现，在此基础上增加了装料、卸料环节，所以该控制属于简单控制，因此用启保停电路就可解决。

③ 编制并完善梯形图，如图 4-2 所示。

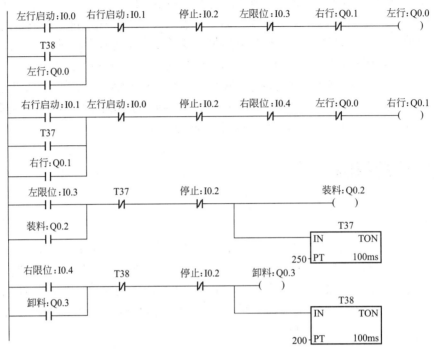

图 4-2　送料小车的自动控制系统程序

a. 梯形图设计思路

ⓐ 绘出具有双重互锁的正反转控制梯形图。

ⓑ 为实现小车自动启动，将控制装卸料定时器的常开触点分别与右行、左行启动按钮常开触点并联。

ⓒ 为实现小车自动停止，分别在左行、右行电路中串入左、右限位的常闭触点。

ⓓ 为实现自动装、卸料，在小车左行、右行结束时，用左、右限常开触点作为装、卸料的启动信号。

b. 小车自动控制梯形图解析　如图 4-3 所示。

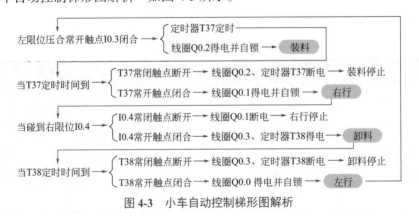

图 4-3　小车自动控制梯形图解析

例 2：三个小灯循环点亮控制。

（1）控制要求

按下启动按钮 SB1，三个小灯以"红→绿→黄"的模式每隔 2s 循环点亮；按下停止按钮，三个小灯全部熄灭。

（2）设计过程

① 明确控制要求，确定 I/O 端子，如表 4-2 所示。

表 4-2　小灯循环点亮控制 I/O 分配

输入量		输出量	
启动按钮	I0.0	红灯	Q0.0
停止按钮	I0.1	绿灯	Q0.1
		黄灯	Q0.2

② 确定关键点，针对最终输出设计梯形图程序并完善；由小灯的工作过程可知，该控制属于简单控制，因此首先构造启保停电路；又由于小灯每隔 2s 循环点亮，因此想到用 3 个定时器控制 3 盏小灯。小灯循环点亮控制程序如图 4-4 所示。小灯循环点亮控制程序解析如图 4-5 所示。

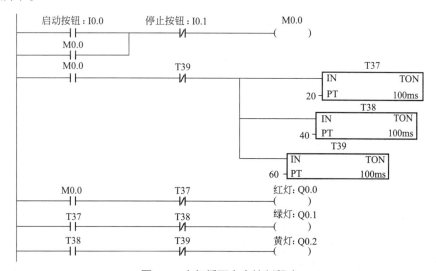

图 4-4　小灯循环点亮控制程序

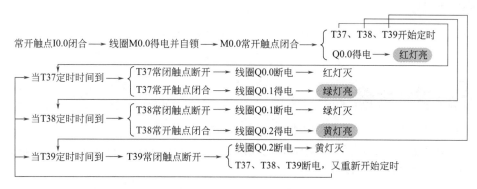

图 4-5　小灯循环点亮控制程序解析

二维码 85

4.2 翻译设计法

4.2.1 翻译设计法简述

PLC 使用与继电器电路极为相似的语言，如果将继电器控制改为 PLC 控制，根据继电器电路图设计梯形图是一条捷径。因为原有的继电器控制系统经长期的使用和考验，已有一套自己的完整方案。鉴于继电器电路图与梯形图有很多相似之处，因此可以将经过验证的继电器电路直接转换为梯形图，这种方法被称为翻译设计法。

继电器控制电路符号与梯形图电路符号对应情况如表 4-3 所示。

表 4-3　继电器控制电路符号与梯形图电路符号对应情况

梯形图电路			继电器电路	
元件	符号	常用地址	元件	符号
常开触点	─┤ ├─	I、Q、M、T、C	按钮、接触器、时间继电器、中间继电器的常开触点	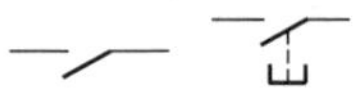
常闭触点	─┤/├─	I、Q、M、T、C	按钮、接触器、时间继电器、中间继电器的常闭触点	
线圈	─┤ ├─	Q、M	接触器、中间继电器线圈	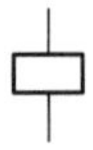
功能框	定时器　Tn ─IN　TON ─PT　10ms	T	时间继电器	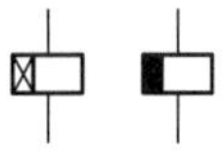
	计数器　Cn ─CU　CTU ─R ─PV	C	无	无

💡 **重点提示**

表 4-3 是翻译设计法的关键，请读者熟记此对应关系。

4.2.2 设计步骤

① 了解原系统的工艺要求，熟悉继电器电路图。

② 确定 PLC 的输入信号和输出负载，以及与它们对应的梯形图中的输入位和输出位的地址，画出 PLC 外部接线图。

③ 将继电器电路图中的时间继电器、中间继电器用 PLC 的辅助继电器、定时器代替，

并赋予它们相应的地址。以上两步建立了继电器电路元件与梯形图编程元件的对应关系。

　　④ 根据上述关系，画出全部梯形图，并予以简化和修改。

4.2.3　使用翻译法的几点注意

（1）应遵守梯形图的语法规则

　　在继电器电路中触点可以在线圈的左边，也可以在线圈的右边，但在梯形图中，线圈必须在最右边，如图 4-6 所示。

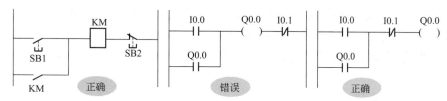

图 4-6　继电器电路与梯形图书写语法对照

（2）设置中间单元

　　在梯形图中，若多个线圈受某一触点串、并联电路控制，为了简化电路，可设置辅助继电器作为中间编程元件，如图 4-7 所示。

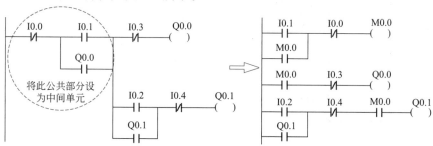

图 4-7　设置中间单元

（3）尽量减少 I/O 点数

　　PLC 的价格与 I/O 点数有关，减少 I/O 点数可以降低成本。减少 I/O 点数的具体措施如下。

　　① 几个常闭串联或常开并联的触点可合并后与 PLC 相连，只占一个输入点，如图 4-8 所示。

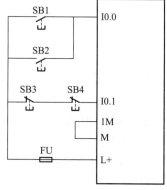

图 4-8　输入元件合并

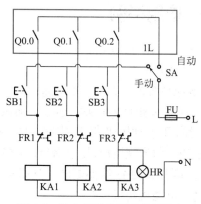

图 4-9　输入元件处理及并行输出

图 4-9 给出了自动 / 手动的一种处理方案，值得读者学习，在工程中经常可见到这种方案。值得说明的是，此方案只适用继电器输出型的 PLC，晶体管输出型的 PLC 采取这种手动自动方案可能会造成短路。

② 利用单按钮启停电路，使启停控制只通过一个按钮来实现，既可节省 PLC 的 I/O 点数，又可减少按钮和接线。

③ 系统某些输入信号功能简单、涉及面窄，没有必要作为 PLC 的输入，可将其设置在 PLC 外部硬件电路中，如热继电器的常闭触点 FR 等，如图 4-9 所示。

④ 通断状态完全相同的两个负载，可将其并联后共用一个输出点，如图 4-9 中的 KA3 和 HR。

（4）设立连锁电路

为了防止接触器相间短路，可以在软件和硬件上设置互锁电路，如正反转控制，如图 4-10 所示。

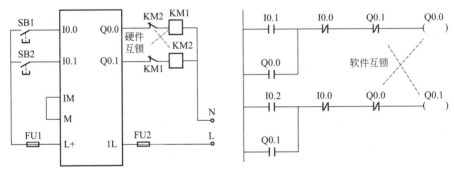

图 4-10　硬件与软件互锁

（5）外部负载额定电压

PLC 的两种输出模块（继电器输出模块、双向晶闸管模块）只能驱动额定电压最高为 AC220V 的负载，若原系统中的接触器线圈为 AC380V，应将其改成线圈为 AC220V 的接触器或者设置中间继电器。

4.2.4　应用举例

例 1：延边三角形减压启动。

（1）设计过程

① 了解原系统的工艺要求，熟悉继电器电路图。延边三角形启动是一种特殊的减压启动的方法，其电动机为 9 个头的感应电动机，控制原理如图 4-11 所示。在图 4-11 中，合上空开 QF，当按下启动按钮 SB3 或 SB4 时，接触器 KM1、KM3，线圈吸合，其指示灯点亮，电动机为延边三角形减压启动；在 KM1、KM3 吸合的同时，KT 线圈也吸合延时，延时时间到，KT 常闭触点断开，KM3 线圈断电，其指示灯熄灭，KT 常开触点闭合，KM2 线圈得电，其指示灯点亮，电动机角接运行。

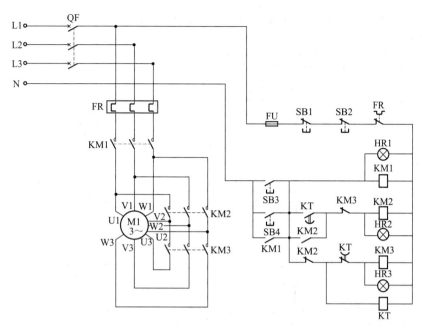

图 4-11　延边三角形控制原理

② 确定 I/O 点数，并画出外部接线图。延边三角形启动的 I/O 分配如表 4-4 所示，其外部接线图如图 4-12 所示。

表 4-4　延边三角形启动的 I/O 分配

输入量		输出量	
启动按钮 SB3、SB4	I0.2	接触器 KM1	Q0.0
停止按钮 SB1、SB2	I0.1	接触器 KM2	Q0.1
热继电器 FR	I0.0	接触器 KM3	Q0.2

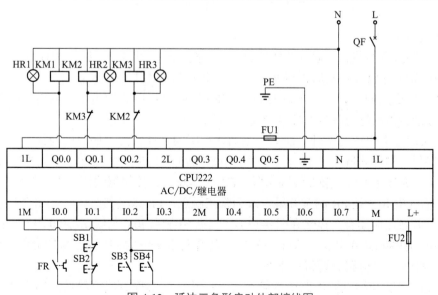

图 4-12　延边三角形启动外部接线图

③ 将继电器电路翻译成梯形图并化简，其草图如图 4-13 所示，最终程序如图 4-14 所示。

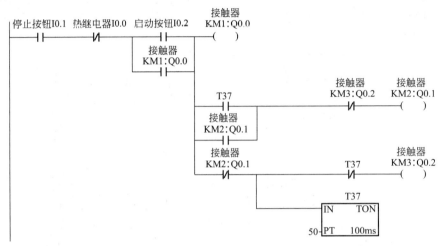

图 4-13　延边三角形启动程序草图

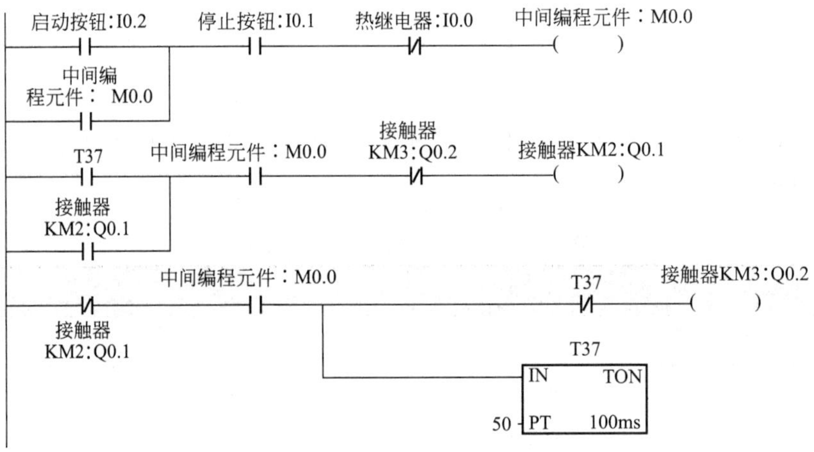

图 4-14　延边三角形启动程序最终结果

（2）案例考察点

① PLC 输入点的节省　遇到两地控制及其类似问题，可将停止按钮 SB1 与 SB2 串联，将启动按钮 SB3 与 SB4 并联后，与 PLC 相连，各自只占用 1 个输入点。

② PLC 输出点的节省　指示灯 HR1 ~ HR3 实际上可以单独占 1 个输出点。为了节省输出点，分别将指示灯与各自的接触器线圈并联，只占 1 个输出点。

③ 输入信号常闭点的处理　前面介绍的梯形图的设计方法，假设的前提是输入信号由常开触点提供，但在实际中，有些信号只能由常闭触点提供，如热继电器常闭点 FR。在继电器电路中，常闭 FR 与接触器线圈串联，FR 受热断开，接触器线圈失电。若将图 4-12 中接在 PLC 输入端 I0.0 处 FR 的常开触点改为常闭触点，FR 未受热时，它是闭合状态，梯形图中 I0.0 常开触点应闭合。显然在图 4-13 应该是常开触点 I0.0 与线圈 Q0.0 串联，而不是常闭触点 I0.0 与线圈 Q0.0 串联。这样一来，继电器电路图中的 FR 触点与梯形图中的 FR 触点类型恰好相反，给电路分析带来不便。

为了使梯形图与继电器电路中的触点类型一致，在编程时建议尽量使用常开触点作为输入信号。如果某信号为常闭触点输入时，可按全部为常开触点来设计梯形图，这样可将继电器电路图直接翻译为梯形图，然后将梯形图中外接常闭触点的输入位常开变常闭，常闭变常开。如本例所示，外部接线图中 FR 改为常开，那么梯形图中与之对应的 I0.0 为常闭，这样继电器电路图恰好能直接翻译为梯形图。

将继电器控制改为 PLC 控制，主电路不变，将继电器控制电路改由 PLC 控制即可。

例 2：锯床控制。

① 了解原系统的工艺要求，熟悉继电器电路图。锯床基本运动过程：下降→切割→上升，如此往复。锯床控制原理图如图 4-15 所示。在图中，合上空开 QF、QF1 和 QF2，按下下降启动按钮 SB4 时，中间继电器 KA1 得电并自锁，其常开触点闭合，接触器 KM2 闭合，液压电动机启动，电磁阀 YV2 和 YV3 得电，锯床切割机构下降；接着按下切割启动按钮 SB2，KM1 线圈吸合，锯轮电动机 M1 启动，冷却泵电动机 M2 启动，机床进行切割工件；当工件切割完毕，SQ1 被压合，其常闭触点断开，KM1、KA1、YV2、YV3 均失电，SQ1 常开触点闭合，KA2 得电并自锁，电磁阀 YV1 得电，切割机构上升，当碰到上限位 SQ4 时，KA2、YV1 和 KM2 均失电，上升停止。当按下相应停止按钮时，其相应动作停止。

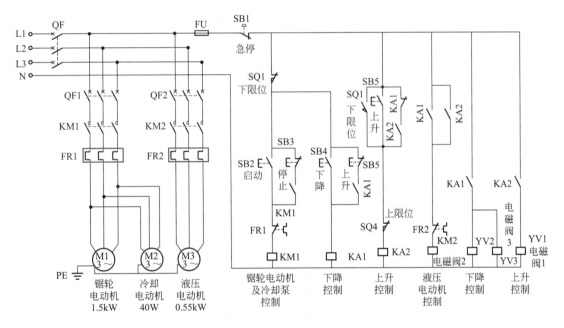

图 4-15　锯床控制原理图

② 确定 I/O 点数并画出外部接线图。锯床控制 I/O 分配如表 4-5 所示，其外部接线图如图 4-16 所示。

表 4-5　锯床控制 I/O 分配

输入量		输出量	
下降启动按钮 SB4	I0.0	接触器 KM1	Q0.0
上升启动按钮 SB5	I0.1	接触器 KM2	Q0.1
切割启动按钮 SB2	I0.2	电磁阀 YV1	Q0.2

输入量		输出量	
急停	I0.3	电磁阀 YV2	Q0.3
切割停止按钮 SB3	I0.4	电磁阀 YV3	Q0.4
下限位 SQ1	I0.5		
上限位 SQ4	I0.6		

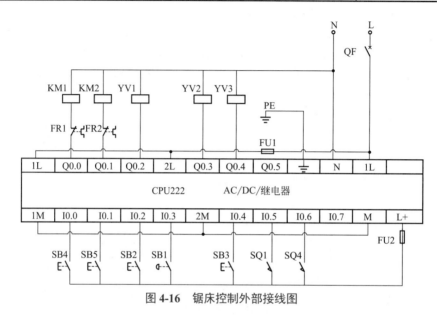

图 4-16　锯床控制外部接线图

③ 将继电器电路翻译成梯形图并化简。锯床控制程序草图如图 4-17 所示，其最终结果如图 4-18 所示。

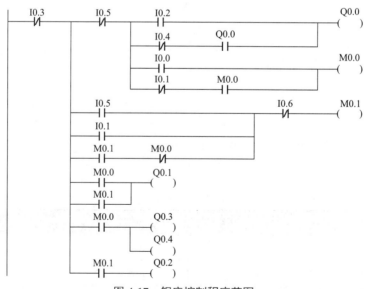

图 4-17　锯床控制程序草图

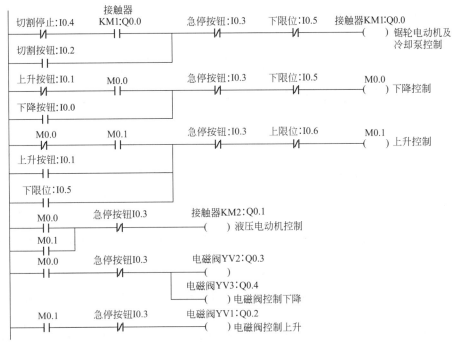

图 4-18　锯床控制程序最终结果

4.3　顺序控制设计法与顺序功能图

二维码 86

4.3.1　顺序控制设计法

（1）顺序控制设计法简介

采用经验设计法设计梯形图程序时，由于经验设计法本身没有一套固定的方法可循，且在设计过程中又存在着较大的试探性和随意性，给一些复杂程序的设计带来很大的困难。即使勉强设计出来，对于程序的可读性、时间的花费和设计结果来说，也不尽如人意。鉴于此，本小节介绍一种有规律且比较通用的方法——顺序控制设计法。

顺序控制设计法是指按照生产工艺预先规定顺序，在各输入信号作用下，根据内部状态和时间顺序，使生产过程中各个执行机构自动有秩序地进行操作的一种方法。该方法是一种比较简单且先进的方法，很容易被初学者接受，对于有经验的工程师来说，也会提高设计效率，对于程序的调试和修改来说非常方便，可读性很高。

（2）顺序控制设计法基本步骤

使用顺序控制设计法时，首先进行 I/O 分配；接着根据控制系统的工艺要求，绘制顺序功能图；最后，根据顺序功能图设计梯形图。在顺序功能图的绘制中，往往是根据控制系统的工艺要求，将生产过程的一个周期划分为若干个顺序相连的阶段，每个阶段都对应顺序功能图一步。

（3）顺序控制设计法分类

顺序控制设计法大致可分为启保停电路编程法、置位复位指令编程法、步进指令编程法和移位寄存器指令编程法。以下将根据顺序功能图的基本结构的不同，对以上 4 种方法进行详细讲解。

使用顺序控制设计法时，绘制顺序功能图是关键，因此下面对顺序功能图进行详细介绍。

4.3.2　顺序功能图简介

（1）顺序功能图的组成要素

顺序功能图是一种图形语言，用来编制顺序控制程序。在 IEC 的 PLC 编程语言标准（IEC

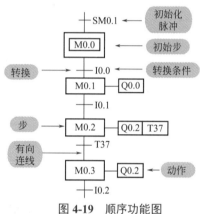

图 4-19　顺序功能图

61131-3）中，顺序功能图被确定为 PLC 位居首位的编程语言。在编写程序的时候，往往根据控制系统的工艺过程，先画出顺序功能图，然后再根据顺序功能图写出梯形图。顺序功能图主要由步、有向连线、转换、转换条件和动作（或命令）这 5 大要素组成，如图 4-19 所示。

① 步　步就是将系统的一个周期划分为若干个顺序相连的阶段，这些阶段就称为步。步是根据输出量的状态变化来划分的，通常用编程元件代表，编程元件是指辅助继电器 M 和状态继电器 S。步通常涉及以下几个概念。

a. 初始步　一般在顺序功能图的最顶端，与系统的初始化有关，通常用双方框表示，注意每一个顺序功能图中至少有一个初始步，初始步一般由初始化脉冲 SM0.1 激活。

b. 活动步　系统所处的当前步为活动状态，就称该步为活动步。当步处于活动状态时，相应的动作被执行；步处于不活动状态，相应的非记忆性动作被停止。

c. 前级步和后续步　前级步和后续步是相对的，如图 4-20 所示。对于 M0.2 来说，M0.1 是它的前级步，M0.3 是它的后续步；对于 M0.1 来说，M0.2 是它的后续步，M0.0 是它的前级步；需要指出，一个顺序功能图中可能存在多个前级步和多个后续步，如 M0.0 就有两个后续步，分别为 M0.1 和 M0.4；M0.7 也有两个前级步，分别为 M0.3 和 M0.6。

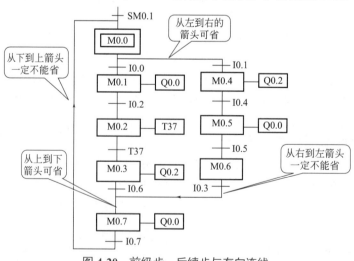

图 4-20　前级步、后续步与有向连线

② 有向连线　即连接步与步之间的连线，有向连线规定了活动步的进展路径与方向。通常规定有向连线的方向从左到右或从上到下箭头可省，从右到左或从下到上箭头一定不可省，如图 4-20 所示。

③ 转换　用一条与有向连线垂直的短划线表示，转换将相邻的两步分隔开。步的活动状态的进展是由转换的实现来完成的，并与控制过程的发展相对应。

④ 转换条件　转换条件就是系统从上一步跳到下一步的信号。转换条件可以由外部信号提供，也可由内部信号提供。外部信号如按钮、传感器、接近开关、光电开关等的通断信号；内部信号如定时器和计数器常开触点的通断信号等。转换条件可以用文字语言、布尔代数表达式或图形符号标注在表示转换的短划线旁，使用较多的是布尔代数表达式，如图 4-21 所示。

图 4-21　转换条件

⑤ 动作　被控系统每一个需要执行的任务或者是施控系统每一个要发出的命令都叫动作。注意动作是指最终的执行线圈或定时器计数器等，一步中可能有一个动作或几个动作。通常动作用矩形框表示，矩形框内标有文字或符号，矩形框用相应的步符号相连。需要指出，涉及多个动作时，处理方案如图 4-22 所示。

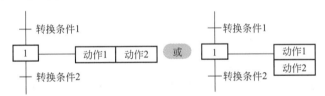

图 4-22　多个动作的处理方案

（2）顺序功能图的基本结构

① 单序列　所谓的单序列就是指没有分支和合并，步与步之间只有一个转换，每个转换两端仅有一个步，如图 4-23（a）所示。

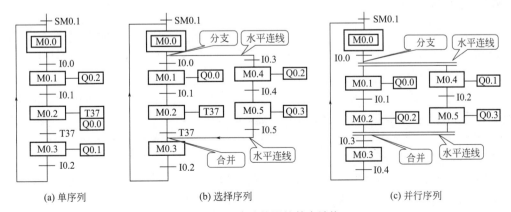

图 4-23　顺序功能图的基本结构

② 选择序列　选择序列既有分支又有合并，选择序列的开始称为分支，选择序列的结束称为合并，如图 4-23（b）所示。在选择序列的开始，转换符号只能标在水平连线之下，如 I0.0、I0.3 对应的转换就标在水平连线之下；选择序列的结束，转换符号只能标在水平连线之上，如 T37、I0.5 对应的转换就标在水平连线之上；当 M0.0 为活动步，并且转换条件 I0.0=1 时，则发生由步 M0.0 →步 M0.1 的跳转；当 M0.0 为活动步，并且转换条件 I0.3=1 时，则发生由步 M0.0 →步 M0.4 的跳转；当 M0.2 为活动步，并且转换条件 T37=1 时，则发生由步 M0.2 →步 M0.3 的跳转；当 M0.5 为活动步，并且转换条件 I0.5=1 时，则发生由步 M0.5 →步 M0.3 的跳转。

需要指出，在选择程序中，某一步可能存在多个前级步或后续步，如 M0.0 有两个后续步 M0.1、M0.4，M0.3 有两个前级步 M0.2、M0.5。

③ 并行序列　并行序列用来表示系统的几个同时工作的独立部分的工作情况，如图 4-23（c）所示。并行序列的开始称为分支，当转换满足的情况下，导致几个序列同时被激活，为了强调转换的同步实现，水平连线用双线表示，且水平双线之上只有一个转换条件，如步 M0.0 为活动步，并且转换条件 I0.0=1 时，步 M0.1、M0.4 同时变为活动步，步 M0.0 变为不活动步，水平双线之上只有转换条件 I0.0；并行序列的结束称为合并，当直接连在双线上的所有前级步 M0.2、M0.5 为活动步，并且转换条件 I0.3=1 时，才会发生步 M0.2、M0.5 → M0.3 的跳转，即 M0.2、M0.5 为不活动步，M0.3 为活动步，在同步双水平线之下只有一个转换条件 I0.3。

（3）梯形图中转换实现的基本原则

① 转换实现的基本条件　在顺序功能图中，步的活动状态的进展是由转换的实现来完成的。转换的实现必须同时满足下面两个条件。

a. 该转换的所有前级步都为活动步。

b. 相应的转换条件得到满足。

以上两个条件缺一不可，若转换的前级步或后续步不止一个时，转换的实现称为同时实现，为了强调同时实现，有向连线的水平部分用双线表示。

② 转换实现完成的操作

a. 使所有由有向连线与相应转换符号连接的后续步都变为活动步。

b. 使所有由有向连线与相应转换符号连接的前级步都变为不活动步。

！ 重点提示

① 转换实现的基本原则口诀。以上转换实现的基本条件和转换完成的基本操作，可简要的概括为：当前级步为活动步时，满足转换条件时，程序立即跳转到下一步；当后续步为活动步时，前级步停止。

② 转换实现的基本原则是根据顺序功能图设计梯形图的基础，它适用于顺序功能图中的各种结构和各种顺序控制梯形图的编程方法。

（4）绘制顺序功能图时的注意事项

① 两步绝对不能直接相连，必须用一个转换将其隔开。

② 两个转换也不能直接相连，必须用一个步将其隔开。

以上两条是判断顺序功能图绘制正确与否的依据。

③ 顺序功能图中初始步必不可少,它一般对应于系统等待启动的初始状态,这一步可能没有什么动作执行,因此很容易被遗忘。若无此步,则无法进入初始状态,系统也无法返回停止状态。

④ 自动控制系统应能多次重复执行同一工艺过程,因此在顺序功能图中一般应有由步和有向连线组成的闭环,即在完成一次工艺过程的全部操作后,应从最后一步返回到初始步,系统停留在初始步(单周期操作);在执行连续循环工作方式时,应从最后一步返回下一周期开始运行的第一步。

4.4　启保停电路编程法

启保停电路编程法,其中间编程元件为辅助继电器 M,在梯形图中,为了实现当前级步为活动步且满足转换条件成立时,才进行步的转换,总是将代表前级步的辅助继电器的常开触点与对应的转换条件触点串联,作为激活后续步辅助继电器的启动条件;当后续步被激活,对应的前级步停止,所以用代表后续步的辅助继电器的常闭触点与前级步的电路串联作为停止条件。

4.4.1　单序列编程

二维码 87

（1）单序列顺序功能图与梯形图的对应关系

单序列顺序功能图与梯形图的对应关系如图 4-24 所示。在图 4-24 中,Mi-1、Mi、Mi+1 是顺序功能图中连续 3 步。Ii、Ii+1 为转换条件。对于 Mi 步来说,它的前级步为 Mi-1,转换条件为 Ii,因此 Mi 的启动条件为辅助继电器的常开触点 Mi-1 与转换条件常开触点 Ii 的串联组合;对于 Mi 步来说,它的后续步为 Mi+1,因此 Mi 的停止条件为 Mi+1 的常闭触点。

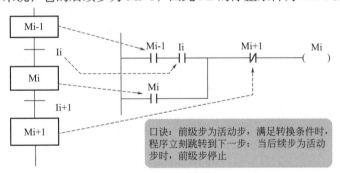

图 4-24　单序列顺序功能图与梯形图的对应关系

（2）应用举例　冲床运动控制

① 控制要求　如图 4-25 所示为某冲床的运动示意图。初始状态时机械手在最左边,左限位 SQ1 压合,机械手处于放松状态(机械手的放松与夹紧受电磁阀控制,松开时电磁阀失电,夹紧时电磁阀得电),冲头在最上面,上限位 SQ2 压合。当按下启动按钮 SB 时,机械手夹紧工件并保持,3s 后机械手右行,当碰到右限位 SQ3 后,机械手停止运动,同时冲头下行;当碰到下限位 SQ4 后,冲头上行;冲头碰到上限位 SQ2 后,停止运动,同时机械手左行;当机械手碰到左限位 SQ1 后,机械手放松,延时 4s 后,系统返回到初始状态。

② 程序设计

a. 根据控制要求，进行 I/O 分配，如表 4-6 所示。

表 4-6　冲床的运动控制的 I/O 分配

输入量		输出量	
启动按钮 SB	I0.0	机械手电磁阀	Q0.0
左限位 SQ1	I0.1	机械手左行	Q0.1
右限位 SQ3	I0.2	机械手右行	Q0.2
上限位 SQ2	I0.3	冲头上行	Q0.3
下限位 SQ4	I0.4	冲头下行	Q0.4

b. 根据控制要求，绘制控制顺序功能图，如图 4-26 所示。

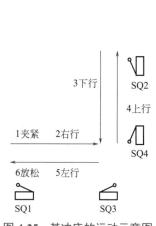

图 4-25　某冲床的运动示意图

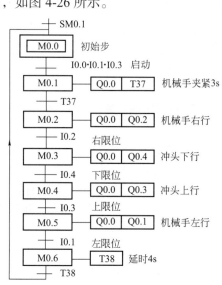

图 4-26　某冲床控制的顺序功能图

c. 将顺序功能图转化为梯形图，如图 4-27 所示。

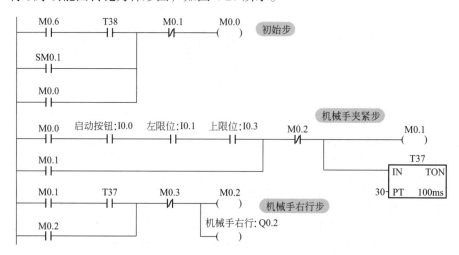

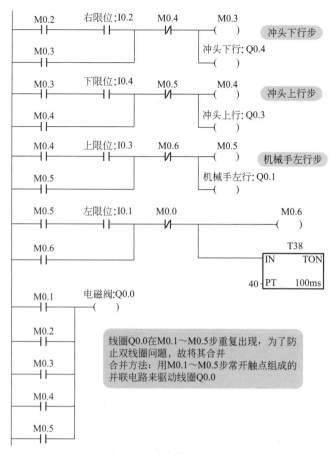

图 4-27 冲床控制启保停电路编程法梯形图程序

③ 冲床控制顺序功能图转化梯形图过程分析　以 M0.0 步为例，介绍顺序功能图转化为梯形图的过程。从图 4-26 中不难看出，M0.0 的一个启动条件为 M0.6 的常开触点和转换条件 T38 的常开触点组成的串联电路，此外 PLC 刚运行时，应将初始步 M0.0 激活，否则系统无法工作，所以初始化脉冲 SM0.1 为 M0.0 的另一个启动条件，这两个启动条件应并联。为了保证活动状态能持续到下一步活动为止，还需并入 M0.0 的自锁触点。当 M0.0、I0.0、I0.1、I0.3 的常开触点同时为 1 时，步 M0.1 变为活动步，M0.0 变为不活动步，因此将 M0.1 的常闭触点串入 M0.0 的回路中作为停止条件。此后 M0.1 ～ M0.6 步梯形图的转换与 M0.0 步梯形图的转换一致。

④ 顺序功能图转化为梯形图时输出电路的处理方法　分以下两种情况讨论。

a. 某一输出量仅在某一步中为接通状态，这时可以将输出量线圈与辅助继电器线圈直接并联，也可以用辅助继电器的常开触点与输出量线圈串联。图 4-27 中，Q0.1、Q0.2、Q0.3、Q0.4 分别仅在 M0.5、M0.2、M0.4、M0.3 步出现一次，因此将 Q0.1、Q0.2、Q0.3、Q0.4 的线圈分别与 M0.5、M0.2、M0.4、M0.3 的线圈直接并联。

b. 某一输出量在多步中都为接通状态，为了避免双线圈问题，将代表各步的辅助继电器的常开触点并联后，驱动该输出量线圈。图 4-27 中，线圈 Q0.0 在 M0.1 ～ M0.5 这 5 步均接通了，为了避免双线圈输出，用辅助继电器 M0.1 ～ M0.5 的常开触点组成的并联电路来驱动线圈 Q0.0。

⑤ 冲床控制启保停电路编程法梯形图程序解析　如图 4-28 所示。

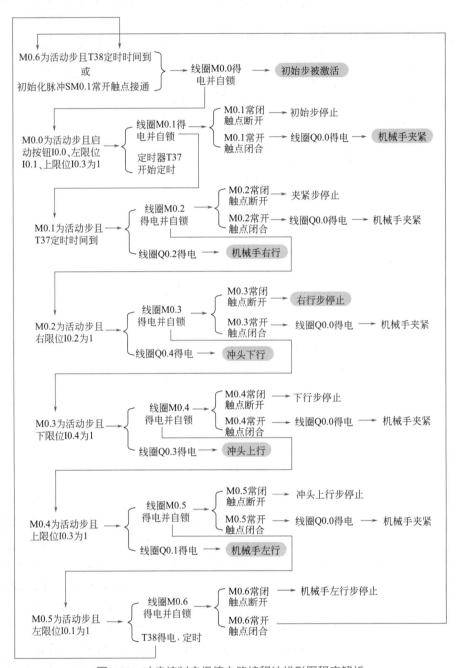

图 4-28   冲床控制启保停电路编程法梯形图程序解析

⚠ 重点提示

① 在使用启保停电路编程时，要注意最后一步的常开触点与转换条件的常开触点组成的串联电路、初始化脉冲、触点自锁这三者的并联问题。

② 在使用启保停电路编程时，要注意某一输出量仅出现一次时，可以将它的线圈与辅助继电器的线圈并联，也可以用辅助继电器的常开触点来驱动该输出量线圈，采用与辅助继电器线圈并联的方式比较节省网络。

③ 在使用启保停电路编程时，如果出现双线圈问题，务必合并双线圈，否则程序无法正常运行；采取合并的措施为用 M 常开触点组成的并联电路来驱动输出量线圈。

二维码 88

4.4.2 选择序列编程

选择序列顺序功能图转化为梯形图的关键点在于分支处和合并处程序的处理，其余部分与单序列的处理方法一致。

（1）分支处编程

若某步后有一个由 N 条分支组成的选择程序，该步可能转换到不同的 N 步去，则应将这 N 个后续步对应的辅助继电器的常闭触点与该步线圈串联，作为该步的停止条件。分支序列顺序功能图与梯形图的转化如图 4-29 所示。

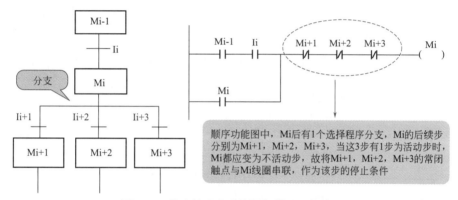

图 4-29　分支处顺序功能图与梯形图的转化

（2）合并处编程

对于选择程序的合并，若某步之前有 N 个转换，即有 N 条分支进入该步，则控制代表该步的辅助继电器的启动电路由 N 条支路并联而成，每条支路都由前级步辅助继电器的常开触点与转换条件的触点构成的串联电路组成。合并处顺序功能图与梯形图的转化如图 4-30 所示。

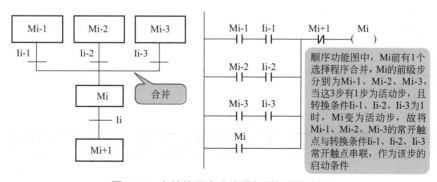

图 4-30　合并处顺序功能图与梯形图的转化

特别地，当某顺序功能图中含有仅由两步构成的小闭环时，处理方法如下。

① 问题分析　图 4-31 中，当 M0.5 为活动步且 I1.0 接通时，线圈 M0.4 本来应该接通，但此时与线圈 M0.4 串联的 M0.5 常闭触点为断开状态，故线圈 M0.4 无法接通。出现这样问题的原因在于 M0.5 既是 M0.4 的前级步，又是 M0.4 后续步。

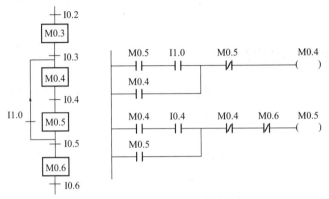

图 4-31　仅由两步组成的小闭环

② 处理方法　在小闭环中增设 M1.0，如图 4-32 所示。M1.0 在这里只起到过渡作用，延时时间很短（一般来说应取延时时间在 0.1s 以下），对系统的运行无任何影响。

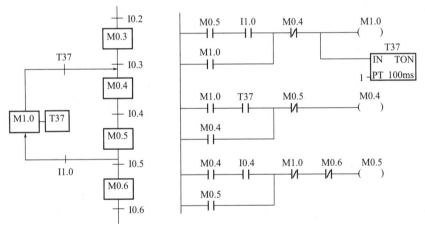

图 4-32　处理方法

（3）应用举例：信号灯控制

① 控制要求　按下启动按钮 SB，红、绿、黄三个小灯每隔 10s 循环点亮，若选择开关在 1 位置，小灯只执行 1 个循环；若选择开关在 0 位置，小灯不停地执行"红→绿→黄"循环。

② 程序设计

a. 根据控制要求，进行 I/O 分配，如表 4-7 所示。

表 4-7　信号灯控制的 I/O 分配

输入量		输出量	
启动按钮 SB	I0.0	红灯	Q0.0
选择开关	I0.1	绿灯	Q0.1
		黄灯	Q0.2

b. 根据控制要求，绘制顺序功能图，如图 4-33 所示。

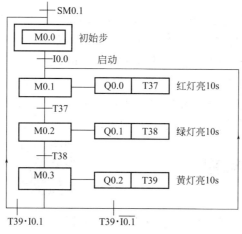

图 4-33　信号灯控制的顺序功能图

c. 将顺序功能图转化为梯形图，如图 4-34 所示。

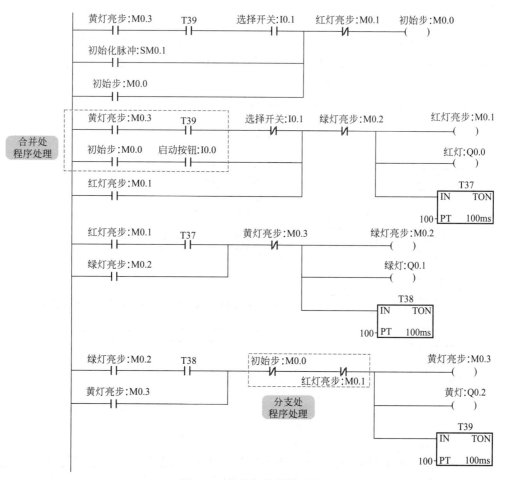

图 4-34　信号灯控制梯形图

（4）信号灯控制顺序功能图转化梯形图过程分析

① 选择序列分支处的处理方法　图 4-33 中，M0.3 之后有一个选择序列的分支，设 M0.3 为活动步，当它的后续步 M0.0 或 M0.1 为活动步时，它应变为不活动步，故图 4-34 梯形图中将 M0.0 和 M0.1 的常闭触点与 M0.3 的线圈串联。

② 选择序列合并处的处理方法　图 4-33 中，M0.1 之前有一个选择序列的合并，当 M0.0 为活动步且转换条件 I0.0 满足或 M0.3 为活动步且转换条件 T39·$\overline{\text{I0.1}}$ 满足，M0.1 应变为活动步，即 M0.2 的启动条件为 M0.0·I0.0+M0.3·T39·$\overline{\text{I0.1}}$，对应的启动电路由两条并联分支组成，并联支路分别由 M0.0、I0.0 和 M0.3、T39·$\overline{\text{I0.1}}$ 的触点串联组成。

4.4.3　并列序列编程

二维码 89

（1）分支处编程

若并列程序某步后有 N 条并列分支，若转换条件满足，则并列分支的第一步同时被激活。这些并列分支第一步的启动条件均相同，都是前级步的常开触点与转换条件的常开触点组成的串联电路，不同的是各个并列分支的停止条件。以串入各自后续步的常闭触点作为停止条件。

（2）合并处编程

对于并行程序的合并，若某步之前有 N 条分支，即有 N 条分支进入该步，则并列分支的最后一步同时为 1，且转换条件满足，方能完成合并。因此合并处的启动电路为所有并列分支最后一步的常开触点串联和转换条件的常开触点的组合。停止条件仍为后续步的常闭触点。并行序列顺序功能图与梯形图的转化如图 4-35 所示。

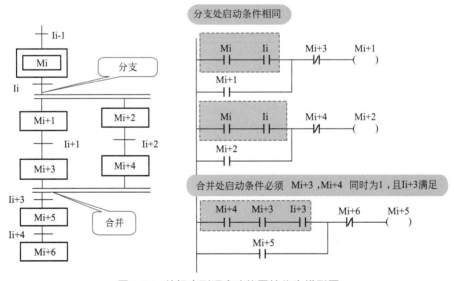

图 4-35　并行序列顺序功能图转化为梯形图

（3）应用举例：交通信号灯控制

① 控制要求　按下启动按钮，东西方向绿灯亮 25s、闪烁 3s 后熄灭，黄灯亮 2s 后熄灭，紧接着红灯亮 30s 后再熄灭，再接着绿灯亮……如此循环；在东西方向绿灯亮的同时，南北方向红灯亮 30s，接着绿灯亮 25s、闪烁 3s 后熄灭，黄灯亮 2s 后熄灭，红灯亮……如此循环。

② 程序设计

a. 根据控制要求，进行 I/O 分配，如表 4-8 所示

表 4-8　交通信号灯 I/O 分配表

输入量		输出量	
启动按钮	I0.0	东西方向绿灯	Q0.0
停止按钮	I0.1	东西方向黄灯	Q0.1
		东西方向红灯	Q0.2
		南北方向绿灯	Q0.3
		南北方向黄灯	Q0.4
		南北方向红灯	Q0.5

b. 根据控制要求，绘制顺序功能图，如图 4-36 所示。

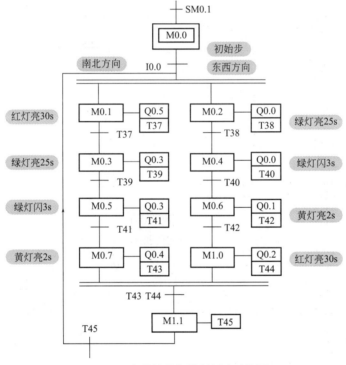

图 4-36　交通信号灯控制顺序功能图

c. 将顺序功能图转化为梯形图，如图 4-37 所示。

③ 交通信号灯控制顺序功能图转化梯形图过程分析

a. 并行序列分支处的处理方法　图 4-36 中 M0.0 之后有一个并列序列的分支，设 M0.0 为活动步且 I0.0 为 1 时，则 M0.1、M0.2 步同时激活，故 M0.1、M0.2 的启动条件相同，都为 M0.0 · I0.0；停止条件不同，M0.1 的停止条件为 M0.1 步需串入 M0.3 的常闭触点，M0.2 的停止条件为 M0.2 步需串入 M0.4 的常闭触点。M1.1 后也有 1 个并列分支，道理与 M0.0 步相同，这里不再赘述。

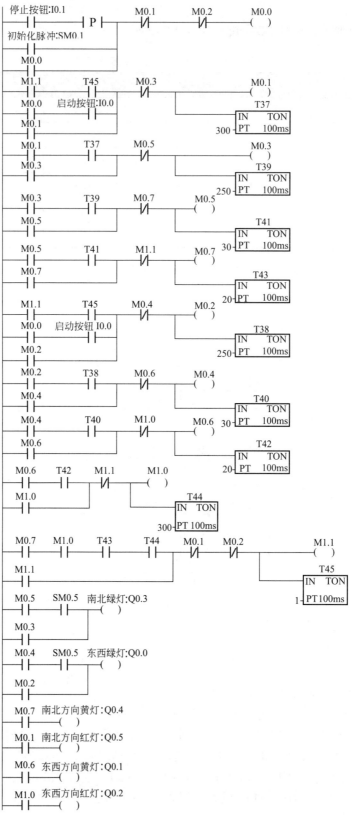

图 4-37 交通信号灯控制梯形图

b. 并行序列合并处的处理方法　图 4-36 中 M1.1 之前有 1 个并行序列的合并，当 M0.7、M1.0 同时为活动步且转换条件 T43·T44 满足，M1.1 应变为活动步，即 M1.1 的启动条件为 M0.7·M1.0·T43·T44，停止条件为 M1.1 步中串入 M0.1 和 M0.2 的常闭触点。这里的 M1.1 比较特殊，它既是并行分支，又是并行合并，故启动和停止条件有些特别。附带指出，M1.1 步本应没有，出于编程方便考虑，设置此步，T45 的时间非常短，仅为 0.1s，因此不影响程序的整体。

4.5　置位复位指令编程法

置位复位指令编程法，其中间编程元件仍为辅助继电器 M，在当前级步为活动步且满足转换条件的情况下，后续步被置位，同时前级步被复位。

需要说明的是，置位复位指令也称以转换为中心的编程法，其中有一个转换就对应有一个置位复位电路块，有多少个转换就有多少个这样电路块。

4.5.1　单序列编程

二维码 90

（1）单序列顺序功能图与梯形图的对应关系

单序列顺序功能图与梯形图的对应关系如图 4-38 所示。在图 4-38 中，当 Mi-1 为活动步，且转换条件 Ii 满足，Mi 被置位，同时 Mi-1 被复位，因此将 Mi-1 和 Ii 的常开触点组成的串联电路作为 Mi 步的启动条件，同时它有作为 Mi-1 步的停止条件。这里只有一个转换条件 Ii，故仅有一个置位复位电路块。

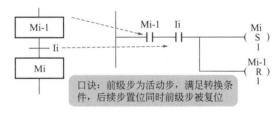

图 4-38　单序列顺序功能图与梯形图的对应关系

需要说明的是，输出继电器 Qi 线圈不能与置位、复位指令直接并联，原因在于 Mi-1 与 Ii 常开触点组成的串联电路接通时间很短，当转换条件满足后，前级步立即复位，而输出继电器至少应在某步为活动步的全部时间内接通。处理方法：用所需步的常开触点驱动输出线圈 Qi，如图 4-39 所示。

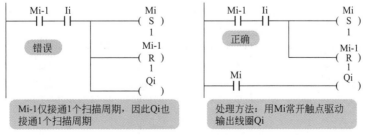

图 4-39　置位复位指令编程方法注意事项

（2）应用举例：小车自动控制

① 控制要求　如图 4-40 所示是小车运动的示意图。设小车初始状态停在轨道的中间位置，中限位开关 SQ1 为 1 状态。按下启动按钮 SB1 后，小车左行，当碰到左限位开关 SQ2 后，开始右行；当碰到右限位开关 SQ3 时，停止在该位置，2s 后开始左行；当碰到左限位开关 SQ2 后，小车右行返回初始位置，当碰到中限位开关 SQ1 时，小车停止运动。

② 程序设计

a. 根据任务控制要求，对输入 / 输出量进行 I/O 分配，如表 4-9 所示。

表 4-9　小车自动控制 I/O 分配表

输入量		输出量	
中限位 SQ1	I0.0	左行	Q0.0
左限位 SQ2	I0.1	右行	Q0.1
右限位 SQ3	I0.2		
启动按钮 SB1	I0.3		

b. 根据具体的控制要求绘制顺序功能图，如图 4-41 所示。

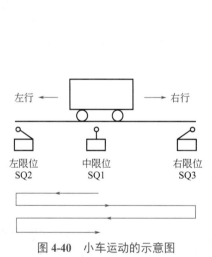

图 4-40　小车运动的示意图

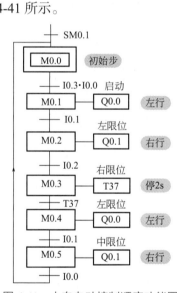

图 4-41　小车自动控制顺序功能图

c. 将顺序功能图转化为梯形图，如图 4-42 所示。

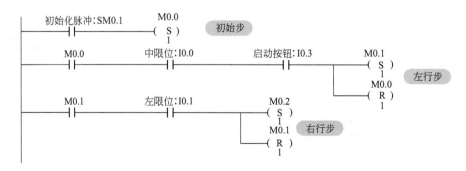

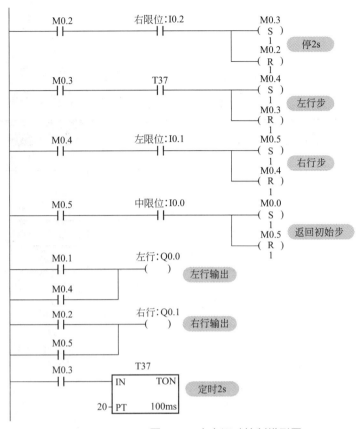

图 4-42　小车运动控制梯形图

4.5.2　选择序列编程

选择序列顺序功能图转化为梯形图的关键点在于分支处和合并处程序的处理，置位复位指令编程法的核心是转换，因此选择序列在处理分支和合并处编程上与单序列的处理方法一致，无需考虑多个前级步和后续步的问题，只考虑转换即可。

应用举例：两种液体混合控制。

两种液体混合控制系统如图 4-43 所示。

① 系统控制要求

a. 初始状态　容器为空，阀 A ～ 阀 C 均为 Off，液面传感器 L1 ～ L3 均为 Off，搅拌电动机 M 为 Off。

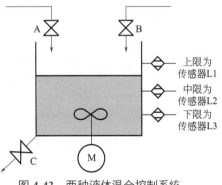

图 4-43　两种液体混合控制系统

b. 启动运行　按下启动按钮后，打开阀 A，注入液体 A；当液面到达 L2（L2=On）时，关闭阀 A，打开阀 B，注入液体 B；当液面到达 L1（L1=On）时，关闭阀 B，同时搅拌电动机 M 开始运行，搅拌液体，30s 后电动机停止搅拌，阀 C 打开，放出混合液体；当液面降至 L3 以下（L1=L2=L3=Off）时，再过 6s 后，容器放空，阀 C 关闭，打开阀 A，又开始了下一轮的操作。

c. 停止　按下停止按钮，系统完成当前工作周期后停在初始状态。

② 程序设计

a. 根据任务控制要求，对输入 / 输出量进行 I/O 分配，如表 4-10 所示。

表 4-10　两种液体混合控制 I/O 分配表

输入量		输出量	
启动	I0.0	阀 A	Q0.0
上限	I0.1	阀 B	Q0.1
中限	I0.2	阀 C	Q0.2
下限	I0.3	电动机 M	Q0.3
停止	I0.4		

b. 根据具体的控制要求绘制顺序功能图，如图 4-44 所示。

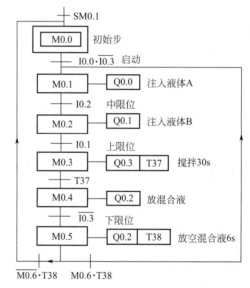

图 4-44　两种液体混合控制系统的顺序功能图

c. 将顺序功能图转换为梯形图，如图 4-45 所示。

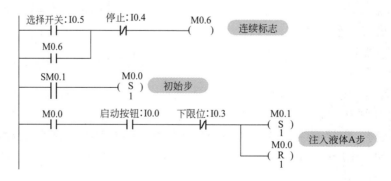

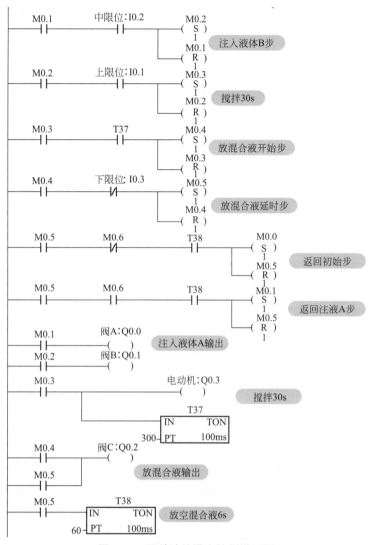

图 4-45　两种液体混合控制梯形图

4.5.3　并行序列编程

二维码 92

（1）分支处编程

如果某一步 Mi 的后面由 N 条分支组成，当 Mi 为活动步且满足转换条件后，其后的 N 个后续步同时激活，故 Mi 与转换条件的常开触点串联来置位后 N 步，同时复位 Mi 步。

（2）合并处编程

对于并行程序的合并，若某步之前有 N 分支，即有 N 条分支进入该步，则并列 N 个分支的最后一步同时为 1，且转换条件满足，方能完成合并。因此合并处的 N 个分支最后一步常开触点与转换条件的常开触点串联，置位 Mi 步同时复位 Mi 所有前级步。并行序列顺序功能图与梯形图的转化如图 4-46 所示。

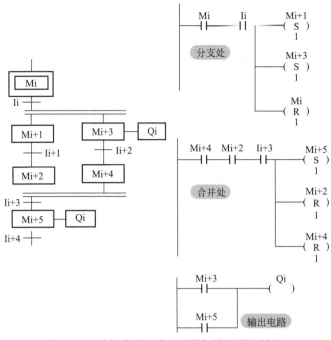

图 4-46　并行序列顺序功能图与梯形图的转化

（3）应用举例：将图4-47中的顺序功能图转化为梯形图

并行序列顺序功能图转换为梯形图如图 4-48 所示。

并行序列顺序功能图转化为梯形图过程分析如下。

① 并行序列分支处的处理方法　图 4-47 中，M0.0 之后有一个并行序列的分支，当 M0.0 为活动步且转换条件 I0.0 满足时，M0.1 和 M0.3 同时变为活动步，M0.0 变为不活动步，因此用 M0.0 与 I0.0 常开触点组成的串联电路作为 M0.1 和 M0.3 的置位条件，同时也作为 M0.0 的复位条件。

② 并行序列合并处的处理方法　图 4-47 中，M0.5 之前有一个并行序列的合并，当 M0.2 和 M0.4 同时为活动步且转换条件 I0.3 满足时，M0.5 变为活动步，同时 M0.2、M0.4 变为不活动步，因此用 M0.2、M0.4 和 I0.3 的常开触点组成的串联电路作为 M0.5 的置位条件和 M0.2、M0.4 的复位条件。

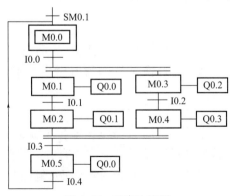

图 4-47　顺序功能图

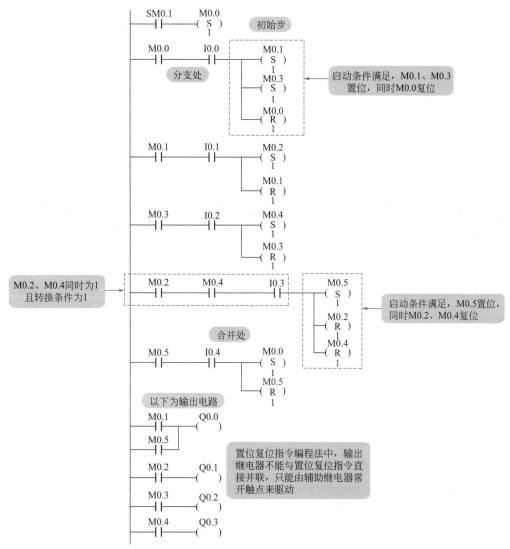

图 4-48　并行序列顺序功能图转化为梯形图

重点提示

① 使用置位复位指令编程法，当前级步为活动步且满足转换条件的情况下，后续步被置位，同时前级步被复位；对于并联序列来说，分支处有多个后续步，那么这些后续步都同时置位，仅有 1 个前级步复位；合并处有多个前级步，那么这些前级步都同时复位，仅有 1 个后续步置位。

② 置位复位指令也称以转换为中心的编程法，其中有一个转换就对应有一个置位复位电路块，有多少个转换就有多少个这样电路块。

③ 输出继电器 Q 线圈不能与置位复位指令并联，原因前级步与转换条件常开触点组成的串联电路接通时间很短，当转换条件满足后，前级步立即复位，而输出继电器至少应在某步为活动步的全部时间内接通。处理方法：用所需步的常开触点驱动输出线圈 Q。

4.6 顺序控制继电器指令编程法

二维码 93

与其他 PLC 一样，西门子 S7-200PLC 也有一套自己专门的编程法，即顺序控制继电器指令编程法，它用来专门编制顺序控制程序。顺序控制继电器指令编程法通常由顺序控制继电器指令实现。

顺序控制继电器指令不能与辅助继电器 M 联用，只能和状态继电器 S 联用才能实现顺序控制功能。顺序控制继电器指令格式如表 4-11 所示。

表 4-11　顺序控制继电器指令格式

指令名称	梯形图	语句表	功能说明	数据类型及操作数
顺序步开始指令	S bit SCR	LSCR　S bit	该指令标志着一个顺序控制程序段的开始，当输入为 1 时，允许 SCR 段动作，SCR 段必须用 SCRE 指令结束	BOOL, S
顺序步转换指令	S bit (SCRT)	SCRT　S bit	SCRT 指令执行 SCR 段的转换。当输入为 1 时，对应下一个 SCR 使能位被置位，同时本使能位被复位，即本 SCR 段停止工作	
顺序步结束指令	(SCRE)	SCRE	执行 SCRE 指令，结束由 SCR 开始到 SCRE 之间顺序控制程序段的工作	无

4.6.1 单序列编程

（1）单序列顺序功能图与梯形图的对应关系

顺序控制继电器指令编程法单序列顺序功能图与梯形图的对应关系如图 4-49 所示。在图 4-49 中，当 Si-1 为活动步，Si-1 步开始，线圈 Qi-1 有输出；当转换条件 Ii 满足时，Si 被置位，即转换到下一步 Si 步，Si-1 步停止。对于单序列程序，每步都是这样的结构。

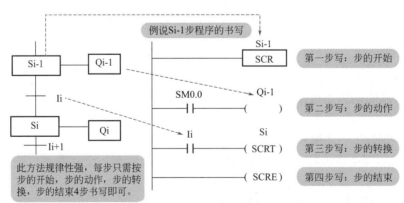

图 4-49　顺序控制继电器指令编程法单序列顺序功能图与梯形图的对应关系

（2）应用举例：小车控制

① 控制要求　如图 4-50 所示是小车运动的示意图。设小车初始状态停在轨道的左边，

左限位开关 SQ1 为 1 状态。按下启动按钮 SB 后，小车右行，当碰到右限位开关 SQ2 时，停止 3s 后左行；当碰到左限位开关 SQ1 时，小车停止。

② 程序设计

a. 根据任务控制要求，对输入 / 输出量进行 I/O 分配，如表 4-12 所示。

表 4-12　小车控制 I/O 分配表

输入量		输出量	
左限位 SQ1	I0.1	左行	Q0.0
右限位 SQ2	I0.2	右行	Q0.1
启动按钮 SB	I0.0		

b. 根据具体的控制要求绘制顺序功能图，如图 4-51 所示。

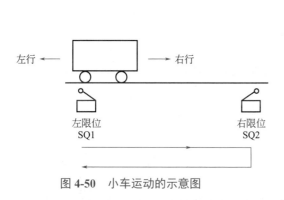

图 4-50　小车运动的示意图

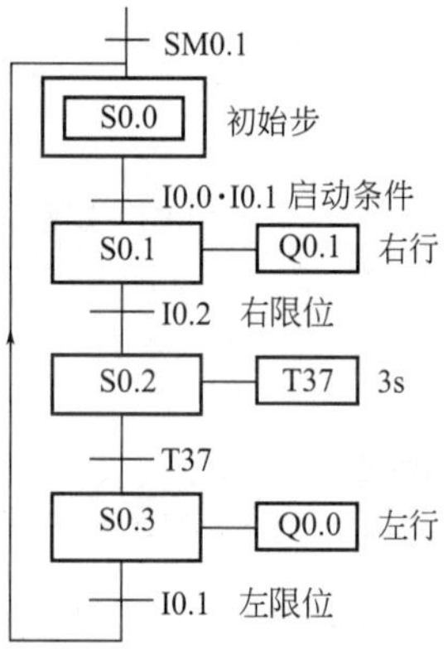

图 4-51　小车控制顺序功能图

c. 将顺序功能图转化为梯形图，如图 4-52 所示。

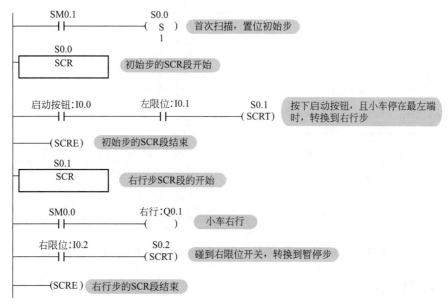

图 4-52

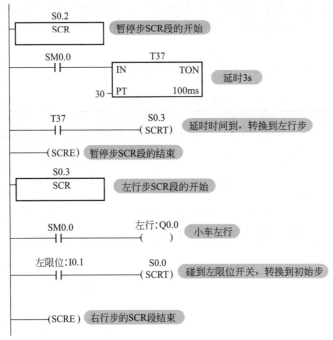

图 4-52　小车控制梯形图

4.6.2　选择序列编程

选择序列每个分支的动作由转换条件决定，但每次只能选择一条分支进行转移。

（1）分支处编程

步进指令编程法选择序列分支处顺序功能图与梯形图的转化如图 4-53 所示。

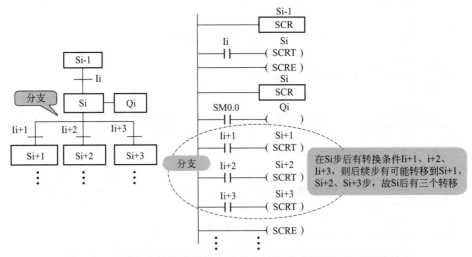

图 4-53　步进指令编程法选择序列分支处顺序功能图与梯形图的转化

（2）合并处编程

步进指令编程法选择序列合并处顺序功能图与梯形图的转化，如图 4-54 所示。

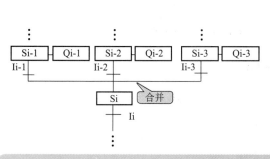

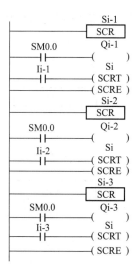

在Si步之前有转换条件Ii-1、Ii-2、Ii-3，则前级步Si-1、Si-2、Si-3有可能转移到Si步，故在Si-1、Si-2、Si-3中步电路块中，分别有3条由Ii-1、Ii-2、Ii-3作为转换条件的电路将Si置位

图 **4-54**　步进指令编程法选择序列合并处顺序功能图与梯形图的转化

（3）应用举例：电葫芦升降机构控制

① 控制要求

a. 单周期　按下启动按钮，电葫芦执行"上升4s → 停止6s → 下降4s → 停止6s"的运行，往复运动一次后，停在初始位置，等待下一次启动。

b. 连续操作　按下启动按钮，电葫芦自动连续工作。

② 程序设计

a. 根据控制要求，进行 I/O 分配，如表 4-13 所示。

表 **4-13**　电葫芦升降机构控制的 I/O 分配

输入量		输出量	
启动按钮 SB	I0.0	上升	Q0.0
单周按钮	I0.2	下降	Q0.1
连续按钮	I0.3		

b. 根据控制要求，绘制顺序功能图，如图 4-55 所示。

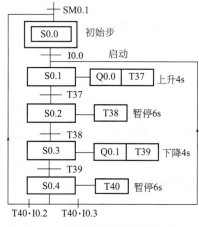

图 **4-55**　电葫芦升降控制顺序功能图

c. 将顺序功能图转化为梯形图，如图 4-56 所示。

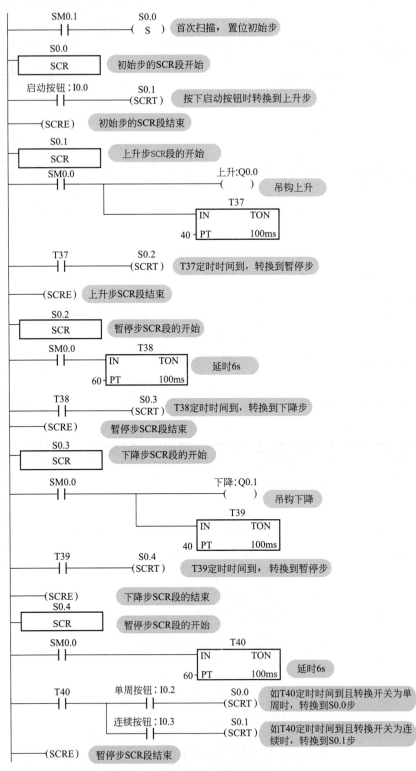

图 4-56　电葫芦升降控制梯形图

4.6.3　并行序列编程

并列序列用于系统有几个相对独立且同时动作的控制。

（1）分支处编程

并行序列分支处顺序功能图与梯形图的转化如图 4-57 所示。

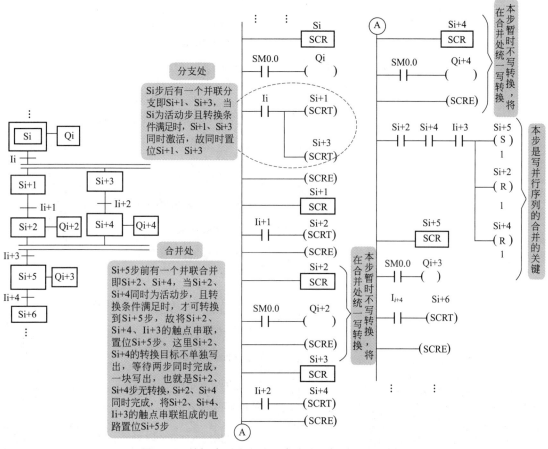

图 4-57　并行序列分支处顺序功能图与梯形图的转化

（2）合并处编程

并行序列顺序功能图与梯形图的转化如图 4-58 所示。

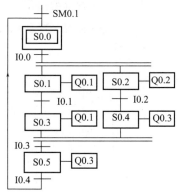

图 4-58　并行序列顺序功能
图与梯形图的转化

（3）应用举例：将图4-58中的顺序功能图转化为梯形图

将图 4-58 中的顺序功能图转换为梯形图的结果如图 4-59 所示。

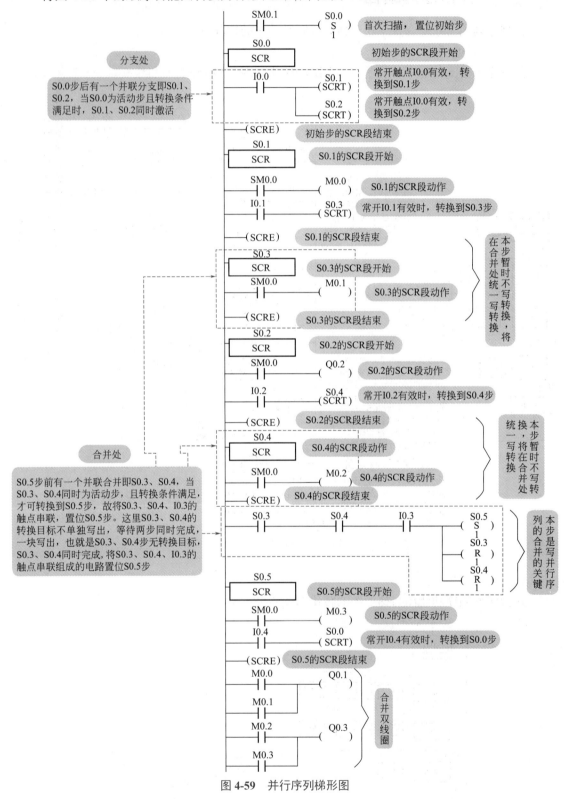

图 4-59　并行序列梯形图

4.7　移位寄存器指令编程法

单序列顺序功能图中的各步总是顺序通断，且每一时刻只有一步接通，因此可以用移位寄存器指令进行编程。使用移位寄存器指令，在顺序功能图转化为梯形图时，需完成以下四步，如图 4-60 所示。

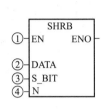

使用移位寄存器指令的编程步骤
第1步：确定移位脉冲；移位脉冲由前级步和转换条件的串联构成
第2步：确定数据输入；一般是M0.0步
第3步：确定移位寄存器的最低位；一般是M0.1步
第4步：确定移位长度；除M0.0外，所有步相加之和

图 4-60　使用移位寄存器指令的编程步骤

应用举例：小车自动往返控制。

① 控制要求　设小车初始状态停止在最左端，当按下启动按钮时小车按图 4-61 所示的轨迹运动；当再次按下启动按钮时，小车又开始了新一轮运动。

② 程序设计

a. 绘制顺序功能图，如图 4-62 所示。

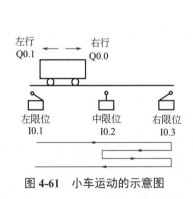

图 4-61　小车运动的示意图

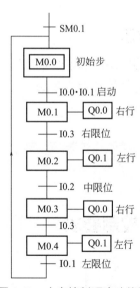

图 4-62　小车控制顺序功能图

b. 将顺序功能图转化为梯形图，如图 4-63 所示。

③ 程序解析　图 4-63 中，用 M0.1 ～ M0.4 这 4 步代表右行、左行、再右行、再左行步。第 1 个网络用于程序的初始化和每个循环的结束将 M0.0 ～ M0.4 清零；第 2 个网络用于激活初始步；第 3 个网络移位寄存器指令的输入端由若干个串联电路的并联分支组成，每条电路分支接通，移位寄存器指令都会移 1 步；以后是输出电路，某一动作在多步出现，可将各步的辅助继电器的常开触点并联之后驱动输出继电器线圈。

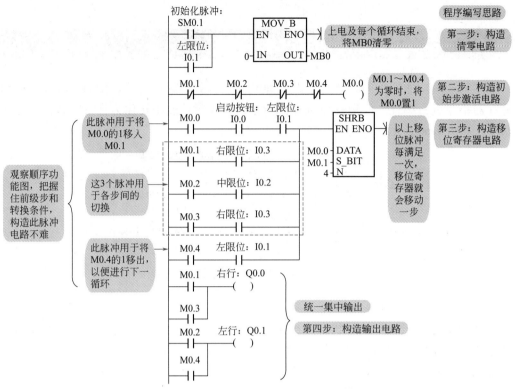

图 4-63 小车运动移位寄存器指令编程法梯形图

> ⚠️ **重点提示**
>
> 注意移位寄存器指令编程法只适用于单序列程序,对于选择和并行序列程序来说,应该考虑前几节介绍的方法。

4.8 交通信号灯程序设计

4.8.1 控制要求

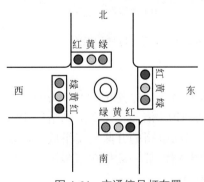

图 4-64 交通信号灯布置

交通信号灯布置如图 4-64 所示。按下启动按钮,东西方向绿灯亮 25s 后闪烁 3s 后熄灭,然后黄灯亮 2s 后熄灭,紧接着红灯亮 30s 后再熄灭,再接着绿灯亮……,如此循环;在东西绿灯亮的同时,南北红灯亮 30s,接着绿灯亮 25s 后闪烁 3s 熄灭,然后黄灯亮 2s 后熄灭,红灯亮……,如此循环,具体如表 4-14 所示。

表 4-14　交通信号灯工作情况表

东西	绿灯	绿闪	黄灯	红灯		
	25s	3s	2s	30s		
南北	红灯			绿灯	绿闪	黄灯
	30s			25s	3s	2s

4.8.2　程序设计

交通信号灯 I/O 分配表如表 4-15 所示。

表 4-15　交通信号灯 I/O 分配表

输入量		输出量	
启动按钮	I0.0	东西绿灯	Q0.0
停止按钮	I0.1	东西黄灯	Q0.1
		东西红灯	Q0.2
		南北绿灯	Q0.3
		南北黄灯	Q0.4
		南北红灯	Q0.5

（1）解法一：经验设计法

从控制要求上看，此例编程规律不难把握，故采用经验设计法。由于东西、南北方向交通灯工作规律完全一致，所以写出东西或南北方向的半程序，按照前一半规律，另一半程序对应写出即可。首先构造启保停电路；接下来构造定时电路；最后根据输出情况写输出电路。交通信号灯经验设计方法如图 4-65 所示。

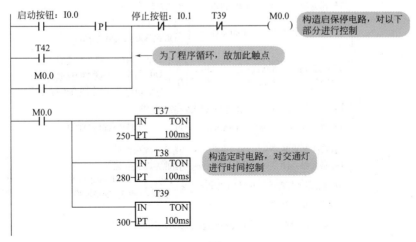

图 4-65

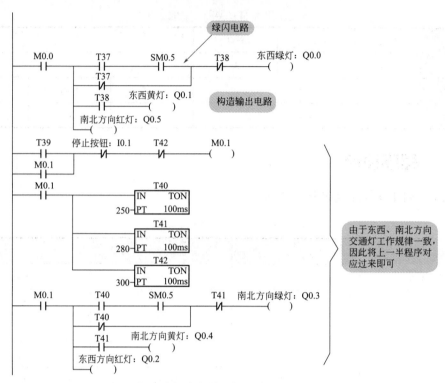

图 4-65　交通信号灯经验设计方法

交通信号灯控制经验设计法程序解析如图 4-66 所示。

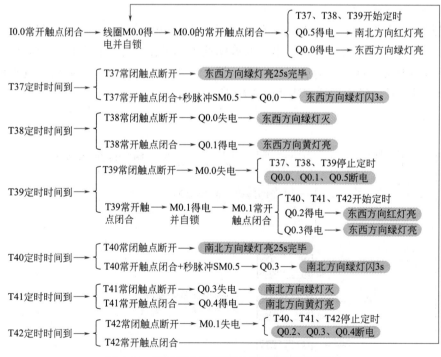

图 4-66　交通信号灯控制经验设计法程序解析

（2）解法二：比较指令编程法

比较指令编程法和经验设计法比较相似，不同点在于定时电路由 3 个定时器变为 1 个定时器，节省了定时器的个数；此外输出电路用比较指令分段讨论。其具体程序如图 4-67 所示。交通信号灯比较指令编程法程序解析如图 4-68 所示。

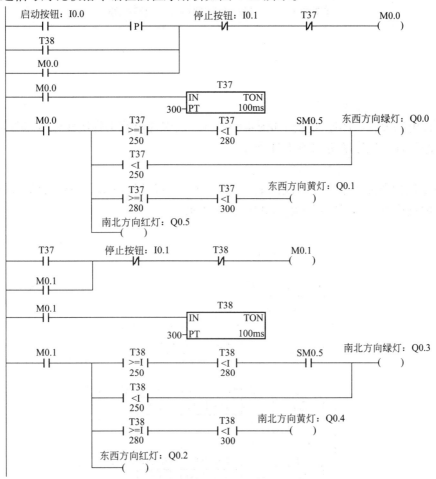

图 4-67　交通信号灯比较指令编程法

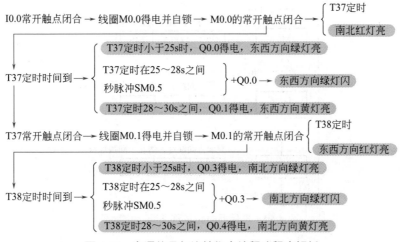

图 4-68　交通信号灯比较指令编程法程序解析

重点提示

用比较指令编程就相当于不等式的应用，其关键在于找到端点，列出不等式，具体如下。

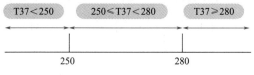

（3）解法三：启保停电路编程法

启保停电路编程法顺序功能图如图 4-69 所示。启保停电路编程法梯形图如图 4-70 所示。启保停电路编程法程序解析如图 4-71 所示。

（4）解法四：置位复位指令编程法

置位复位指令编程法顺序功能图如图 4-69 所示。置位复位指令编程法梯形图如图 4-72 所示。置位复位指令编程法程序解析如图 4-73 所示。

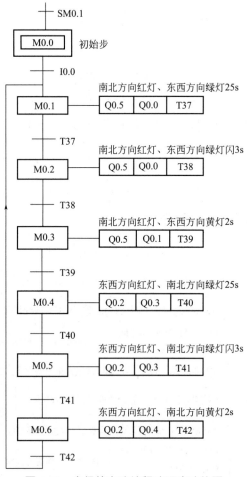

图 4-69　启保停电路编程法顺序功能图

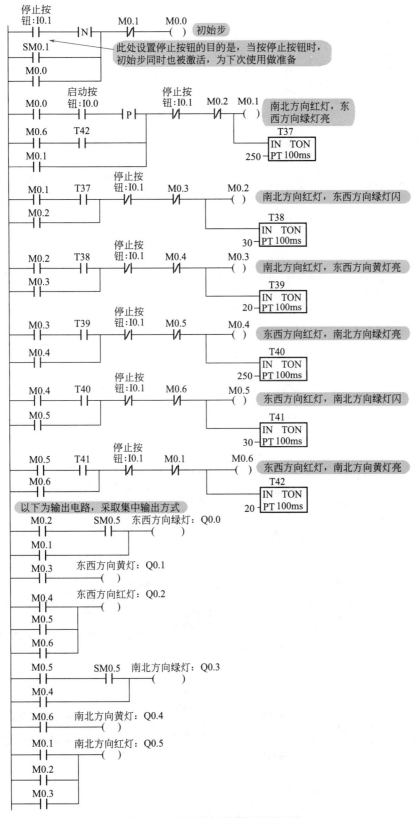

图 4-70　启保停电路编程法梯形图

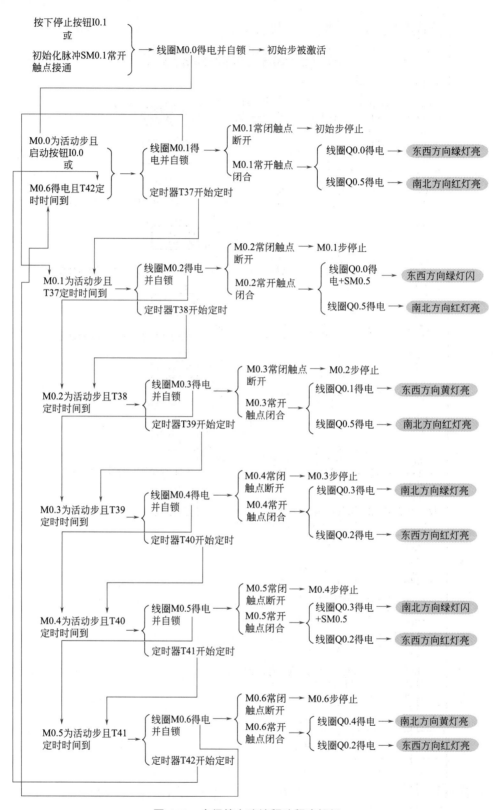

图 4-71　启保停电路编程法程序解析

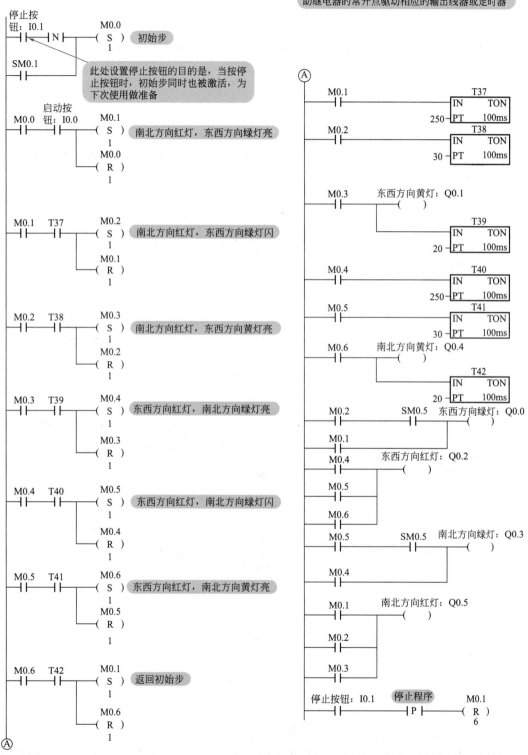

图 4-72　置位复位指令编程法梯形图

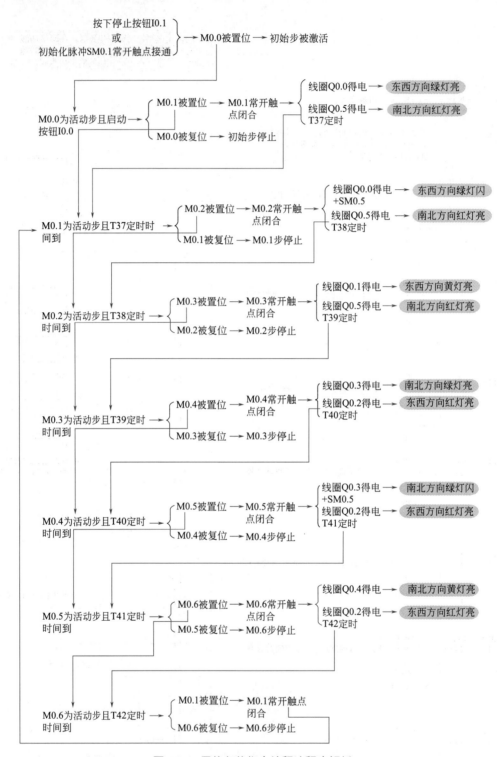

图 4-73 置位复位指令编程法程序解析

（5）解法五：顺序控制继电器指令编程法

顺序控制继电器指令编程法顺序功能图如图 4-74 所示。顺序控制继电器指令编程法梯形图如图 4-75 所示。

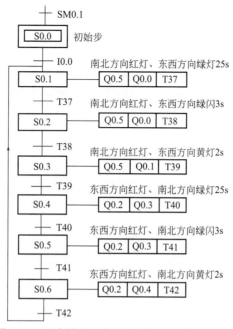

图 4-74　顺序控制继电器指令编程法顺序功能图

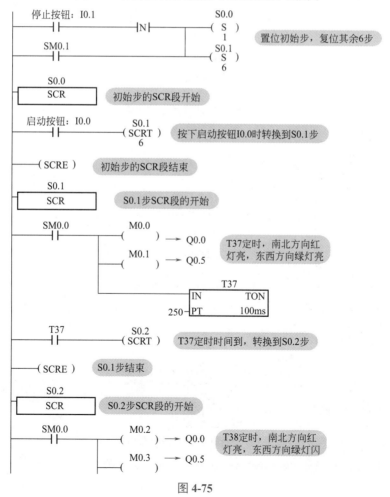

图 4-75

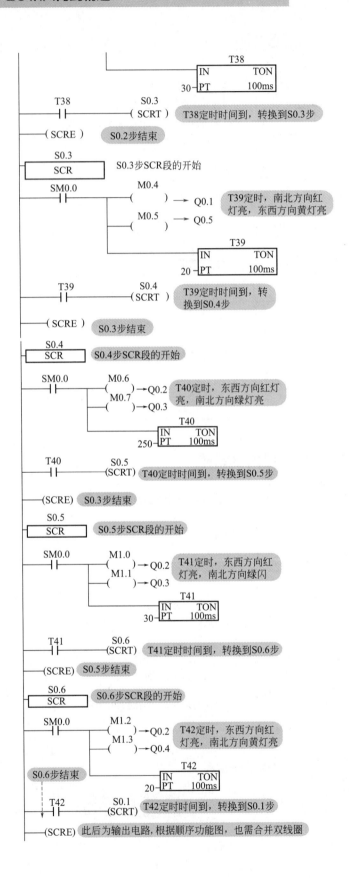

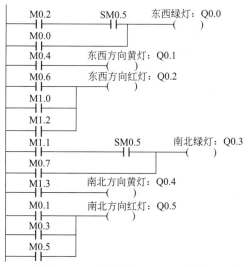

图 4-75　顺序控制继电器指令编程法梯形图

（6）解法六：移位寄存器指令编程法

移位寄存器指令编程法顺序功能图如图 4-69 所示。移位寄存器指令编程法梯形图如图 4-76 所示。

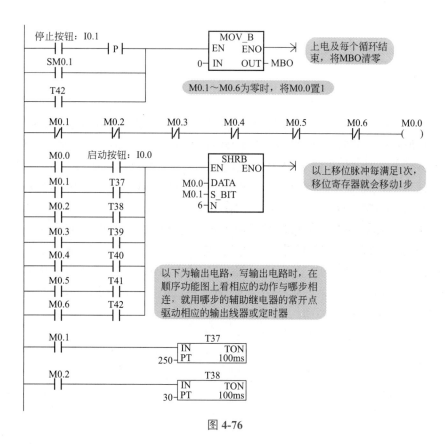

图 4-76

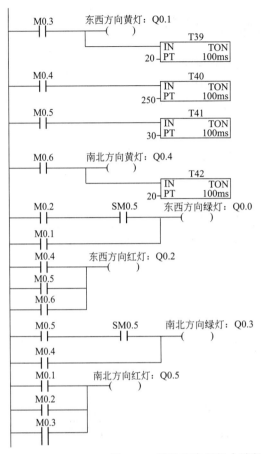

图 4-76 移位寄存器指令编程法梯形图

图 4-76 中，移位寄存器的移位输入端由若干串联电路并联而成，每条串联电路由某一步的辅助继电器的常开触点和对应的转换条件组成。网络 1 和网络 2 的作用是使 M0.1 ～ M0.6 清零，使 M0.0 置 1。M0.0 置 1 使数据输入端 DATA 移入 1。当按下启动按钮 I0.0 时，移位输入电路第一行接通，使 M0.0 中的 1 移入 M0.1 中，M0.1 被激活，M0.1 的常开触点使输出量 T37、Q0.0、Q0.5 接通，南北方向红灯亮、东西方向绿灯亮。同理，各转换条件 T38 ～ T42 接通产生的移位脉冲使 1 状态向下移动，并最终返回 M0.0。在整个过程中，M0.1 ～ M0.6 接通，它们的相应常闭触点断开，使接在移位寄存器数据输入端 DATA 的 M0.0 总是断开的，直到 T42 接通产生移位脉冲使 1 溢出。T42 接通产生移位脉冲另一个作用是使 M0.1 ～ M0.6 清零，这时网络二 M0.0 所在的电路再次接通，使数据输入端 DATA 移入 1，当再按下启动按钮 I0.0 时，系统重新开始运行。

第**5**章

S7-200PLC 模拟量控制程序设计

本章要点

① 模拟量控制概述。
② 模拟量扩展模块。
③ 空气压缩机改造项目。
④ 模拟量 PID 控制。
⑤ PID 控制在空气压缩机项目中的应用。

5.1 模拟量控制概述

二维码 94

5.1.1 模拟量控制简介

在工业控制中，某些输入量（温度、压力、液位和流量等）是连续变化的模拟量信号，某些被控对象也需模拟信号控制，因此要求 PLC 有处理模拟信号的能力。

PLC 内部执行的均为数字量，因此模拟量处理需要完成两方面任务：其一，是将模拟量转换成数字量（A/D 转换）；其二是将数字量转换为模拟量（D/A 转换）。

模拟量处理过程如图 5-1 所示。这个过程分为以下几个阶段。

① 模拟量信号的采集由传感器来完成。传感器将非电信号（如温度、压力、液位和流量等）转化为电信号。注意此时的电信号为非标准信号。

② 非标准电信号转化为标准电信号，此项任务由变送器来完成。传感器输出的非标准电信号输送给变送器，经变送器将非标准电信号转化为标准电信号。根据国际标准，标准

信号有两种类型，分为电压型和电流型。电压型的标准信号为 DC 1～5V；电流型的标准信号为 DC 4～20mA。

③ A/D 转换和 D/A 转换。变送器将其输出的标准信号传送给模拟量输入扩展模块后，模拟量输入扩展模块将模拟量信号转化为数字量信号，PLC 经过运算，其输出结果或直接驱动输出继电器，从而驱动开关量负载；或经模拟量输出模块实现 D/A 转换后，输出模拟量信号控制模拟量负载。

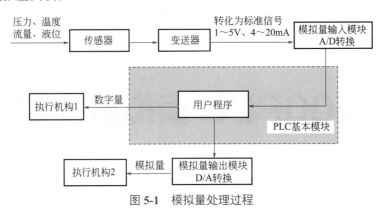

图 5-1　模拟量处理过程

5.1.2　模块扩展连接

模块扩展连接及地址分配如图 5-2 所示。

S7-200PLC 本机有一定数量的 I/O 点，其地址分配也是固定的。当 I/O 点数不够时，通过连接 I/O 扩展模块可以实现 I/O 点数的扩展。扩展模块一般安装在本机的右端。扩展模块可以分为 4 种类型，分别为数字量输入模块、数字量输出模块、模拟量输入模块和模拟量输出模块。

扩展模块的地址分配以字节为单位，其字节地址由 I/O 模块的类型和所在同类模块链中的位置决定。图 5-2 中，以数字量输入为例，本机是 IB0、IB1，No.0 模块为 IB2；输出类似，不再赘述。模拟量 I/O 以 2 点（4 个字节）递增方式分配。图 5-2 中，本机模拟量输出为 AQW0，No.1 模块为 AQW4，虽然 AQW2 未用，但不可分配给 No.1 模块。

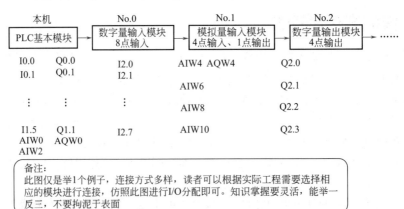

图 5-2　模块扩展连接及地址分配

5.2　模拟量输入/输出模块

二维码 95

5.2.1　模拟量输入模块

（1）模拟量输入模块 EM231

模拟量输入模块 EM231 有 4 路模拟量输入和 8 路模拟量输入，其功能是将输入的模拟量信号转化为数字量，并将结果存入模拟量输入映像寄存器 AI 中。

① AI 中的数据格式　AI 中存储的是模拟量转换为数字量的结果。AI 中的数据以字（1个字 16 位）的形式存取，存储的 16 位数据中有效位为 12 位，其数据格式如图 5-3 所示。模拟量转换为数字量得到的这 12 位数据尽可能往高位移动，这被称为左对齐。

```
         MSB                                          LSB
         15 14          单极性             3 2      0
AIWXX  |  0  |        12位数据值         | 0 | 0 | 0 |

         MSB                                          LSB
         15 14          双极性               4 3      0
AIWXX  |         12位数据值              | 0 | 0 | 0 | 0 |
```

图 5-3　AI 中的数据格式

对于单极性格式，最高位为符号位，0 表示正值，1 表示负值；最低 3 位为测量精度位，是连续的 3 个 0，这使得数值每变化 1 个单位，数据字中则以 8 个单位进行变化。

双极性格式，最高位也为符号位，0 表示正值，1 表示负值；最低 4 位为测量精度位，是连续的 4 个 0，这使得数值每变化 1 个单位，数据字中则以 16 个单位进行变化。

② 模拟量输入模块 EM231 的技术指标　模拟量输入模块 EM231 的技术指标如表 5-1所示。

表 5-1　模拟量输入模块 **EM231** 的技术指标

4 路模拟量输入		8 路模拟量输入	
双极性，满量程	−32000 ～ +32000	双极性，满量程	−32000 ～ +32000
单极性，满量程	0 ～ 32000	单极性，满量程	0 ～ 32000
DC 输入阻抗	≥ 2MΩ 电压输入 250Ω 电流输入	DC 输入阻抗	>2MΩ 电压输入 250Ω 电流输入
最大输入电压（DC）/V	30	最大输入电压（DC）/V	30
最大输入电流 /mA	32	最大输入电流 /mA	32
精度 双极性 单极性	11 位，加 1 符号位 12 位	精度 双极性 单极性	11 位，加 1 符号位 12 位
隔离	无	隔离	无
输入类型	差分	输入类型	差动电压，2 个通道可供电流选择

续表

4 路模拟量输入		8 路模拟量输入	
输入范围	电压型：0 ~ 5V，0 ~ 10V； 双极性：±5V，±2.5V 电流型：0 ~ 20mA	输入范围	电压型：通道 0 ~ 7， 0 ~ 5V，0 ~ 10V，±2.5V 电流型：通道 6 和 7，0 ~ 20mA
输入分辨率	最小满量程电压输入时为 1.25mV；电流输入时为 5μA	输入分辨率	最小满量程电压输入时为 1.25mV；电流输入时为 5μA
模拟量到数字量的 转化时间 /μs	<250	模拟量到数字量 转化的时间 /μs	<250
24V DC 电压范围 /V	20.4 ~ 28.8	24V DC 电压范围 /V	20.4 ~ 28.8

③ 模拟量输入模块 EM231 的端子与接线　模拟量输入模块 EM231 的接线如图 5-4 所示。

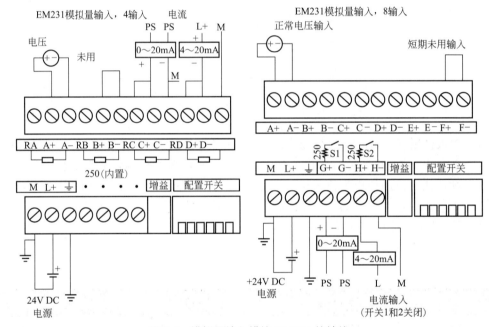

图 5-4　模拟量输入模块 EM231 的接线

模拟量输入模块需要 DC 24V 电源供电，可以外接开关电源，也可由来自 PLC 的传感器电源（L+、M 之间 DC 24V）提供；模拟量输入模块和 CPU 模块之间由专用扁平电缆通信，并通过扁平电缆 CPU 向模拟量输入模块提供 DC 5V 电源。

模拟量输入模块支持电压信号和电流信号输入，对于模拟量电压信号、电流信号的选择由 DIP 开关设置，量程的选择也由 DIP 开关来完成。模拟量输入模块 EM231 的 4 路和 8 路输入的组态开关表分别如表 5-2 和表 5-3 所示。

EM231 模拟量输入、8 输入模块以及开关 3 ~ 5 选择模拟量输入范围。使用开关 1 和 2 选择电流输入模式。开关 1 闭合（ON）为通道 6 选择电流输入模式；断开（OFF）则为选择电压模式。开关 2 闭合（ON）为通道 7 选择电流输入模式；断开（OFF）则为选择电压模式。

表 5-2　模拟量输入模块 EM231（4 路输入）

单极性			满量程输入	分辨率
SW1	SW2	SW3		
ON	OFF	ON	0 ~ 10V	2.5mV
	ON	OFF	0 ~ 5V	1.25mV
			0 ~ 20mA	5μA
双极性			满量程输入	分辨率
SW1	SW2	SW3		
OFF	OFF	ON	±5V	2.5mV
	ON	OFF	±2.5V	1.25mV

表 5-3　模拟量输入模块 EM231（8 路输入）

单极性			满量程输入	分辨率
SW3	SW4	SW5		
ON	OFF	ON	0 ~ 10V	2.5mV
	ON	OFF	0 ~ 5V	1.25mV
			0 ~ 20mA	5μA
双极性			满量程输入	分辨率
SW3	SW4	SW5		
OFF	OFF	ON	±5V	2.5mV
	ON	OFF	±2.5V	1.25mV

（2）热电偶模块及热电阻模块 EM231

热电偶模块及热电阻模块 EM231 是专为温度控制设计的模块。

热电偶模块是热电偶专用热模块，可以连接 7 种热电偶（J、K、E、N、S、T 和 R），还可以测量范围为 ±80mV 的低电平模拟量信号。热电偶模块有冷端补偿电路，可以对测量数据进行修正，以补偿基准温度和模块温度差。

热电阻模块是专用模块，它可以连接 4 种热电阻（Pt、Cu、Ni 和普通电阻）。

① 热电偶模块及热电阻模块 EM231 的技术指标　热电偶模块及热电阻模块 EM231 的技术指标，如表 5-4 所示。

表 5-4　热电偶模块及热电阻模块 EM231 的技术指标

热电偶模块		热电阻模块	
输入范围	热电偶类型：S、T、R、E、N、K、J 电压范围：±80mV	输入范围	热电偶类型：Pt、Cu、Ni 和普通电阻
输入分辨率 温度 电压 电阻	0.1℃ /0.1℉ 15 位加符号位 —	输入分辨率 温度 电压 电阻	0.1℃ /0.1℉ — 15 位加符号位

续表

热电偶模块		热电阻模块	
导线长度	到传感器最长为100m	导线长度	到传感器最长为100m
导线回路电阻	最大100Ω	导线回路电阻	20Ω，2.7Ω，对于铜最大
数据字格式	电压：−27648 ～ +27648	数据字格式	电阻：0 ～ +27648
输入阻抗 /MΩ	≥ 1	输入阻抗 / MΩ	≥ 10
最大输入电压	30（DC）/V	最大输入电压（DC）/V	30（检测），5（电源）
基本误差	0.1%FS（电压）	基本误差	0.1%FS（电阻）
重复性	0.05%FS	重复性	0.05%FS
冷端误差 /℃	±1.5	冷端误差	—
24V DC 电压范围	20.4 ～ 28.8V DC（开关电源或来自 PLC 的传感器电源）		

② 热电偶及热电阻 EM231 的端子与接线　热电偶 EM231 的接线如图 5-5 所示；热电阻 EM231 的接线如图 5-6 所示。

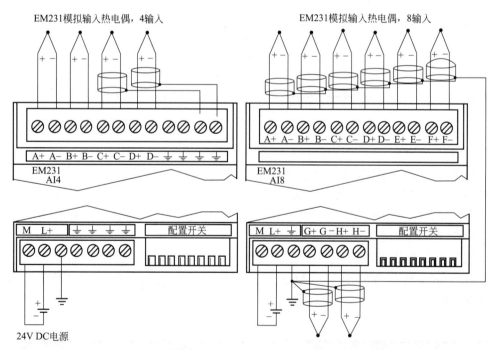

图 5-5　热电偶 EM231 的接线

热电偶及热电阻模块需要 24V DC 电源供电，可以外接开关电源，也可由来自 PLC 的传感器电源（L+、M 之间 24V DC）提供；热电偶及热电阻模块和 CPU 模块之间由专用扁平电缆通信，并通过扁平电缆 CPU 向热电偶及热电阻模块提供 5V DC 电源。

热电偶及热电阻模块都需要 DIP 开关进行必要的设置，具体如表 5-5 和表 5-6 所示。

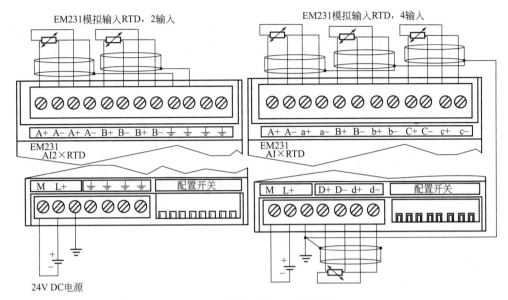

图 5-6　热电阻 EM231 的接线

表 5-5　热电偶 DIP 开关设置

开关 1～3		热电偶类型	设置	描述
		J（缺省）	000	
		K	001	
		T	010	开关 1～3 为模块上的所有通道选择热电偶类型（或 mV 操作）
SW1～3　配置开关 ↑ 1表示接通 ↓ 0表示断开 1 2 3 4* 5 6 7 8		E	011	例如，选 E 类型，热电偶开关 SW1=0，SW1 SW2=1，SW3=1
		R	100	
		S	101	
		N	110	
		±80mV111	111	
开关 5		断线检测方向	设置	描述
SW5　配置开关 ↑ 1表示接通 ↓ 0表示断开 1 2 3 4 5 6 7 8		正向标定 （+3276.7 度）	0	0 指示断线为正 1 指示断线为负
		负向标定 （-3276.8 度）	1	
开关 6		断线检测使能	设置	描述
SW6　配置开关 ↑ 1表示接通 ↓ 0表示断开 1 2 3 4 5 6 7 8		使能	0	将 25μA 电流注入输入端子，可完成明线检测。断线检测使能开关可以使能或禁止检测电流。即使关闭了检测电流，断线检测也始终在进行。如果输入信号超出 ±200mV，EM231 热电偶模块将检测明线。如检测到断线，测量读数被设定成由断线检测所选定的值
		禁止	1	

续表

开关7		温度范围	设置	描述
SW7 配置开关 ↑ 1表示接通 ↓ 0表示断开		摄氏度 /℃	0	EM231 热电偶模块能够报告摄氏温度和华氏温度。摄氏温度与华氏温度的转换在内部进行
		华氏温度 /℉	1	
开关8		冷端补偿	设置	描述
SW8 配置开关 ↑ 1表示接通 ↓ 0表示断开		冷端补偿使能	0	使用热电偶时必须进行冷端补偿，如果没有使能冷端补偿，模块的转换则会出现错误。因为热电偶导线连接到模块连接器时会产生电压，选择 ±80mV 范围时，将自动禁用冷结点补偿
		冷端补偿禁止	1	

表 5-6　热电阻 DIP 开关设置

选择 RTD 类型：DIP 开关 1 ～ 5　可以通过设定 DIP 开关 1 ～ 5 来选择 RTD 的类型											
RTD 类型	SW1	SW2	SW3	SW4	SW5	RTD 类型	SW1	SW2	SW3	SW4	SW5
100Ω Pt 0.003850（默认值）	0	0	0	0	0	100Ω Pt 0.003902	1	0	0	0	0
200Ω Pt 0.003850	0	0	0	0	1	200Ω Pt 0.003902	1	0	0	0	1
500Ω Pt 0.003850	0	0	0	1	0	500Ω Pt 0.003902	1	0	0	1	0
1000Ω Pt 0.003850	0	0	0	1	1	1000Ω Pt 0.003902	1	0	0	1	1
100Ω Pt 0.003920	0	0	1	0	0	SPARE	1	0	1	0	0
200Ω Pt 0.003920	0	0	1	0	1	100Ω Ni 0.00672	1	0	1	0	1
500Ω Pt 0.003920	0	0	1	1	0	120Ω Ni 0.00672	1	0	1	1	0
1000Ω Pt 0.003920	0	0	1	1	1	1000Ω Ni 0.00672	1	0	1	1	1
100Ω Pt 0.00385055	0	1	0	0	0	100Ω Ni 0.006178	1	1	0	0	0
200Ω Pt 0.00385055	0	1	0	0	1	120Ω Ni 0.006178	1	1	0	0	1
500Ω Pt 0.00385055	0	1	0	1	0	1000Ω Ni 0.006178	1	1	0	1	0
1000Ω Pt 0.00385055	0	1	0	1	1	10000Ω Pt 0.003850	1	1	0	1	1
100Ω Pt 0.003916	0	1	1	0	0	10Ω Cu 0.004270	1	1	1	0	0
200Ω Pt 0.003916	0	1	1	0	1	150Ω FS 电阻	1	1	1	0	1
500Ω Pt 0.003916	0	1	1	1	0	300Ω FS 电阻	1	1	1	1	0
1000Ω Pt 0.003916	0	1	1	1	1	600Ω FS 电阻	1	1	1	1	1

续表

设置 RTD DIP 开关			
开关 6	断线检测 / 超出范围	设置	描述
SW6 配置开关 ↑ 1表示接通 ↓ 0表示断开 1 2 3 4 5 6 7 8	正向标定 （+3276.7 度）	0	指示断线或超出范围的正极
	负向标定 （-3276.8 度）	1	指示断线或超出范围的负极
开关 7	温度范围	设置	描述
SW7 配置开关 ↑ 1表示接通 ↓ 0表示断开 1 2 3 4 5 6 7 8	摄氏度 /℃	0	RTD 模块可报告摄氏温度或华氏温度，摄氏温度与华氏温度的转换在内部进行
	华氏温度 / ℉	1	
开关 8	接线方式	设置	描述
SW8 配置开关 ↑ 1表示接通 ↓ 0表示断开 1 2 3 4 5 6 7 8	3 线	0	RTD 模块与传感器的接线有 3 种方式（如图所示）。精度最高的是 4 线连接。2 线连接精度最低，推荐只用于可忽略接线误差的应用场合
	2 线或 4 线	1	

5.2.2 模拟量输出模块

（1）模拟量输出模块 EM232

模拟量输出模块 EM232 有 2 路模拟量输出和 4 路模拟量输出，其功能是将模拟量输出映像寄存器 AQ 中的数字量转换为可用于驱动执行元件的模拟量。此模块有两种量程，分别为 -10 ～ +10V 和 0 ～ 20mA。

（2）AQ 中的数据格式

AQ 中的数据以字（1 个字 16 位）的形式存取，其数据格式如图 5-7 所示。模拟量输出字左对齐，最高位为符号位，0 表示正值，1 表示负值；最低 4 位为测量精度位，是连续的 4 个 0，在将数据值装载之前，低位的 4 个 0 被截断，因此不会影响输出信号。

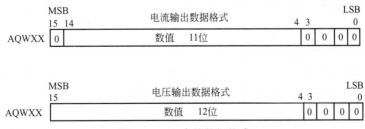

图 5-7 AQ 中的数据格式

（3）模拟量输出模块 EM232 的技术指标

模拟量输出模块 EM232 的技术指标如表 5-7 所示。

表 5-7　模拟量输出模块 EM232 的技术指标

信号范围	
电压输出	±10V
电流输出	0 ～ 20mA
分辨率，满量程	
电压	11 位
电流	11 位
数据字格式	
电压	−32000 ～ 32000
电流	0 ～ 32000
精度	
最差情况，0 ～ 55℃	
电压输出	满量程的 ±2%
电流输出	满量程的 ±2%
典型的 25℃	
电压输出	满量程的 ±0.5%
电流输出	满量程的 ±0.5%
建立时间	
电压输出	100μs
电流输出	2μs
最大驱动	
电压输出	5000Ω 最小
电流输出	500Ω 最大
24V DC 电压范围	20.4 ～ 28.8V DC（开关电源，或来自 PLC 的传感器电源）

（4）模拟量输出模块 EM232 的端子与接线

模拟量输出模块 EM232 的接线如图 5-8 所示。

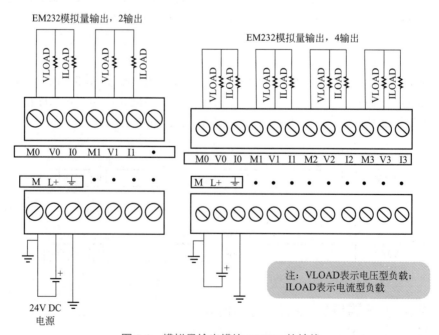

图 5-8　模拟量输出模块 EM232 的接线

模拟量输出模块需要 24V DC 电源供电，可以外接开关电源，也可由来自 PLC 的传感器电源（L+、M 之间 24V DC）提供；模拟量输出模块和 CPU 模块之间由专用扁平电缆通信，并通过扁平电缆 CPU 向模拟量输出模块提供 5V DC 电源。此模块有两种量程，分别为 -10 ～ +10V 和 0 ～ 20mA。

5.2.3　模拟量输入 / 输出混合模块

（1）模拟量输入/输出混合模块 EM235

模拟量输入 / 输出混合模块 EM235 有 4 路模拟量输入和 1 路模拟量输出。

（2）模拟量输入/输出混合模块 EM235 的端子与接线

模拟量输入 / 输出混合模块 EM235 的接线如图 5-9 所示。模拟量输入 / 输出混合模块 EM235 需要 24V DC 电源供电，可以外接开关电源，也可由来自 PLC 的传感器电源（L+、M 之间 24V DC）提供；4 路模拟量输入，其中第一路为电压型输入；第三、第四路为电流型输入；M0、V0、I0 为模拟量输出端，电压型负载接在 M0 和 V0 两端，电流型负载接在 M0 和 I0 两端。电压输出为 -10 ～ +10V，电流输出 0 ～ 20mA。

模拟量输入 / 输出混合模块 EM235 有 6 个 DIP 开关，通过开关设定可以选择输入信号的满量程和分辨率。

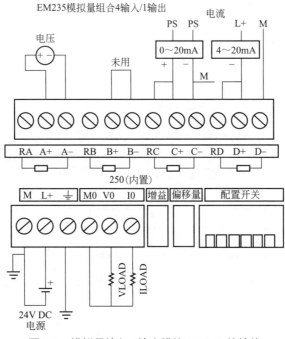

图 5-9　模拟量输入 / 输出模块 EM235 的接线

5.2.4　内码与实际物理量的转换

内码与实际物理量的转换问题属于实际物理量与模拟量模块内部数字量对应关系问题，转换时，应考虑变送器输出量程和模拟量输入模块的量程，找出被测量与 A/D 转换后的数字量之间的比例关系。

例1：某压力变送器量程为 0 ~ 20MPa，输出信号为 0 ~ 10V，模拟量输入模块 EM231 量程为 0 ~ 10V，转换后数字量为 0 ~ 32000，设转换后的数字量为 x，试编程求压力值。

① 找到实际物理量与模拟量输入模块内部数字量比例关系

此例中，压力变送器输出信号的量程 0 ~ 10V 恰好和模拟量输入模块 EM231 的量程 0 ~ 10V 一一对应，因此对应关系为正比例，实际物理量 0MPa 对应模拟量模块内部数字量 0，实际物理量 20MPa 对应模拟量模块内部数字量 32000，具体如图 5-10 所示。

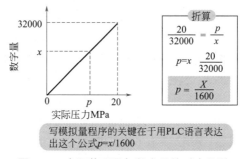

图 5-10　实际物理量与数字量的对应关系

② 程序编写

通过上步找到比例关系后，可以进行模拟量程序的编写，编写的关键在于用 PLC 语言表达出 $p=x/1600$。转换程序如图 5-11 所示。

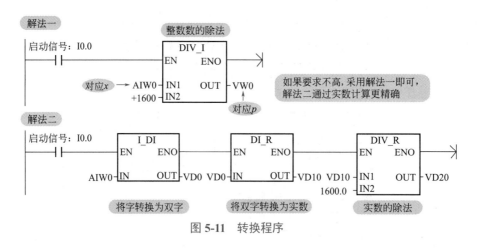

图 5-11　转换程序

例2：某压力变送器量程为 0 ~ 10MPa，输出信号为 4 ~ 20mA，模拟量输入模块 EM231 量程为 0 ~ 20mA，转换后数字量为 0 ~ 32000，设转换后的数字量为 x，试编程求压力值。

① 找到实际物理量与模拟量输入模块内部数字量比例关系

此例中，压力变送器的输出信号的量程为 4 ~ 20mA，模拟量输入模块 EM231 的量程为 0 ~ 20mA，两者不完全对应，因此实际物理量 0MPa 对应模拟量模块内部数字量 6400，实际物理量 10MPa 对应模拟量模块内部数字量 32000，具体如图 5-12 所示。

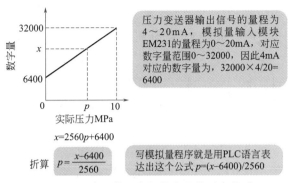

$x=2560p+6400$

折算　$p=\dfrac{x-6400}{2560}$　　写模拟量程序就是用PLC语言表达出这个公式 $p=(x-6400)/2560$

图 5-12　实际物理量与数字量的对应关系

② 程序编写

通过上步找到比例关系后，可以进行模拟量程序的编写，编写的关键在于用 PLC 语言表达出 $p=(x-6400)/2560$。转换程序如图 5-13 所示。

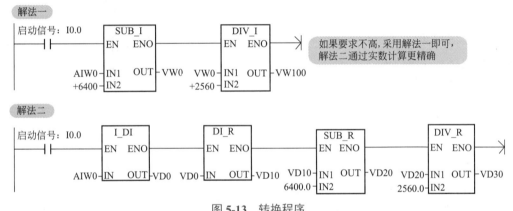

图 5-13　转换程序

 重点提示

读者应细细品味以上两个例子的异同点，真正理解内码与实际物理量的对应关系，才是掌握模拟量编程的关键。一些初学者不会对模拟量进行编程，原因就在此。

5.3　空气压缩机改造项目

5.3.1　控制要求

某工厂有 3 台空压机，为了增加压缩空气的储存量，现增加一个大的储气罐，因此需对原有 3 台独立空压机进行改造，空压机改造装置图如图 5-14 所示。具体控制要求如下。

① 气压低于 0.4MPa，3 台空压机工作。

② 气压高于 0.8MPa，3 台空压机停止工作。

③ 3 台空压机要求分时启动。

④ 为了生产安全，必须设有报警装置。一旦出现故障，要求立即报警；报警分为高高报警和低低报警，高高报警时，要求 3 台空压机立即断电停止工作。

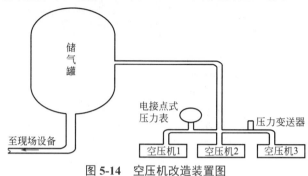

图 5-14　空压机改造装置图

5.3.2　设计过程

（1）设计方案

本项目采用西门子 CPU224XP 模块进行控制，现场压力信号由压力变送器采集，报警电路采用电接点式压力表 + 蜂鸣器。

（2）硬件设计

本项目硬件设计包括以下几部分：

① 3 台空压机主电路设计；

② 西门子 CPU224XP 模块供电和控制设计；

③ 报警电路设计。

以上各部分的相应图纸如图 5-15 所示。

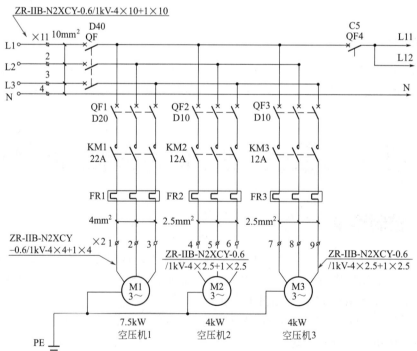

①空气断路器：起通断和短路保护作用；由于负载为电动机，因此选用D型；负载分别为
7.5kW、4kW，根据经验其电流的数值为功率(kW)的2倍，则电流为15A和8A，因此再
选空气断路器时，空气断路器额定电流应≥线路的额定电流；再考虑到空气断路器脱扣电
流应>电动机的启动电流，根据相关样本，分别选择了D20和D10。总开的电流应≤∑分支
空开电流，因此这里选择了D40
②接触器：控制电路通断，其额定电流>线路的额定电流,线圈采用220V供电
③热继电器：过载保护。热继电器的电流应为0.95～1.05倍线路的额定电流
④各个电动机均需可靠接地，这里为保护接地
⑤线径选择：1mm²承载5~8A的电流计算，线径不难选择

(a) 主电路设计图纸

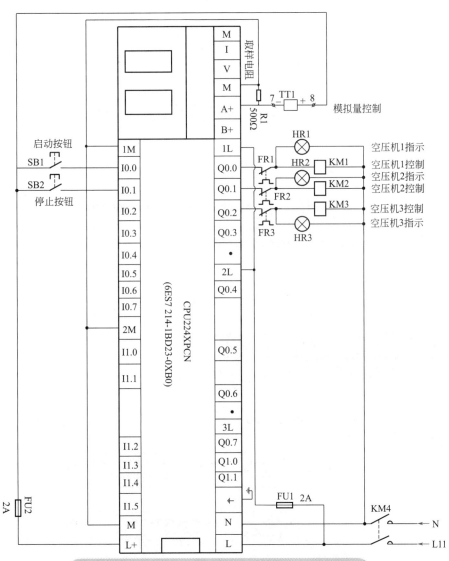

①在主电路图中,QF4是对CPU224XP模块供电和输出电路进行保护
的，根据S7-200系列PLC样本的建议，这里选择了C5，C即C型断路
器，5即5A
②由于CPU224XP模块模拟量输入只接受电压型输入，此压力变送
器为电流型输出信号，因此并上1个500Ω的电阻，将电流型转换为
电压型

(b) PLC供电及控制图纸

图 5-15

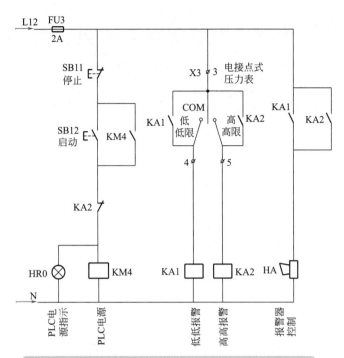

①这里采用启保停电路，一方面对PLC供电及其输出电路进行控制；另一方面方便高高报警时断电

②电接点式压力表高高报警时，3～5触点闭合，KA2得电，KA2常开触点闭合，HA报警；KA2常闭触点闭合，PLC及其控制部分断电；低低报警，仅报警不断电

(c) 报警电路图纸

图 5-15　相应图纸

小于0.4MPa(这里用的400，其单位为kPa)时，此触点接通，从而使中间编程元件M0.0得电，进而使输出重新开始；之所以这里给个范围，是因为比给个点好调试。

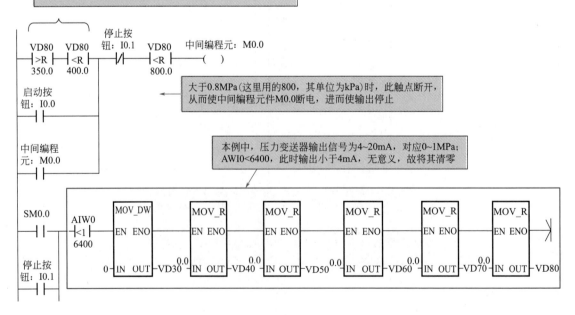

大于0.8MPa(这里用的800，其单位为kPa)时，此触点断开，从而使中间编程元件M0.0断电，进而使输出停止

本例中，压力变送器输出信号为4~20mA，对应0~1MPa；AWI0<6400，此时输出小于4mA，无意义，故将其清零

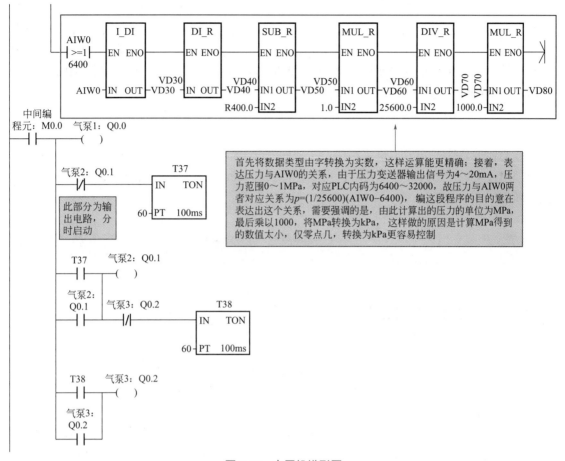

图 5-16　空压机梯形图

（3）程序设计

① 明确控制要求后，确定 I/O 端子，如表 5-8 所示。

表 5-8　空压机改造 I/O 分配

输入量		输出量	
启动按钮	I0.0	空压机 1	Q0.1
停止按钮	I0.1	空压机 2	Q0.1
		空压机 3	Q0.2

② 空压机梯形图如图 5-16 所示。

③ 空压机编程思路及程序解析如下。

本程序主要分为 3 大部分，模拟量信号采集程序、空压机分时启动程序和压力比较程序。

模拟量信号采集程序的编写要先将数据类型由字转换为实数，这样得到的结果更精确；接下来，找到实际压力与数字量转换之间的比例关系，是编写模拟量程序的关键，其比例关系为 $p = \dfrac{1-0}{32000-6400}$ (AIW0-6400)，压力的单位这里取 MPa。关系式整理后为 $p = (1/2560) \times$

(AIW0-6400)，用 PLC 指令表达出压力 p 与 AIW0（现在的 AIW0 中的数值以实数形式存在 VD30 中）之间的关系，即 $p=(1/2560)\times(\text{VD40}-6400)$，因此模拟量信号采集程序用 SUB-R 指令表达出（VD40-6400.0），用 MUL-R 指令表达出前一条指令的结果乘以 1.0，用 DIV-R 指令表达出前一条指令的结果除以 25600，此时得到的结果单位为 MPa，再将 MPa 转换为 kPa，这样得到的结果更精确，便于调试。

空压机分时启动程序采用定时电路，当定时器定时时间到后，激活下一个线圈，同时将此定时器断电。

压力比较程序，当模拟量采集值低于 400kPa 时，启保停电路重新得电，中间编程元件 M0.0 得电，Q0.0 ～ Q0.2 分时得电；当压力大于 800kPa 时，启保停电路断电，Q0.0 ～ Q0.2 同时断电。

➡ 5.4 PID 控制

5.4.1 PID 控制简介

（1）PID 控制简介

PID 控制又称比例积分微分控制，它属于闭环控制。典型的 PID 算法包括三个部分：比例项、积分项和微分项，即输出 = 比例项 + 积分项 + 微分项。下面以离散系统的 PID 控制为例，对 PID 算法进行说明。离散系统的 PID 算法如下。

$M_n=K_c(\text{SP}_n-\text{PV}_n)+K_c(T_s/T_i)(\text{SP}_n-\text{PV}_n)+M_x+K_c(T_d/T_s)(\text{PV}_{n-1}-\text{PV}_n)$，式中，$M_n$ 为在采样时刻 n 计算出来的回路控制输出值；K_c 为回路增益；SP_n 为在采样时刻 n 的给定值；PV_n 为在采样时刻 n 的过程变量值；PV_{n-1} 为在采样时刻 $n-1$ 的过程变量值；T_s 为采样时间；T_i 为积分时间常数；T_d 为微分时间常数；M_x 为在采样时刻 $n-1$ 的积分项。

比例项 $K_c(\text{PV}_n-\text{PV}_n)$：将偏差信号按比例放大，提高控制灵敏度。积分项 $K_c(T_s/T_i)(\text{SP}_n-\text{PV}_n)+M_x$：积分控制对偏差信号进行积分处理，缓解比例放大量过大引起的超调和振荡。微分项 $(T_d/T_s)(\text{PV}_{n-1}-\text{PV}_n)$ 对偏差信号进行微分处理，提高控制的迅速性。

（2）PID 控制举例

炉温控制采用 PID 控制方式，炉温控制系统示意图如图 5-17 所示。在炉温控制系统中，热电偶为温度检测元件，其信号传至变送器转换为标准电压或电流信号，标准信号再送至 A/D 模块，经 A/D 转换后的数字量与 CPU 设定值比较，两者的差值进行 PID 运算，将运算结果送给 D/A 模块，D/A 模块输出相应的电压或电流信号对电动阀进行控制，从而实现温度的闭环控制。

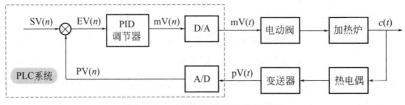

图 5-17　炉温控制系统示意图

图 5-17 中 SV(n) 为给定量；PV(n) 为反馈量，此反馈量 A/D 已经转换为数字量了；MV(t) 为控制输出量；令 Δx=SV(n)-PV(n)，如果 Δx>0，表明反馈量小于给定量，则控制器输出量 MV(t) 将增大，使电动阀开度变大，进入加热炉的天然气流量增大，进而炉温上升；如果 Δx<0，表明反馈量大于给定量，则控制器输出量 MV(t) 将减小，使电动阀开度变小，进入加热炉的天然气流量变小，进而炉温降低；如果 Δx=0，表明反馈量等于给定量，则控制器输出量 MV(t) 不变，电动阀开度不变，进入加热炉的天然气流量不变，进而炉温不变。

5.4.2　PID 指令

PID 指令格式如图 5-18 所示。

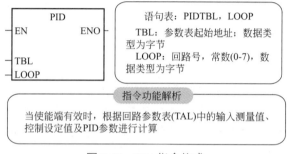

图 5-18　PID 指令格式

说明：

① 运行 PID 指令前，需要对 PID 控制回路参数进行设定，参数共 9 个，均为 32 位实数，共占 36 字节，具体如表 5-9 所示。

② 程序中可使用 8 条 PID 指令，分别编号 0～7，不能重复使用。

③ 使 ENO=0 的错误条件：0006（间接地址），SM1.1（溢出，参数表起始地址或指令中指定的 PID 回路指令号码操作数超出范围）。

表 5-9　PID 控制回路参数表

地址（VD）	参数	数据格式	参数类型	说明
0	过程变量当前值 PV_n	实数	输入	取值范围：0.0～1.0
4	给定值 SP_n	实数	输入	取值范围：0.0～1.0
8	输出值 M_n	实数	输入 / 输出	范围在 0.0～1.0 之间
12	增益 K_c	实数	输入	比例常数，可为正数也可为负数
16	采用时间 T_s	实数	输入	单位为秒，必须为正数
20	积分时间 T_I	实数	输入	单位为分钟，必须为正数
24	微分时间 T_D	实数	输入	单位为分钟，必须为正数
28	上次积分值 M_x	实数	输入 / 输出	范围在 0.0～1.0 之间
32	上次过程变量 PV_{n-1}	实数	输入 / 输出	最近一次 PID 运算值

5.4.3 PID 控制编程思路

（1）PID 初始化参数设定

运行 PID 指令前，必须根据 PID 控制回路参数表对初始化参数进行设定，一般需要给增益 K_c、采样时间 T_s、积分时间 T_i 和微分时间 T_d 这 4 个参数赋以相应的数值，数值以满足控制要求为目的。当不需要比例项时，将增益 K_c 设置为 0；当不需要积分项时，将积分参数 T_i 设置为无限大，即 9999.99；当不需要微分项时，将微分参数 T_d 设置为 0。

需要指出，能设置出合适的初始化参数，并不是一件简单的事，需要工程技术人员对控制系统极其熟悉。往往是多次调试，最后找到合适的初始化参数。第一次试运行参数时，一般将增益设置得小一点儿，积分时间不要太短，以保证不会出现较大的超调量。微分一般都设置为 0。

> **重点提示**
>
> 一些工程技术人员总结出的经验口诀，供读者参考。
>
> 参数整定找最佳，从小到大顺序查；先是比例后积分，最后再把微分加；曲线振荡很频繁，比例度盘要放大；曲线漂浮绕大弯，比例度盘往小扳；曲线偏离回复慢，积分时间往下降；曲线波动周期长，积分时间再加长；曲线振荡频率快，先把微分降下来；动差大来波动慢，微分时间应加长；理想曲线两个波，前高后低 4 比 1；一看二调多分析，调节质量不会低。

（2）输入量的转换和标准化

每个回路的给定值和过程变量都是实际的工程量，其大小、范围和单位不尽相同，在进行 PID 之前，必须将其转换成标准格式。

第一步，将 16 位整数转换为工程实数。可以参考 5.2 节内码与实际物理量的转换参考程序，这里不再赘述。

第二步，在第一步的基础上，将工程实数值转换为 0.0 ～ 1.0 之间的标准数值。往往是第一步得到的实际工程数值（如 VD30 等）除以其最大量程。

（3）编写 PID 指令

（4）将 PID 回路输出转换为成比例的整数

程序执行后，要将 PID 回路输出 0.0 ～ 1.0 之间的标准化实数值转换为 16 位整数值，方能驱动模拟量输出。转换方法：将 PID 回路输出 0.0 ～ 1.0 之间的标准化实数值乘以 32000 或 64000；若单极型则乘以 32000，若双极型则乘以 64000。

5.4.4 PID 控制工程实例——恒压控制

（1）控制要求

某实验需在恒压环境下进行，压力应维持在 50Pa。按下启动按钮，轴流风机 M1、M2 同时全速运行；当室内压力到达 60Pa 时，轴流风机 M1 停止，改由轴流风机 M2 进行 PID

调节，将压力维持在 50Pa；若有人开门出入，系统压力会骤降，当压力低于 10Pa 时，两台轴流风机将全速运转，直到压力再次达到 60Pa，轴流风机 M1 停止，又回到了改由轴流风机 M2 进行 PID 调节状态。

（2）设计方案确定

① 室内压力取样由压力变送器完成，考虑压力最大不超过 60Pa，因此选择量程为 0 ～ 500Pa、输出信号为 4 ～ 20mA 的压力变送器。注：小量程的压力变送器市面上不容易找到。

② 轴流风机 M1 的通断由接触器来控制，轴流风机 M2 的通断由变频器来控制。

③ 轴流风机的动作、压力采集后的处理及变频器的控制均由 S7-200PLC 来完成。

（3）硬件图纸设计

本项目硬件图纸的设计包括以下几部分：

① 两台轴流风机主电路设计；

② 西门子 CPU224XP 模块供电和控制设计。

以上各部分的相应图纸如图 5-19 所示。

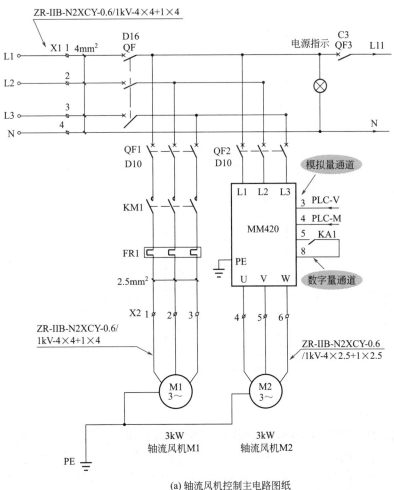

(a) 轴流风机控制主电路图纸

图 5-19

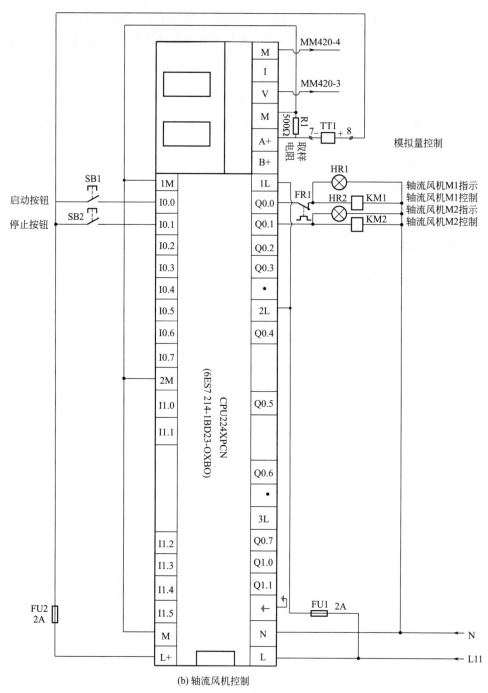

图5-19 相应图纸

（4）程序设计

恒压控制的参考程序如图5-20所示。本项目程序的编写主要考虑3方面，具体如下。

① 两台轴流风机启停控制程序的编写 两台轴流风机启停控制比较简单，采用启保停电路即可。使用启保停电路的关键是找到启动和停止信号，轴流风机 M1 的启动信号一个是启动按钮所给的信号，另一个为当压力低于 10Pa 时，比较指令所给的信号，两个信号是"或"的关系，因此并联；轴流风机 M1 控制的停止信号是当压力为 60Pa 时，比较指令通过中间

编程元件所给的信号。轴流风机 M2 的启动信号为启动按钮所给的信号，停止信号为停止按钮所给的信号，若不按停止按钮，整个过程中 M2 始终为 ON。

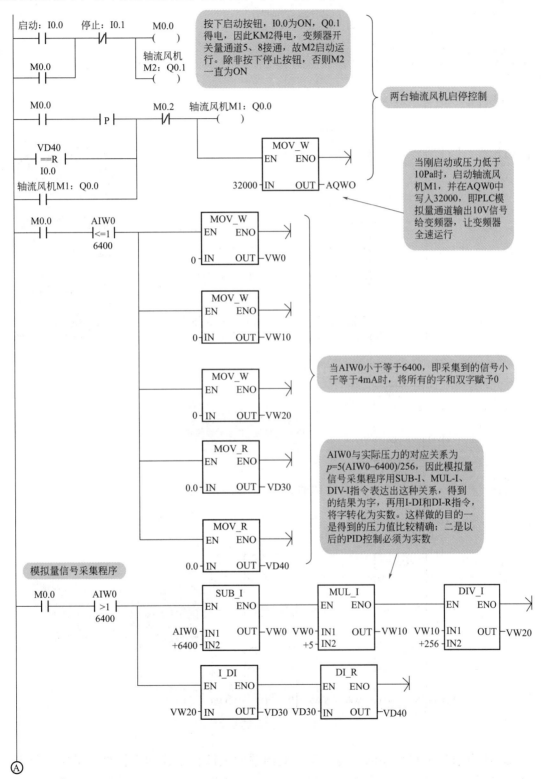

图 **5-20**

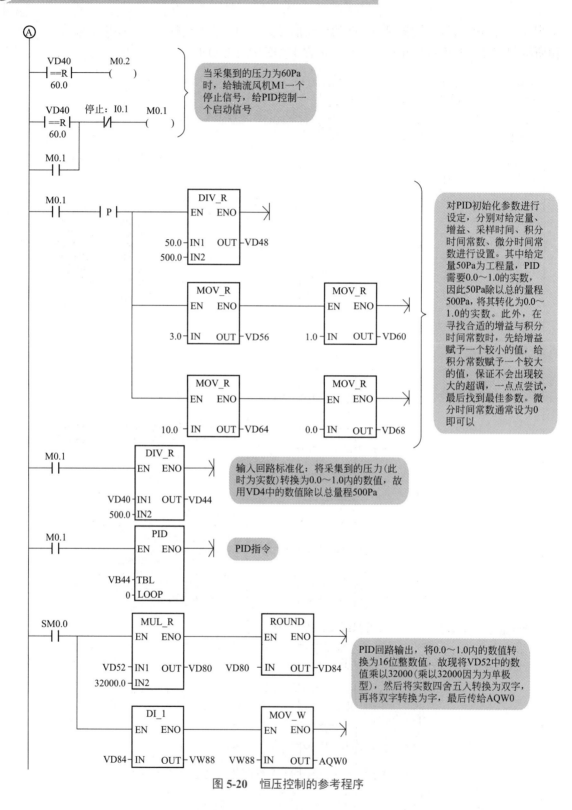

图 5-20　恒压控制的参考程序

② 压力信号采集程序的编写　解决此问题的关键在于找到实际物理量压力与内码 AIW0 之间的比例关系。压力变送器的量程为 0 ～ 500Pa，其输出信号为 4 ～ 20mA，PLC

模拟量输入通道的信号范围为 0 ～ 20mA（CPU224XP 只支持 0 ～ 10V 的电压信号，需连接 500Ω 的电阻将电流信号转化为电压信号），内码范围为 0 ～ 32000，故不难找出压力与内码的对应关系，对应关系为 $p=5(AIW0-6400)/256$，其中 p 为压力。因此压力信号采集程序编写实际上就是用 SUB-I、MUL-I、DIV-I 指令表达出上述这种关系，此时得到的结果为字，再用 I-DIT 和 DI-R 指令将字转换为实数，这样做有两点考虑：第一，得到的压力为实数，比较精确；第二，此段程序恰好也是 PID 控制输入回路的转换程序，因此必须转换为实数。

③ PID 控制程序的编写　PID 控制程序的编写主要考虑以下 4 个方面。

a. PID 初始化参数设定。PID 初始化参数的设定，主要涉及给定值、增益、采样时间、积分时间常数和微分时间常数这 5 个参数的设定。给定值为 0.0 ～ 1.0 之间的数，其中压力恒为 50Pa，50Pa 为工程量，需将工程量转换为 0.0 ～ 1.0 之间的数，故将实际压力为 50Pa 除以量程 500Pa，即 DIV-R 50.0，500.0。寻找合适的增益值和积分时间常数时，需将增益赋予一个较小的数值，将积分时间常数赋予一个较大的数值，其目的为系统不会出现较大的超调量，多次试验，最后得出合理的结果；微分时间常数通常设置为 0。

b. 输入量的转换及标准化。输入量的转换程序即压力信号采集程序，输入量的转换程序最后得到的结果为实数，需将此实数转换为 0.0 ～ 1.0 之间的标准数值，故将 VD40 中的实数除以量程 500Pa。

c. 编写 PID 指令。

d. 将 PID 回路输出转换为成比例的整数，故 VD52 中的数先除以 32000.0（为单极型），接下来将实数四舍五入转化为双字，再将双字转化为字送至 AQW0 中，从而完成了 PID 控制。

5.5　PID 控制在空气压缩机改造项目中的应用

5.5.1　控制要求

如图 5-21 所示为两台空压机组成的系统，现对它提出如下控制要求。

按下启动按钮，空压机 1 先启动，10s 后，空压机 2 再启动；当压力达到 0.9MPa 时，空压机 1 停止，空压机 2 进行 PID 调节，使系统压力恒定维持在 0.6MPa；当压力低于 0.4MPa 时，两台空压机同时工作，试根据以上控制要求编程。

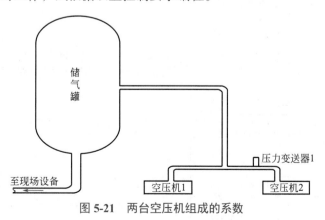

图 5-21　两台空压机组成的系数

5.5.2 程序设计

① 根据控制要求进行 I/O 分配，如表 5-10 所示。

表 5-10 空压机恒压控制 I/O 分配

输入量		输出量	
启动按钮	I0.0	空压机 1	Q0.0
停止按钮	I0.1	空压机 2	Q0.1
压力变送器	AIW0		

② 程序设计。空压机控制的参考程序如图 5-22 所示。

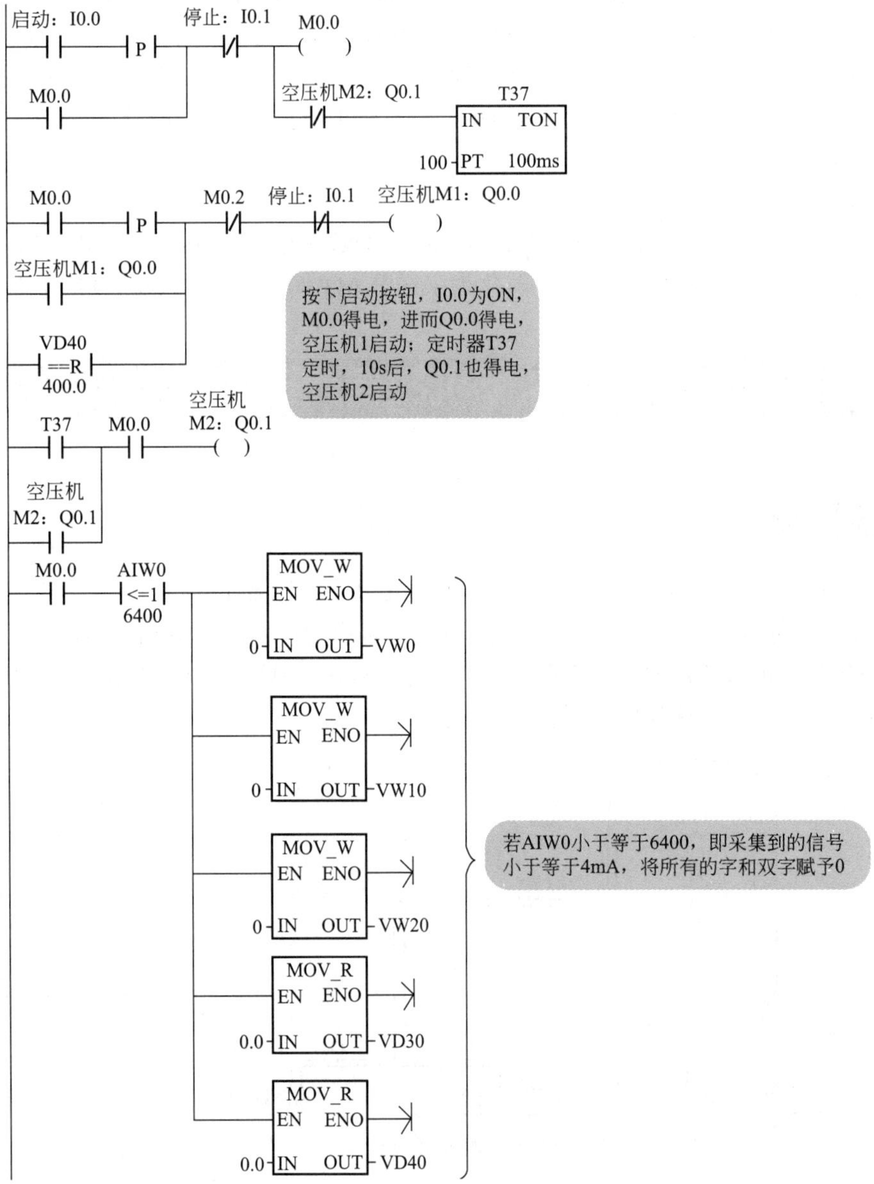

按下启动按钮，I0.0为ON，M0.0得电，进而Q0.0得电，空压机1启动；定时器T37定时，10s后，Q0.1也得电，空压机2启动

若AIW0小于等于6400，即采集到的信号小于等于4mA，将所有的字和双字赋予0

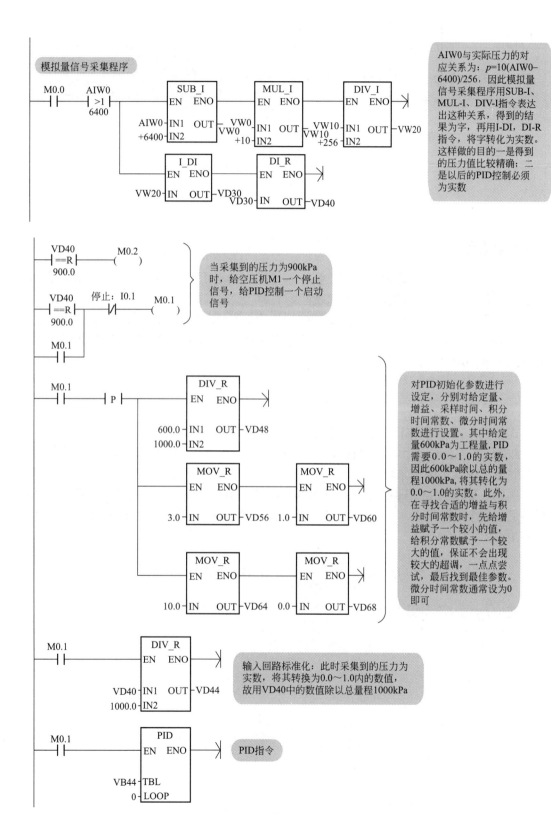

图 5-22

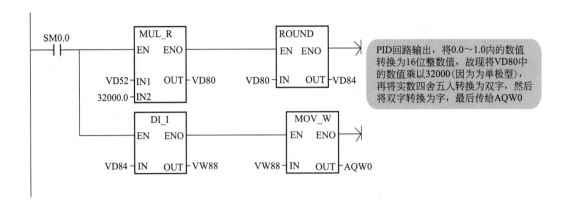

图 5-22 空压机控制的参考程序

重点提示

① 5.3 ～ 5.5 节中的内容实用性强，这些实例均是工程经验的总结，读者应细细体会，把握住方法，模拟量编程问题就迎刃而解了。

② 5.2 节中的内码与实际物理量的转换是模拟量编程的关键，同时也是读者没有掌握模拟量编程的原因，对此问题读者应予以重视。以后再有内码与实际物理量的转换问题，就使用下面公式将内码转换为实际物理量。

$$A = \frac{A_m - A_0}{D_m - D_0}(D - D_0) + A_0$$

式中，A_m 为实际物理量最大值；A_0 为实际物理量最小值；D_m 为内码最大值；D_0 为内码最小值（以上 4 个量都需代入实际值）；A 为实际物理量时时值；D 为内码时时值（这两个属于未知量）。

例如：某压力变送器量程为 0 ～ 10MPa，输出信号为 4 ～ 20mA，模拟量输入模块 EM231 量程为 0 ～ 20mA，转换后数字量为 0 ～ 32000，设转换后的内码为 AIW0，求压力值。

$$p = \frac{10 - 0}{32000 - 6400}(AIW0 - 6400) + 0$$

式中，p 为实际物理量压力。

第**6**章

常见应用案例及解析

6.1　信号分频简易程序

6.1.1　控制信号的二分频

范例示意如图 6-1 所示。

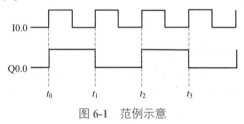

图 6-1　范例示意

〈控制要求〉

本案例要求通过一定的 PLC 程序完成对控制信号的多分频操作，本案例以比较常见的二分频需求为例说明该类控制程序。

〈元件说明〉

元件说明见表 6-1。

表 6-1　元件说明

PLC 软元件	控制说明
I0.0	信号产生按钮，按下时，I0.0 状态由 Off → On
M0.0 ～ M0.2	内部辅助继电器
Q0.0	某个终端设备

⮕ **控制程序**

控制程序如图 6-2 所示。

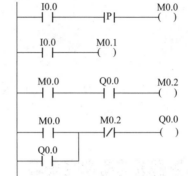

二维码 96

图 6-2 二分频控制程序

⮕ **程序说明**

① Q0.0 产生的脉冲信号是 I0.0 脉冲信号的二分频。程序设计用了三个辅助继电器 M0.0、M0.1 和 M0.2。

② 当输入 I0.0 在 t_0 时刻接通（On）时，M0.0 产生脉宽为一个扫描周期的单脉冲，Q0.0 线圈在此之前并未得电，其对应的常开触点处于断开状态，因此执行至网络 3 时，尽管 M0.0 得电，但 M0.2 仍不得电，M0.2 的常闭触点处于闭合状态。执行至网络 4，Q0.0 得电（On）并自锁。此后，多次循环扫描执行这部分程序，但由于 M0.0 仅接通一个扫描周期，M0.2 不可能得电。由于 Q0.0 已接通，对应的常开触点闭合，为 M0.2 的得电做好了准备。

③ 等到 t_1 时刻，输入 I0.0 再次接通（On），M0.0 上再次产生单脉冲。此时在执行网络 3 时，M0.2 条件满足得电，M0.2 对应的常闭触点断开。执行网络 4 时，Q0.0 线圈失电（Off）。之后 I0.0 继续存在，但由于 M0.0 是单脉冲信号，虽多次扫描执行第 4 行程序，Q0.0 也不可能得电。

④ 在 t_2 时刻，I0.0 第三次接通（On），M0.0 上又产生单脉冲，输出 Q0.0 再次接通（On）。

⑤ t_3 时刻，Q0.0 再次失电（Off），循环往复。这样 Q0.0 正好是 I0.0 脉冲信号的二分频。

6.1.2 控制信号的三分频

① 三分频示意如图 6-3 所示。

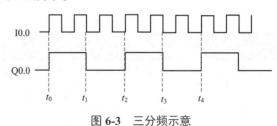

图 6-3 三分频示意

② 实现三分频的 PLC 程序如图 6-4 所示。

控制程序

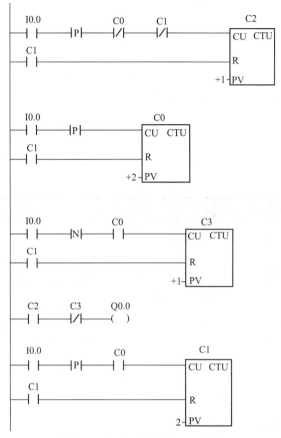

图 6-4 实现三分频的 PLC 程序

程序说明

① Q0.0 产生的脉冲信号是 I0.0 脉冲信号的三分频。程序设计用了四个计数器 C0、C1、C2 和 C3。

② 当输入 I0.0 在 t_0 时刻接通（On）时，C2=On，Q0.0 得电（On）。

③ t_1 时刻，当输入 I0.0 第 2 次接通后断开时，C3=On，其对应的常闭接点断开，Q0.0 失电（Off）。

④ 等到 t_2 时刻，当输入 I0.0 第 4 次接通（On）时，输出 Q0.0 再次接通（On），循环往复。这样 Q0.0 正好是 I0.0 脉冲信号的三分频。

⑤ 本程序适当修改计数器计数值可实现 5 分频、7 分频、9 分频等。

⑥ 去掉下降沿并适当修改计数值可实现 2 分频、4 分频、6 分频等。

6.2 电动机正反转自动循环程序

范例示意如图 6-5 所示。

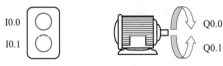

图 6-5 范例示意

 控制要求

用按钮控制电动机，当按下启动按钮时，电动机正转 5s 后停止，停止 1s 后电动机自动切换为反转 5s，之后停止 1s，再自动切换至正转，不断循环。

元件说明

元件说明见表 6-2。

表 6-2 元件说明

PLC 软元件	控制说明
I0.0	电动机启动和初始化按钮，按下时，I0.0 状态由 Off → On
I0.1	电动机停止按钮，按下时，I0.1 状态由 Off → On
T37 ~ T41	时基为 100ms 的定时器
M0.0	内部辅助继电器
Q0.1	电动机正转接触器
Q0.2	电动机反转接触器

控制程序

控制程序如图 6-6 所示。

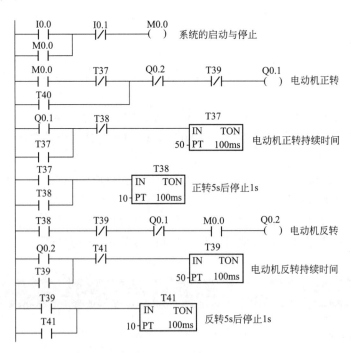

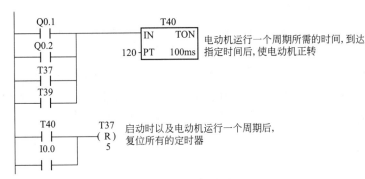

二维码 97

图 6-6　控制程序

◀程序说明▶

① 按下启动按钮 I0.0 时，I0.0 得电，常开触点闭合，I0.1 失电，常闭触点闭合，M0.0 得电并自锁，程序开始运行。

② 当 M0.0=On 时，Q0.1=On，电动机正转运行，且 T37 开始计时，经 5s 后，T37=On，Q0.1=Off，电动机停止。同时，T38 开始计时，1s 后，T38=On，Q0.2=On，电动机反转，同时 T39 开始计时，5s 后，T39=On，电动机停止。T41 开始计时，1s 后，T41=On，定时器 T39 失电，T40=On，复原指令被执行，T37、T38、T39、T40、T41 被复位，且 Q0.1=On，电动机正转，并以此步骤循环运行。

③ I0.0 既为启动开关，也为初始化开关，按下后，复原指令被执行，T37、T38、T38、T40、T41 被复位。

6.3　双储液罐单水位控制

范例示意如图 6-7 所示。

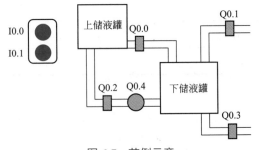

图 6-7　范例示意

◀控制要求▶

储液罐是一些工业、农业场所经常会用到的设备，对其内部水位的控制也是产品制造流程中不可或缺的一部分。目前，储液罐的水位控制多包含在大型的控制工程中，这里仅仅是取其中一个比较简单的双储液罐连动的单水位控制进行说明。控制要求如下。

① 储液罐分为上下两罐，两罐都有各自的进水管和排水管，上水罐的排水管和进水管

连接下水罐。

② 上灌进水的顺序为先打开进水阀门 Q0.2，然后延时 2s 启动压水泵 Q0.4。停止时，先关闭压水泵 Q0.4，再关闭阀门 Q0.2。

③ 下罐水位超高时，两罐都排水，即下罐排水，下罐同时向上罐进水；下罐水位较高时，下罐向上罐进水；下罐水位正常时，阀门都不启动；下罐水位较低时，上罐排水，下罐水位低时，下罐进水；下罐水位超低时下罐进水，上罐同时向下罐排水。

元件说明

元件说明见表 6-3。

表 6-3　元件说明

PLC 软元件	控制说明
I0.0	启动按钮，按下时，I0.0 状态由 Off → On
I0.1	停止按钮，按下时，I0.1 状态由 Off → On
I0.2	下罐超低水位传感器，检测到信号时，I0.2 状态由 Off → On
I0.3	下罐低水位传感器，检测到信号时，I0.3 状态由 Off → On
I0.4	下罐正常水位传感器，检测到信号时，I0.4 状态由 Off → On
I0.5	下罐高水位传感器，检测到信号时，I0.5 状态由 Off → On
I0.6	下罐超高水位传感器，检测到信号时，I0.6 状态由 Off → On
M0.0、M0.1	内部辅助继电器
T37、T38	时基为 100ms 的定时器
Q0.0	上罐排水阀
Q0.1	下罐进水阀
Q0.2	上罐进水阀
Q0.3	下罐排水阀
Q0.4	压水泵接触器

控制程序

控制程序如图 6-8 所示。

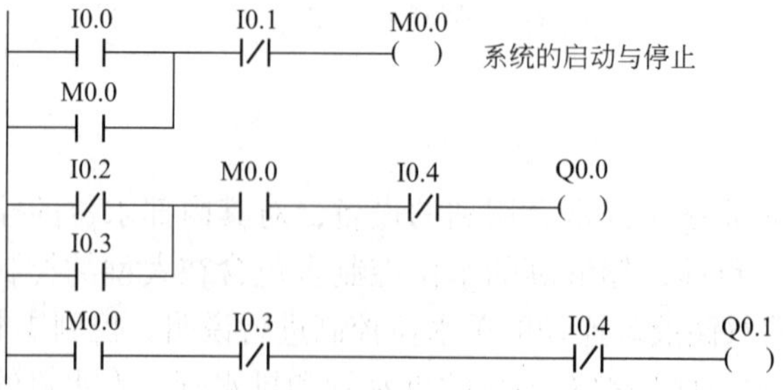

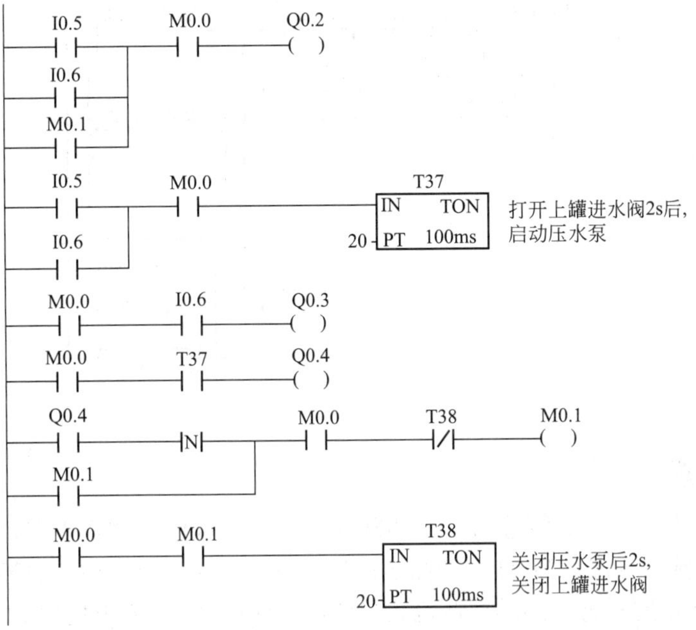

图 6-8　控制程序

程序说明

① 启动时，按下启动按钮 I0.0，I0.0=On，M0.0 得电并自锁，控制系统启动。

② 系统维持水位恒定时，有以下几种情况。

a. 当下罐水位超低，位于超低水位传感器以下时，I0.2=Off，I0.2 常闭触点得电，Q0.0=On，Q0.1=On，上罐排水阀和下罐进水阀打开，下罐水位上升。当水位到达低水位时，低水位传感器发出信号，I0.3=On，Q0.0=On，Q0.1=Off，下罐进水阀关闭，上罐排水阀打开，水位继续上升。当水位上升到正常水位时，I0.4=On，所有阀门均关闭。

b. 当下罐水位超高时，超高水位传感器发出信号，I0.6=On，Q0.2=On，Q0.3=On，下罐排水阀和上罐进水阀打开，定时器开始计时，2s 后，T37=On，压水泵启动，水位开始下降。当水位到达高水位时，I0.6 失电，高水位传感器发出信号，I0.5=On，Q0.3=Off，下罐排水阀关闭，上罐进水阀继续打开，水位继续下降。当水位到达正常水位时，I0.4=On，I0.5 失电，则 Q0.4 失电，压水泵停止，Q0.4 输出一个下降沿，M0.1=On，计时 2s，定时器开始计时，2s 后，T38=On，M0.1 失电，Q0.2 失电，上罐进水阀关闭。

③ 关闭时，按下停止按钮 I0.1，I0.1=On，M0.0 失电，控制系统停止。

6.4　产品批量包装与产量统计

范例示意如图 6-9 所示。

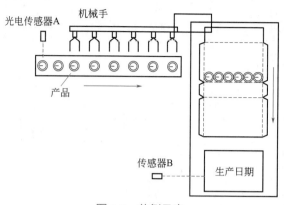

图 6-9　范例示意

控制要求

在产品包装线上，光电传感器每检测到 6 个产品，机械手动作 1 次，将 6 个产品转移到包装箱中，机械手复位，当 24 个产品装满后，进行打包，打印生产日期，日产量统计，最后下线。如图 6-9 所示为产品的批量包装与产量统计示意图，光电传感器 A 用于检测产品，6 个产品通过后，向机械手发出动作信号，机械手将这 6 个产品转移至包装箱内，转移 4 次后，开始打包，打包完成后，打印生产日期；传感器 B 用于检测包装箱，统计产量，下线。

元件说明

元件说明见表 6-4。

表 6-4　元件说明

PLC 软元件	控制说明
I0.0	产品光电传感器，感应到产品时，I0.0 状态由 Off → On
I0.1	机械手完成，完成时，I0.1 状态由 Off → On
I0.2	打包完成，完成时，I0.2 状态由 Off → On
I0.3	产量光电传感器，感应到产品时，I0.3 状态由 Off → On
I0.4	产量计数复位，按下时，I0.4 状态由 Off → On
Q0.0	机械手
Q0.1	打包机
Q0.2	打号机
C0	16 位计数器
C1	16 位计数器
C112	16 位计数器

控制程序

控制程序如图 6-10 所示。

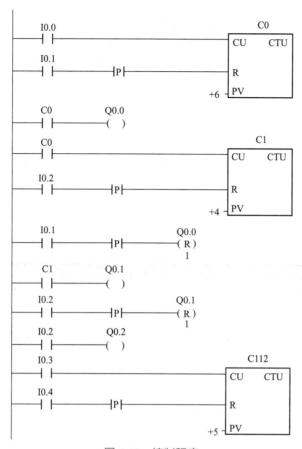

图 6-10 控制程序

程序说明

① 光电传感器每检测到 1 个产品时，I0.0 就触发 1 次（Off → On），C0 计数 1 次。

② 当 C0 计数达到 6 次时，C0 的常开触点闭合，Q0.0=On，机械手执行移动动作，同时 C1 计数 1 次。

③ 当机械手移动动作完成后，机械手完成传感器接通，I0.1 状态由 Off → On 变化 1 次，复原指令被执行，Q0.0 和 C0 均被复位，等待下次移动。

④ 当 C1 计数达 4 次时，C1 的常开触点闭合，Q0.1=On，打包机将纸箱折叠并封口，完成打包后，I0.2 状态由 Off → On 变化 1 次，复原指令被执行，Q0.1 和 C1 均被复位，同时 Q0.2=On，打号器将生产日期打印在包装箱表面。

⑤ 光电传感器检测到包装箱时，I0.3 就触发 1 次（Off → On），C112 计数 1 次。按下清零按钮 I0.4 可将产品产量记录清零，又可对产品数从 0 开始进行计数。

6.5 圆盘间歇旋转四圈控制

范例示意如图 6-11 所示。

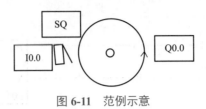

图 6-11 范例示意

控制要求

圆盘旋转由电动机控制,按下启动按钮,圆盘开始旋转,每转一圈后停 3s,转四圈后停止。

元件说明

元件说明见表 6-5。

表 6-5 元件说明

PLC 软元件	控 制 说 明
I0.0	限位开关,圆盘到达原位时,I0.0 状态由 Off → On
I0.1	启动按钮,按下时,I0.1 状态由 Off → On
T37	计时 3s 定时器,时基为 100ms 的定时器
I0.2	停止按钮,按下后,I0.2 状态由 Off → On,圆盘停止转动
Q0.0	电动机接触器

控制程序

控制程序如图 6-12 所示。

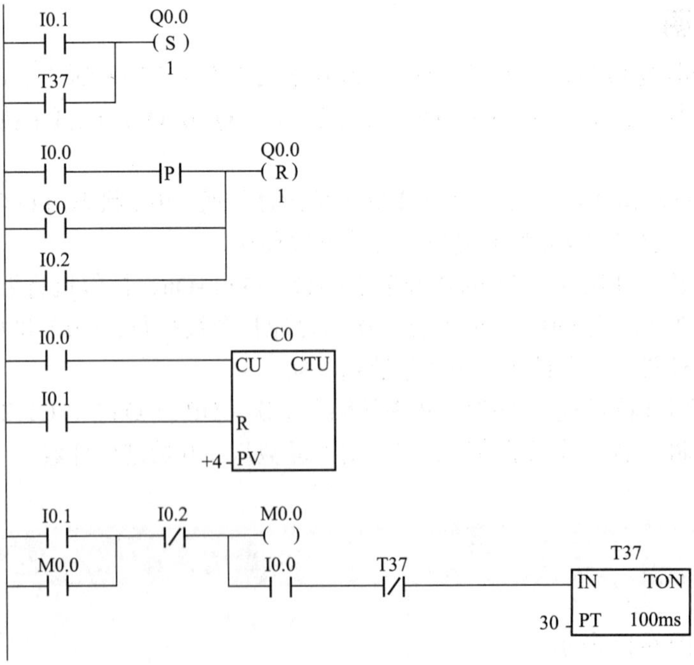

图 6-12 控制程序

程序说明

① 圆盘在原初始位置时，限位开关受压，I0.0=On，但此时定时器不得电，计数器不计数。

② 按下启动按钮I0.1，I0.1=On，Q0.0置位，Q0.0=On，圆盘开始旋转，限位开关不再受压，I0.0=Off，由于I0.1=On，计数器复位，M0.0得电自锁。

③ 当圆盘旋转一圈，又重新回到初始位置时，碰到并且压下限位开关I0.0，I0.0=On，I0.0常开触点闭合，通过一个上微分操作指令产生上升沿，Q0.0复位，Q0.0=Off，圆盘停止转动，同时C0计一次数，定时器T37开始计时，3s后，T37=On，使得Q0.0再次置位，圆盘旋转。圆盘每转一圈，计数器C0计数一次，当计数值达到4时，C0=On，计数器C0常开触点闭合，使Q0.0始终处于复位状态，全部过程结束。

④ 在圆盘转动的过程中，若按下停止按钮I0.2，I0.2=On，I0.2常开触点闭合，使Q0.0复位，I0.2常闭接点断开，使M0.0失电，定时器T37复位。

6.6 污水处理系统

范例示意如图6-13所示。

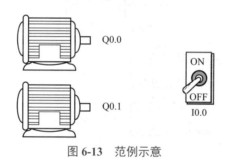

图 6-13 范例示意

控制要求

一个污水池，由两台污水泵实现对其污水的排放处理，两台污水泵定时循环工作，以有效地保护电动机，延长其使用寿命，每间隔1h实现换泵。当污水液位达到超高液位时，两台泵也可以同时投入运行。

元件说明

元件说明见表6-6。

表 6-6 元件说明

PLC 软元件	控 制 说 明
I0.0	启动/停止开关，拨动到"On"位置时，I0.0状态为"On"
I0.1	水位上限传感器，水位到达上限时，I0.1状态为"On"
Q0.0	1号污水泵电动机接触器
Q0.1	2号污水泵电动机接触器

PLC 软元件	控 制 说 明
M1.0	1 号污水泵电动机定时值到达标志
M1.1	2 号污水泵电动机定时值到达标志
T37 ～ T40	时基为 100ms 定时器
M0.0 ～ M0.3	内部辅助继电器

控制程序

控制程序如图 6-14 所示。

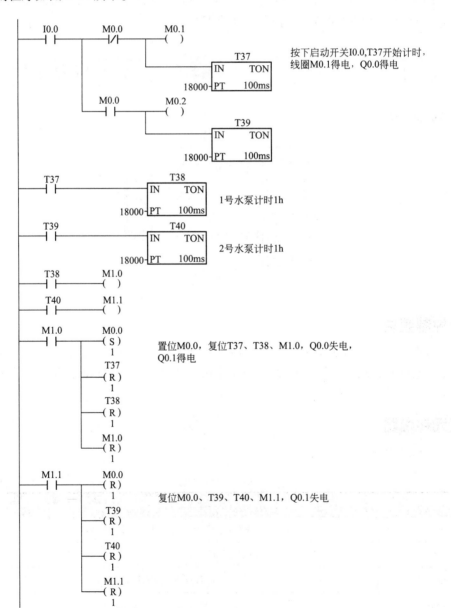

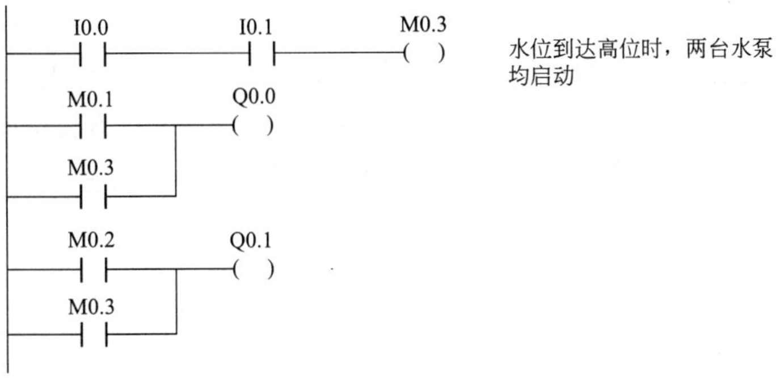

```
    I0.0        I0.1        M0.3
────┤├─────────┤├──────────( )          水位到达高位时，两台水泵
                                         均启动
    M0.1        Q0.0
────┤├─────┬──( )
    M0.3   │
────┤├─────┘

    M0.2        Q0.1
────┤├─────┬──( )
    M0.3   │
────┤├─────┘
```

图 6-14 控制程序

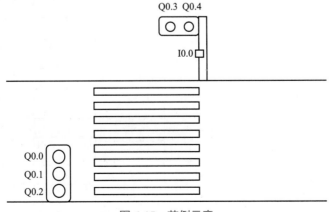

程序说明

① 按下启动开关 I0.0，T37 开始计时，线圈 M0.1 得电，Q0.0 得电，1 号污水泵开始工作。30min 后 T37 常开触点闭合，T38 开始计时，30min 后 T38 常开触点闭合，M1.0 得电，常开触点闭合，M0.0 置位，T37、T38、M1.0 复位，Q0.0 失电，1 号污水泵停止工作。M0.0 常开触点闭合，T39 开始计时，线圈 M0.2 得电，常开触点闭合，Q0.1 得电，2 号污水泵开始工作。30min 后 T39 常开触点闭合，T40 开始计时，30min 后 T40 常开触点闭合，M1.1 得电，常开触点闭合，M0.0、T39、T40、M1.1 复位，Q0.1 失电，2 号污水泵停止工作。

② 开关 I0.0 闭合时，通过控制 M0.0 的导通和关断来控制 M0.1 或 M0.2 的导通和关断，从而控制两台污水泵电动机的轮流运行。

③ 开关 I0.0 闭合时，当污水水位到达上限时，I0.1 得电，常开触点闭合，线圈 M0.3 得电，Q0.0、Q0.1 得电，两台污水泵电动机均运行。

④ T37 ～ T63、T101 ～ T255 号定时器可提供最高达到 3276.7s 的定时设置时间，因此定时 1h 需两个定时器才能完成。

6.7 按钮人行道交通灯控制

范例示意如图 6-15 所示。

图 6-15 范例示意

◀ 控制要求 ▶

人行道的交通灯由行人控制，马路方向（东西方向）设红、黄、绿交通灯，人行道方向（南北方向）设红、绿交通灯，在人行道的两边各设一个按钮，当行人要过人行道时按下路边的按钮。当交通灯已经进入运行状态时，再按按钮将不起作用。

◀ 元件说明 ▶

元件说明见表 6-7。

表 6-7　元件说明

PLC 软元件	控制说明
I0.0	路北控制交通灯按钮，按下时，I0.0 状态由 Off → On
	路南控制交通灯按钮，按下时，I0.0 状态由 Off → On
Q0.0	车道绿灯
Q0.1	车道黄灯
Q0.2	车道红灯
Q0.3	人行道红灯
Q0.4	人行道绿灯
M0.0	内部辅助继电器
T37 ~ T44	时基为 100ms 的定时器

◀ 控制程序 ▶

控制程序如图 6-16 所示。

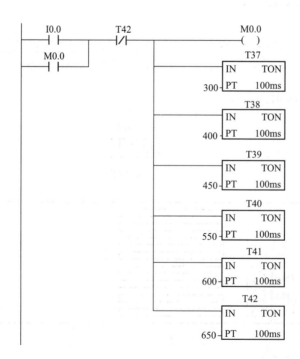

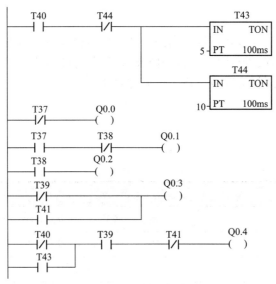

图 6-16 控制程序

▢ 【程序说明】

① 未按下按钮时，Q0.0 和 Q0.3 得电，人行道红灯亮，车道绿灯亮。

② 按下按钮 I0.0，M0.0 得电并自锁，将定时器 T37 ～ T42 接通开始延时。首先，T37 延时 30s 后 Q0.0 失电，车道绿灯灭，Q0.1 得电，车道黄灯亮。再过 10s，T38 计时时间到，Q0.1 失电，车道黄灯灭，Q0.2 得电，车道红灯亮。5s 后 T39 计时时间到，Q0.3 失电，人行道红灯灭，Q0.4 得电，人行道绿灯亮，行人可以通行。10s 后 T40 计时时间到，接通 T43、T44 组成的振荡电路，T43 常开触点使 Q0.4 线圈亮 0.5s、灭 0.5s，即人行道绿灯闪烁 5s 后，T41 计时时间到，Q0.4 失电，Q0.3 得电，人行道绿灯灭，红灯亮。5s 后 T42 计时时间到，T42 常闭触点使 M0.0 和所有定时器复位，恢复到初始状态，完成一次人行道通行。

6.8 液体混合计数

范例示意如图 6-17 所示。

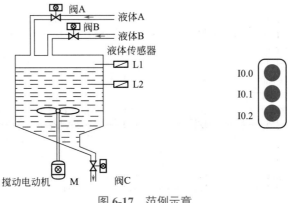

图 6-17 范例示意

控制要求

按下启动按钮后，自动按顺序向容器注入 A、B 两种液体，到达规定的注入量后，由搅拌机对混合液体进行搅拌，搅拌均匀后打开阀门，让混合液体从流出口流出。每混合一次，计数一次，混合 100 次时目标完成，指示灯亮并停止工作。

元件说明

元件说明见表 6-8。

表 6-8　元件说明

PLC 软元件	控 制 说 明
I0.0	启动按钮，按下时，I0.0 状态由 Off → On
I0.1	控制按钮，按下时，I0.1 状态由 Off → On
I0.2	清零按钮
I0.3	低水位浮标传感器，水位到达该处时，I0.3 状态由 Off → On
I0.4	高水位浮标传感器，水位到达该处时，I0.4 状态由 Off → On
Q0.0	液体 A 流入阀门
Q0.1	液体 B 流入阀门
Q0.2	搅拌电动机
Q0.3	混合液体流出阀门
Q0.4	目标完成指示灯
T37	计时 60s 定时器，时基为 100ms 的定时器
T38	计时 20s 定时器，时基为 100ms 的定时器
C120	增计数器

控制程序

控制程序如图 6-18 所示。

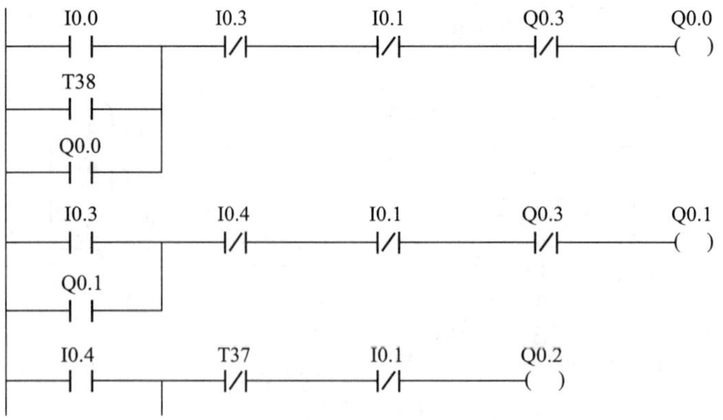

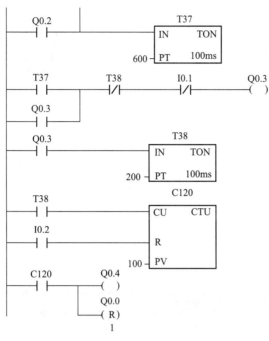

图 6-18　控制程序

程序说明

① 按启动按钮，I0.0 常开触点得电，I0.0=On，Q0.0=On 并自锁，阀门打开，注入液体 A，直到碰到低水位浮标传感器后，I0.3 常闭触点断开，停止液体 A 注入。

② 碰到低水位浮标传感器后，I0.3=On，I0.3 常开触点闭合，则 Q0.1=On 并自锁，直到碰到高水位浮标传感器后，I0.4 常闭触点断开，停止液体 B 注入。

③ 碰到高水位浮标传感器后，I0.4=On，I0.4 常开触点闭合，则 Q0.2=On 并自锁，搅拌电动机开始工作，同时定时器 T37 开始计时，60s 后，T37=On，Q0.2 被关断，搅拌电动机停止工作，Q0.3=On 并自锁，混合液体开始流出。

④ Q0.3=On 后，定时器 T38 开始执行，到达预设值 20s 后，T38=On，Q0.3 被关断，混合液体停止流出。同时，Q0.0=On，又开始注入液体 A，进入下一轮循环。

⑤ 每混合一次，C120 计数一次，计数到 100 次，C120 常开接点闭合，Q0.4=On，目标完成指示灯亮，同时 Q0.0 复位，停止工作。

⑥ 下次启动前需按 I0.2 按钮使计数器清零，C120 复位。

⑦ 当系统出现故障时，按下急停按钮，I0.1=On，其常闭触点断开，所有输出均被关断，系统停止工作。

6.9　用定时器编写的电动机正反转自动循环控制程序

范例示意如图 6-19 所示。

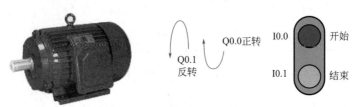

图 6-19 范例示意

🡒 ❮控制要求❯

按下启动按钮，电动机正转，3min 后自动切换为反转，再经过 3min 自动切换回正转，如此不断循环；按下停止按钮，电动机停止。

🡒 ❮元件说明❯

元件说明见表 6-9。

表 6-9　元件说明

PLC 软元件	控 制 说 明
I0.0	启动按钮，按下时，I0.0 状态由 Off → On
I0.1	停止按钮，按下时，I0.1 状态由 Off → On
M0.0	内部辅助继电器
Q0.0	正转接触器
Q0.1	反转接触器
T37	计时 180s 定时器，时基为 100ms 的定时器
T38	计时 180s 定时器，时基为 100ms 的定时器
T39	计时 360s 定时器，时基为 100ms 的定时器

🡒 ❮控制程序❯

控制程序如图 6-20 所示。

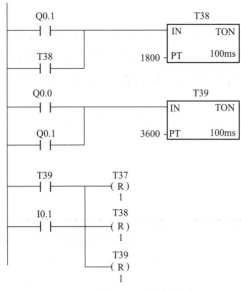

图 6-20 控制程序

《程序说明》

① 按下启动按钮，I0.0=On，M0.0=On 并自锁，M0.0 常开触点闭合，Q0.0 得电，电动机正转，T37、T39 开始计时。

② 3min 后，T37=On，T37 常闭触点断开，Q0.0=Off；T37 常开触点闭合，Q0.1=On，电动机反转，T38 开始计时。

③ 再经 3min 后，T38=On，T38 常闭触点断开，Q0.1=Off，同时计时已满 6min，T39=On，T37、T38、T39 被复位，同时 Q0.0=On，电动机正转。

④ 按下停止按钮，I0.1=On，常闭触点断开，M0.0 失电，电动机立即停止。

⑤ 当再次按下启动按钮时，T37、T38 被复位，无论上次电动机在何状态时停止，电动机均从正转开始运转。

6.10 权限相同普通三组抢答器

范例示意如图 6-21 所示。

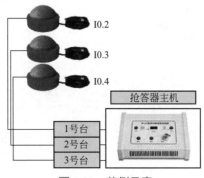

图 6-21 范例示意

控制要求

① 参赛者共分为三组，每组有一个抢答器按钮。当主持人按下开始抢答按钮后，开始抢答指示灯亮，若在 10s 内有人抢答，则先按下的抢答按钮信号有效，相应的抢答指示灯亮。

② 当主持人按下抢答按钮后，如果在 10s 内无人抢答，则撤销抢答指示灯亮，表示抢答器自动撤销此次抢答信号。

③ 当主持人再次按下抢答按钮后，所有抢答指示灯熄灭。

元件说明

元件说明见表 6-10。

表 6-10   元件说明

PLC 软元件	控 制 说 明
I0.0	启动按钮，按下时，I0.0 状态由 Off → On
I0.1	开始抢答按钮，按下时，I0.1 状态由 Off → On
I0.2	1 组抢答按钮，按下时，I0.2 状态由 Off → On
I0.3	2 组抢答按钮，按下时，I0.3 状态由 Off → On
I0.4	3 组抢答按钮，按下时，I0.4 状态由 Off → On
I0.5	停止按钮，按下时，I0.5 状态由 Off → On
Q0.0	抢答器启动指示灯
Q0.1	开始抢答指示灯
Q0.2	1 组抢答指示灯
Q0.3	2 组抢答指示灯
Q0.4	3 组抢答指示灯
Q0.5	撤销抢答指示灯
T37	计时 10s 定时器，时基为 100ms 的定时器

控制程序

控制程序如图 6-22 所示。

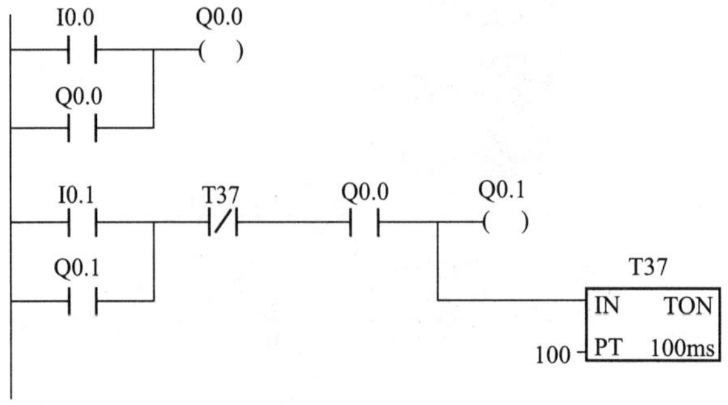

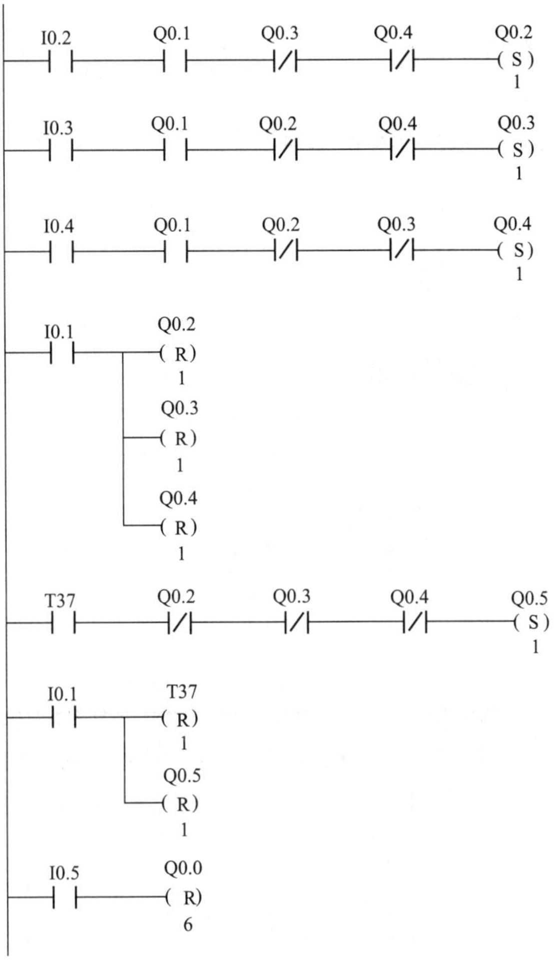

```
 I0.2      Q0.1      Q0.3      Q0.4      Q0.2
──┤ ├──────┤ ├──────┤/├──────┤/├───────( S )
                                          1

 I0.3      Q0.1      Q0.2      Q0.4      Q0.3
──┤ ├──────┤ ├──────┤/├──────┤/├───────( S )
                                          1

 I0.4      Q0.1      Q0.2      Q0.3      Q0.4
──┤ ├──────┤ ├──────┤/├──────┤/├───────( S )
                                          1

 I0.1      Q0.2
──┤ ├──────( R )
              1
           Q0.3
           ( R )
              1
           Q0.4
           ( R )
              1

 T37       Q0.2      Q0.3      Q0.4      Q0.5
──┤ ├──────┤/├──────┤/├──────┤/├───────( S )
                                          1

 I0.1      T37
──┤ ├──────( R )
              1
           Q0.5
           ( R )
              1

 I0.5      Q0.0
──┤ ├──────( R )
              6
```

图 6-22　控制程序

程序说明

① 当按下启动按钮 I0.0 时，I0.0=On，同时 Q0.0 得电，Q0.0=On 并自锁，抢答器启动。

② 当按下开始抢答按钮 I0.1 时，I0.1=On，同时 Q0.1 得电，Q0.1=On 并自锁，开始抢答指示灯亮，同时定时器 T37 也开始计时。

③ 若 2 组抢答，则 I0.3=On，Q0.3=On，2 组抢答指示灯亮，同时使 Q0.3 常闭触点断开，1 组、3 组抢答失效。

④ 若 10s 内无人抢答，则 T37 定时器达到预设值，T37=On，Q0.1 失电，Q0.1=Off，开始抢答指示灯灭，3 个组均失去了抢答机会。同时，Q0.5=On，撤销抢答指示灯亮。

⑤ 无论是否有人抢答，当再次按下开始抢答按钮 I0.1 时，Q0.2 ～ Q0.5 复位，所有指示灯熄灭，定时器 T37 复位，开始抢答指示灯亮，进行新一轮的抢答。

⑥ 当按下关闭按钮 I0.5 时，I0.5=On，Q0.0 ～ Q0.5 复位，抢答器关闭。

6.11 权限相同普通三组带数码管显示的抢答器

范例示意如图 6-23 所示。7 段显示的组成以及用于 7 段显示的 8 位数据见表 6-11。

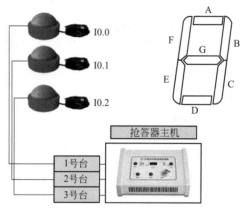

图 6-23 范例示意

表 6-11 7 段显示的组成以及用于 7 段显示的 8 位数据

7 段显示的组成	用于 7 段显示的 8 位数据							7 段显示
	一	G	F	E	D	C	B	A	
	0	0	1	1	1	1	1	1	0
	0	0	0	0	0	1	1	0	1
	0	1	0	1	1	0	1	1	2
	0	1	0	0	1	1	1	1	3
	0	1	1	0	0	1	1	0	4
	0	1	1	0	1	1	0	1	5
	0	1	1	1	1	1	0	1	6
	0	0	0	0	0	1	1	1	7
	0	1	1	1	1	1	1	1	8
	0	1	1	0	1	1	1	1	9
	0	1	1	1	0	1	1	1	A
	0	1	1	1	1	1	0	0	B
	0	0	0	1	1	1	0	0	1	C
	0	1	0	1	1	1	1	0	D
	0	1	1	1	1	0	0	1	E
	0	1	1	1	0	0	0	1	F

A(Q0.2)

F(Q1.0)   B(Q0.3)

G

E(Q0.6) Q0.7 C(Q0.4)

D(Q0.5)

控制要求

在主持人宣布开始按下抢答按钮 I0.4 后，主持人台上的绿灯变亮，如果在 10s 内有人抢答，则数码管显示该组的组号；如果在 10s 内没有人抢答，则主持人台上的红灯亮起。只有主持人再次复位后才可以进行下一轮抢答。

元件说明

元件说明见表 6-12。

表 6-12　元件说明

PLC 软元件	控 制 说 明
I0.0	1 组抢答按钮，按下时，I0.0 状态由 Off → On
I0.1	2 组抢答按钮，按下时，I0.1 状态由 Off → On
I0.2	3 组抢答按钮，按下时，I0.2 状态由 Off → On
I0.3	复位按钮，按下时，I0.3 状态由 Off → On
I0.4	开始抢答按钮，按下时，I0.4 状态由 Off → On
Q0.0	开始抢答指示灯
Q0.1	撤销抢答指示灯
Q0.2 ～ Q0.7，Q1.0	数码管各段二极管
T37	计时 10s 定时器，时基为 100ms 的定时器

控制程序

控制程序如图 6-24 所示。

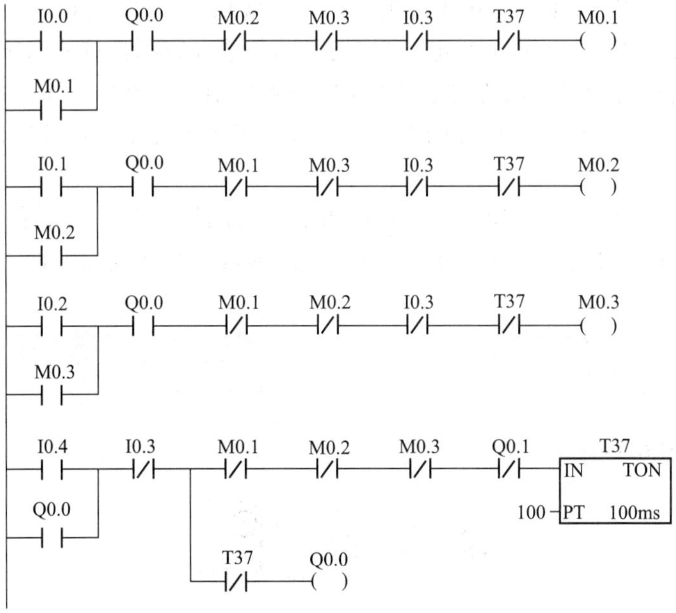

图 6-24

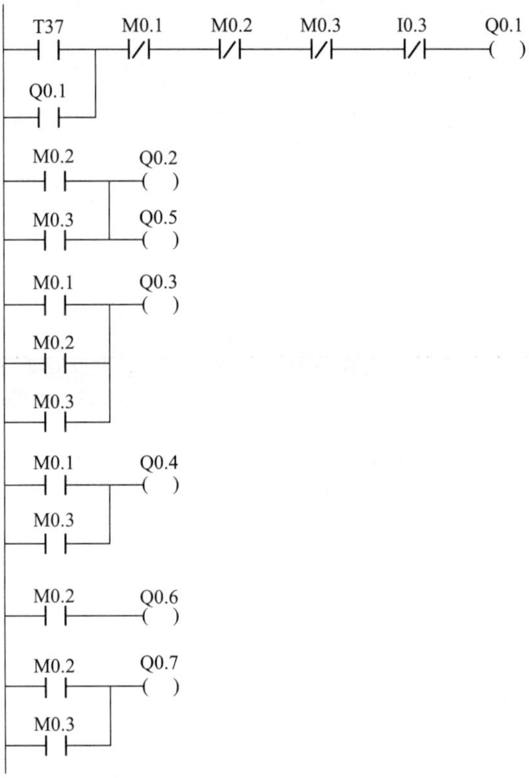

图 6-24 控制程序

程序说明

① 当主持人按下抢答按钮 I0.4 时，I0.4=On，定时器 T37 开始计时，Q0.0 得电，Q0.0=On 并自锁，主持人台上的绿灯即开始抢答指示灯亮，若在 10s 内第 1 组按下抢答按钮，则 I0.0=On，M0.1 得电，M0.1=On 并自锁，同时，M0.1 常闭接点断开，则 2、3 两组抢答器失效，数码管显示"1"（2 组或 3 组抢答成功的两种情况数码管将分别显示"2"或"3"）；若 10s 内，三组都没有抢答，则达到定时器 T37 的预设值，T37=On，T37 的常闭触点断开，Q0.1=On，主持人台上的红灯即撤销抢答指示灯亮。则此时，M0.1、M0.2、M0.3 不再有机会得电，失去抢答机会。

② 当主持人按下复位按钮 I0.3 时，I0.3=On，所有的灯都熄灭，开始进行下一轮抢答。

③ 使用数码显示功能使得抢答组号更加直观地展现在观众眼前，将有利于公平比赛。

6.12 定时器实现跑马灯控制

范例示意如图 6-25 所示。

图 6-25 范例示意

控制要求

跑马灯的实现，也就是灯的亮、灭沿某一方向依次移动。按下 I0.0，三个灯依次点亮，当下一个灯点亮时，上一个灯同时熄灭，并循环。按下 I0.1，灯熄灭，不再循环。

元件说明

元件说明如表 6-13 所示。

表 6-13　元件说明

PLC 软元件	控 制 说 明
I0.0	启动控制按钮，按下时，I0.0 状态由 Off → On
I0.1	停止控制按钮，按下时，I0.1 状态由 Off → On
Q0.0 ～ Q0.2	灯 L1 ～ L3
T37 ～ T39	计时 1s 定时器，时基为 100ms 的定时器

控制程序

控制程序如图 6-26 所示。

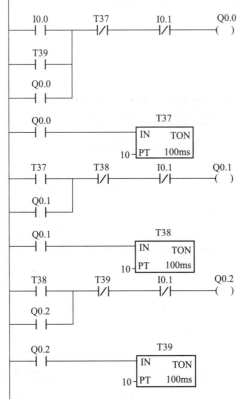

图 6-26　控制程序

程序说明

① 按下 I0.0 启动按钮时，I0.0 得电，Q0.0 导通并自锁，灯 L1 亮。同时 T37 开始计时，

1s 后 T37 常闭触点断开，Q0.0=Off；T37 常开触点闭合，Q0.1=On；即灯 L1 熄灭，灯 L2 亮。同时 T38 开始计时，1s 后 T38 常闭触点断开，Q0.1=Off；T38 常开触点闭合；Q0.2=On，即灯 L2 熄灭，灯 L3 亮。接下来，灯 L3 熄灭，灯 L1 点亮。此过程不断循环。

② 按下 I0.1 停止控制按钮时，I0.1 常闭触点断开，灯熄灭，并不再循环。

6.13 广告灯控制

范例示意如图 6-27 所示。

图 6-27　范例示意

控制要求

一组广告灯包括 8 个彩色 LED（从左到右依次排开），启动时，要求 8 个彩色 LED 从右到左逐个点亮，全部点亮时，再从左到右逐个熄灭。全部熄灭后，再从左到右逐个点亮，全部点亮时，再从右到左逐个熄灭，并不断重复上述过程。

元件说明

元件说明见表 6-14。

表 6-14　元件说明

PLC 软元件	控 制 说 明
I0.0	广告灯启动开关，按下时，I0.0 状态由 Off → On
T37	计时 1s 定时器，时基为 100ms 的定时器
T38	计时 8s 定时器，时基为 100ms 的定时器
Q0.0 ～ Q0.7	8 个彩色 LED
M0.0、M0.1	内部辅助继电器

控制程序

控制程序如图 6-28 所示。

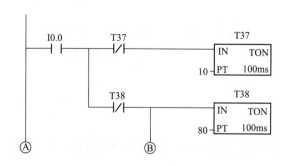

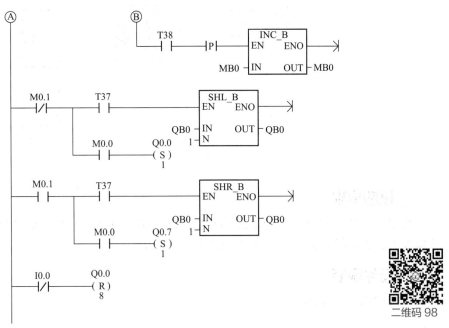

图 6-28 控制程序

二维码 98

程序说明

① 按下启动开关，I0.0 常开触点闭合，T37、T38 开始计时，8s 后执行一次 INC 加 1 指令，M0.1=Off，M0.0=On，M0.0 得电，Q0.0 置位，T37 每隔 1s 发出一个脉冲，执行左移指令，将 Q0.0 的 1 依次左移至 Q0.1 ～ Q0.7，8 个 LED 依次点亮，最后全亮。

② T38 隔 8s 再发一个脉冲，执行一次 INC 加 1 指令，M0.1=On，M0.0=Off，M0.1 常开触点闭合，M0.0 常开触点断开，执行右移指令，T37 每隔 1s 发出一个脉冲，右移一次，每右移一次，最左位补 0，0 依次右移到 Q0.6 ～ Q0.0，8 个 LED 依次熄灭，最后全灭。

③ T38 隔 8s 再发一个脉冲，执行一次 INC 加 1 指令，M0.1=On，M0.0=On，M0.1、M0.0 常开触点都闭合，执行右移指令，并将 Q0.7 置位，T37 每隔 1s 发一个脉冲，将 Q0.7 的 1 依次右移至 Q0.6 ～ Q0.0，8 个 LED 依次点亮，最后全亮。

④ T38 隔 8s 再发一个脉冲，执行一次 INC 加 1 指令，M0.1=Off，M0.0=Off，M0.1 常闭触点闭合，M0.0 常开触点断开并执行左移指令，每左移一位，最右位 Q0.0 即补 0，T37 每隔 1s 发出一个脉冲，最右位补 0，0 依次左移到 Q0.0 ～ Q0.7，8 个 LED 依次熄灭，最后全灭。

⑤ T38 每隔 8s 发出一个脉冲，不断重复上述过程。

6.14 火灾报警控制

范例示意如图 6-29 所示。

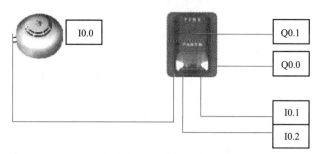

图 6-29 范例示意

▶ ◀控制要求▶

　　要求在火灾发生时，报警器能够发出间断的报警灯示警和长鸣的蜂鸣警告，并且能够让监控人员做出报警响应，且可以测试报警灯是否正常。

▶ ◀元件说明▶

　　元件说明见表 6-15。

表 6-15　元件说明

PLC 软元件	控 制 说 明
I0.0	火焰传感器，有火灾发生时，I0.0 状态由 Off → On
I0.1	监控人员报警响应开关，按下 I0.1 后，I0.1 状态由 Off → On
I0.2	报警灯测试按钮，按下 I0.2 后，I0.2 状态由 Off → On
T37	计时 1s 的定时器，时基为 100ms 的定时器
T38	计时 1s 的定时器，时基为 100ms 的定时器
Q0.0	报警灯
Q0.1	蜂鸣器
M0.0	内部辅助继电器

▶ ◀控制程序▶

　　控制程序如图 6-30 所示。

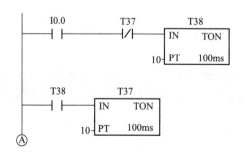

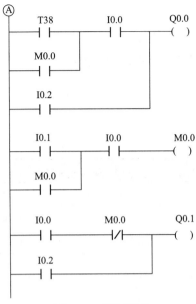

图 6-30　控制程序

程序说明

① 火灾发生时，I0.0=On，Q0.1=On，蜂鸣器蜂鸣发出报警；同时，定时器 T38 开始计时，1s 后计时时间到，T38=On，T38 常开触点闭合。定时器 T37 开始计时，1s 后计时时间到，T37=On，T37 常开触点闭合，常闭触点断开。定时器 T38 复位，进而定时器 T37 复位，随后，定时器 T38 又开始计时，如此反复，定时器 T38 的常开触点在接通 1s 和断开 1s 之间往复循环。

② 定时器 T38 的常开触点在接通 1s 和断开 1s 之间反复地切换，使得报警灯 Q0.0 闪烁。

③ 如火灾发生，报警器发出报警后，监控人员按下 I0.1 作为对已知灾情做出的响应，当按下 I0.1 后，I0.1=On，M0.0=On，M0.0 的常开触点闭合，常闭触点断开，使得 Q0.1=Off，蜂鸣器被关闭，同时，由于 M0.0 的常开触点闭合，报警灯 Q0.0 通过自锁结构保持点亮状态，不再闪烁。

④ 当没有火灾情况发生时，监控人员可通过按下 I0.2 来测试报警灯和蜂鸣器是否正常。

6.15　多故障报警控制

范例示意如图 6-31 所示。

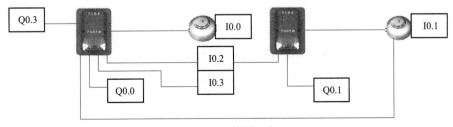

图 6-31　范例示意

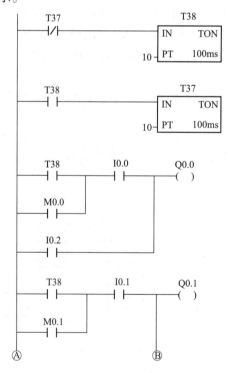

控制要求

要求对机器的多种可能的故障进行监控，且当任何一个故障发生时，按下警报消除按钮后，不能影响其他故障发生时报警器的正常鸣响。

元件说明

元件说明见表 6-16。

表 6-16　元件说明

PLC 软元件	控　制　说　明
I0.0	故障 1 传感器，出现故障 1 时，I0.0 状态由 Off → On
I0.1	故障 2 传感器，出现故障 2 时，I0.1 状态由 Off → On
I0.2	报警灯和蜂鸣器测试按钮，按下 I0.2 后，I0.2 状态由 Off → On
I0.3	报警响应按钮，按下 I0.3 时，I0.3 状态由 Off → On
Q0.0	故障 1 报警灯
Q0.1	故障 2 报警灯
Q0.2	蜂鸣器
T37	计时 1s 定时器，时基为 100ms 的定时器
T38	计时 1s 定时器，时基为 100ms 的定时器
M0.0 ~ M0.1	内部辅助继电器

控制程序

控制程序如图 6-32 所示。

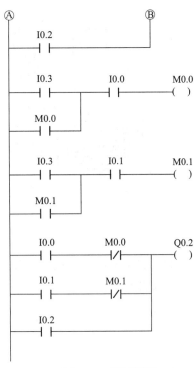

图 6-32　控制程序

⬛ ◀程序说明▶

① 监控启动时，定时器 T38 开始计时，1s 后计时时间到，T38=On。定时器 T37 开始计时，1s 后计时时间到，T37=On。定时器 T38 复位，进而定时器 T37 复位，随后定时器 T38 又开始计时，如此反复，定时器 T38 的常开触点在接通 1s 和断开 1s 之间往复循环。

② 当发生故障 1 时，I0.0=On，Q0.2=On，蜂鸣器蜂鸣发出报警，定时器 T38 的常开触点在接通 1s 和断开 1s 之间反复地切换，使得 Q0.0 在 On 和 Off 之间切换，1 号报警灯闪烁。

③ 如故障 1 发生，报警器报警后，监控人员按下 I0.3 作为对已知故障做出的响应，当按下 I0.3 后，I0.3=On，M0.0=On，M0.0 的常开触点闭合，常闭触点断开，使得 Q0.2=Off，蜂鸣器被关闭；同时，由于 M0.0 的常开触点闭合，报警灯 Q0.0 保持点亮状态，不再闪烁。

④ 当发生故障 2 时，情况与发生故障 1 时相同，只是执行动作的元件不同，这里不再过多叙述。

⑤ 当没有故障发生时，监控人员可通过按下 I0.2 来测试报警灯和蜂鸣器是否正常。

6.16　高层建筑排风系统控制

范例示意如图 6-33 所示。

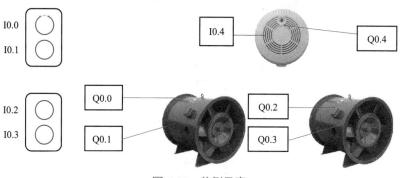

图 6-33 范例示意

控制要求

高层建筑消防排风系统要求当烟雾信号超过警戒值后，自动启动排风系统和送风系统，并且可在其他情况下进行手动启动和关闭。

元件说明

元件说明见表 6-17。

表 6-17 元件说明

PLC 软元件	控 制 说 明
I0.0	排风机手动启动按钮，按下启动时，I0.0 状态由 Off → On
I0.1	排风机手动停止按钮，按下停止时，I0.1 状态由 Off → On
I0.2	送风机手动启动按钮，按下启动时，I0.2 状态由 Off → On
I0.3	送风机手动停止按钮，按下停止时，I0.3 状态由 Off → On
I0.4	烟雾传感器，当烟雾信号超过警戒值后发出信号，I0.4 状态由 Off → On
T37	计时 1s 定时器，时基为 100ms 的定时器
M0.0 ～ M0.2	内部辅助继电器
Q0.0	排风机接触器
Q0.1	送风机接触器
Q0.2	排风机启动指示灯
Q0.3	送风机启动指示灯
Q0.4	报警蜂鸣器

控制程序

控制程序如图 6-34 所示。

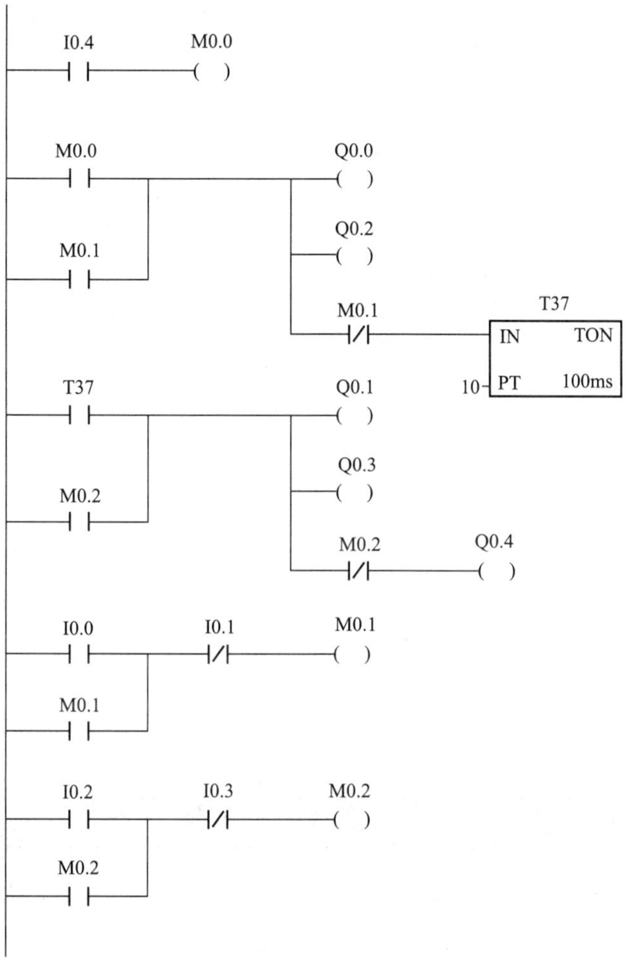

图 6-34 控制程序

◀ 程序说明 ▶

① 当烟雾信号超出警戒值后，I0.4=On，I0.4 常开触点闭合，M0.0=On，烟雾传感器发出信号，系统进入自动运行状态。

② 当 M0.0 得电时，Q0.0=On，Q0.2=On，排风机启动，排风启动指示灯亮。同时，T37 开始计时，1s 后，T37=On。T37 常开触点闭合，Q0.1 得电，Q0.3=On，Q0.4=On，送风机启动，送风启动指示灯亮、报警蜂鸣器启动。

③ 手动模式下，按下 I0.0，I0.0 常开触点闭合，M0.1 得电并自锁。此时，Q0.0=On，Q0.2=On，排风机启动，指示灯亮。按下排风机停止按钮 I0.1 时，I0.1 常闭触点断开，排风机停止，指示灯灭。按下送风机启动按钮 I0.2 时，I0.2 常开触点闭合，M0.2=On。随后，Q0.1=On，Q0.3=On，送风机及其指示灯启动。按下 I0.3 时，I0.3=On，送风机及指示灯停止。

④ 值得注意的是，在有烟雾信号的情况下，系统会自动运行。此时，如果进行手动操作，只能启动设备，无法停止设备。

6.17 万年历指令控制系统的启停

范例示意如图 6-35 所示。

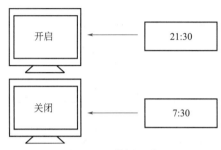

图 6-35 范例示意

控制要求

工厂无人工作的时间为 21：30 ～ 7：30，所以要求防盗系统在 21：30 自动开启，在上午 7：30 自动关闭。

元件说明

元件说明见表 6-18。

表 6-18 元件说明

PLC 软元件	控制说明	PLC 软元件	控制说明
M0.0、M0.2	内部辅助继电器	Q0.0	防盗系统关闭
SM0.0	CPU 运行时，该位始终为 1	Q0.1	防盗系统开启

控制程序

控制程序如图 6-36 所示。

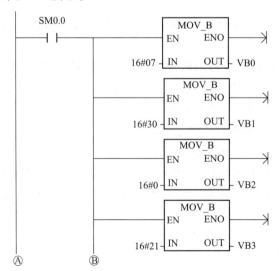

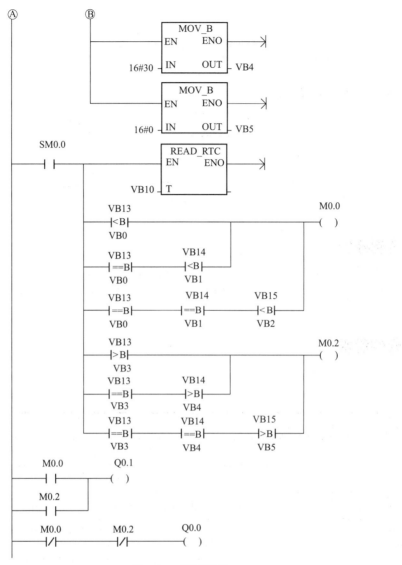

图 6-36 控制程序

程序说明

① 程序通过读取实时时钟指令和比较指令实现防盗系统自动控制功能。通过 MOV 和读取实时时钟指令，将设定时间数据存入到 VB0 ～ VB5，其中 VB0（VB3）、VB1（VB4）、VB2（VB5）分别存储时间的时、分、秒数据。VB0 ～ VB2 存储数据 7 : 30 : 00；VB3 ～ VB5 存储数据 21 : 30 : 00；VB13 ～ VB15 分别存储实时时间的时、分、秒数据。

② 通过比较指令将 VB13 ～ VB15 中的数据（实时时间 T）与 VB0 ～ VB2 中的数据（下限时间 T_0）和 VB3 ～ VB5 中的数据（上限时间 T_1）比较；当 $T_0 \leqslant T \leqslant T_1$（上班时间）时，M0.0=Off，M0.2=Off，常闭触点闭合，Q0.0=On，防盗系统关闭，否则 M0.0=On 或 M0.2=On，常开触点闭合，开启防盗系统，Q0.1=On。注意：使用读取实时时钟指令时，应读取实时时间。

6.18 送料小车的 PLC 控制

范例示意如图 6-37 所示。

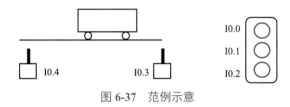

图 6-37 范例示意

控制要求

要求送料小车在可运动的最左端装料，经过一段时间后，装料结束，小车向右运行，在最右端停下卸料，一段时间后反向向左运行。到达最左端后，重复以上动作，以此循环自动运行。

元件说明

元件说明见表 6-19。

表 6-19　元件说明

PLC 软元件	控 制 说 明
I0.0	右行按钮，按下后，I0.0 状态由 Off → On
I0.1	左行按钮，按下后，I0.1 状态由 Off → On
I0.2	停止按钮，按下后，I0.2 状态由 Off → On
I0.3	右限位开关，打开后，I0.3 状态由 Off → On
I0.4	左限位开关，打开后，I0.4 状态由 Off → On
Q0.0	电动机正转（右行）接触器
Q0.1	电动机反转（左行）接触器
Q0.2	装料电磁阀
Q0.3	卸料电磁阀
T37	计时 20s 的定时器，时基为 100ms 的定时器
T38	计时 30s 的定时器，时基为 100ms 的定时器
M0.0	内部辅助继电器

控制程序

控制程序如图 6-38 所示。

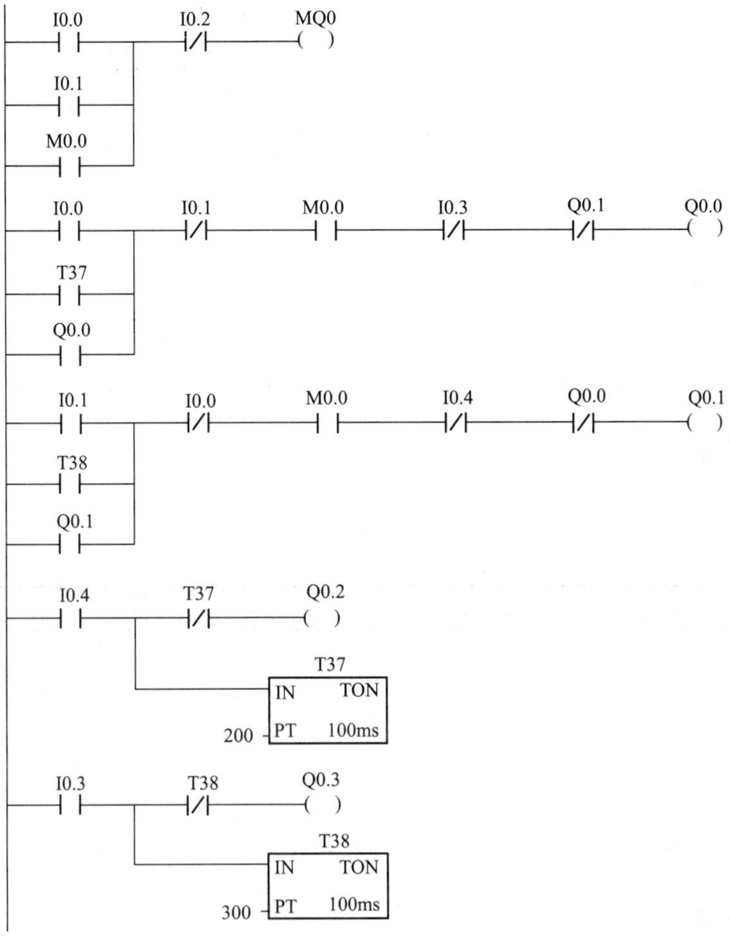

I0.0　　I0.2　　MQ0

I0.1

M0.0

I0.0　　I0.1　　M0.0　　I0.3　　Q0.1　　Q0.0

T37

Q0.0

I0.1　　I0.0　　M0.0　　I0.4　　Q0.0　　Q0.1

T38

Q0.1

I0.4　　T37　　Q0.2

T37
IN　　TON
200 — PT　100ms

I0.3　　T38　　Q0.3

T38
IN　　TON
300 — PT　100ms

图 6-38　控制程序

程序说明

① 假设开始时小车是空车，并且在右端，压住右限位开关 I0.3。此时，如果按下左行按钮 I0.1，I0.1=On，使得 Q0.1=On 并自锁，小车向左运行。同时，Q0.1 常闭触点断开，使小车不可能出现右行情况。

② 当小车到达左端并且碰到左限位开关 I0.4 时，I0.4=On，使 Q0.1=Off，Q0.2=On，小车停止，开始装料，同时定时器 T37 开始计时，20s 后，计时时间到，T37=On，Q0.2=Off，Q0.0=On，小车停止装料，开始向右行驶。

③ 当小车到达右端并且碰到右限位开关 I0.3 时，I0.3=On，使得 Q0.0=Off，Q0.3=On，小车停止，开始卸料，同时定时器 T38 开始计时，30s 后，计时时间到，T38=On，Q0.3=Off，Q0.1=On，小车停止卸料，开始向左行驶。之后以此过程循环运行。

④ 若按下停止按钮 I0.2，小车在装料或卸料完成后，不再向右或向左运行。

6.19　小车五站点呼叫控制

范例示意如图 6-39 所示。

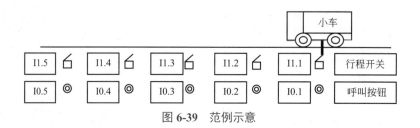

图 6-39 范例示意

控制要求

一辆小车在一条直线上，如图 6-39 所示，线路中有 5 个站点，每个站点各有一个行程开关和呼叫按钮。按下任意一个呼叫按钮，小车将行进至对应的站点并停下。

元件说明

元件说明见表 6-20。

表 6-20   元件说明

PLC 软元件	控 制 说 明
I0.1 ~ I0.5	按钮 1 ~ 按钮 5，按下时，对应的按钮状态为 On
I1.1 ~ I1.5	行程开关 1 ~ 行程开关 5，压住时，对应的开关状态为 On
M0.1 ~ M0.5	内部辅助继电器
Q0.0	使小车前进的接触器
Q0.1	使小车后退的接触器

控制程序

控制程序如图 6-40 所示。

（梯形图略）

图 6-40　控制程序

程序说明

① 五个站点的按钮 I0.1 ～ I0.5 分别由五个位寄存器 M0.1 ～ M0.5 记忆。当按下某个按钮时，对应的位寄存器将会得电并自锁，对该站点的按钮信号记忆，直到小车到达该站点自锁解除，记忆消除。

② 假设小车此时在 1 站点，1 站点的限位开关 I1.1 动作，I1.1=On，I1.1 的常闭触点断开，使 M0.1 不能得电，按下 1 按钮，M0.1 不得电。如果按下 2 按钮 I0.2，M0.2=On，使 Q0.0=On，小车前进；当小车到达 2 站点时，限位开关 I1.2 动作，I1.2=On，常闭触点断开。

③ 在 Q0.0 线圈回路中，M0.1 信号不能使 Q0.0 得电，M0.2 ～ M0.5 信号可以使 Q0.0 得电。而在 Q0.1 回路中，M0.5 信号不能使 Q0.1 得电，但 M0.1 ～ M0.4 信号可以使 Q0.1 得电。

④ 当小车停在某个站点时，该站点限位开关动作，如果按下比该站点编号大的按钮，Q0.0 得电，小车将前进；如果按下比该站点编号小的按钮，Q0.1 得电，小车将后退。

6.20　小车五站点自动循环往返控制

范例示意如图 6-41 所示。

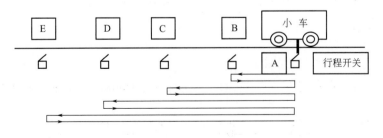

图 6-41　范例示意

‹ **控制要求** ›

用电动机拖动一辆小车在 A ～ E 五点间自动循环往返运动，如图 9-5 所示，小车初始在 A 点，按下启动按钮，小车依次到达 B、C、D、E 点，并分别停止 2s 返回到 A 点停止。

‹ **元件说明** ›

元件说明见表 6-21。

表 6-21　元件说明

PLC 软元件	控 制 说 明
I0.0	启动按钮，按下时，I0.0 状态为 On
I0.1	A 位接近行程开关，当小车停在 A 点时，I0.1 状态为 On
I0.2	B 位接近行程开关，当小车停在 B 点时，I0.2 状态为 On
I0.3	C 位接近行程开关，当小车停在 C 点时，I0.3 状态为 On
I0.4	D 位接近行程开关，当小车停在 D 点时，I0.4 状态为 On
I0.5	E 位接近行程开关，当小车停在 E 点时，I0.5 状态为 On
M0.0 ～ M0.4	内部辅助继电器
T37	计时 2s 定时器，时基为 100ms 定时器
Q0.0	使小车前进的接触器
Q0.1	使小车后退的接触器

‹ **控制程序** ›

控制程序如图 6-42 所示。

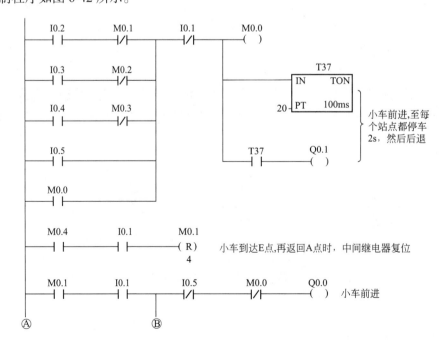

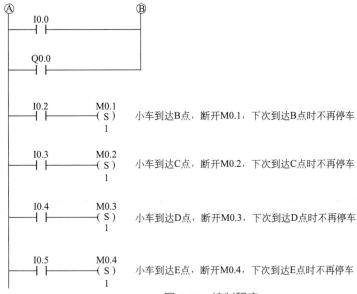

图 6-42　控制程序

◀ **程序说明** ▶

① 开始时设小车在原位 A 点，按下启动按钮 I0.0，Q0.0=On，线圈得电并自锁，小车前进，到达 B 点时，接近开关 I0.2 动作，I0.2 得电，M0.0 线圈闭合并自锁，M0.0 常闭触点断开，Q0.0 失电，小车停止。M0.1 置位，对 B 点记忆。定时器 T37 延时 2s，T37 常开触点闭合，Q0.1 线圈得电，小车后退。

② 小车后退到 A 点时，I0.1 得电，I0.1 常闭触点断开，M0.0 和 Q0.1 线圈失电，小车停止。Q0.0 线圈得电，小车前进，到达 B 点时，接近开关 I0.2 动作，但 M0.1 常闭触点断开，M0.0 线圈不得电，小车继续前进，到达 C 点时，接近开关 I0.3 动作，M0.0 线圈经 I0.3 常开触点和 M0.2 常闭触点闭合并自锁，M0.0 常闭触点断开，Q0.0 失电，小车停止。M0.2 置位对 C 点记忆。定时器 T37 延时 2s，T37 常开触点闭合，Q0.1 线圈得电，小车后退。小车后退到 A 点时，下面过程类似。

③ 小车最后到达 E 点，M0.1 ～ M0.4 都已经置位，小车从 E 点退回到 A 点时，I0.1 常开触点闭合，先对 M0.1 ～ M0.4 复位，由于 M0.1 常开触点断开，I0.1 常开触点闭合不会使 Q0.0 线圈得电，小车停止。

6.21　三条传送带控制

范例示意如图 6-43 所示。

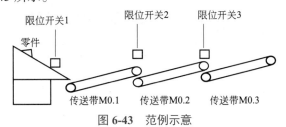

图 6-43　范例示意

控制要求

按下启动按钮，系统进入准备状态，当有零件经过限位开关 1 时，启动传送带 M0.1，零件经过限位开关 2 时，启动传送带 M0.2，零件经过限位开关 3 时，启动传送带 M0.3，如果三个限位开关在皮带上 30s 之内未检测到零件，则需闪烁报警，如果限位开关 1 在 1min 之内未监测到零件，则停止全部传送带。

元件说明

元件说明见表 6-22。

表 6-22　元件说明

PLC 软元件	控制说明	PLC 软元件	控制说明
I0.0	启动按钮，按下时，I0.0 状态由 Off → On	T37	计时 60s 定时器，时基为 100ms 的定时器
I0.1	停止按钮，按下时，I0.1 状态由 Off → On	T38	计时 30s 定时器，时基为 100ms 的定时器
		T39	计时 30s 定时器，时基为 100ms 的定时器
I0.2	限位开关 1，零件经过时，I0.2 状态由 Off → On	T40	计时 30s 定时器，时基为 100ms 的定时器
		Q0.0	传送带 1 接触器
I0.3	限位开关 2，零件经过时，I0.3 状态由 Off → On	Q0.1	传送带 2 接触器
		Q0.2	传送带 3 接触器
I0.4	限位开关 3，零件经过时，I0.4 状态由 Off → On	Q0.3	报警灯

控制程序

控制程序如图 6-44 所示。

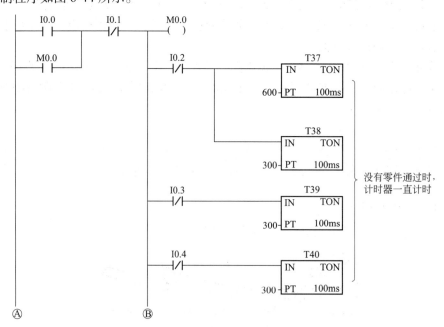

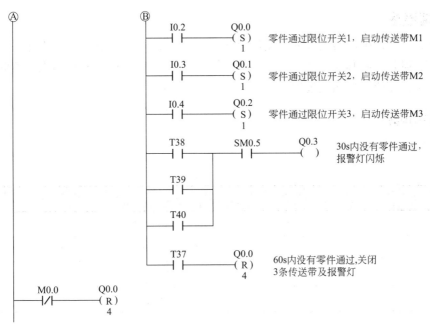

图 6-44 控制程序

程序说明

① 按下启动按钮 I0.0，I0.0 得电，常开触点闭合，M0.0 得电自锁，当有零件通过限位开关 1 时，I0.2 得电，Q0.0 置 1 得电，第一条传送带启动；当有零件通过限位开关 2 时，I0.3 得电，常开触点闭合，Q0.1 置 1 得电，第二条传送带启动；当有零件通过限位开关 3 时，I0.4 得电，常开触点闭合，Q0.2 置 1 得电，第三条传送带启动。

② 若限位开关 1 ~ 3 没有零件通过，则 I0.2 ~ I0.4 的常闭触点闭合，使定时器 T37 ~ T40 开始计时；30s 后若还没有零件通过，则报警灯 Q0.3 闪烁报警。

③ 若限位开关 1 在 60s 内没有零件通过，则 I0.2 常闭触点闭合，使 T37 常开触点闭合，Q0.0 ~ Q0.3 复位，传送带全部停止。

④ 按下停止按钮 I0.1，M0.0 失电，Q0.0 ~ Q0.3 复位，系统停止。

6.22 切割机控制

范例示意如图 6-45 所示。

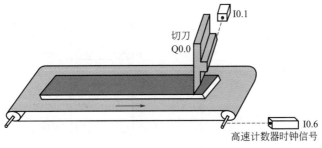

图 6-45 范例示意

〈控制要求〉

在工业加工中，机械切割机的应用场合十分广泛，其核心的控制部分可用 PLC 控制，利用高速计数器和中断程序完成流水线工作。当高速计数器时钟信号到达设定值时，切刀 Q0.0 动作一次，完成一次切割过程。

〈元件说明〉

元件说明见表 6-23。

表 6-23　元件说明

PLC 软元件	控　制　说　明
I0.6	高速计数器时钟信号，信号到达时，I0.6 状态由 Off → On
I0.1	切刀上行按钮，当切割完成时，I0.1 状态由 Off → On
HSC1	高速计数器
Q0.0	切刀运动接触器

〈控制程序〉

控制程序如图 6-46 所示。

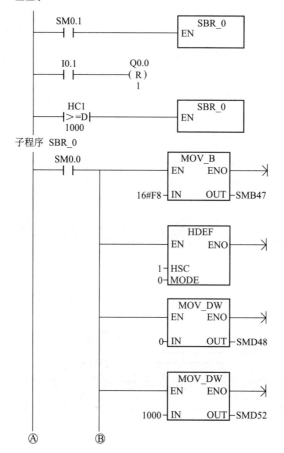

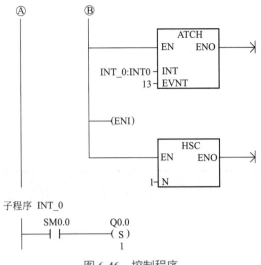

图 6-46　控制程序

程序说明

① 用 SM0.1 调用执行初始化操作的子程序。由于采用这种子程序的调用，后续扫描将不会再调用这个子程序，从而减少了扫描时间，也提供了一个结构优化程序。

② 初始化子程序中，将 SMB47 置 16#F8。HDEF 指令定义高速计数器，HSC 置 1 选择 HSC1，MODE 置 0，选择模式 0。

③ 设置初始值和预置值，将 SMB48 置 0，将 SMD52 置位 1000。

④ 连接中断，中断事件 13，CV=PV（当前值等于预置值）时连接中断子程序 INT_0，即当时钟信号增加到 1000 时，中断事件 13 发生，连接中断子程序，Q0.0 被置位，切刀下行进行切割。

⑤ 当切割完成时，按下切刀上行按钮，I0.1 得电，常开触点闭合，Q0.0 被复位，停止切割。主程序中，当计数器≥1000 时，再次调用初始化子程序，重复上述操作。

6.23　硫化机 PLC 控制

范例示意如图 6-47 所示。

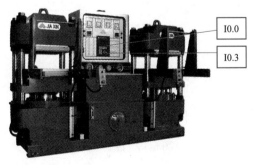

图 6-47　范例示意

控制要求

某轮胎硫化机的一个工作周期步骤如下：初始合模、进汽、反料延时、进汽、硫化延时、放汽显示、放汽延时、开模。要求按下启动按钮，硫化机合模，合模到位时开始进汽并进行反料延时，然后进汽并硫化延时，延时时间到后放汽并显示，放汽结束后开模。

元件说明

元件说明见表 6-24。

表 6-24　元件说明

PLC 软元件	控制说明	PLC 软元件	控制说明
I0.0	初始启动按钮，按下时，I0.0 状态由 Off → On	T39	计时 5s 定时器，时基为 100ms 的定时器
I0.1	合模到位行程开关，合模到位时，I0.1 状态由 Off → On	Q0.0	合模接触器
I0.2	开模到位行程开关，开模到位时，I0.2 状态由 Off → On	Q0.1	进汽接触器
I0.3	总停止按钮，按下时，I0.3 状态由 Off → On	Q0.2	放汽接触器
T37	计时 5s 定时器，时基为 100ms 的定时器	Q0.3	放汽指示灯
T38	计时 6s 定时器，时基为 100ms 的定时器	Q0.4	开模接触点

控制程序

控制程序如图 6-48 所示。

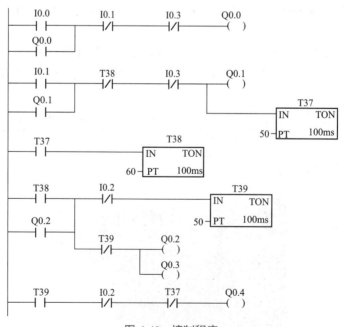

图 6-48　控制程序

① 按下启动按钮，I0.0 得电，I0.0 常开触点闭合，Q0.0 得电并自锁，开始合模，合模到位时，行程开关 I0.1 得电，故其常闭触点断开，常开触点闭合，Q0.0 失电断开，Q0.1 得电，开始进汽和反料，定时器 T37 延时 5s 后，反料结束开始硫化，计时器 T38 延时 6s，同时保持进汽，硫化结束后开始放汽，同时放汽指示灯亮，此时进汽电磁阀不打开。放汽 5s 后结束并开模。

② 该过程中，反料阶段允许打开模具，但硫化阶段不允许打开模具。

6.24　原料掺混机

范例示意如图 6-49 所示。

图 6-49　范例示意

▣ ◀控制要求▶

某原料渗混机有 A 料和 B 料，当按下加工启动按钮（I0.1）后，A 料控制阀（Q0.1）开始送料，且搅拌器电动机（Q0.3）开始转动，设置时间（50s）到达后换由 B 料控制阀（Q0.2）开始送料，且搅拌器电动机（Q0.3）持续转动，直到工作时间到达。

▣ ◀元件说明▶

元件说明见表 6-25。

表 6-25　元件说明

PLC 软元件	控 制 说 明
I0.1	加工启动按钮，按下时，I0.1 状态由 Off → On
Q0.1	A 料出口阀
Q0.2	B 料出口阀
Q0.3	搅拌器电动机接触器
T37	A 料送料的时间，计时时间为 100s
T38	A 料 +B 料送料的总时间，计时时间为 100.1s

▣ ◀控制程序▶

控制程序如图 6-50 所示。

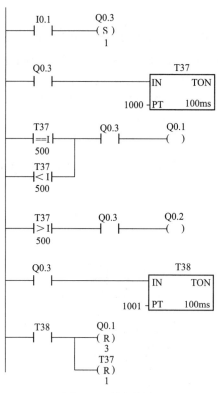

图 6-50 控制程序

① 当按下启动按钮后，I0.1 得电，常开触点闭合，Q0.3 被置 1 得电，定时器 T37、T38 开始计时。

② 同时，比较指令也被执行，当 T37 现在值 ≤ 500 时，Q0.1 得电，开始送 A 料；当 T37 现在值 >500 时，Q0.2 导通，Q0.1 关闭，开始送 B 料，停止送 A 料。

③ 当 T38 现在值等于 1001（送料总时间 +100ms 延迟）时，T38 常开接点闭合，Q0.1～Q0.3 被复位、T37 被复位，搅拌机停止工作，直到再次按下启动按钮。

6.25 自动加料控制

范例示意如图 6-51 所示。

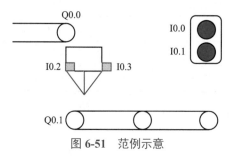

图 6-51 范例示意

自动加料是一些工业设备和工业生产线所拥有的一项功能，这里使用 PLC 来介绍如何在工业现场实现这一功能。

元件说明见表 6-26。

表 6-26 元件说明

PLC 软元件	控 制 说 明
I0.0	启动按钮，按下时，I0.0 状态由 Off → On
I0.1	停止按钮，按下时，I0.1 状态由 Off → On
I0.2	料斗闸门开限位开关，触碰时，I0.2 状态由 Off → On
I0.3	料斗闸门关限位开关，触碰时，I0.3 状态由 Off → On
I0.4	料斗满传感器，检测到信号时，I0.4 状态由 Off → On
I0.5	料斗空传感器，检测到信号时，I0.5 状态由 Off → On
M0.0 ～ M0.3	内部辅助继电器
T37	计时 10s 定时器，时基为 100ms 的定时器
Q0.0	进料电动机接触器
Q0.1	出料电动机阀接触器
Q0.2	开闸门电动机接触器
Q0.3	关闸门电动机接触器

控制程序如图 6-52 所示。

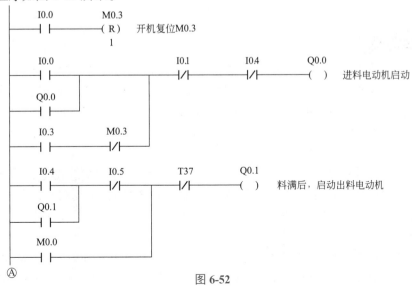

图 6-52

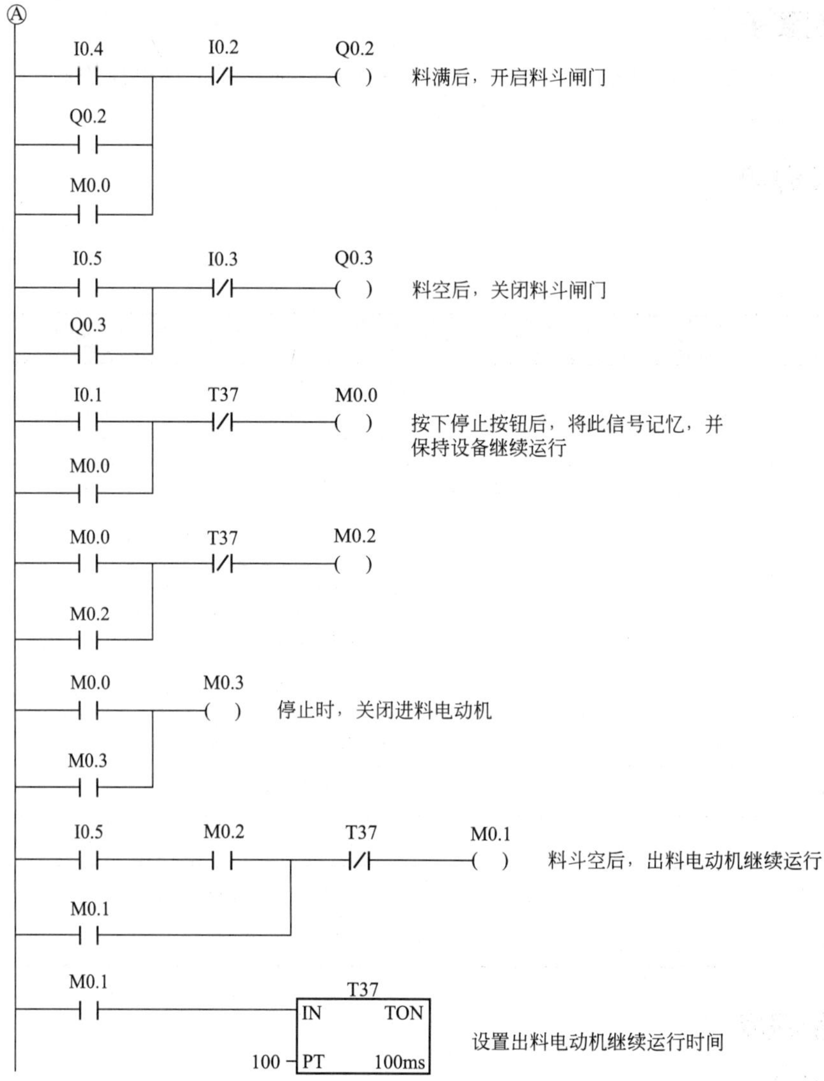

图 6-52　控制程序

程序说明

① 启动时，按下启动按钮 I0.0，I0.0 得电，Q0.0 得电自锁，同时复位指令执行，M0.3 被复位，进料电动机启动。当料斗中的货物达到规定的重量后，I0.4 得电，料斗满信号发出，I0.4 常闭触点断开，Q0.0 失电，进料电动机停止，同时，Q0.1、Q0.2 得电，出料电动机和开闸门电动机启动，货物传输至出料传送带。当闸门完全打开时，碰到开闸门限位开关 I0.2，I0.2 得电，Q0.2 失电，闸门停止打开。

② 当货物从料斗中清空后，料斗空信号发出，I0.5 得电，Q0.3 得电，关闸门电动机启动。当闸门完全关闭时，碰到关闸门限位开关 I0.3，I0.3 得电，常闭触点断开，Q0.3 失电，闸门停止关闭。同时，Q0.0 得电，进料电动机再次打开，开始进料，再次进行刚才的工作过程。

③ 在货物运输过程中，如想要关闭系统，则按下停止按钮 I0.1，I0.1 得电，常闭触点断开，M0.0=On，M0.2=On，M0.3=On，正在进行的工作仍然进行，一直到料斗中的货物清空。此

时，料斗空信号发出，I0.5=On，由于 M0.2=On，所以 M0.1=On，定时器开始计时。同时，Q0.3=On，关闸门电动机启动，当闸门完全关闭时，碰到关闸门限位开关 I0.3，I0.3=On，Q0.3 失电，闸门停止关闭。10s 计时到达后，T37=On，M0.1、M0.2、Q0.1 全部失电，出料电动机停止。让出料电动机延时 10s 停止是为了保证出料传送带上的货物全部运完。

6.26　空气压缩机轮换控制

范例示意如图 6-53 所示。

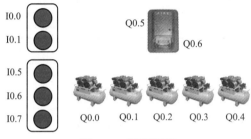

图 6-53　范例示意

控制要求

本案例中该工作场所拥有 5 台空气压缩机，正常情况下需要 3 台空气压缩机才能满足需要，另外 2 台备用。当 3 台空气压缩机中的任何 1 台出现故障时，2 台备用的空气压缩机将自行启动 1 台进行补充，并且进行灯光和声音报警。这时需要工作人员切断故障空气压缩机和 PLC 的连接。

元件说明

元件说明见表 6-27。

表 6-27　元件说明

PLC 软元件	控制说明
I0.0	启动按钮，按下时，I0.0 状态由 Off → On
I0.1	停止按钮，按下时，I0.1 状态由 Off → On
I0.2	减压 1/3 传感器，减压时，I0.2 状态由 Off → On
I0.3	减压 2/3 传感器，减压时，I0.3 状态由 Off → On
I0.4	正常压力传感器，检测到信号时，I0.4 状态由 Off → On
I0.5	1 号空气压缩机切断按钮，按下时，I0.5 状态由 Off → On
I0.6	2 号空气压缩机切断按钮，按下时，I0.6 状态由 Off → On
I0.7	3 号空气压缩机切断按钮，按下时，I0.7 状态由 Off → On
SM0.5	1s 时钟脉冲
M0.0 ～ M0.2	内部辅助继电器

续表

PLC 软元件	控制说明
Q0.0	1 号空气压缩机接触器
Q0.1	2 号空气压缩机接触器
Q0.2	3 号空气压缩机接触器
Q0.3	1 号备用空气压缩机接触器
Q0.4	2 号备用空气压缩机接触器
Q0.5	报警蜂鸣器
Q0.6	报警闪烁灯

控制程序

控制程序如图 6-54 所示。

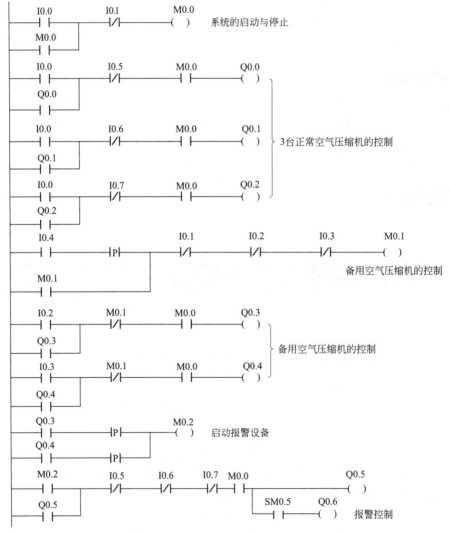

图 6-54 控制程序

① 启动时,按下启动按钮 I0.0,I0.0 得电,M0.0 得电自锁,自动控制系统启动。此时,Q0.0 ~ Q0.2 得电自锁,3 台正常空气压缩机启动,若工作压力正常,则正常压力传感器发出信号,I0.4 得电,常开触点闭合,M0.1 得电自锁。若出现故障,减压 1/3 时,减压 1/3 压力传感器发出信号,I0.2 得电,Q0.3 得电,1 台备用空气压缩机启动,并且 M0.2 得电,常开触点闭合,Q0.5、Q0.6 得电,报警蜂鸣器和闪烁灯发出报警信号。这时,工作人员需手动切断故障空气压缩机与电源的连接。以 1 号空气压缩机出现故障为例,按下切断按钮 I0.5,I0.5 得电,Q0.0 失电,1 号空气压缩机断电,并且 Q0.5、Q0.6 失电,报警停止。然后,工作人员需彻底切断故障设备的电源,以便安全维修。

② 若故障发生时,减压 2/3,减压 1/3 传感器和减压 2/3 传感器发出信号,I0.2、I0.3 得电,2 台备用空气压缩机启动,并且 M0.2 得电,Q0.5、Q0.6 得电,报警蜂鸣器和闪烁灯发出报警信号。这时,工作人员需手动切断故障空气压缩机与电源的连接。以 1 号、2 号空气压缩机出现故障为例,按下切断按钮 I0.5 和 I0.6,I0.5、I0.6 得电,Q0.0、Q0.1 失电,1 号、2 号空气压缩机断电,并且 Q0.5、Q0.6 失电,报警停止。同样,工作人员需彻底切断故障设备的电源,以便安全维修。

③ 需要彻底停止系统时,按下停止按钮 I0.1,I0.1 常闭触点断开,M0.0 失电,空气压缩机控制系统停止。

6.27 剪板机的控制

范例示意如图 6-55 所示。

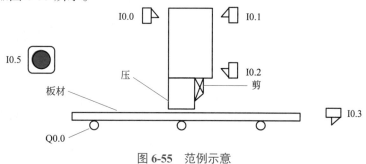

图 6-55 范例示意

剪板机是用一个刀片相对另一个刀片做往复直线运动剪切板材的机器。剪板机属于锻压机械的一种,主要作用就是金属加工行业。产品广泛适用于航空、轻工、汽车、船舶等行业。剪板机可使用 PLC 进行控制,完成需要的操作。

板材平移运动到位后,压钳压紧板材,压紧后剪刀向下运动切断板材,随后剪刀和压钳同时回到初始状态,进行下一次剪切。

元件说明见表 6-28。

表 6-28 元件说明

PLC 软元件	控制说明
I0.0	压钳限位开关，触碰时，I0.0 状态由 Off → On
I0.1	剪刀上限位开关，触碰时，I0.1 状态由 Off → On
I0.2	剪刀下限位开关，触碰时，I0.2 状态由 Off → On
I0.3	板材到位限位开关，触碰时，I0.3 状态由 Off → On
I0.4	压力继电器，到达设置值时，I0.4 状态由 Off → On
I0.5	剪板机启动按钮，按下时，I0.5 状态由 Off → On
SM0.1	该位在首次扫描时为 1
M0.0 ~ M0.7	内部辅助继电器
Q0.0	压钳下行接触器
Q0.1	送料电动机接触器
Q0.2	剪刀下行接触器
Q0.3	压钳上行接触器
Q0.4	剪刀上行接触器
C0	16 位计数器，用于设置需操作的板材数量

控制程序

控制程序如图 6-56 所示。

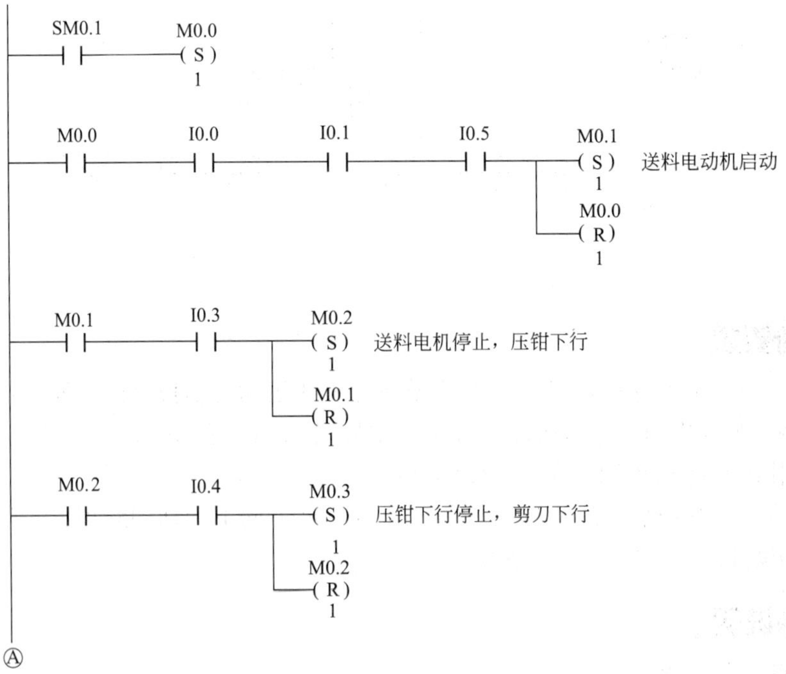

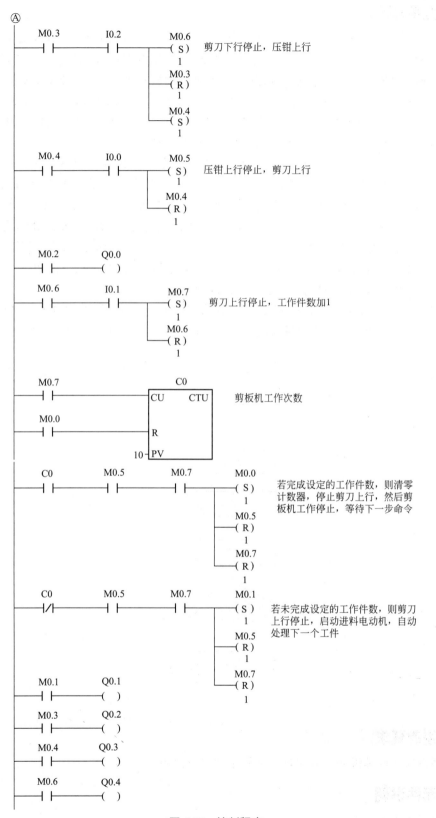

图6-56 控制程序

程序说明

① PLC 通电后，SM0.1 首次扫描时为 1，M0.0 置位，同时计数器 C0 被清零。按下启动按钮 I0.5，I0.5 常开触点闭合，同时，因为压钳和剪刀都在初始位置，即 I0.0=On，I0.1=On，所以 M0.1 置位，Q0.1 线圈得电，送料电动机接通，另外，M0.0 复位，C0 做好计数准备。板材到位以后，I0.3 得电，常开触点闭合，M0.1 复位，Q0.1 失电，板材停止移动，同时，M0.2 置位，Q0.0 线圈得电，压钳下行。压钳到位以后，I0.4=On，此时，M0.2 复位，Q0.0 线圈失电，压钳停止下行；M0.3 置位，Q0.2 线圈得电，剪刀开始下行。

② 当剪刀下行到位后，I0.2=On，程序进入并行序列，此时，M0.3 复位，Q0.2 失电，剪刀停止下行，同时，M0.6 置位，Q0.4 得电，剪刀开始上行。剪刀上行至初始位置后，I0.1=On，M0.6 复位，Q0.4 失电，剪刀停止上行，M0.7 置位，计数器加 1。另外，在并行分支上，M0.4 置位，Q0.3 得电，压钳上行。压钳上行到位后，I0.0=On，M0.4 复位，Q0.3 失电，压钳停止上行，并且 M0.5 置位。此时，并行序列合并，其又分为以下两种情况。

a. 当工作次数未到达设定值时，在 M0.5、M0.7 置位的情况下，使 M0.5、M0.7 自身复位，M0.1 置位，程序返回到第三个网络，自行开始下一个工作。

b. 当工作到达设定值时，在本案例中即计数器 C0 计数 10 次时，C0=On，M0.5、M0.7 被自身复位，M0.0 置位，程序回到启动步，即第二个网络，等待下一次启动。

6.28 循环程序的应用

范例示意如图 6-57 所示。

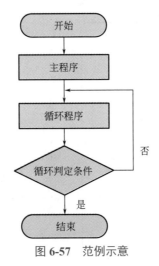

图 6-57 范例示意

 控制要求

本案例属于原理说明，对循环、标号指令进行说明。

 元件说明

元件说明见表 6-29。

表 6-29　元件说明

PLC 软元件	控制说明
I0.0	跳转启动按钮，按下时，I0.0 状态由 Off → On
I0.1	启动按钮，按下时，I0.1 状态由 Off → On
Q0.1	指示灯

⬛ ◀ 控制程序 ▶

控制程序如图 6-58 所示。

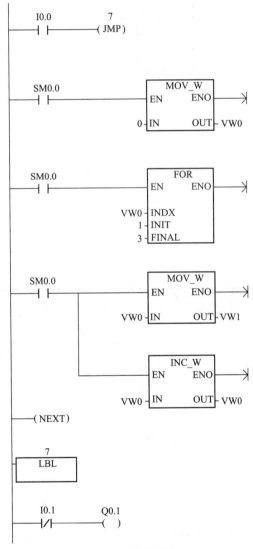

图 6-58　控制程序

⬛ ◀ 程序说明 ▶

① 当 I0.0=Off 时，PLC 执行 FOR → NEXT 程序。

② 当 I0.0=On 时，PLC 不执行 FOR → NEXT 程序，直接跳转到 NEXT 之后。

6.29　冰激凌机

范例示意如图 6-59 所示。

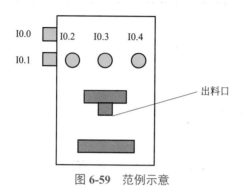

图 6-59　范例示意

〈控制要求〉

冰激凌机的原理十分简单，这里描述使用 PLC 程序进行控制的一种方法，要求可以提供配料数目可扩展的控制程序。

〈元件说明〉

元件说明见表 6-30。

表 6-30　元件说明

PLC 软元件	控制说明
I0.0	冰激凌机启动按钮，按下时，I0.0 状态由 Off → On
I0.1	冰激凌机关闭按钮，按下时，I0.1 状态由 Off → On
I0.2	1 号配料加料按钮，按下时，I0.2 状态由 Off → On
I0.3	2 号配料加料按钮，按下时，I0.3 状态由 Off → On
I0.4	混合配料加料按钮，按下时，I0.4 状态由 Off → On
M0.0 ～ M0.3	内部辅助继电器
Q0.0	1 号配料内部阀门
Q0.1	2 号配料内部阀门

〈控制程序〉

控制程序如图 6-60 所示。

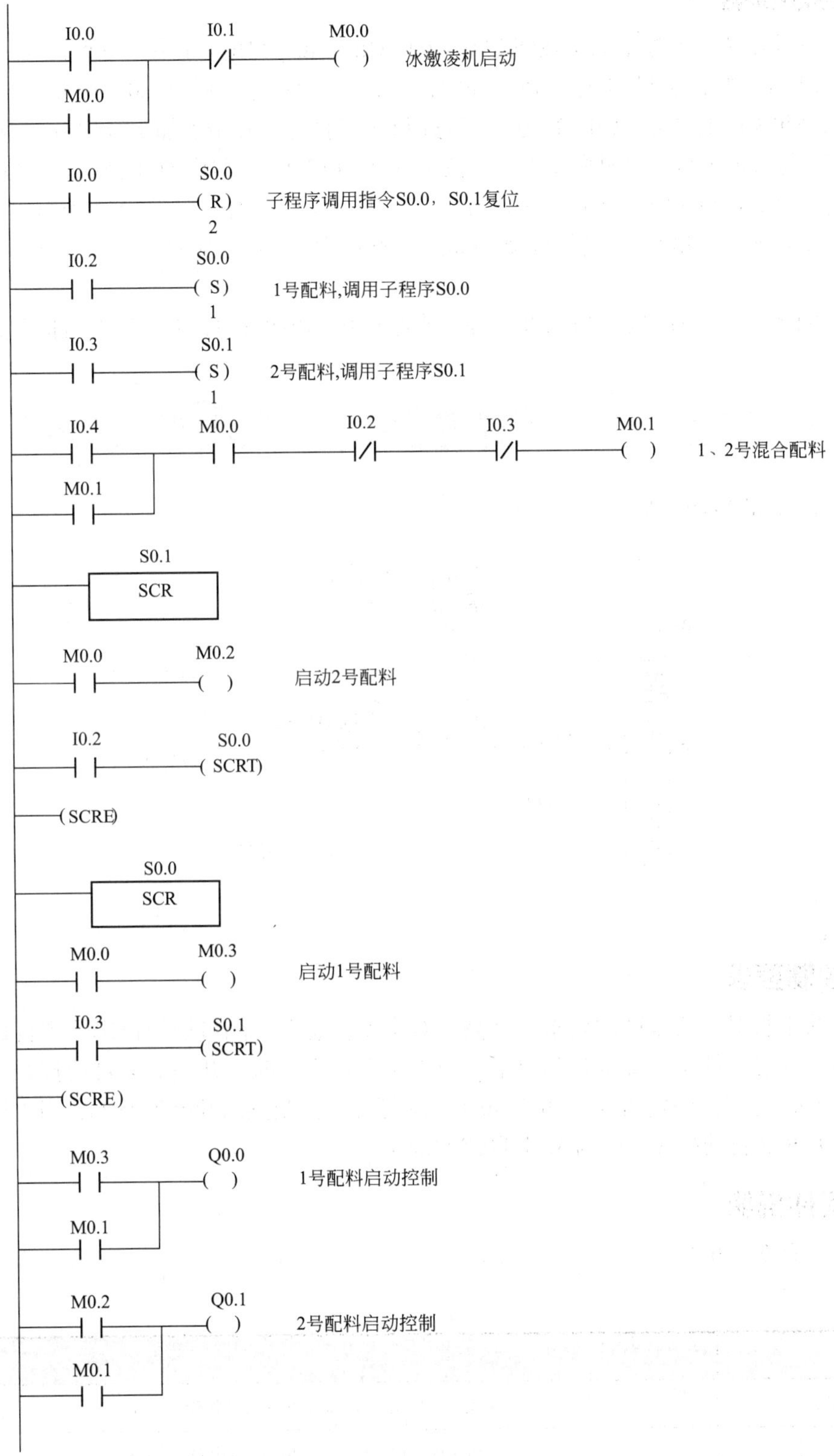

I0.0　　I0.1　　M0.0
├┤├──┤/├────( )　冰激凌机启动
M0.0
├┤├

I0.0　　S0.0
├┤├──(R)　子程序调用指令S0.0，S0.1复位
　　　　2

I0.2　　S0.0
├┤├──(S)　1号配料,调用子程序S0.0
　　　　1

I0.3　　S0.1
├┤├──(S)　2号配料,调用子程序S0.1
　　　　1

I0.4　　M0.0　　I0.2　　I0.3　　M0.1
├┤├──┤├──┤/├──┤/├────( )　1、2号混合配料
M0.1
├┤├

S0.1
┌─────┐
│ SCR │
└─────┘

M0.0　　M0.2
├┤├────( )　启动2号配料

I0.2　　S0.0
├┤├──(SCRT)

─(SCRE)

S0.0
┌─────┐
│ SCR │
└─────┘

M0.0　　M0.3
├┤├────( )　启动1号配料

I0.3　　S0.1
├┤├──(SCRT)

─(SCRE)

M0.3　　Q0.0
├┤├────( )　1号配料启动控制
M0.1
├┤├

M0.2　　Q0.1
├┤├────( )　2号配料启动控制
M0.1
├┤├

图6-60　控制程序

程序说明

① 启动冰激凌机时按下启动按钮 I0.0，I0.0=On，M0.0 得电并自锁，冰激凌机通电运行。

② 需要添加 1 号配料时，按下 I0.2，I0.2 得电导通，程序 S0.0 被执行，此时，M0.3=On，M0.3 得电导通，Q0.0 得电，1 号配料阀门打开，开始添加 1 号配料。需要添加 2 号配料时，与添加 1 号配料时操作相似，按下 I0.3，I0.3=On，程序 S0.1 被执行，M0.2=On，M0.2 得电导通，Q0.1 得电，2 号配料阀门打开，开始添加 2 号配料。添加混合配料时，按下 I0.4，I0.4 得电导通，M0.1 得电并自锁，Q0.0、Q0.1 得电，两个配料阀门都打开，由此添加混合配料。

③ 关闭冰激凌机时，按下 I0.1，I0.1 常闭节点断开，M0.0=Off，M0.1 失电，冰激凌机关闭。

6.30 智能灌溉

范例示意如图 6-61 所示。

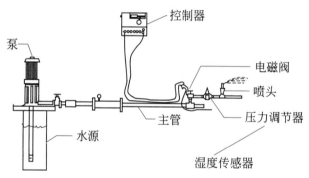

图 6-61 范例示意

控制要求

植物的生长对土壤湿度的要求非常高，对湿度传感器的测量值与设定值进行比较，确定水阀门的开度，使土壤湿度达到要求。当土壤严重干旱时，开关 I0.4 自动打开，控制阀门开度为 100%；当土壤干旱时，开关 I0.3 自动打开，控制阀门开度为 50%；当土壤比较干旱时，开关 I0.2 自动打开，控制阀门开度为 25%。

元件说明

元件说明见表 6-31。

表 6-31 元件说明

PLC 软元件	控制说明
I0.0	系统启动按钮，按下时，I0.0 状态由 Off → On
I0.1	系统关闭按钮，按下时，I0.1 状态由 Off → On
I0.2	25% 开度按钮，按下时，I0.2 状态由 Off → On

PLC 软元件	控制说明
I0.3	50% 开度按钮, 按下时, I0.3 状态由 Off → On
I0.4	100% 开度按钮, 按下时, I0.4 状态由 Off → On
Q0.0	阀门位置的驱动输出

控制程序

控制主程序如图 6-62 所示。

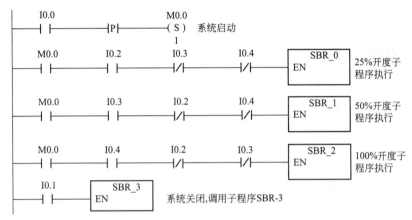

图 6-62　控制主程序

SBR_0 子程序如图 6-63 所示。

SBR_1 子程序如图 6-64 所示。

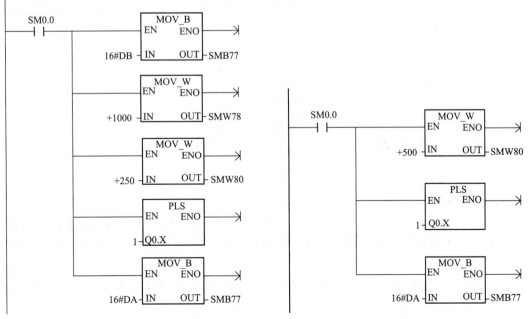

图 6-63　SBR_0 子程序　　　　图 6-64　SBR_1 子程序

SBR_2 子程序如图 6-65 所示。

SBR_3 子程序如图 6-66 所示。

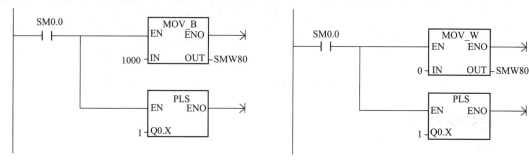

图 6-65　SBR_2 子程序　　　　　　　　图 6-66　SBR_3 子程序

程序说明

① 本例中通过脉冲波宽调制 PWM 指令来控制喷水阀门的开度。

② 按下系统启动按钮，I0.0=On，M0.0 被置位，智能灌溉系统启动。

③ 当湿度传感器的测量值与设定值差距非常大时，即严重干旱，I0.4=On，调用初始化子程序 SBR_2，喷水阀打开至 100% 开度位置。

④ 当湿度传感器的测量值与设定值差距较大时，即干旱，I0.3=On，调用初始化子程序 SBR_1，喷水阀打开至 50% 开度位置。

⑤ 当湿度传感器的测量值与设定值存在差距较小时，即较干旱，I0.2=On，调用初始化子程序 SBR_0，喷水阀打开至 25% 开度位置。

⑥ 按下系统关闭按钮，I0.1=On，调用初始化子程序 SBR_3，开度为 0，喷水阀门停止喷水。

6.31　密码锁

范例示意如图 6-67 所示。

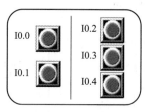

图 6-67　范例示意

控制要求

① I0.2、I0.3 为可按压键。开锁条件为 I0.2 设定按压次数为三次，I0.3 设定按压次数为两次；同时，按压 I0.2、I0.3 是有顺序的，应先按压 I0.2，再按压 I0.3。如果按上述规定按压，再按下开锁按钮 I0.1，密码锁自动打开。

② I0.4 为不可按压键，一旦按压，再按下开锁键 I0.1，报警器就发出警报；如果 I0.2、I0.3 的按压次数不正确，按下开锁键 I0.1，报警器同样发出警报。

③ I0.0 为复位键，按下 I0.0 后，可重新开锁。如果按错键，则必须进行复位操作，所

有计数器都被复位。

元件说明

元件说明见表 6-32。

表 6-32　元件说明

PLC 软元件	控制说明
I0.0	复位按钮，按下时，I0.0 状态由 Off → On
I0.1	开锁按钮，按下时，I0.1 状态由 Off → On
I0.2	按键，按下时，I0.2 状态由 Off → On
I0.3	按键，按下时，I0.3 状态由 Off → On
I0.4	按键，按下时，I0.4 状态由 Off → On
Q0.0	开锁接触器
Q0.1	报警器

控制程序

控制程序如图 6-68 所示。

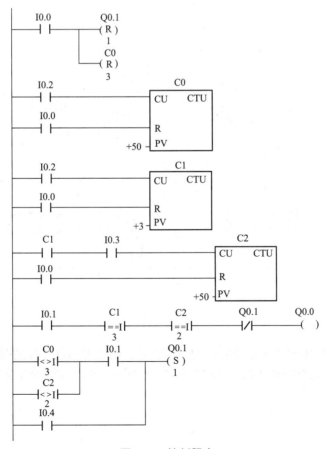

二维码 99

图 6-68　控制程序

📑 ◀ 程序说明 ▶

① 正常开锁时：按下可按压键 I0.2，I0.2=On，C0、C1 开始计数，按 I0.2 共三次，C0、C1 计数三次，C1=On，按下可按压键 I0.3，I0.3=On，C2 开始计数，按 I0.3 共两次，C2 计数两次，按下开锁按钮 I0.1，I0.1=On，Q0.0=On，密码锁打开。

② 不能开锁，报警：按下可按压键 I0.2 不是三次，或者按下可按压键 I0.3 不是两次，或者先按压可按压键 I0.3，按下开锁按钮 I0.1，I0.1=On，Q0.1 置位并保持，报警；按下不可按压键 I0.4，I0.4=On，Q0.1 置位并保持，报警。

③ 按下复位按钮 I0.0，I0.0=On，计数器 C0～C2 被复位，Q0.1 复位，解除报警。

④ 因为按下可按压键超过三次 C1 不再计数，所以增加了计数器 C0，且 C0 设定值大于 3，本例设置为 50，同理 C2 设定为 50。

6.32 交通灯

范例示意如图 6-69 所示。

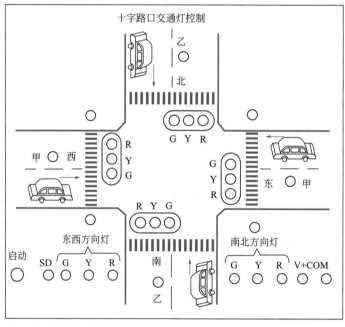

图 6-69 范例示意

📑 ◀ 控制要求 ▶

开关在十字路口实现红黄绿交通灯的自动控制，南北方向红灯亮的时间为 50s，黄灯亮的时间为 3s，绿灯亮的时间为 42s，绿灯闪烁时间为 5s，东西方向的红黄绿灯也是按照这样的规律变化。

📑 ◀ 元件说明 ▶

元件说明见表 6-33。

表 6-33　元件说明

PLC 软元件	控制说明
I0.0	交通灯启动开关，按下时，I0.0 状态由 Off → On
Q0.0	南北方向红灯信号标志
Q0.1	南北方向黄灯信号标志
Q0.2	南北方向绿灯信号标志
Q0.3	东西方向红灯信号标志
Q0.4	东西方向黄灯信号标志
Q0.5	东西方向绿灯信号标志

控制程序

控制程序如图 6-70 所示。

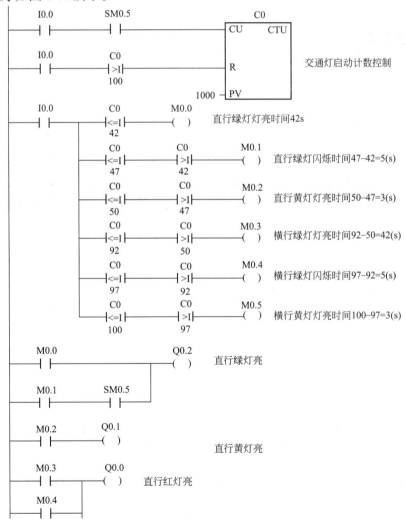

二维码100

图 6-70

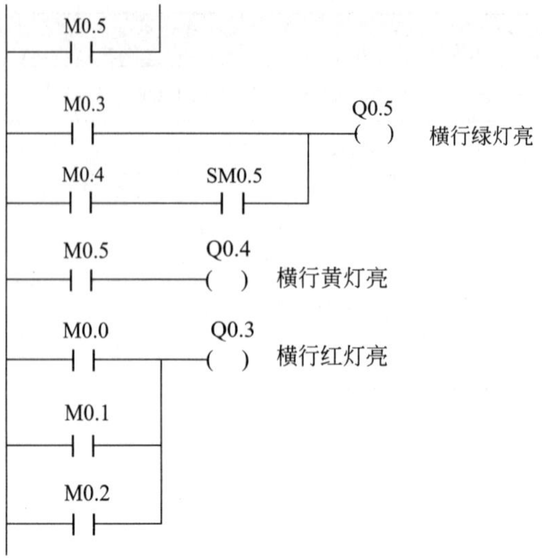

```
    M0.5
    ─┤├─

    M0.3                    Q0.5
    ─┤├─              ─( )   横行绿灯亮

    M0.4      SM0.5
    ─┤├───────┤├─

    M0.5      Q0.4
    ─┤├─      ─( )   横行黄灯亮

    M0.0      Q0.3
    ─┤├─      ─( )   横行红灯亮

    M0.1
    ─┤├─

    M0.2
    ─┤├─
```

图 6-70   控制程序

⬛ ◀ **程序说明** ▶

① 合上交通灯启动开关，程序启动，程序运行瞬间，SM0.5 产生一个正向脉冲，计数器 C0 开始计数。

② 计数值 C0 ≤ 42 时，M0.0 得电导通，Q0.2=On，Q0.3=On，直行绿灯亮，横行红灯亮。42<C0 ≤ 47 时，M0.1 得电导通，Q0.2、Q0.3 得电，直行绿灯闪亮，横行红灯亮……依次类推。

⏩ 6.33 花样喷泉的 PLC 控制

范例示意如图 6-71 所示。

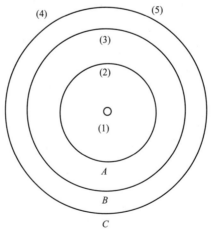

图 6-71   范例示意

控制要求

花样喷泉平面图如图 6-71 所示。喷泉由 5 种不同的水柱组成。其中，（1）表示大水柱所在的位置，其水量较大，喷射高度较高；（2）表示中水柱所在的位置，由 6 个中水柱均匀分布在圆周 A 的轨迹上，其水量比大水柱的水量小，其喷射高度比大水柱低；（3）表示小水柱所在的位置，由 50 个小水柱均匀分布在圆周 B 的轨迹上，其水柱较细，其喷射高度比中水柱略低；（4）和（5）表示花朵式及旋转式喷泉所在的位置，各由 16 个喷头组成，均匀分布在圆周 C 的轨迹上，其水量和压力均较弱。图中的（1）～（5）分别为各水柱相对应的起衬托作用的映灯。

整个过程分为 8 段，每段 1min，且自动转换，全过程为 8min。其喷泉水柱的动作顺序为：启动(1) → (2) → (1)+(3)+(4) → (2)+(5) → (1)+(2) → (2)+(3)+(4) → (2)+(4) → (1)+(2)+(3)+(4)+(5) → (1) 周而复始。在各水柱喷泉喷射的同时，其相应的编号映灯也照亮。直到按下停止按钮，水柱喷泉、映灯才停止工作。

元件说明

元件说明见表 6-34。

表 6-34 元件说明

PLC 软元件	控制说明
I0.0	启动按钮，按下时，I0.0 状态由 Off → On
I0.1	停止按钮，按下时，I0.1 状态由 Off → On
Q0.0	大水柱接触器
Q0.1	中水柱接触器
Q0.2	小水柱接触器
Q0.3	花朵式喷泉接触器
Q0.4	旋转式喷泉接触器
Q0.5	大水柱映灯
Q0.6	中水柱映灯
Q0.7	小水柱映灯
Q1.0	花朵式喷泉映灯
Q1.1	旋转式喷泉映灯

控制程序

控制程序如图 6-72 所示。

```
  I0.0          I0.1            M0.0
───┤ ├──────────┤/├────────────( )        启停辅助继电器
  M0.0
───┤ ├───┐
         │
  M0.0          T37                      T38
───┤ ├──────────┤/├─────────────────┌─IN      TON─┐
                                    │             │
                              300 ─┤PT     100ms  │
                                    └─────────────┘    ┐
  T38                         T37                       │
───┤ ├───────────────────┌─IN      TON─┐               ├ 时钟脉冲发生器
                         │             │               │
                   300 ─┤PT     100ms  │               │
                         └─────────────┘               ┘
  T37                     M0.1
───┤ ├─────────┤P├────────( )              脉冲移位

  M1.1    M1.2    M1.3    M1.4    M1.5    M1.6    M1.7    M1.0
───┤/├────┤/├────┤/├────┤/├────┤/├────┤/├────┤/├────( )

  M0.1              SHL-W
───┤ ├──────────┌─EN     ENO─┤>
                │             │
          MW1 ─┤IN      OUT─ MW1
             1 ─┤N            │
                └─────────────┘
  M2.0    M1.0
───┤ ├────( R )
            9
  M1.0          M0.0          Q0.0
───┤ ├───┬──────┤ ├────────────( )        大水柱接触器
         │                     Q0.5
         │              ┌───────( )        大水柱映灯接触器
  M1.2   │              │
───┤ ├───┤
         │
  M1.4   │
───┤ ├───┤
         │
  M1.7   │
───┤ ├───┘

  M1.1          M0.0          Q0.1
───┤ ├───┬──────┤ ├────────────( )        中水柱接触器
         │                     Q0.6
         │              ┌───────( )        中水柱映灯接触器
  M1.3   │              │
───┤ ├───┤
         │
  M1.4   │
───┤ ├───┤
         │
  M1.5   │
───┤ ├───┤
         │
  M1.6   │
───┤ ├───┤
         │
  M1.7   │
───┤ ├───┘

  M1.2          M0.0          Q0.2
───┤ ├───┬──────┤ ├────────────( )        小水柱接触器
         │                     Q0.7
         │              ┌───────( )        小水柱映灯接触器
  M1.5   │              │
───┤ ├───┤
         │
  M1.7   │
───┤ ├───┘
Ⓐ
```

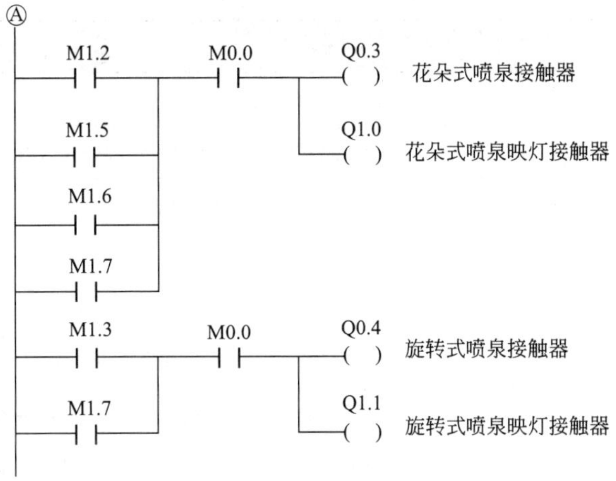

图 6-72　控制程序

程序说明

① 接通电源后，按下启动按钮，I0.0=On，M0.0=On 并自锁，M1.0 得电导通，Q0.0、Q0.5 得电，大水柱在大水柱映灯照射下喷出，计时器 T38 开始 30s 计时；T38 计时时间到，T38 得电，计时器 T37 开始 30s 计时；T37 计时时间到，T37 得电导通，M0.1 得电 1 个扫描周期，将字元件 M1.0 的内容向左移 1 位，将 M1.0 中的 1 送入 M1.1 中，M1.0=Off，Q0.0 失电，Q0.5 失电，大水柱停止喷水，大水柱映灯熄灭；M1.1=On，Q0.1、Q0.6 得电，中水柱在中水柱映灯照射下喷出；又经过 60s 后，M0.1 得电 1 个扫描周期，将字元件 M1.0 的内容向左移 1 位，将 M1.1 中的 1 送入 M1.2 中……经过 8 个 60s 后，通过字循环左移指令 M1.0～M1.7 都为 0，故使 M1.0=On，Q0.0 得电，Q0.5 得电，大水柱在大水柱映灯照射下喷出，如此不断循环。

② 按下停止按钮，I0.1=On，喷泉停止循环。

6.34　手 / 自动控制

控制要求

一个三工位转台，三个工位分别完成上料、钻孔和卸料的任务。工位 1 上料器的动作是推进，料到位后退回等待。工位 2 的动作较多，首先将工料夹紧，然后钻头向下进给钻孔，达到钻孔深度后，钻头退回原位，最后将工件松开，等待。工位 3 上的卸料器将加工完成的工件推出，推出后退回等待。

控制系统要求通过选择开关实现自动和手动操作。

元件说明

元件说明见表 6-35。

表 6-35　元件说明

PLC 软元件	控制说明
I0.0	自动模式选择按钮，按下时，I0.0 状态由 Off → On
I0.1	手动模式选择按钮，按下时，I0.1 状态由 Off → On
I0.2	上料器前推限位传感器
I0.3	手动前推按钮，按下时，I0.3 状态由 Off → On
I0.4	手动夹紧按钮，按下时，I0.4 状态由 Off → On
I0.5	手动钻孔按钮，按下时，I0.5 状态由 Off → On
I0.6	手动卸料按钮，按下时，I0.6 状态由 Off → On
I0.7	上料器后退限位传感器，发出信号后，I0.7 状态由 Off → On
T37	计时 3s 定时器，时基为 100ms 的定时器
T38	计时 5s 定时器，时基为 100ms 的定时器
Q0.0	上料器前推接触器
Q0.1	上料器后退接触器
Q0.2	电磁卡盘夹紧
Q0.3	钻头驱动电动机接触器
Q0.4	卸料器液压阀接触器

◀ 控制程序 ▶

控制程序如图 6-73 所示。

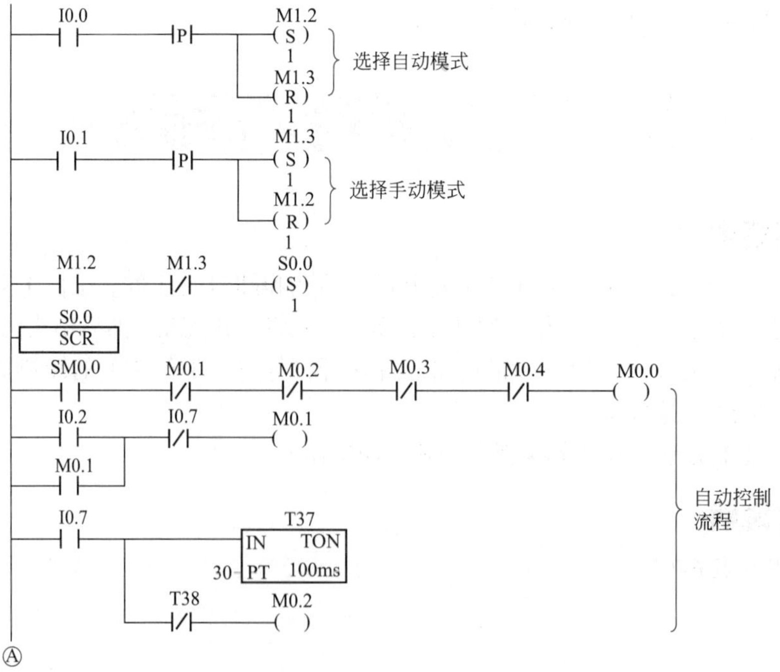

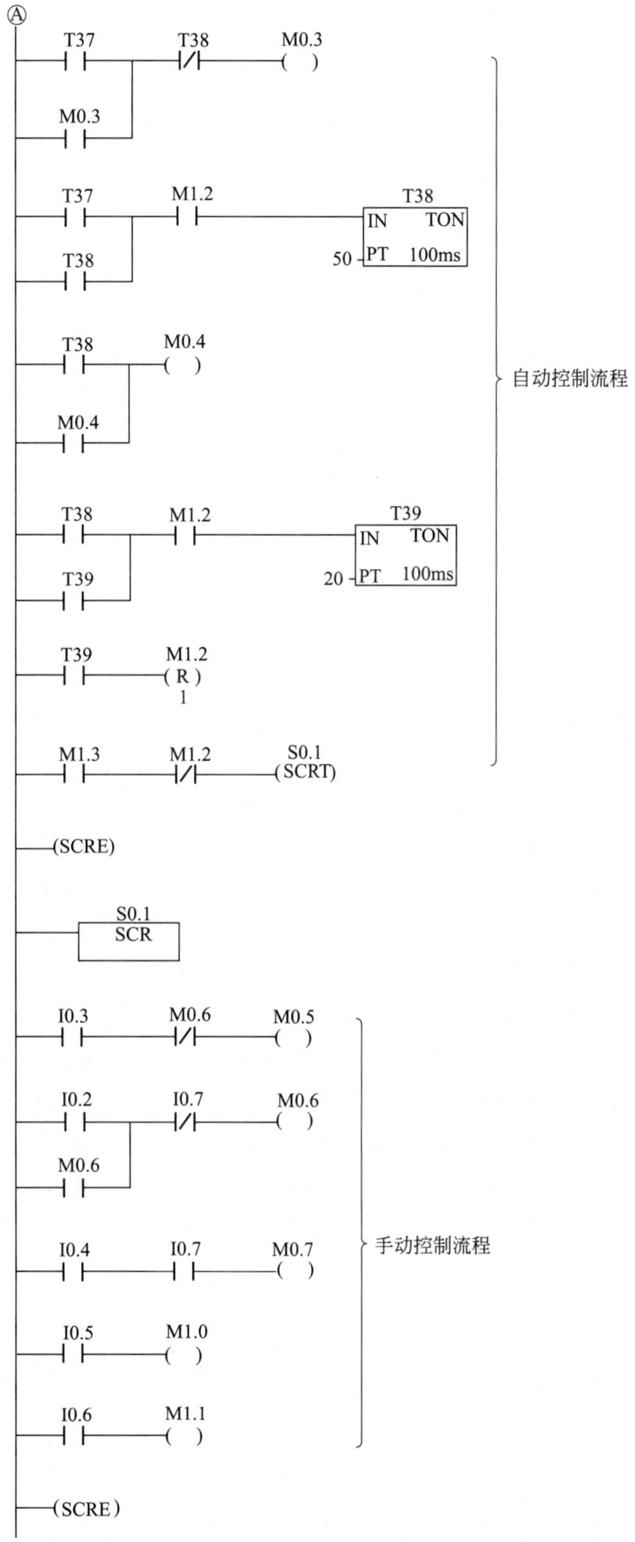

图 6-73

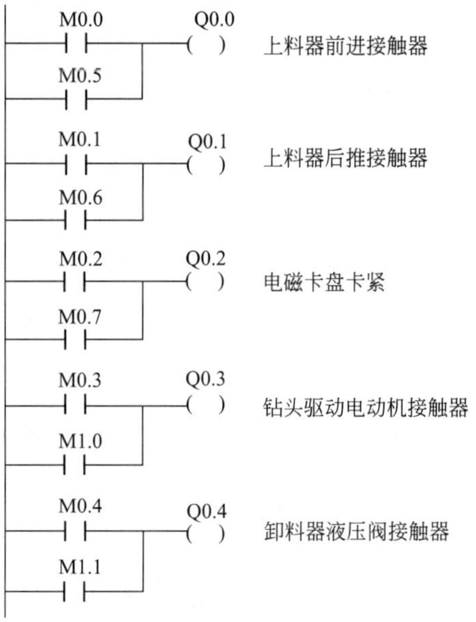

图 6-73 控制程序

程序说明

① I0.0 状态由 Off → On 变化时，执行自动流程一次。开始时，M0.0=On，Q0.0=On，上料器将工料推上工作台，到达前推限位后，I0.2=On，M0.1=On，Q0.1=On，上料器回退，到达后退限位时 I0.7=On，M0.2=On，Q0.1=Off，Q0.2=On，电磁卡盘夹紧。T37 计时器开始计时，3s 后，M0.3=On，Q0.3=On，钻头开始钻孔，T38 计时器开始计时，5s 后，T38=On，Q0.2=Off，Q0.3=Off，停止钻孔，并松开电磁卡盘，M0.4=On，Q0.4=On，工件被推下工作台，T39 计时器开始计时，2s 后，计时时间到，T39=On，自动流程结束，此时可以再次进行手自动模式的选择。

② 当按下手动选择按钮 I0.1 时，I0.1 状态由 Off → On 变化，此时可以进行手动控制，按下手动前推按钮 I0.3，I0.3=On，M0.5=On，Q0.0=On，上料器执行上料操作，当到达前推限位后，I0.2=On，M0.6=On，Q0.1=On，上料器回退，上料器到达后退限位后，按下手动夹紧按钮，I0.4=On，M0.7=On，Q0.2=On，电磁卡盘夹紧，按下手动钻孔按钮，I0.5=On，M1.0=On，Q0.3=On，钻头执行钻孔操作，按下手动卸料按钮，I0.6=On，M1.1=On，Q0.4=On，卸料器将工件推下工作台。手动操作没有自保持，如进行钻孔操作，长按为钻孔，松开为停止。

6.35 定时闹钟

控制要求

用 PLC 控制一个闹钟，要求除周六和周日外，每天早上 6∶30 响 15s，按下复位按钮闹钟停止；不按复位按钮，每隔 1min 再响 15s，共响 3 次结束。

元件说明

元件说明见表 6-36。

表 6-36 元件说明

PLC 软元件	控制说明
I0.0	复位按钮，按下时，I0.0 状态由 Off → On
Q0.0	闹钟

控制程序

控制程序如图 6-74 所示。

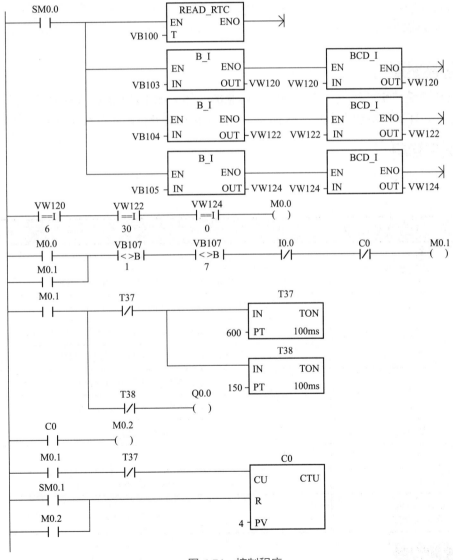

图 6-74 控制程序

程序说明

① 执行 READ 指令，将 PLC 中的实时时间传送到 VB100 ～ VB107 中，并执行 B_I、BCD_I 指令，将时（VB103）、分（VB104）、秒（VB105）的 BCD 数转换成二进制整数，分别储存在 VW120、VW122 和 VW124 中。

② 当时间为 6 时 30 分 0 秒时，M0.0 得电，当既不是周六（VB107≠7）也不是周日（VB107≠1）时，M0.1 得电自锁。

③ M0.1、Q0.0 得电，T37、T38 开始计时。15s 后，T38 得电，常闭触点断开，Q0.0 失电。T37 延时 1min 断开一次，C0 对 T37 接通次数计数，当计数值为 4 时，C0 常闭触点断开 M0.1，并对 C0 复位。

④ 若在响铃时按下复位按钮 I0.0，I0.0 得电，常闭触点断开，M0.1，Q0.0 失电。

6.36 啤酒灌装生产线的 PLC 控制

控制要求

一条啤酒灌装生产线上，需要检测玻璃瓶的好坏，如果玻璃瓶完好，则罐装啤酒；如果玻璃瓶有损坏，就不能用来灌装啤酒，之后使用推杆将其推离生产线至坏瓶筐中。

元件说明

元件说明见表 6-37。

表 6-37   元件说明

PLC 软元件	控制说明
I0.0	启动按钮，按下时，I0.0 状态由 Off → On
I0.1	停止按钮，按下时，I0.1 状态由 Off → On
I0.2	有瓶到位检测开关，触碰时，I0.2 状态由 Off → On
I0.5	检测传感器，检测到损坏玻璃瓶时，I0.5 状态由 Off → On
T37	计时 10s 定时器，时基为 100ms 的定时器
T38	计时 4s 定时器，时基为 100ms 的定时器
T39	计时 2s 定时器，时基为 100ms 的定时器
Q0.3	灌装接触器
Q0.4	推杆电磁阀
Q0.5	传送带接触器
M0.0 ～ M0.1 M2.0 ～ M2.7	内部辅助继电器

控制程序

控制程序如图 6-75 所示。

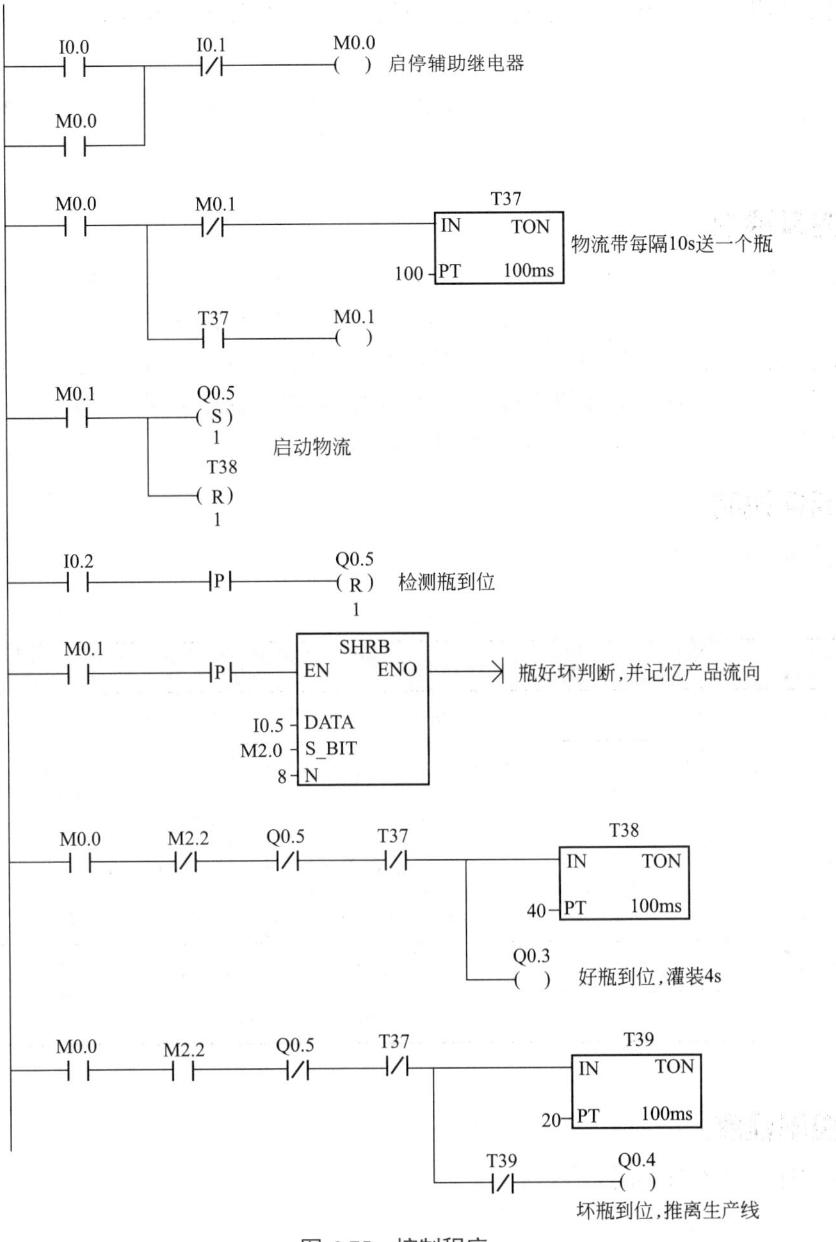

图 6-75 控制程序

程序说明

按下启动按钮 I0.0，I0.0 常开触点闭合，M0.0 得电并自锁。M0.0 常开触点闭合，T37 开始计时 10s，10s 后 T37 常开触点闭合，M0.1 得电导通，Q0.5 置 1，T38 复位，同时执行一次寄存器移位指令，传送带开始前进运行。

传送带运行时，首先需要检测玻璃瓶是否到位。I0.5 可以检测玻璃瓶的好坏，若检测到完好的玻璃瓶，M2.2 常闭触点导通时，则进行灌装，Q0.3 得电，同时 T38 计时 4s；若检测到损坏的玻璃瓶，将其推出至坏瓶筐，2s 后推杆动作完成，T39 常闭触点断开，Q0.4 失电。在进行灌装和推瓶时，Q0.5 复位失电，传送带停止。

当灌装和推坏瓶等动作完成后，重新启动传送带，反复上面动作，一直到停止。

6.37 拔河比赛

控制要求

用七个灯排成一条直线，开始时，按下开始按钮 I0.2，中间一个灯亮，Q0.3 表示拔河绳子的中点，游戏的双方各持一个按钮 I0.0、I0.1。游戏开始，双方都快速不断地按动按钮，每按一次按钮，亮点向本方移动一位。当亮点移动到本方的端点时，这一方获胜，保持灯一直亮，并得一分，双方的按钮不再起作用。用两个数码管显示双方得分。

当按下开始按钮时，亮点回到中间，即可重新开始。

元件说明

元件说明见表 6-38。

表 6-38　元件说明

PLC 软元件	控制说明
I0.0	模拟甲方拔河启动按钮，按下时，I0.0 状态由 Off → On
I0.1	模拟乙方拔河启动按钮，按下时，I0.1 状态由 Off → On
I0.2	拔河开始启动按钮，按下时，I0.2 状态由 Off → On
I0.3	复位按钮，按下时，I0.3 状态由 Off → On
Q0.0 ～ Q0.6	灯 HL1 ～ HL7，灯 1 ～灯 7，模拟绳子的运动状态
Q1.0 ～ Q1.6	七段数码管，显示甲方得分
Q2.0 ～ Q2.6	七段数码管，显示乙方得分

控制程序

控制程序如图 6-76 所示。

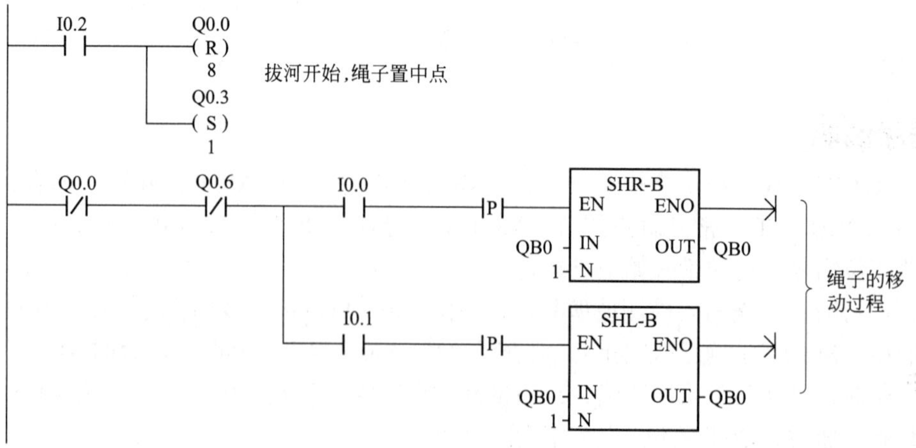

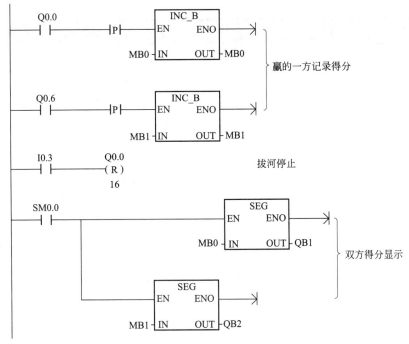

图 6-76 控制程序

程序说明

当裁判员按下开始按钮 I0.2 时，Q0.0 ~ Q0.7 全部复位后再将 Q0.3 置位，即拔河绳子的中点 Q0.3 点亮。

游戏开始后，甲方启动按钮 I0.0，每按一次，亮点向甲方右移一位；同样，若乙方启动按钮 I0.1，每按一次，亮点向乙方左移一位。双方都不断地快速按下按钮，假如甲方移动快，当亮点移动到甲方的端点时，Q0.0 得电，即灯 1 亮，此时 Q0.0 常闭触点断开，不执行移位指令，双方的按钮不再起作用。Q0.0 常开触点闭合，执行加 1 指令，并得 1 分，灯持续点亮。经 SEG 译码，数码管显示得分。如果乙方移动快，亮点移动至乙方的端点时，Q0.6 得电，乙方则得 1 分。

再按下开始按钮 I0.2 时，亮点回到中间，即可重新开始。比赛结束时，可按下复位 I0.3，比分复位。

6.38 饮料自动售货机的 PLC 控制

控制要求

设置投币面值为 1 元、5 元与 10 元，投入的面值超过 10 元时，只出售一种饮料；当面值超过 15 元时，可以出售两种饮料中的任意一种；也可以实现找钱功能。

元件说明

元件说明见表 6-39。

表 6-39　元件说明

PLC 软元件	控制说明
I0.1	1 元投币光电开关，按下时，I0.1 状态由 Off → On
I0.2	5 元投币光电开关，按下时，I0.2 状态由 Off → On
I0.3	10 元投币光电开关，按下时，I0.3 状态由 Off → On
I0.4	奶茶按钮
I0.5	咖啡按钮
T37	计时 8s 定时器，时基为 100ms 的定时器
T38	计时 8s 定时器，时基为 100ms 的定时器
Q0.0	咖啡指示灯
Q0.1	奶茶指示灯
Q0.2	咖啡出货电磁阀
Q0.3	奶茶出货电磁阀
Q0.4	找钱执行机构

◀ 控制程序 ▶

控制程序如图 6-77 所示。

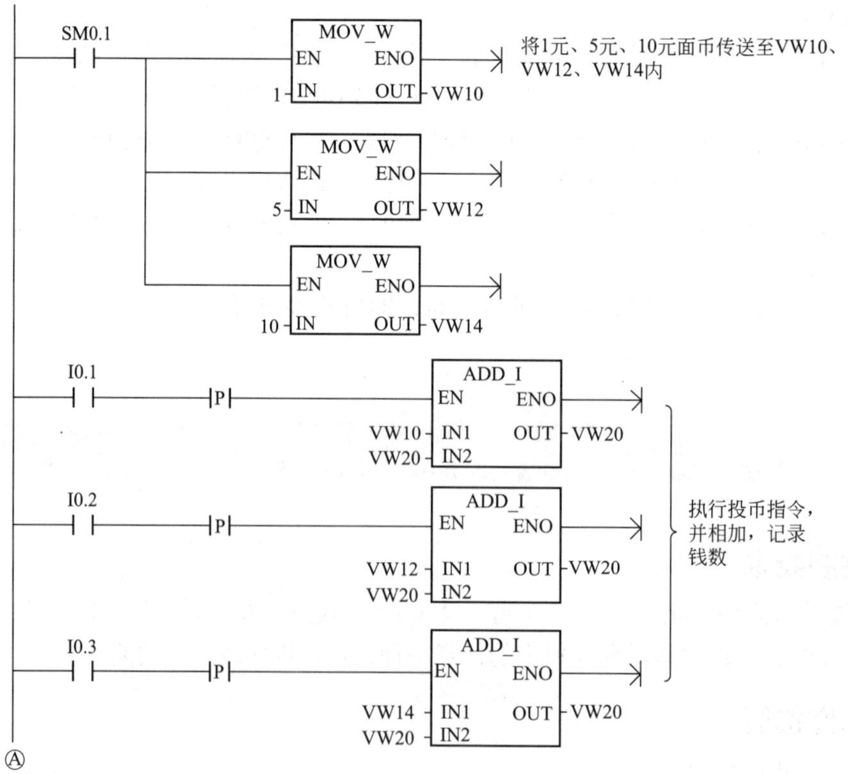

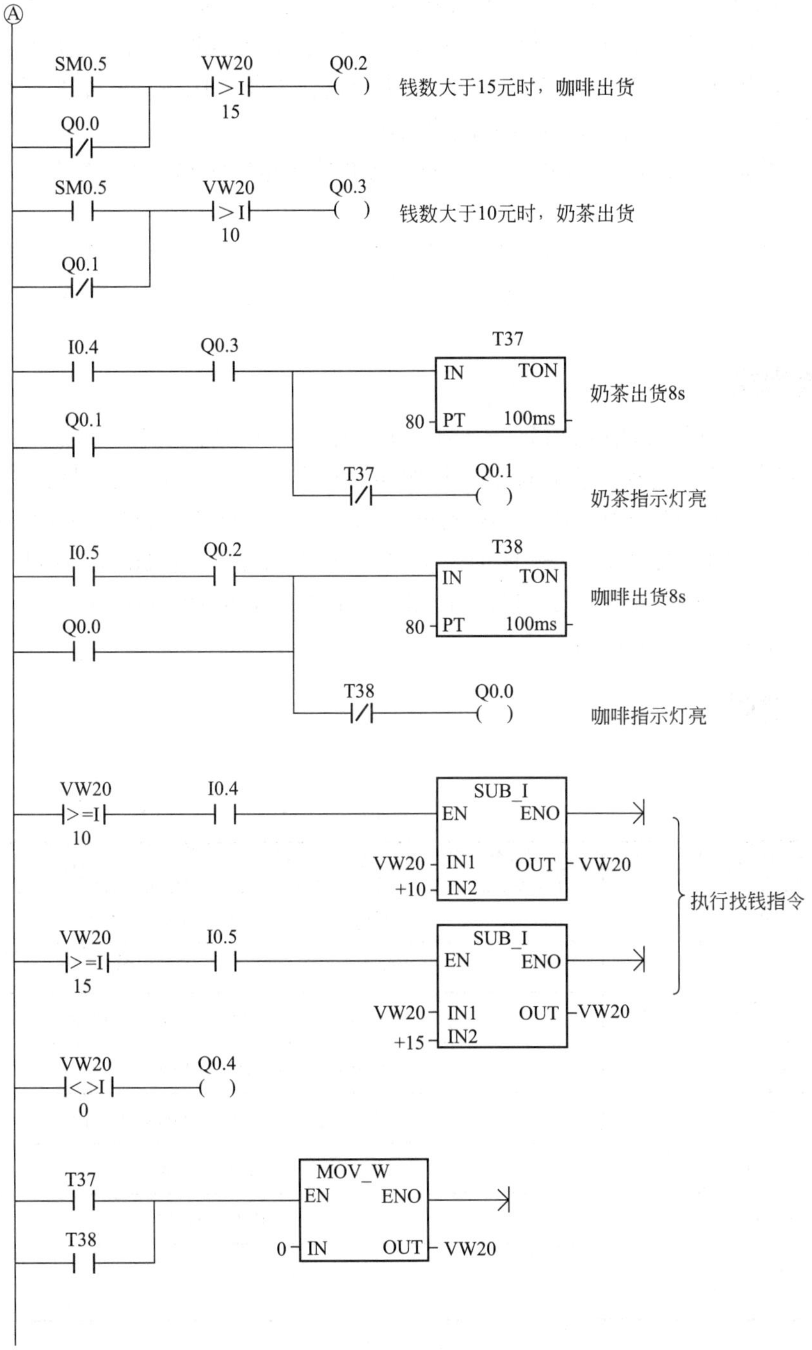

图 6-77 控制程序

◀程序说明▶

SM0.1 得电 1 个扫描周期，经过 MOV 传送指令，将 1 元币放入 VW10 中，将 5 元币放入 VW12 中，将 10 元币放入 VW14 中。

投币时相应的光电开关闭合，执行整数加法指令，例如，若投入 1 元币，则 I0.1 得电，将 1 元放加 VW20 中。若投入的钱币超过 10 元的时候，执行比较指令，Q0.3 得电，只出奶茶，奶茶出货电磁阀 I0.4 闭合，Q0.3 常开触点闭合，T37 开始计时，同时奶茶指示灯亮，Q0.1 得电并自锁，8s 后，T37 常闭触点断开，Q0.1 灭；若超过 15 元时，可以选择任意一种饮料。当投钱币，需要找钱时，通过比较指令与减法指令进行操作，比较后的差值若不等于 0，则执行找钱机构指令，Q0.4 得电，执行退钱的动作。

当饮料出货完以后，T37、T38 得电导通，将 0 传送至 VW20，进行复位。

6.39　天塔之光的 PLC 控制

控制要求

可以用 PLC 控制灯光的闪耀移位及时序的变化等，按下启动按钮，按照一定的灯光动作顺序运行并循环整个过程，直到按下停止按钮。整个过程分为 19 段，且自动转换，其动作顺序为 (HL12)→(HL11)→(HL10)→(HL8)→(HL1)→(HL1+HL2+HL9)→(HL1+HL5+HL8)→(HL1+HL4+HL7)→(HL1+HL3+HL6)→(HL1)→(HL2+HL3+HL4+HL5)→(HL6+HL7+HL8+HL9)→(HL1+HL2+HL6)→(HL1+HL3+HL7)→(HL1+HL4+HL8)→(HL1+HL5+HL9)→(HL1)→(HL2+HL3+HL4+HL5)→(HL6+HL7+HL8+HL9)

元件说明

元件说明见表 6-40。

表 6-40　元件说明

PLC 软元件	控制说明
I0.0	启动按钮，按下时，I0.0 状态由 Off→On
I0.1	停止按钮，按下时，I0.1 状态由 Off→On
T37	计时 5s 定时器，时基为 100ms 的定时器
T38	计时 10s 定时器，时基为 100ms 的定时器
T39	计时 5s 定时器，时基为 100ms 的定时器
Q0.0 ~ Q0.7	彩灯 HL1 ~ HL8
Q1.0 ~ Q1.3	彩灯 HL9 ~ HL12
M0.0 ~ M0.2　M1.0 M10.0 ~ M12.3	内部辅助继电器

控制程序

控制程序如图 6-78 所示。

```
       I0.0        I0.1       M0.1
        ┤├─────────┤/├───────( )   启动/停止控制

       M0.1
        ┤├
    Ⓐ
```

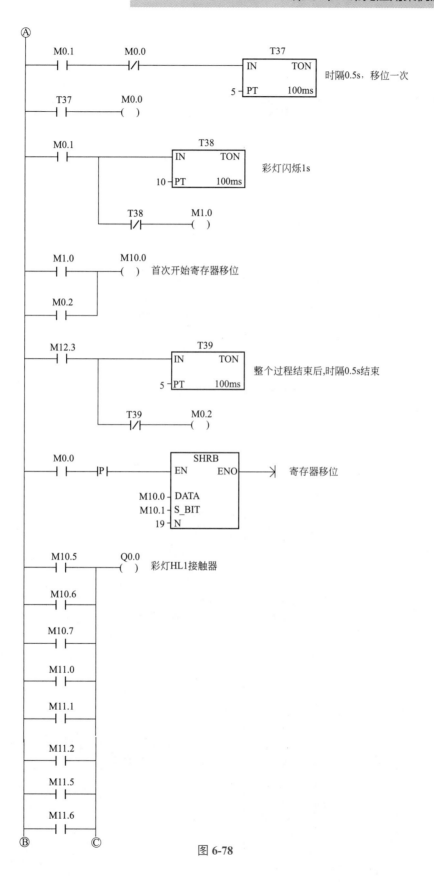

图 6-78

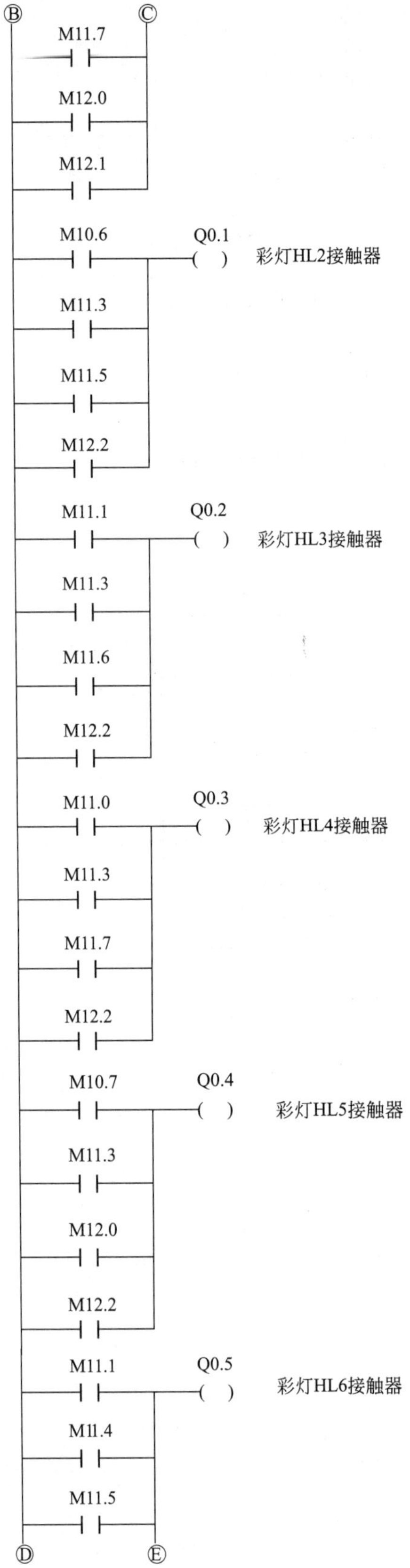

Ⓑ M11.7 Ⓒ
├─┤ ├─┤

M12.0
├─┤ ├─┤

M12.1
├─┤ ├─┤

M10.6   Q0.1
├─┤ ├─────( )── 彩灯HL2接触器

M11.3
├─┤ ├─┤

M11.5
├─┤ ├─┤

M12.2
├─┤ ├─┤

M11.1   Q0.2
├─┤ ├─────( )── 彩灯HL3接触器

M11.3
├─┤ ├─┤

M11.6
├─┤ ├─┤

M12.2
├─┤ ├─┤

M11.0   Q0.3
├─┤ ├─────( )── 彩灯HL4接触器

M11.3
├─┤ ├─┤

M11.7
├─┤ ├─┤

M12.2
├─┤ ├─┤

M10.7   Q0.4
├─┤ ├─────( )── 彩灯HL5接触器

M11.3
├─┤ ├─┤

M12.0
├─┤ ├─┤

M12.2
├─┤ ├─┤

M11.1   Q0.5
├─┤ ├─────( )── 彩灯HL6接触器

M11.4
├─┤ ├─┤

M11.5
├─┤ ├─┤

Ⓓ   Ⓔ

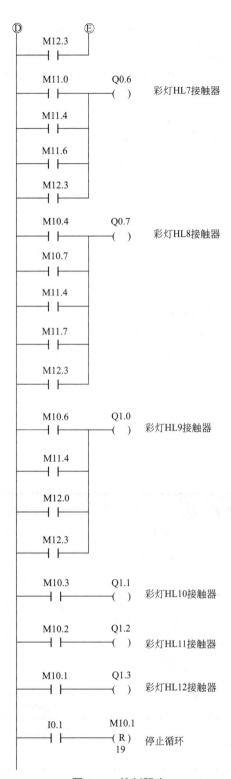

图 6-78　控制程序

◀程序说明▶

① 接通电源后,按下启动按钮 I0.0,I0.0 得电导通,M0.1 得电并自锁;M0.1 常开触点闭合,T37、T38 开始计时,同时 M1.0 得电,M1.0 常开触点闭合,M10.0 得电,产生移位数据,0.5s 后 T37 常开触点闭合,M0.0 得电导通,寄存器移位指令开始执行;第一次移位,将 M10.0 中的 1 送入 M10.1,M10.1 置 1 导通,Q1.3 得电,彩灯 HL12 亮。直到传送至 M12.3,M0.2 闭合,M10.0 再次为 ON,且一直循环该过程。

② 按下停止按钮 I0.1,I0.1 得电导通,M10.0 ～ M12.3 全部复位,停止循环。

6.40 PLC 在中央空调控制系统中的应用

◀控制要求▶

中央空调是一种高精度的恒温控制系统,能够大面积地集中控制,非常适合在人群比较集中、空调使用面积比较大的场合使用。检测功能:检测用户房间的温度;检测与蒸发的制冷剂热交换后的冷却水的温度;检测与压缩后的制冷剂热交换后的冷却水的温度;检测经过与空气热交换后的冷却水的温度。控制功能:控制中央空调自动工作方式和手动工作方式的启动与停止;控制中央空调压缩机的工作;控制中央空调系统冷却水泵的工作;控制冷却塔上的冷却风扇;控制冷却水循环系统和冷冻水循环系统;控制用户房间温度。

◀元件说明▶

元件说明见表 6-41。

表 6-41   元件说明

PLC 软元件	控制说明
I0.0	系统启动按钮,按下启动按钮时,I0.0 状态由 Off → On
I0.1	系统停止按钮,按下停止按钮时,I0.1 状态由 Off → On
I0.2	冷却系统手动启动按钮,按下时,I0.2 状态由 Off → On
I0.3	冷却系统手动停止按钮,按下时,I0.3 状态由 Off → On
I0.4	冷冻系统手动启动按钮,按下时,I0.4 状态由 Off → On
I0.5	冷冻系统手动停止按钮,按下时,I0.5 状态由 Off → On
Q0.0	冷却水泵电磁阀
Q0.1	冷却风扇电磁阀
Q0.2	冷冻水泵电磁阀
Q0.3	冷冻风机电磁阀
AIW0	温度传感器 1
AIW1	温度传感器 2

续表

PLC 软元件	控制说明
AIW2	温度传感器 3
AIW3	温度传感器 4
AQW0	压缩机变频器

控制程序

控制程序如图 6-79 所示。

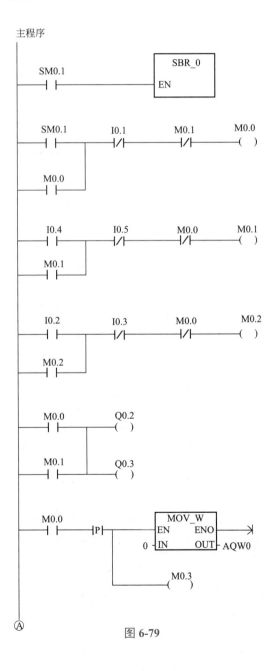

图 6-79

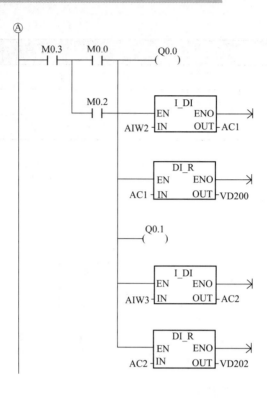

初始化子程序

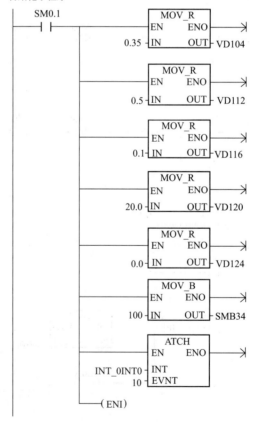

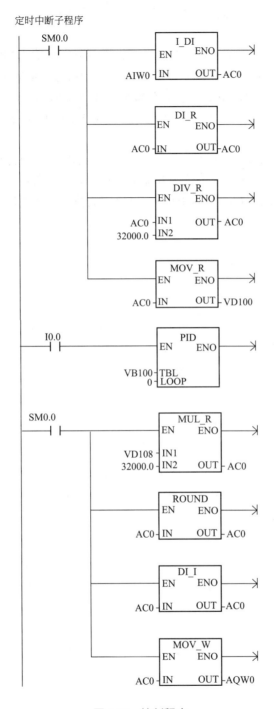

图 6-79 控制程序

程序说明

① PLC 运行时，调用初始化子程序 SBR_0。

② 运行初始化子程序，将给定值 0.35 传送到 VD104；将增益值 0.5 传送到 VD112；将回路采样时间传送到 VD116；将时间积分常数传送到 VD120；将微分时间常数 0 传送到

VD124；将采样周期 100s 传送到 SMB34；定时中断，发生中断事件 10 时调用中断子程序，中断全局允许。

③ 当按下系统启动按钮 I0.0 时，I0.0 得电，常开触点闭合，M0.0 得电。从而 Q0.2 和 Q0.3 得电，冷冻水泵和冷冻风机启动。M0.0 上升沿将 0 传送到 AQW0，即初始化变频器，且 M0.3 得电。进而 Q0.0 和 Q0.1 得电，冷却水泵和冷却风扇运行。另外将 AIW2 转化成双整型，再将双整型转换成实数型，并将结果放在 VD200 中。将检测到的冷却塔送出的冷却水温度 AIW3 转换成实数型放在 VD202 中。

④ 将反馈即检测到的温度 AIW0 除以 32000，变成 0.0 ~ 1.0 之间的数，同时将温度放在地址 VD100 里。调用 PID 指令，回路表首地址为 VB100，回路号为 0。

将输出 VD108 除以 32000.0 变成 0.0 ~ 1.0 之间的数，并将输出结果放在 AQW0 中。

第 **3** 篇

精通篇

第 **7** 章

PLC 控制系统的设计

① PLC 控制系统设计基本原则与步骤。

② 组合机床 PLC 控制系统的设计。

③ 机械手 PLC 控制系统的设计。

④ 液体混合 PLC 控制系统的设计。

以 PLC 为核心组成的自动控制系统，称为 PLC 控制系统。PLC 控制系统的设计与其他形式控制系统的设计不尽相同，在实际工程中，它是围绕着 PLC 本身的特点，以满足生产工艺的控制要求为目的开展工作的。一般包括硬件系统的设计、软件系统的设计和施工设计等。

7.1 PLC 控制系统设计基本原则与步骤

二维码 101

在掌握 PLC 的工作原理、编程语言、内部编程元件、硬件配置以及编程方法后，具有一定系统控制设计基础的电气工程技术人员就可以进行 PLC 控制系统的设计了。

7.1.1 PLC 控制系统设计的应用环境

由于 PLC 是一种计算机化的高科技产品，相对继电器来说价格较高，因此在 PLC 控制系统设计之前，应考虑是否有必要使用 PLC。

通常在以下情况可以考虑使用 PLC：

① 控制系统的数字量 I/O 点数较多，控制要求复杂。若使用继电器控制，则需要大量的中间继电器、时间继电器等器件；

② 对控制系统的可靠性要求较高，继电器控制系统难以满足控制要求；

③ 由于生产工艺流程或产品的变化，需要经常改变控制系统的控制关系或控制参数；

④ 可以用一台 PLC 控制多个生产设备。

附带说明对于控制系统简单、I/O 点数少、控制要求并不复杂的情况，则无需使用 PLC 控制，使用继电器控制就完全可以了。

7.1.2　PLC 控制系统设计的基本原则

在实际生产过程中，任何一种控制都是以满足生产工艺的控制要求，提高生产质量和效率为目的的，因此在 PLC 控制系统的设计时，应遵循以下基本原则。

① 充分发挥 PLC 强大的控制功能，最大限度地满足生产工艺的控制要求，是 PLC 控制系统设计的首要前提。这就需要设计人员深入现场进行调查研究，收集资料，同时要注意与操作员和工程管理人员密切的配合，共同讨论，解决设计中出现的问题。

② 确保控制系统的安全可靠，是设计的重要原则。这就要求设计者在设计时，应全面考虑控制系统的硬件和软件。

③ 力求使系统简单、经济、使用和维修方便。在满足生产工艺的控制要求前提下，要注意降低工程成本，提高工程效益，符合用户的操作习惯和方便维修。

④ 应考虑生产的发展和改进，在设计时应适当留有裕量。

7.1.3　PLC 控制系统设计的一般步骤

PLC 控制系统设计的流程图如图 7-1 所示。

（1）深入了解被控系统的工艺过程和控制要求

首先应该详细分析被控对象的工艺过程及工作特点，了解被控对象机、电、液之间的关系，提出被控对象对 PLC 控制系统的要求。控制要求包括以下内容。

① 控制的基本方式　行程控制、时间控制、速度控制、电流和电压控制等。

② 需要完成的动作　动作及其顺序、动作条件。

③ 操作方式　手动（点动、回原点）、自动（单步、单周、自动运行）以及必要的保护、报警、联锁和互锁。

④ 确定软硬件分工　根据控制工艺的复杂程度，确定软硬件分工，可从技术方案、经济型、可靠性等方面做好软硬件的分工。

（2）确定控制方案，拟定设计说明书

在分析完被控对象的控制要求的基础上，可以确定控制方案。通常有以下几种方案供参考。

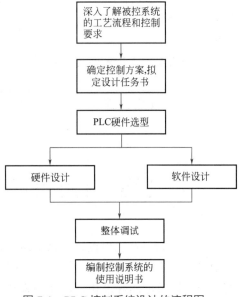

图 7-1　PLC 控制系统设计的流程图

① 单控制器系统　单控制系统指采用一台 PLC 控制一台被控设备或多台被控设备的控制系统，如图 7-2 所示。

② 多控制器系统　多控制器系统即分布式控制系统，该系统中每个控制对象都是由一台 PLC 控制器来控制的，各台 PLC 控制器之间可以通过信号传递进行内部联锁，或由上位机通过总线进行通信控制，如图 7-3 所示。

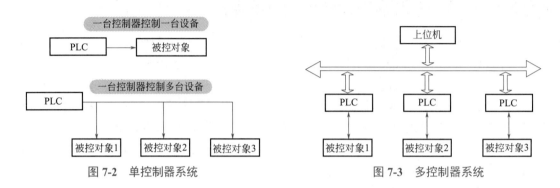

图 7-2　单控制器系统　　　　　　　　图 7-3　多控制器系统

③ 远程 I/O 控制系统　远程 I/O 系统是 I/O 模块不与控制器放在一起，而是远距离放在被控设备附近，如图 7-4 所示。

（3）PLC硬件选型

PLC 硬件选型的基本原则：在功能满足的条件下，保证系统安全可靠运行，尽量兼顾价格。具体应考虑以下几个方面。

① PLC 的硬件功能　对于开关量系统，主要考虑 PLC 的最大 I/O 点数是否满足要求；如有特殊要求，如通信控制、模拟量控制和运动量控制等，则应考虑是否有相应的特殊功能模块。

此外还要考虑扩展能力、程序存储器与数据存储器的容量等。

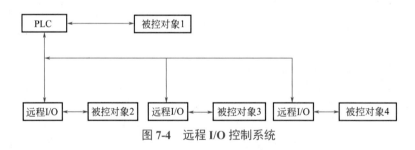

图 7-4　远程 I/O 控制系统

② 确定输入/输出点数　确定输入/输出点数前，应确定哪些信号需要输入给 PLC，哪些负载需要 PLC 来驱动，还要确定哪些是数字量，哪些是模拟量，哪些是直流量，哪些是交流量，以及电压等级和是否有特殊要求。在确定时，应考虑今后系统改进和扩充的需求，应留有一定的裕量。

③ PLC 供电电源类型、输入和输出模块的类型　PLC 供电电源类型一般有两种，分别为交流型和直流型。交流型供电通常为 220V，直流型供电通常为 24V。

数字量输入模块的输入电压一般为 DC24V、AC220V。直流输入电路的延迟时间较短，可直接与光电开关、接近开关等电子输入设备直接相连；交流输入方式则适用于油雾、粉尘环境。

如有模拟量，还需考虑变送器、执行机构的量程与模拟量输入／输出模块的量程是否匹配等。

继电器型输出模块的工作电压范围广，触点导通电压较小，承受瞬间过电压和瞬间过电流能力强，但触点寿命有限制，动作速度较慢。若系统的输出信号变化不是很频繁，建议优先选择继电器输出型模块。继电器型输出模块可用于交直流负载。

晶体管输出型和双向晶闸管输出型模块分别用于直流负载和交流负载，它们具有可靠性高、执行速度快、寿命长等优点，但过载能力较差。

④ PLC 的结构及安装方式　PLC 分为整体式和模块式两种，整体式每点的价格比模块式的要便宜。但模块式的功能扩展灵活，安装方便，特殊模块选择的余地大，一般较复杂的系统选择模块式 PLC。

（4）硬件设计

PLC 控制系统的硬件设计主要包括 I/O 地址分配、系统主回路和控制回路的设计、PLC 输入／输出电路的设计、控制柜或操作台电气元件安装布置设计等。

① I/O 地址分配　输入点和输入信号、输出点和输出控制是一一对应的。通常按系统配置通道与触点号，分配每个输入／输出信号，即进行编号。在编号时要注意，不同型号的 PLC，其输入／输出通道范围不同，要根据所选 PLC 的型号进行确定，切不可"张冠李戴"。

② 系统主回路和控制回路设计

a. 系统主回路设计　主回路通常是指电流较大的电路，如电动机主电路、控制变压器的一次侧输入回路、控制系统的电源输入和控制电路等。

在设计主电路时，主要要考虑以下几个方面。

◆总开关的类型、容量、分断能力和所用的场合等。

◆保护装置的设置。短路保护要设置熔断器或断路器，过载保护要设置热继电器，漏电保护要设置漏电保护器等。

◆接地。从安全的角度考虑，控制系统应设置保护接地。

b. 系统控制回路设计　控制回路通常是指电流较小的电路。控制回路设计一般包括保护电路、安全电路、信号电路和控制电路设计等。

③ PLC 输入输出电路的设计　设计输入／输出电路通常考虑以下问题。

◆输入电路可由 PLC 内部提供 DC 24V 电源，也可外接电源；输出点需根据输出模块类型选择电源。

◆为了防止负载短路损坏 PLC，输入／输出电路公共端需加熔断器保护。

◆为了防止接触器相间短路，通常要设置互锁电路，例如正反转电路。

◆输出电路有感性负载，为了保证输出点的安全和防止干扰，直流电路需在感性负载两端并联续流二极管；交流电路需在感性负载两端并联阻容电路，如图 7-5 所示。

◆应减少输入／输出点数。

④ 控制柜或操作台电气元件安装布置设计　设计的目的是用于指导、规范现场生产和施工，并提高可靠性和标准化程度。

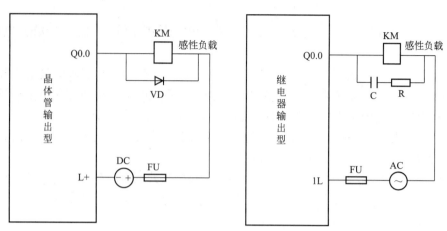

图 7-5　输出电路感性负载的处理

（5）软件设计

软件设计包括系统初始化程序、主程序、子程序、中断程序等，小型数字量控制系统往往只有主程序。

软件设计主要包括以下几步。

① 首先应根据总体要求和控制系统的具体情况，确定程序的基本结构。

② 绘制控制流程图或顺序功能图。

③ 根据控制流程图或顺序功能图，设计梯形图。简单系统可用经验设计法，复杂系统可用顺序控制设计法。

（6）整体调试

调试分为模拟调试和联机调试。

在软件设计完成后一般做模拟调试。模拟调试可以通过仿真软件来代替 PLC 硬件在计算机上调试程序。若有 PLC 硬件，可以用小开关和按钮模拟 PLC 的实际输入信号，再通过输出模块上各输出位对应的指示灯观察输出信号是否满足设计要求。若需要模拟信号 I/O 时，可用电位器和万用表配合进行操作。

硬件模拟调试主要是对控制柜或操作台的接线进行测试，可在操作台的接线端子上模拟 PLC 外部数字输入信号，或者操作按钮指令开关，观察对应 PLC 输入点的状态。

在联机调试时，把编制好的程序下载到现场的 PLC 中。调试时，主电路一定要断电，只对控制电路进行调试。通过现场联机调试，还会发现新的问题或需要对某些控制功能进行改进。

如软硬件调试均没问题，即可进行整体调试。

（7）编制控制系统的使用说明书

系统交付使用后，应根据调试的最终结果整理出完整的技术文件，单位存档，部分资料提供给用户，以利于系统的维修和改进。

编制的文件有：PLC 的硬件接线图和其他的电气样图，PLC 编程元件表和带有文字说明的梯形图。此外若使用的是顺序控制法，顺序功能图也需要整理。

7.2 组合机床 PLC 控制系统设计

本节将以单工位液压传动组合机床为例，对传统的大型机床改造问题给予讲解。

7.2.1 双面单工位液压组合机床的继电器控制

（1）双面单工位液压组合机床简介

如图 7-6 所示为双面单工位液压组合机床的继电器系统电路图。从图中不难看出该机床由 3 台电动机进行拖动，其中 M1、M2 为左右动力头电动机，M3 为冷却泵电动机；SA1、SA2 分别为左右动力头单独调整开关，通过它们对左右动力头进行调整；SA3 为冷却泵电动机工作选择开关。

双面单工位液压传动组合机床左右动力头的循环工作示意图如图 7-7 所示。每个动力头均有快进、工进和快退三种运动状态，且三种状态的切换由行程开关发出信号。组合机床液压状态如表 7-1 所示，其中 KP 为压力继电器、YV 为电磁阀。

表 7-1 组合机床液压状态

工步	YV1	YV2	YV3	YV4	KP1	KP2
原位停止	-	-	-	-	-	-
快进	+	-	+	-	-	-
工进	+	-	+	-	-	-
死挡铁停留	+	-	+	-	+	+
快退	-	+	-	+	-	-

（2）双面单工位液压组合机床工作原理

SA1、SA2 处于自动循环位置，按下启动按钮 SB2，接触器 KM1、KM2 线圈得电并自锁，左右动力头电动机同时启动旋转；按下前进启动按钮 SB3，中间继电器 KA1、KA2 得电并自锁，电磁阀 YV1、YV3 得电，左右动力头快进并离开原位，行程开关 SQ1、SQ2、SQ5、SQ6 先复位，行程开关 SQ3、SQ4 后复位，并使 KA 得电自锁。在动力头进给过程中，由各自行程阀自动将快进变为工进，同时压下行程开关 SQ，接触器 KM3 线圈通电，冷切泵 M3 工作，供给冷却液。左右动力头加工完毕后压下 SQ7 并顶在死挡铁上，使其油路油压升高，压力继电器 KP1 动作，使 KA3 得电并自锁。右动力头加工完毕后压下 SQ8 并使 KP2 动作，KA4 将接通并自锁，同时 KA1、KA2 将失电，YV1、YV3 也失电，而 YV2、YV4 通电，使左右动力头快退。当左动力头使 SQ 复位后，KM3 将失电，冷却泵电动机将停转。左右动力头快退至原位时，先压下 SQ3、SQ4，再压下 SQ1、SQ2、SQ5、SQ6，使 KM1、KM2 线圈断电，动力头电动机 M1、M2 断电停转，同时 KA、KA3、KA4 线圈断电，YV2、YV4 断电，动力头停止动作，机床循环结束。加工过程中，如果按下 SB4，可随时使左右动力头快退至原位停止。

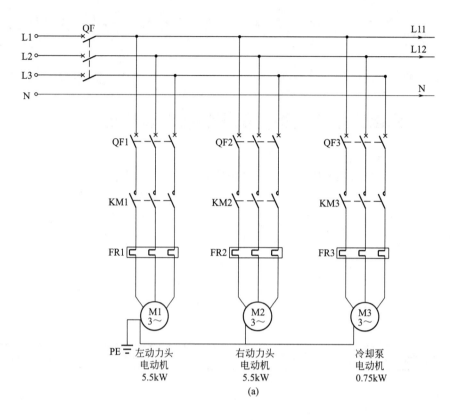

(a)

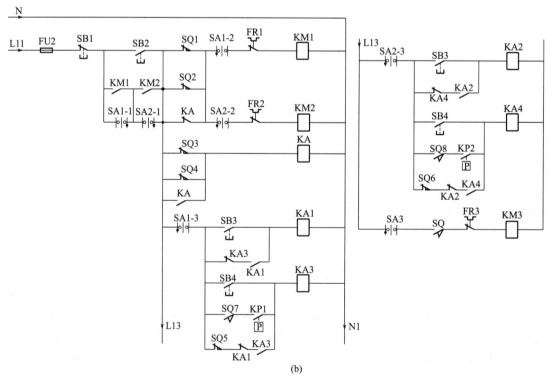

(b)

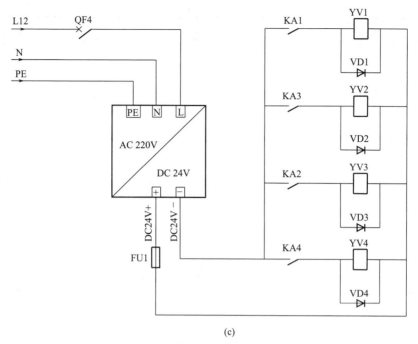

图 7-6 双面单工位液压组合机床的继电器系统电路图

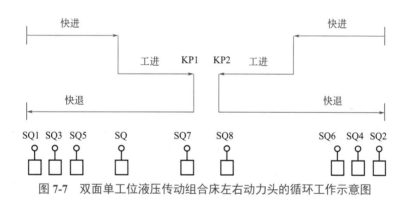

图 7-7 双面单工位液压传动组合床左右动力头的循环工作示意图

7.2.2 双面单工位液压组合机床的 PLC 控制

（1）PLC及相关元件选型

本系统采用西门子 S7-200PLC，CPU224CN 模块，AC 电源，DC 输入，继电器输出型。PLC 的输入信号应有 21 个，且为开关量，其中有 4 个按钮，9 个行程开关，3 个热继电器常闭触点，2 个压力继电器触点，3 个转换开关。但在实际应用中，为了节省 PLC 的输入 / 输出点数，将输入信号做以下处理：SQ1 和 SQ2、SQ3 和 SQ4 并联作为输入，SQ7 和 KP1、SQ8 和 KP2、SQ 和 SA3 串联作为输入，将 FR1、FR2、FR3 常闭触点分配到输出电路中，这样处理后输入信号由原来的 21 点降到现在的 13 点；输出信号有 7 个，其中有 3 个接触器，4 个电磁阀；由于接触器和电磁阀所加的电压不同，因此输出有两路通道。组合机床材料清单如表 7-2 所示。

表 7-2　组合机床材料清单

序号	材料名称	型号	备注	厂家	单位	数量
1	微型断路器	iC65N, D40/3P	380V, 40A, 三极	施耐德	个	1
2	微型断路器	iC65N, D16/3P	380V, 16A, 三极	施耐德	个	2
3	微型断路器	iC65N, D4/3P	380V, 4A, 三极	施耐德	个	1
4	微型断路器	iC65N, C6/1P	380V, 6A, 一极	施耐德	个	2
5	接触器	LC1D12M	380V, 12A, 线圈 220V	施耐德	个	2
6	接触器	LC1D09M	380V, 9A, 线圈 220V	施耐德	个	1
7	中间继电器插头	MY2N-J, 24VDC	线圈 24V	欧姆龙	个	4
8	中间继电器插座	PYF08A-C		欧姆龙	个	4
9	热继电器	LRD16C	380V, 整定范围: 9 ～ 13A	施耐德	个	2
10	热继电器	LRD07C	380V, 整定范围: 1.6 ～ 2.5A	施耐德	个	1
11	停止按钮底座	ZB5AZ101C		施耐德	个	1
12	停止按钮按钮头	ZB5AA4C	红色	施耐德	个	1
13	启动按钮	XB5AA31C	绿色	施耐德	个	3
14	选择开关	XB5AD21C	黑色, 2 位 1 开	施耐德	个	3
15	熔体	RT28N-32/6A	6A	正泰	个	1
16	熔断器底座	RT28N-32/1P	一极	正泰	个	1
17	电源指示灯	XB7EVM1LC	220V, 白色	施耐德	个	1
18	电动机指示灯	XB7EVM3LC	220V, 绿色	施耐德	个	3
19	电磁阀指示灯	XB7EV33LC	24V, 绿色	施耐德	个	4
20	直流电源	CP M SNT	180W, 24V, 7.5A	魏德米勒	个	1
21	PLC	CPU224CN	AC 电源, DC 输入, 继电器输出	西门子	台	1
22	端子	UK10N	可夹 0.5 ～ 10mm² 导线	菲尼克斯	个	4
23	端子	UK3N	可夹 0.5 ～ 2.5mm² 导线	菲尼克斯	个	9
24	端子	UKN1.5N	可夹 0.5 ～ 1.5mm² 导线	菲尼克斯	个	16
25	端板	D-UK4/10	UK10N, UK3N 端子端板	菲尼克斯	个	2
26	端板	D-UK2.5	UK1.5N 端子端板	菲尼克斯	个	2
27	固定件	E/UK	固定端子, 放在端子两端	菲尼克斯	个	8

序号	材料名称	型号	备注	厂家	单位	数量
28	标记号	ZB10	标号（1～5），UK10N 端子标记条	菲尼克斯	条	1
29	标记号	ZB5	标号（1～10），UK3N 端子标记条	菲尼克斯	条	1
30	标记号	ZB4	标号（1～30），UK1.5N 端子标记条	菲尼克斯	条	1
31	汇线槽	HVDR5050F	宽×高=50×50	上海日成	m	5
32	导线	H07V-K，10mm^2	蓝色	慷博电缆	m	3
33	导线	H07V-K，10mm^2	黑色	慷博电缆	m	5
34	导线	H07V-K，4mm^2	黑色	慷博电缆	m	8
35	导线	H07V-K，2.5mm^2	黑色	慷博电缆	m	10
36	导线	H07V-K，2.5mm^2	蓝色	慷博电缆	m	5
37	导线	H07V-K，1.5mm^2	蓝色	慷博电缆	m	5
38	导线	H07V-K，1.5mm^2	黑色	慷博电缆	m	5
39	导线	H05V-K，1.0mm^2	黑色	慷博电缆	m	20
40	导线	H07V-K，2，5mm^2	黄绿色	慷博电缆	m	5
41	导线	H07V-K，10mm^2	黄绿色	慷博电缆	m	5
42	铜排	15×3		辽宁铜业	m	0.5
43	绝缘子	SM-27×25（M6）	红色	海坦华源电气	个	2
44	操作台	宽×高×深 =600mm×960mm×400mm		自制	个	1
设计编制	韩相争	总工审核	×××			

（2）硬件设计

双面单工位液压组合机床 I/O 分配如表 7-3 所示，双面单工位液压组合机床硬件台图纸如图 7-8 所示。

表 7-3　双面单工位液压组合机床 I/O 分配

输入量				输出量	
启动按钮 SB2	I0.0	行程开关 SQ6	I0.7	接触器 KM1	Q0.0
停止按钮 SB1	I0.1	行程开关 SQ1/SQ2	I1.0	接触器 KM2	Q0.1
快进按钮 SB3	I0.2	行程开关 SQ3/SQ4	I1.1	接触器 KM3	Q0.2

续表

输入量				输出量	
快退按钮 SB4	I0.3	行程开关 SQ7/KP1	I1.2	电磁阀 YV1	Q0.4
调整开关 SA1	I0.4	行程开关 SQ8/KP2	I1.3	电磁阀 YV2	Q0.5
调整开关 SA2	I0.5	行程开关 SQ/SA3	I1.4	电磁阀 YV3	Q0.6
行程开关 SQ5	I0.6			电磁阀 YV4	Q0.7

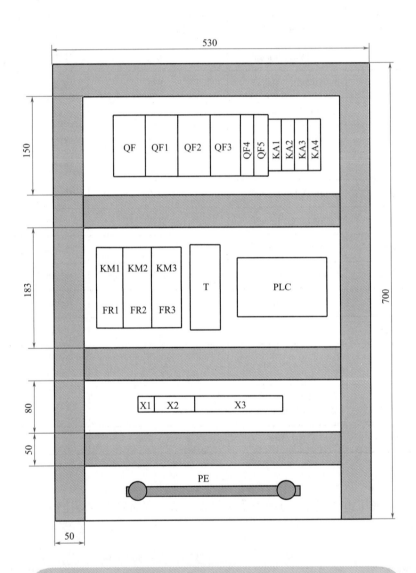

重点提示：
画元件布置图时，尽量按元件的实际尺寸去画，这样可以直接指导生产，
如果为示意图，现场还需重新排布元件。报方案时往往元件没有采购，
可以参考厂家样本，查出元件的实际尺寸

(a) 元件布置图

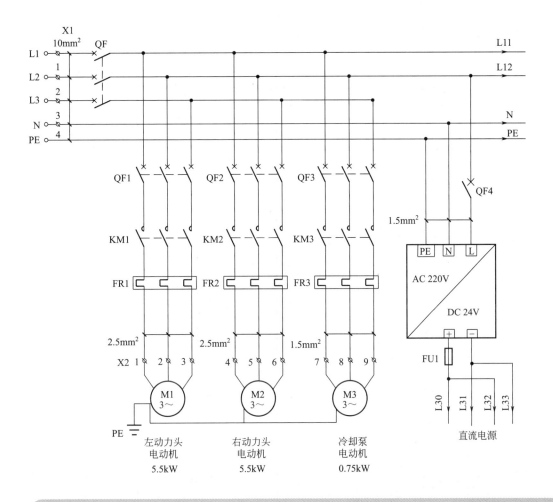

重点提示：

　　①空气断路器：起通断和短路保护作用；由于负载为电动机，因此选用 D 型；负载分别为5.5kW、0.75kW，根据经验其电流数值为功率(kW)的2倍，那么电流为11A和1.5A，因此在选空气断路器时，空气断路器额定电流应≥线路的额定电流；再考虑到空气断路器脱扣电流>电动机的启动电流，根据相关样本，分别选择了 D16 和 D4。总开的电流应≥∑分支空开电流，因此这里选择了 D40

　　②接触器：控制电路通断，其额定电流>线路的额定电流，线圈采用220V供电，见材料清单

　　③热继电器：过载保护。热继电器的电流应为0.95～1.05倍线路的额定电流，见材料清单

　　④各个电动机均需可靠接地，这里为保护接地

　　⑤线径选择：按1mm²载5～8A的电流计算，则5.5kW，0.75kW电动机主回路线径分别为2.5mm²和1.5mm²。实际中选线径时应留有余量，实际导线的承载能力要比经验值略大

　　⑥直流开关电源选型相关计算：查电磁阀样本，电磁阀正常工作时的电流为1.2A，那么电磁阀总电流约为4×1.2=4.8(A)，指示灯的电流仅有几毫安，甚至更小，中间继电器线圈的工作电流也就几十毫安，它们都加起来总电流也不会超过6A，这里直流电源输出电流为7.5A，完全够用，且有裕量，那么直流电源的容量=24×7.5=180(W)，查找样本，恰好有此容量，如果没有，可适当增大，就大不就小

　　⑦熔断器电流计算：熔断器的电流>负载电流，根据第⑥条的分析，这里选择6A完全够用。线径计算根据第⑤条确定，这里不再赘述

(b) 主电路图

图 7-8

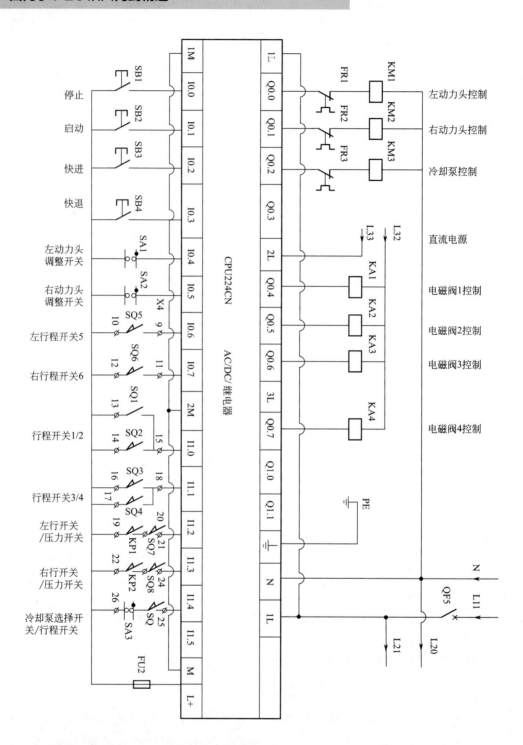

(c) 组合机床控制电路

重点提示:
查S7-200PLC的样本PLC工作电流为2A,再
考虑输出回路,故QF5选择5A,且有裕量

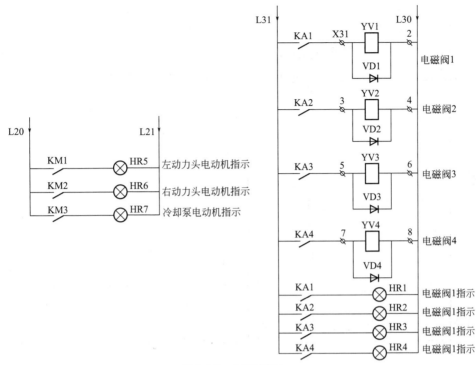

(d)电动机、电磁阀控制

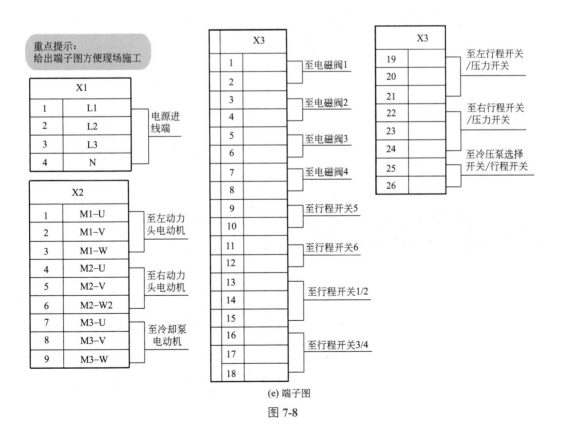

(e) 端子图

图 **7-8**

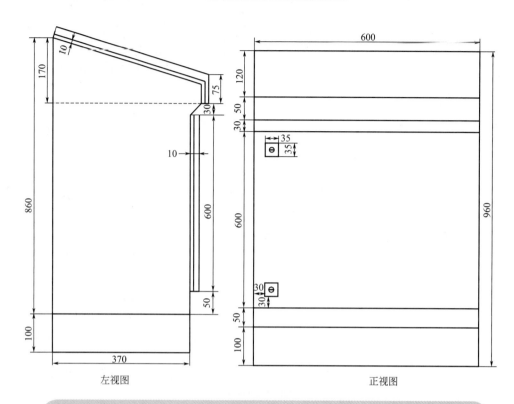

左视图　　　　　　　　　　　　　正视图

重点提示：
有些控制柜或操作台的壳体由机械工程师来设计，有些由电气工程师设计，电气设计懂点机械是
必要的。一个好的电气工程师要具备掌握机、电、液的能力，因为工程中情况较复杂

(f) 操作台

重点提示：
给出元件明细表，为现场操作人员提供
方便。在工程中，有些设计给出来的文
字符号不通用，因此编写元件明细表加
以说明是必要的

元件明细		
1	QF–QF5	微型断路器
2	KM1–KM2	接触器
3	FR1–FR2	热继电器
4	T	直流电源
5	KA1–KA4	中间继电器
6	FU1	熔断器
7	SB1–SB4	按钮
8	SA1–SA3	选择开关
9	SQ–SQ8	行程开关
10	KP1–KP2	压力开关
11	HR1–HR7	指示灯
12	YV1–YV4	电磁阀
13	VD1–VD4	二极管

(g)元件明细

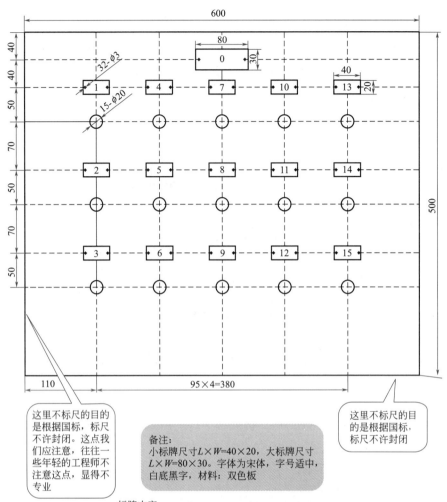

这里不标尺的目的是根据国标，标尺不许封闭。这点我们应注意，往往一些年轻的工程师不注意这点，显得不专业

备注：
小标牌尺寸$L \times W$=40×20，大标牌尺寸$L \times W$=80×30。字体为宋体，字号适中，白底黑字，材料：双色板

这里不标尺的目的是根据国标，标尺不许封闭

标牌内容

0	组合机床自动控制操作台	8	电源指示
1	调整开关1	9	左动力头指示
2	调整开关2	10	右动力头指示
3	冷却泵开关	11	冷却泵指示
4	启动按钮	12	电磁阀1指示
5	停止按钮	13	电磁阀2指示
6	快进启动	14	电磁阀3指示
7	快退启动	15	电磁阀4指示

重点提示：
这是操作台面板开孔图，开孔的尺寸要查样本，一般来说按钮指示灯的开孔为22.5，这里查样本，指示灯、按钮口径为20，故开了20，也可适当放大0.5～1，为了安装方便。捎带说明，工程尺寸均用mm标注。这里也有标牌图的设计，标牌起指示作用，方便操作者操作；通常采用不锈钢标牌和双色板的标牌，尺寸根据实际需要确定，字号适中即可

(h) 操作面板布局

图 7-8　双面单工位液压组合机床硬件图纸

（3）软件设计

本例为继电器控制改造成 PLC 控制的典型问题，因此在编写 PLC 梯形图时，采用翻译设计法是一条捷径。翻译设计法即根据继电器控制电路的逻辑关系，将继电器电路的每一个分支按一一对应的原则逐条翻译成梯形图，再按梯形图的编写原则进行化简。双面单工位液压组合机床梯形图如图 7-9 所示。

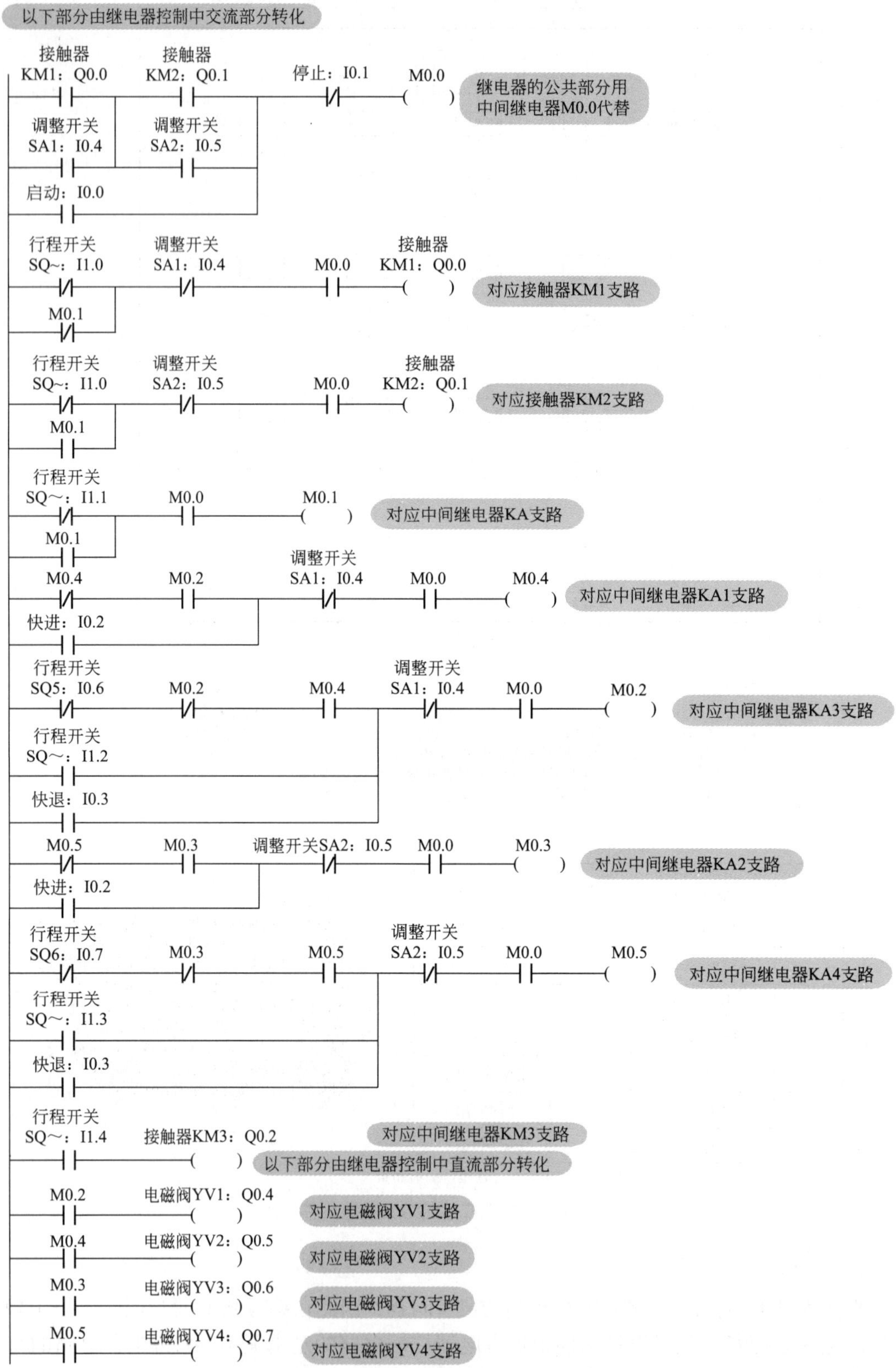

以下部分由继电器控制中交流部分转化

接触器 KM1：Q0.0　接触器 KM2：Q0.1　停止：I0.1　M0.0
调整开关 SA1：I0.4　调整开关 SA2：I0.5
启动：I0.0

继电器的公共部分用中间继电器M0.0代替

行程开关 SQ~：I1.0　调整开关 SA1：I0.4　M0.0　接触器 KM1：Q0.0
M0.1

对应接触器KM1支路

行程开关 SQ~：I1.0　调整开关 SA2：I0.5　M0.0　接触器 KM2：Q0.1
M0.1

对应接触器KM2支路

行程开关 SQ~：I1.1　M0.0　M0.1
M0.1

对应中间继电器KA支路

M0.4　M0.2　调整开关 SA1：I0.4　M0.0　M0.4
快进：I0.2

对应中间继电器KA1支路

行程开关 SQ5：I0.6　M0.2　M0.4　调整开关 SA1：I0.4　M0.0　M0.2
行程开关 SQ~：I1.2
快退：I0.3

对应中间继电器KA3支路

M0.5　M0.3　调整开关SA2：I0.5　M0.0　M0.3
快进：I0.2

对应中间继电器KA2支路

行程开关 SQ6：I0.7　M0.3　M0.5　调整开关 SA2：I0.5　M0.0　M0.5
行程开关 SQ~：I1.3
快退：I0.3

对应中间继电器KA4支路

行程开关 SQ~：I1.4　接触器KM3：Q0.2

对应中间继电器KM3支路
以下部分由继电器控制中直流部分转化

M0.2　电磁阀YV1：Q0.4

对应电磁阀YV1支路

M0.4　电磁阀YV2：Q0.5

对应电磁阀YV2支路

M0.3　电磁阀YV3：Q0.6

对应电磁阀YV3支路

M0.5　电磁阀YV4：Q0.7

对应电磁阀YV4支路

图 7-9　双面单工位液压组合机床梯形图

需要指出，在使用翻译设计法时，务必注意常闭触点信号的处理。前面介绍的其他梯形图的设计方法时（翻译设计法除外），假设的前提是硬件外部开关量输入信号均由常开触点提供，但在实际中，有些信号是由常闭触点提供的，如本例中 I0.6、I0.7、I1.0、I1.1 的外部输入信号就是由限位开关的常闭触点提供的。

类似上述的问题，在使用翻译设计法时，为了保证继电器电路和梯形图电路触点类型的一致性，常常将外部接线图中的输入信号全部选成由常开触点提供，这样就可以将继电器电路直接翻译成梯形图。但这样改动存在着一定的问题，那就是将原来是常闭触点输入的改成了常开触点输入，所以在梯形图中需做调整，即外接触点的输入位常开改成常闭，常闭改成常开，如图 7-10 所示。

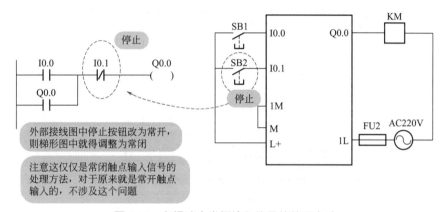

图 7-10　翻译法中常闭输入信号的处理方法

（4）组合机床自动控制调试

① 编程软件　编程软件采用 STEP7-Micro/WIN V4.0。

② 系统调试　将各个输入 / 输出端子和实际控制系统的按钮、所需控制设备正确连接，完成硬件的安装并检查无误后，可以将事先编写的梯形图程序传送到 PLC 中进行调试。

调试中，按照组合机床的工作原理逐一校对，检查功能是否能实现。如不能实现，则找出是程序的原因，还是硬件接线的原因。经过反复试验，最终调试出正确的结果。

（5）编制使用说明

根据调试的最终结果整理出完整的技术文件，单位存档，部分资料提供给用户，以利于系统的维修和改进。

编制的文件有硬件接线图、PLC 编程元件表和带有文字说明的梯形图及顺序功能图。

提供给用户的图纸为硬件接线图。处于技术保密考虑，一般不提供梯形图。

7.3　机械手 PLC 控制系统的设计

在自动化流水线中，机械手的应用比较广泛，它是集多种工作方式于一身的典型案例。本节将以机械手自动控制为例，重点讲解含多种工作方式的 PLC 控制系统的设计。

7.3.1 机械手的控制要求及功能简介

某工件搬运机械手工作示意图如图 7-11 所示。该机械手的任务是将工件从 A 传送带搬运到 B 传送带（A、B 传送带不用 PLC 控制）。机械手的初始状态为原点位置，此时机械手在最上面和最右面，且夹紧装置处于放松状态。

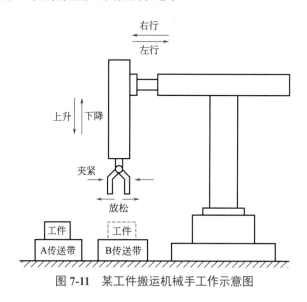

图 7-11 某工件搬运机械手工作示意图

搬运机械手工作流程图如图 7-12 所示。按下启动按钮后，从原点位置开始，机械手将执行"左行→下降→夹紧→上升→右行→下降→放松→上升"的工作流程（一个周期）。这些动作均由电磁阀来控制，特别地，夹紧和放松动作仅由一个电磁阀来控制，该电磁阀状态为 1 表示夹紧，否则为放松状态。左行、右行、上升、下降这些动作由限位开关来切换，夹紧、放松动作由定时器来切换，且定时时间为 1s。

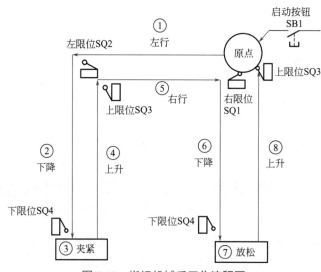

图 7-12 搬运机械手工作流程图

为了满足实际生产的需求，机械手设有手动和自动 2 种工作模式，其中自动工作模式又包括单步、单周、连续和自动回原点 4 种方式。操作面板布置如图 7-13 所示。

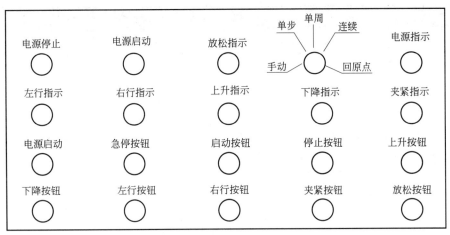

图 7-13　操作面板布置

（1）手动工作方式

利用按钮对机械手的每个动作进行单独控制。在该工作方式中，设有 6 个手动按钮，分别控制左行、右行、上升、下降、夹紧和放松。

（2）单步工作方式

从原点位置开始，每按一下启动按钮，系统跳转一步，完成该步任务后自动停止在该步，再按一下启动按钮，才开始执行下一步动作。单步工作方式常常用于系统的调试和维修。

（3）单周工作方式

按下启动按钮，机械手从原点开始，按图 7-12 所示工作流程完成一个周期后，返回原点并停留在原点位置。

（4）连续工作方式

机械手在原点位置时，按下启动按钮，机械手从原点位置开始，将按图 7-12 所示工作流程周期性循环动作。按下停止按钮，机械手并不马上停止工作，待完成最后一个周期工作后，系统才返回并停留在原点位置。

（5）自动回原点工作方式

机械手有时可能会停止在非原点位置，这时机械手无法进行自动工作方式，所以需对机械手的位置进行调整，当按下启动按钮时，机械手会按其回原点程序由其他位置回到原点位置。

7.3.2　PLC 及相关元件选型

机械手自动控制系统采用西门子 S7-200 整体式 PLC，CPU226CN 模块，DC 供电，DC 输入 / 继电器输出型。

PLC 控制系统的输入信号有 17 个，均为开关量。其中操作按钮开关有 8 个，限位开关有 4 个，选择开关有 1 个（占 5 个输入点）；PLC 控制系统输出信号有 5 个，各个动作由直流 24V 电磁阀控制；本控制系统采用 S7-200 整体式 PLC 完全可以，且有一定裕量。机械手控制的元件材料清单如表 7-4 所示。

表 7-4 机械手控制的元件材料清单

序号	材料名称	型号	备注	厂家	单位	数量
1	微型断路器	iC65N，C10/2P	220V，10A 二极	施耐德	个	1
2	微型断路器	iC65N，C6/1P	220V，6A 二极	施耐德	个	1
3	接触器	LC1D18MBDC	18A，线圈 DC 24V	施耐德	个	1
4	中间继电器底座	PYF14A-C		欧姆龙	个	5
5	中间继电器插头	MY4N-J，24VDC	线圈 DC 24V	欧姆龙	个	5
6	停止按钮底座	ZB5AZ101C		施耐德	个	2
7	停止按钮头	ZB5AA4C	红色	施耐德	个	2
8	启动按钮	XB5AA31C	绿色	施耐德	个	8
9	选择开关	XB5AD21C		施耐德	个	1
10	熔体	RT28N-32/8A		正泰	个	2
11	熔断器底座	RT28N-32/1P	一极	正泰	个	5
12	熔体	RT28N-32/2A		正泰	个	3
13	电源指示灯	XB2BVB1LC	DC 24V，白色	施耐德	个	1
14	电磁阀指示灯	XB2BVB3LC	DC 24V，绿色	施耐德	个	5
15	直流电源	CP M SNT	500W，24V，20A	魏德米勒	个	1
16	PLC	CPU226CN	DC 电源，DC 输入，继电器输出	西门子	台	1
17	端子	UK6N	可夹 0.5～10mm² 导线	菲尼克斯	个	4
18	端子	UKN1.5N	可夹 0.5～1.5mm² 导线	菲尼克斯	个	18
19	端板	D-UK4/10	UK6N 端子端板	菲尼克斯	个	1
20	端板	D-UK2.5	UK1.5N 端子端板	菲尼克斯	个	1
21	固定件	E/UK	固定端子，放在端子两端	菲尼克斯	个	8
22	标记号	ZB8	标号 1～5，UK6N 端子标记条	菲尼克斯	条	1
23	标记号	ZB4	标号 1～20，UK1.5N 端子标记条	菲尼克斯	条	1
24	汇线槽	HVDR5050F	宽 × 高 =50×50	上海日成	m	5
25	导线	H07V-K，4mm²	黑色	慷博电缆	m	3
26	导线	H07V-K，2.5mm²	蓝色	慷博电缆	m	3
27	导线	H07V-K，1.5mm²	红色	慷博电缆	m	5
28	导线	H07V-K，1.5mm²	白色	慷博电缆	m	5
29	导线	H05V-K，1.0mm²	黑色	慷博电缆	m	20
30	导线	H07V-K，4mm²	黄绿色	慷博电缆	m	5

续表

序号	材料名称	型号	备注	厂家	单位	数量
31	导线	H07V-K，2.5mm^2	黄绿色	慷博电缆	m	5
设计 编制	韩相争	总工审核	×××			

7.3.3 硬件设计

机械手控制 I/O 分配如表 7-5 所示。机械手控制硬件图纸如图 7-14 所示。操作台壳体可参考组合机床系统壳体图，这里略。

表 7-5　机械手控制 I/O 分配

输入量				输出量	
启动按钮	I0.0	右行按钮	I1.1	左行电磁阀	Q0.0
停止按钮	I0.1	夹紧按钮	I1.2	右行电磁阀	Q0.1
左限位	I0.2	放松按钮	I1.3	上升电磁阀	Q0.2
右限位	I0.3	手动	I1.4	下降电磁阀	Q0.3
上限位	I0.4	单步	I1.5	夹紧 / 放松电磁阀	Q0.4
下限位	I0.5	单周	I1.6		
上升按钮	I0.6	连续	I1.7		
下降按钮	I0.7	回原点	I2.0		
左行按钮	I1.0				

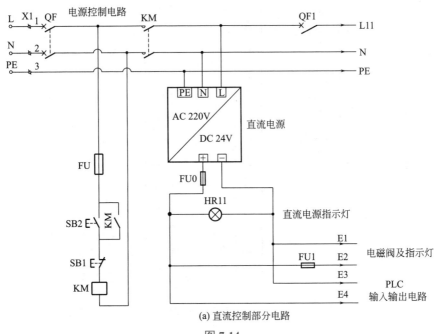

(a) 直流控制部分电路

图 7-14

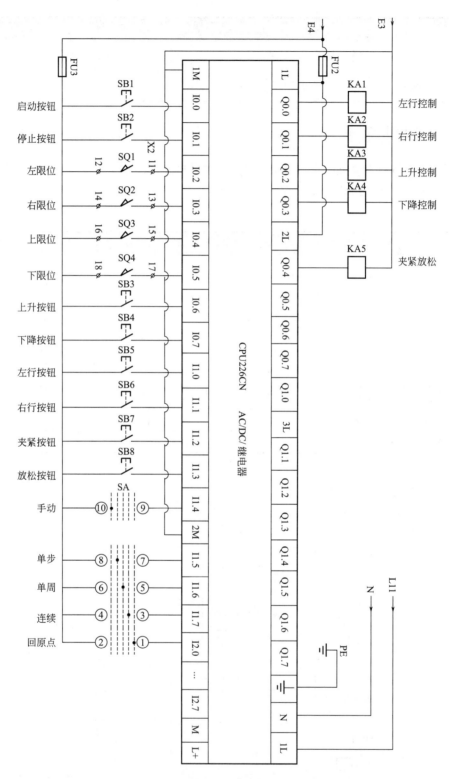

(b) 继电器接线图

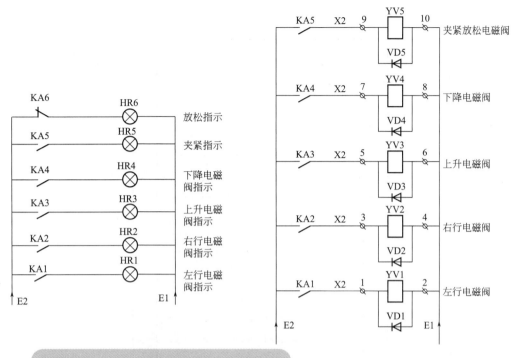

重点提示：
①这里均为运行指示灯，都选绿色即可，DC 24V；
②电磁阀为感性元件，且为直流电路，故加续流二极管；
③电磁阀现场元件，出于安装方便考虑，故加端子

(c) 电磁阀及指示电路图

重点提示：
给出端子图，方便现场施工

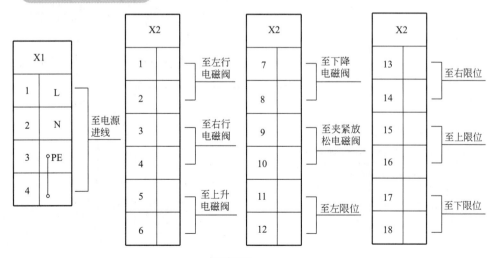

(d) 端子图

图 7-14

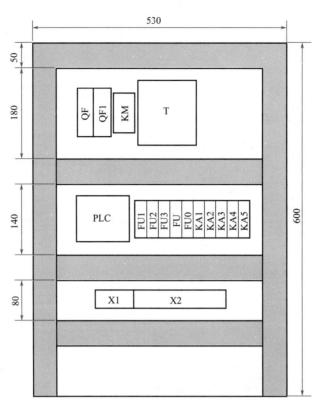

备注：线槽宽×高=50×50

(e) 元件布置图

元件明细			6	X1、X2	端子
1	QF	微型断路器	7	SB1~SB8	按钮
2	KM	接触器	8	SQ1~SQ4	行程开关
3	T	直流电源	9	HR-HR5	指示灯
4	FU1、FU2	熔断器	10	SA	选择开关
5	KA1~KA5	中间继电器	11	YV1~YV5	电磁阀

重点提示：
给出元件明细表，为现场操作人员提供方便。在工程中，有些设计给出来的文字符号不通用，因此编写元件明细表加以说明是必要的

(f) 元件明细表

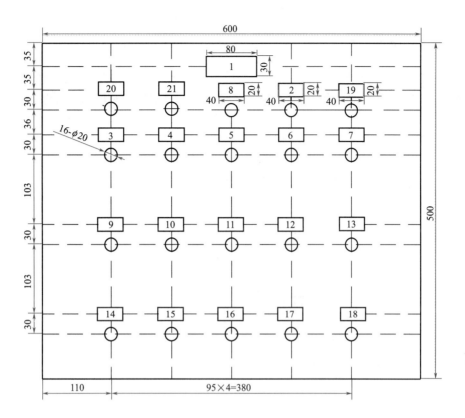

序号	标牌内容	序号	标牌内容
1	机械手控制系统	12	停止按钮
2	选择开关	13	上升按钮
3	左行指示	14	下降按钮
4	右行指示	15	左行按钮
5	上升指示	16	右行按钮
6	下降指示	17	夹紧按钮
7	夹紧指示	18	放松按钮
8	放松指示	19	电源指示
9	电源启动	20	电源停止按钮
10	急停按钮	21	电源启动按钮
11	启动按钮		

备注：大标牌尺寸 $L \times W = 80 \times 30$，小标牌
$L \times W = 40 \times 20$ 材料双色板，字体为宋体，
字号适中，蓝底白字

(g) 元件明细表

图 7-14　机械手控制硬件图纸

7.3.4 程序设计

机械手控制主程序如图 7-15 所示，当对应条件满足时，系统将执行相应的子程序。子程序主要包括 4 大部分，分别为公共程序、手动程序、自动程序和回原点程序。

（1）公共程序

机械手控制公用程序如图 7-16 所示。公共程序用于处理各种工作方式都需要执行的任务以及不同工作方式之间互相切换的处理。公共程序的编写通常要考虑 5 个部分：原点条件、初始状态、复位非初始步、复位回原点步和复位连续标志位。

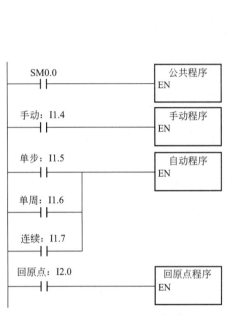

图 7-15 机械手控制主程序

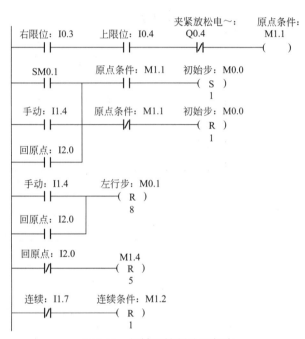

图 7-16 机械手控制公用程序

机械手处于最上面和最右面且夹紧装置放松时为原点状态，因此原点条件由上限位 I0.4 的常开触点、右限位 I0.3 的常开触点和表示机械手放松 Q0.4 常闭触点的串联电路组成，当串联电路接通时，辅助继电器 M1.1 变为 ON。

机械手在原点位置，系统处于手动、回原点或初始化状态时，初始步 M0.0 都会被置位，此时为执行自动程序做好准备；若此时 M1.1 为 OFF，则 M0.0 会被复位，初始步变为不活动步，即使此时按下启动按钮，自动程序也不会转换到下一步，因此禁止了自动工作方式的运行。

当手动、自动、回原点 3 种工作方式相互切换时，自动程序可能会有两步被同时激活，为了防止误动作，在手动或回原点状态下，辅助继电器 M0.1 ～ M1.0 要被复位。

在非回原点工作方式下，I2.0 常闭触点闭合，辅助继电器 M1.4 ～ M2.0 被复位。

在非连续工作方式下，I1.7 常闭触点闭合，辅助继电器 M1.2 被复位，系统不能执行连续程序。

（2）手动程序

机械手控制手动程序如图 7-17 所示。当按下左行启动按钮（I1.0 常开触点闭合），且上限位被压合（I0.4 常开触点闭合）时，机械手左行；当碰到左限位时，常闭触点 I0.2 断开，Q0.0 线圈失电，左行停止。

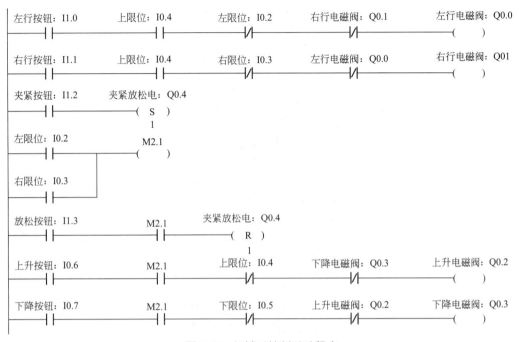

图 7-17　机械手控制手动程序

当按下右行启动按钮（I1.1 常开触点闭合），且上限位被压合（I0.4 常开触点闭合）时，机械手右行；当碰到右限位时，常闭触点 I0.3 断开，Q0.1 线圈失电，右行停止。

按下夹紧按钮，I1.2 变为 ON，线圈 Q0.4 被置位，机械手夹紧。

按下放松按钮，I1.3 变为 ON，线圈 Q0.4 被复位，机械手将工件放松。

当按下上升启动按钮（I0.6 常开触点闭合），且左限位或右限位被压合（I0.2 或 I0.3 常开触点闭合）时，机械手上升；当碰到上限位时，常闭触点 I0.4 断开，Q0.2 线圈失电，上升停止。

当按下下降启动按钮（I0.7 常开触点闭合），且左限位或右限位被压合（I0.2 或 I0.3 常开触点闭合）时，机械手下降；当碰到下限位时，常闭触点 I0.5 断开，Q0.3 线圈失电，下降停止。

在编写手动程序时，需要注意以下几个方面：

① 为了防止方向相反的两个动作同时被执行，手动程序设置了必要的互锁；

② 为了防止机械手在最低位置与其他物体碰撞，在左右行电路中串联上限位常开触点加以限制；

③ 只有在最左端或最右端机械手才允许上升、下降和放松，因此设置了中间环节加以限制。

（3）自动程序

机械手控制自动程序顺序功能图如图 7-18 所示，根据工作流程的要求，显然一个工作周期有"左行→下降→夹紧→上升→右行→下降→放松→上升"这 8 步，再加上初始步，共 9 步（从 M0.0 到 M1.0）；在 M1.0 后应设置分支，考虑到单周和连续的工作方式，以一条分支转换到初始步，另一条分支转换到 M0.1 步。需要说明的是，在画分支的有向连线时一定要画在原转换之下，即要标在 M1.1（SM0.1+I1.4+I2.0）的转换和 I0.0·M1.1 的转换之下，这是绘制顺序功能图时要注意的。

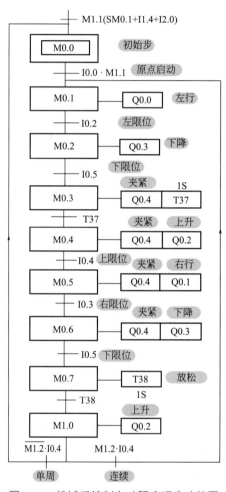

图 7-18　机械手控制自动程序顺序功能图

机械手控制自动程序如图 7-19 所示。设计自动程序时，采用启保停电路编程法，其中 M0.0 ～ M1.0 为中间编程元件，连续、单周、单步 3 种工作方式用连续标志 M1.2 和转换允许标志 M1.3 加以区别。

在连续工作方式下，常开触点 I1.7 闭合，此时处于非单步状态，常闭触点 I1.5 为 ON，线圈 M1.3 接通，允许转换；若原点条件满足，在初始步为活动步时，按下启动按钮 I0.0，线圈 M0.1 得电并自锁，程序进入左行步，线圈 Q0.0 接通，机械手左行；当碰到左限位开关 I0.2 时，程序转换到下降步 M0.2，左行步 M0.1 停止，线圈 Q0.3 接通，机械手下降；当碰到下限位开关 I0.5 时，程序转换到夹紧步 M0.3，下降步 M0.2 停止；以此类推，以后系统就这样一步一步地工作下去。需要指出的是，当机械手在步 M1.0 返回时，上限位 I0.4 状态为 1，因为先前连续标志位 M1.2 状态为 1，故转换条件 M1.2·I0.4 满足，系统将返回到 M0.1 步，反复连续地工作下去。

```
 启动：I0.0      连续：I1.7      停止：I0.1    连续条件：M1.2
──┤ ├────────┤ ├──────────┤/├────────────(   )

 连续条件：M1.2
──┤ ├─────┘


 启动：I0.0                     转换允许：M1.3
──┤ ├──────────┤P├──────────────(   )

 单步：I1.5
──┤/├──────────┘


 初始步：M0.0   启动：I0.0   原始条件：M1.1    转换允许：      A点下降步：M0.2   左行步：M0.1
──┤ ├────────┤ ├────────┤ ├──────────┤ ├──────────┤/├──────────(   )
                                          M1.3

 B点上升步：   连续条件：
    M1.0        M1.2       上限位：I0.4
──┤ ├────────┤ ├────────┤ ├──┘

 左行步：M0.1
──┤ ├─────────────────────────────────┘


 左行步：M0.1   左限位：I0.2    转换允许：     夹紧步：     A点下降步：M0.2
──┤ ├────────┤ ├──────────┤ ├────────┤/├────────(   )
                           M1.3       M0.3

 A点下降步：M0.2
──┤ ├─────────┘


 A点下降步：               转换允许：
    M0.2      下限位：I0.5    M1.3     A点上升步：M0.4    夹紧步：M0.3
──┤ ├────────┤ ├────────┤ ├──────────┤/├──────────(   )

 夹紧步：M0.3
──┤ ├─────────┘                                      ┌──────────────────┐
                                                     │            T37   │
                                                     │ IN       TON     │
                                                     │                  │
                                                  10─┤ PT      100ms    │
                                                     └──────────────────┘


 夹紧步：M0.3    T37       转换允许：     右行步：M0.5   A点上升步：M0.4
──┤ ├────────┤ ├────────┤ ├──────────┤/├──────────(   )
                           M1.3

 A点上升步：M0.4
──┤ ├─────────┘


 A点上升步：              转换允许：     B点下降步：
    M0.4     上限位：I0.4    M1.3        M0.6      右行步：M0.5
──┤ ├────────┤ ├────────┤ ├──────────┤/├──────────(   )

 右行步：M0.5
──┤ ├─────────┘


 右行步：M0.5   右限位：I0.3    转换允许：    放松步：M0.7   B点下降步：M0.6
──┤ ├────────┤ ├────────┤ ├──────────┤/├──────────(   )
                           M1.3

 B点下降步：M0.6
──┤ ├─────────┘

Ⓐ
```

图 7-19

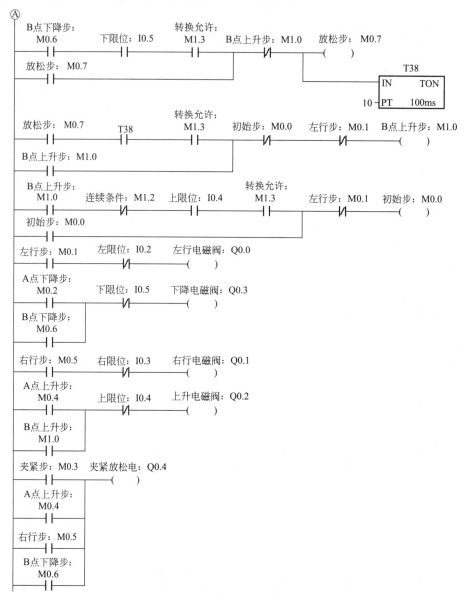

图 7-19　机械手控制自动程序

单周与连续原理相似，不同之处在于：在单周的工作方式下，连续标志条件不满足（即线圈 M1.2 不得电），当程序执行到上升步 M1.0 时，满足的转换条件为 $\overline{M1.2} \cdot I0.4$，因此系统将返回到初始步 M0.0，机械手停止运动。

在单步工作方式下，常闭触点 I1.5 断开，辅助继电器 M1.3 变为 OFF，不允许步与步之间的转换。当原点条件满足，在初始步为活动步时，按下启动按钮 I0.0，线圈 M0.1 得电并自锁，程序进入左行步；松开启动按钮 I0.0，辅助继电器 M1.3 马上失电。在左行步，线圈 Q0.0 得电，当左限位压合时，与线圈 Q0.0 串联的 I0.2 的常闭触点断开，线圈 Q0.0 失电，机械手停止左行。I0.2 常开触点闭合后，如不按下启动按钮 I0.0，则辅助继电器 M1.3 状态为 0，程序不会跳转到下一步，直至按下启动按钮，程序方可跳转到下降步；此后在某步完成后必须按启动按钮一次，系统才能转换到下一步。

需要指出的是，M0.0 的启保停电路放在 M0.1 启保停电路之后目的是：防止在单步方式下程序连续跳转两步。若不如此，当步 M1.0 为活动步时，按下启动按钮 I0.0，M0.0 步与 M0.1 步同时被激活，这不符合单步的工作方式；此外转换允许步中，启动按钮 I0.0 用上升沿的目的是：使 M1.3= ON 仅为一个扫描周期，它使 M0.0 接通后，下一扫描周期处理 M0.1 时，M1.3 已经为 0，故不会使 M0.1 为 1，只有当按下启动按钮 I0.0 时，M0.1 才为 1，这样处理才符合单步的工作方式。

（4）自动回原点程序

机械手自动回原点程序及顺序功能图如图 7-20 所示。在回原点工作方式下，I2.0 状态为 1。按下启动按钮 I0.0 时，机械手可能处于任意位置，根据机械手所处的位置及夹紧装置的状态，可分以下几种情况讨论。

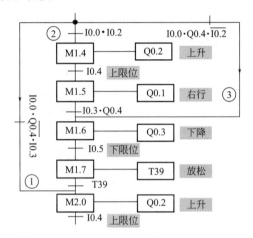

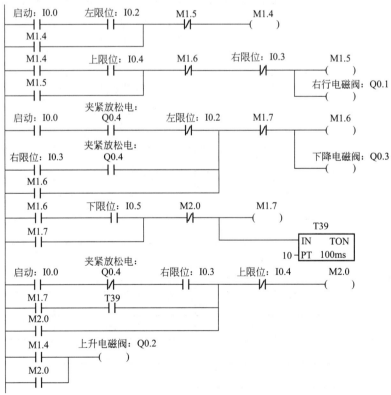

图 7-20　机械手自动回原点程序及顺序功能图

① 夹紧装置放松且机械手在最右端 夹紧装置处于放松且在最右端，所以直接上升返回原点位置即可。对应的程序为，按下启动按钮 I0.0，条件 I0.0·$\overline{Q0.4}$·I0.3 满足，M2.0 步接通。

② 机械手在最左端 机械手在最左端，夹紧装置可能处于放松状态，也可能处于夹紧状态。若处于夹紧状态时，按下启动按钮 I0.0，条件 I0.0·I0.2 满足，因此依次执行 M1.4 ~ M2.0 步程序，直至返回原点；若处于放松状态，按下启动按钮 I0.0，只执行 M1.4 ~ M1.5 步程序，下降步 M1.6 以后不会执行，原因在于下降步 M1.6 的激活条件 I0.3·Q0.4 不满足，并且当机械手碰到右限位 I0.3 时，M1.5 步停止。

③ 夹紧装置夹紧且不在最左端 按下启动按钮 I0.0，条件 I0.0·Q0.4·I0.2 满足，因此依次执行 M1.6 ~ M2.0 步程序，直至回到原点。

7.3.5 机械手自动控制调试

① 编程软件 编程软件采用 STEP7-Micro/WIN V4.0。

② 系统调试 将各个输入/输出端子和实际控制系统的按钮、所需控制设备正确连接，完成硬件的安装并检查无误后，可以将事先编写的梯形图程序传送到 PLC 中进行调试。

调试中，按照组合机床的工作原理逐一校对，检查功能是否能实现。如不能实现，应找出是程序的原因，还是硬件接线的原因。经过反复试验，最终调试出正确的结果。机械手自动控制调试记录表如表 7-6 所示，可根据调试结果填写。

表 7-6 机械手自动控制调试记录表

输入量	输入现象	输出量	输出现象
启动按钮		左行电磁阀	
停止按钮		右行电磁阀	
左限位		上升电磁阀	
右限位		下降电磁阀	
上限位		夹紧/放松电磁阀	
下限位			
上升按钮			
上升按钮			
左行按钮			
右行按钮			
夹紧按钮			
放松按钮			
手动			
单步			
单周			
连续			
回原点			

7.3.6　编制控制系统使用说明

根据调试的最终结果整理出完整的技术文件，单位存档，部分资料提供给用户，以利于系统的维修和改进。

编制的文件有：硬件接线图、PLC 编程元件表和带有文字说明的梯形图及顺序功能图。

提供给用户的图纸为硬件接线图。处于技术保密考虑，一般不提供梯形图。

7.4　两种液体混合控制系统的设计

二维码 102

实际工程中，不单纯是一种量的控制（这里的量指的是开关量、模拟量等），很多时候是多种量的相互配合。两种液体混合控制就是开关量和模拟量配合控制的典型案例。本节将以两种液体混合控制为例，重点讲解含有多个量控制的 PLC 控制系统的设计。

7.4.1　两种液体控制系统的控制要求

两种液体混合控制系统示意图如图 7-21 所示。具体控制要求如下。

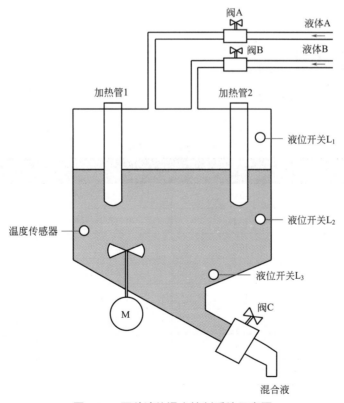

图 7-21　两种液体混合控制系统示意图

（1）初始状态

容器为空，阀 A ~ 阀 C 均为 OFF，液位开关 L1 ~ L3 均为 OFF，搅拌电动机 M 为 OFF，加热管不加热。

（2）启动运行

按下启动按钮后，打开阀 A，注入液体 A；当液面到达 L_2（L_2=ON）时，关闭阀 A，打开阀 B，注入 B 液体；当液面到达 L_1（L_1=ON）时，关闭阀 B，同时搅拌电动机 M 开始运行搅拌液体，30s 后电动机停止搅拌；接下来，2 个加热管开始加热，当温度传感器检测到液体的温度为 75℃时，加热管停止加热；阀 C 打开，放出混合液体；当液面降至 L_3 以下（L_1=L_2=L_3=OFF）时，再过 10s 后，容器放空，阀 C 关闭。

（3）停止运行

按下停止按钮，系统完成当前工作周期后停在初始状态。

7.4.2　PLC 及相关元件选型

两种液体混合控制系统采用西门子 S7-200PLC，CPU224XP，AC 供电，DC 输入，继电器输出型。

输入信号有 10 个，9 个为开关量，其中 1 个为模拟量。9 个开关量的输入，3 个由操作按钮提供，3 个由液位开关提供，最后 3 个由选择开关提供；模拟量输入有 1 路；输出信号有 5 个，3 个动作由直流电磁阀控制，2 个动作由接触器控制；本控制系统采用西门子 CPU224XP 完全可以，输入 / 输出点都有裕量。

由于各个元器件由用户提供，因此这里只给选型参数，不给具体料单。

7.4.3　硬件设计

两种液体混合控制 I/O 分配如表 7-7 所示，两种液体混合控制硬件图纸如图 7-22 所示。

表 7-7　两种液体混合控制 I/O 分配

输入量		输出量	
启动按钮	I0.0	电磁阀 A 控制	Q0.0
上限位 L1	I0.1	电磁阀 B 控制	Q0.1
中限位 L2	I0.2	电磁阀 C 控制	Q0.2
下限位 L2	I0.3	搅拌控制	Q0.4
停止按钮	I0.4	加热控制	Q0.5
手动选择	I0.5	报警控制	Q0.6
单周选择	I0.6		
连续选择	I0.7		
阀 C 按钮	I1.2		

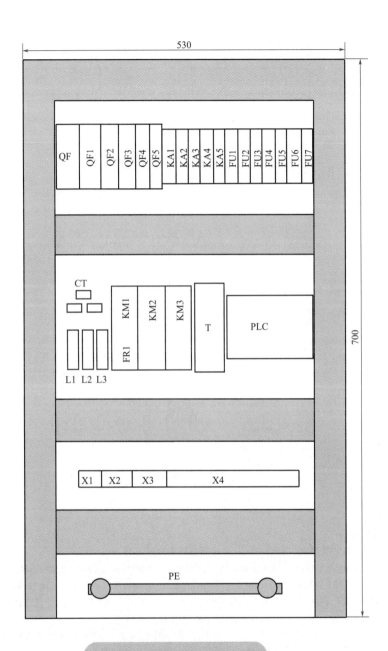

重点提示：
画元件布置图时，尽量按元件的实际尺
寸去画，这样可以直接指导生产，如果
为示意图，现场还需重新排布元件。报
方案时往往元件没有采购，可以参考厂
家样本，查出元件的实际尺寸

(a) 元件布置图

图 7-22

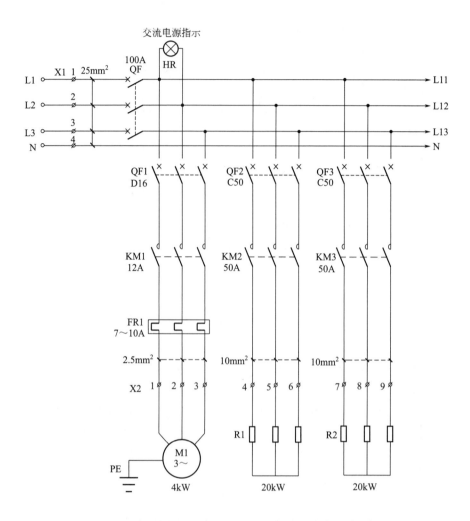

重点提示:

①电动机额定电流为4×2=8(A),加热管额定电流为20×2=40(A)

②电动机主电路。空开:由于为电动机控制,因此选D型,空开额定电流>负载电流(8A),此处选16A。接触器:主触点额定电流>负载电流(8A),这里选12A,线圈电压为220V,交流热继电器:额定电流应为负载电流的1.05倍即1.05×8A=8.4A,故8.4A应落在热继电器旋钮调节范围之间,这里选7~10A,两边调节都有余地

③加热管主电路。空开:由于为加热类控制,因此选C型,空开额定电流>负载电流(40A),此处选50A。接触器:主触点额定电流>负载电流(40A),这里选50A,线圈电压为220V,交流

④总开电流>(40+40+8)A=88A,这里选100A塑壳开关

⑤主进线选择25mm²电缆,往3个支路分线时,为了节省空间,故用分线器;也可考虑用铜排,但占用空间较大。铜排的载流量经验公式=横截面积×3,如15×3的铜排载流量=15×3×3=135(A),这只是个经验,算得比较保守,系数乘几,与铜排质量有关;精确值可查相关选型样本。导线载流量,可按1mm²载5A计算,同样想知道更精确值,可查相关样本

(b) 电气原理图(一)

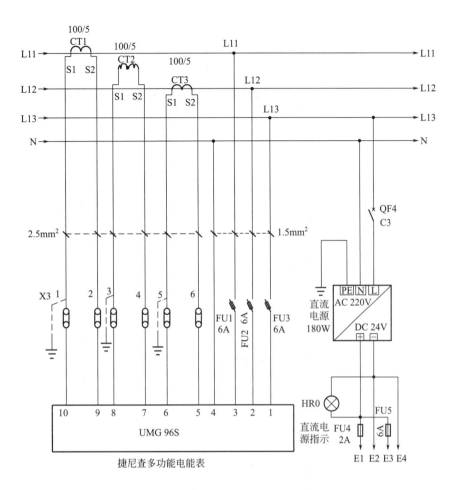

(c) 电气原理图(二)

图 7-22

重点提示:
　　①UMG 96S是一块德国捷尼查公司生产的多功能仪表,可测量电压、电路、功率和电能等
　　②电流互感器变比计算:主进线电流通过上面的计算为88A,那么电流互感器一次侧电流承载能力>88A,经查样本恰好有100A,二次侧电流为固定值5A,因此电流互感器变比为100/5;此外还需考虑安装方式和进线方式
　　③电流互感器禁止开路,为了更换仪表方便,通常设有电流测试端子;对于电流互感器,为了防止由于绝缘击穿,对仪表和人身安全造成威胁,一定可靠接地。接地一般设在测试端子的上端,好处在于在下端拆卸仪表时,电流互感器瞬间也在接地;拆卸仪表时,用专用短路片将测试端子短接
　　④查样本,UMG 96S的熔断器应选为5~10A,这里选择6A
　　⑤直流电源:直流电源负载端主要给电磁阀供电,电磁阀工作电流1.5×3=4.5(A),考虑另外还有中间继电器线圈和指示灯,故适当放大,那么负载端电流也不会超出5.5A(中间继电器线圈工作电流为几十毫安,指示灯电流为几毫安),故直流电源容量>24V×5.5A=132W,经查样本,有180W,且有裕量。那么进线电流=180/220A=0.8A,故进线选C3完全够用

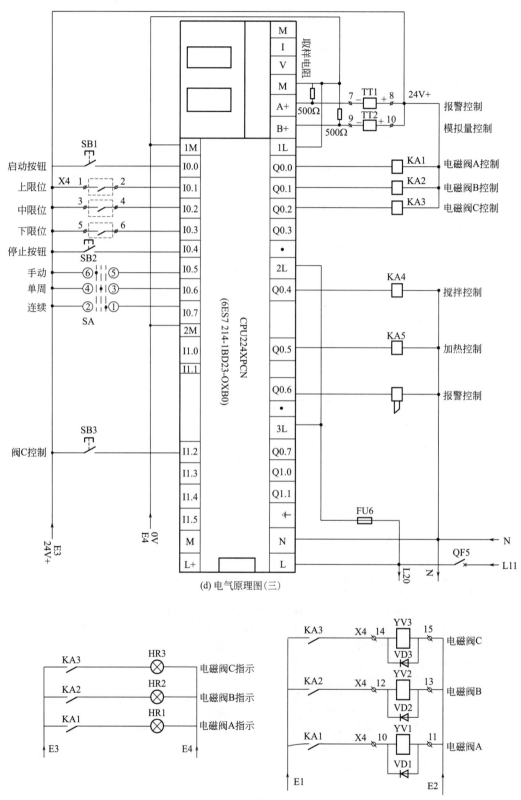

(d) 电气原理图（三）

(e) 电气原理图（四）

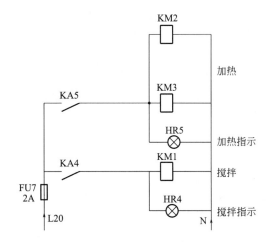

(f) 电气原理图(五)

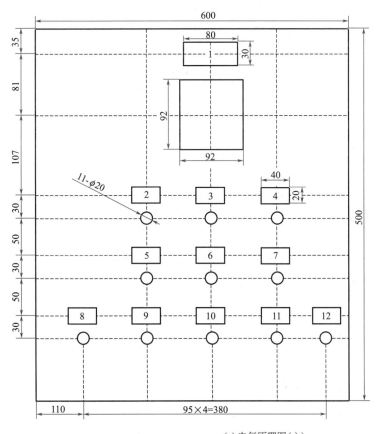

序号	标牌内容
1	混合液体控制系统
2	交流指示
3	选择开关
4	直流指示
5	启动按钮
6	停止按钮
7	阀C按钮
8	搅拌指示
9	加热指示
10	阀A指示
11	阀B指示
12	阀C指示

备注：
大标牌尺寸$L \times W = 80 \times 30$，
小标牌尺寸$L \times W = 40 \times 20$，
材料为双色板，字体为宋体，
字号适中，蓝底白字

(g) 电气原理图(六)

图 7-22　两种液体混合控制硬件图纸

7.4.4　程序设计

两种液体混合控制主程序如图 7-23 所示，当对应条件满足时，系统将执行相应的子程序。子程序主要包括 4 大部分，分别为公共程序、手动程序、自动程序和模拟量程序。

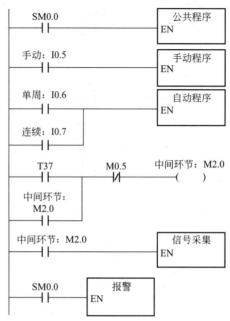

图 7-23 两种液体混合控制主程序

（1）公共程序

两种液体混合控制公用程序如图 7-24 所示。系统初始状态容器为空，阀 A ～阀 C 均为 OFF，液位开关 L1 ～ L3 均为 OFF，搅拌电动机 M 为 OFF，加热管不加热；故将这些量的常闭点串联作为 M1.1 为 ON 的条件，即原点条件。其中有一个量不满足，那么 M1.1 都不会为 ON。

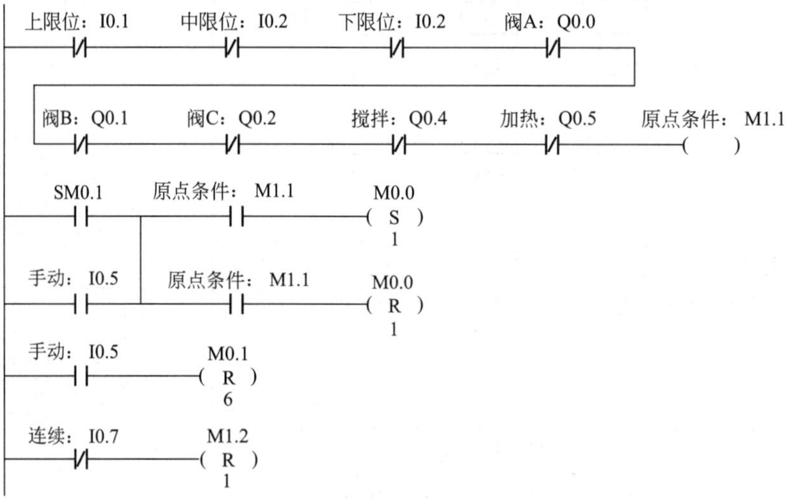

图 7-24 两种液体混合控制公用程序

系统在原点位置，当处于手动或初始化状态时，初始步 M0.0 都会被置位，此时为执行自动程序做好准备；若此时 M1.1 为 OFF，则 M0.0 会被复位，初始步变为不活动步，即使此时按下启动按钮，自动程序也不会转换到下一步，因此禁止了自动工作方式的运行。

当手动、自动两种工作方式相互切换时，自动程序可能会有两步被同时激活，为了防止误动作，因此在手动状态下，辅助继电器 M0.1 ～ M0.6 要被复位。

在非连续工作方式下，I0.7 常闭触点闭合，辅助继电器 M1.2 被复位，系统不能执行连续程序。

（2）手动程序

两种液体混合控制手动程序如图 7-25 所示。此处设置阀 C 手动，意在当系统有故障时，可以顺利将混合液放出。

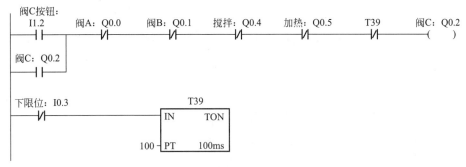

图 7-25　两种液体混合控制手动程序

（3）自动程序

两种液体混合控制系统的顺序功能图如图 7-26 所示，根据工作流程的要求，显然 1
个工作周期有"阀 A 开→阀 B 开→搅拌→加
热→阀 C 开→等待 10s"这 6 步，再加上初始步，
因此共 7 步（M0.0 ～ M0.6）；在 M0.6 后应设
置分支，考虑到单周和连续的工作方式，一条
分支转换到初始步，另一条分支转换到 M0.1 步。

两种液体混合控制系统的自动程序如
图 7-27 所示。设计自动程序时，采用置位复位
指令编程法，其中 M0.0 ～ M0.6 为中间编程元
件，连续、单周 2 种工作方式用连续标志 M1.2
加以区别。

当常开触点 I0.7 闭合时，此时处于连续方
式状态；若原点条件满足，在初始步为活动步
时，按下启动按钮 I0.0，线圈 M0.1 被置位，同
时 M0.0 被复位，程序进入阀 A 控制步，线圈
Q0.0 接通，阀 A 打开，注入液体 A；当液体到
达中限位时，中限位开关 I0.2 为 ON，程序转
换到阀 B 控制步 M0.2，同时阀 A 控制步 M0.1
停止，线圈 Q0.1 接通，阀 B 打开，注入液体 B；
以后各步转换以此类推，这里不再重复。

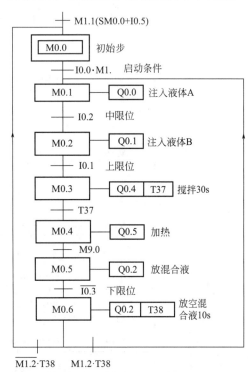

图 7-26　两种液体混合控制系统的顺序功能图

单周与连续原理相似，不同之处在于：在单周的工作方式下，连续标志条件不满足（即
线圈 M1.2 不得电），当程序执行到 M0.6 步时，满足的转换条件为 $\overline{M1.2} \cdot T38$，因此系统
将返回到初始步 M0.0，系统停止工作。

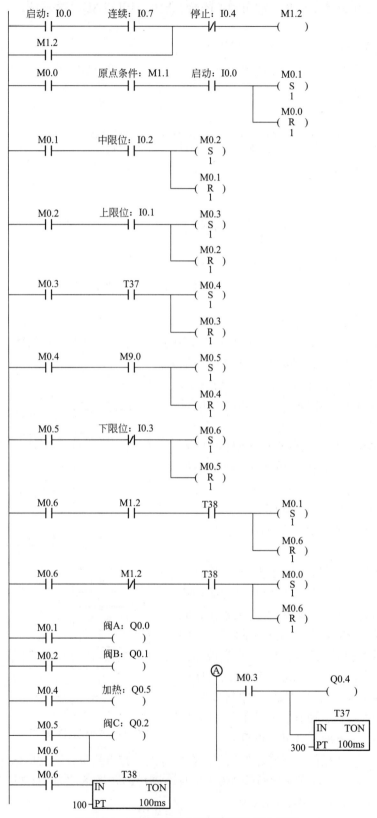

图 7-27　两种液体混合控制系统的自动程序

（4）模拟量程序

两种液体混合控制模拟量程序如图 7-28 所示。该程序分为两个部分：第一部分为模拟量信号采集程序；第二部分为报警程序。

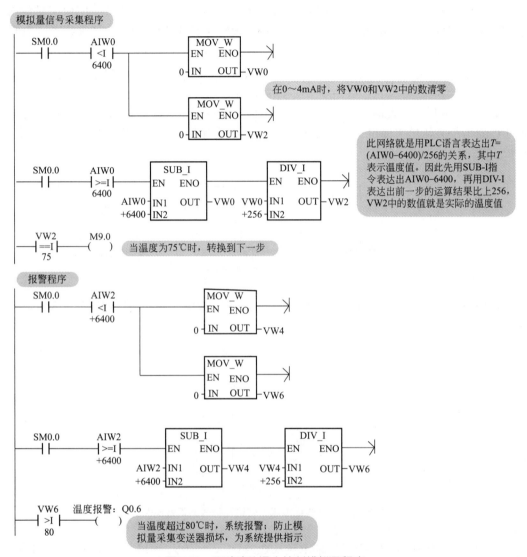

图 7-28　两种液体混合控制模拟量程序

模拟量信号采集程序，根据控制要求，当温度传感器检测到液体的温度为 75℃时，加热管停止；阀 C 打开，放出混合液体；此问题关键点是用 PLC 语言表达出实际物理量与 PLC 内部数字量之间的对应关系，即 $T=(AIW0-6400)/256$，其中 T 表示温度。之后由比较指令进行比较，如实际温度达到此数值，即 75℃，则驱动线圈 M9.0 作为下一步的转换条件。

报警程序编写过程和信号采集程序的编写过程类似，这里不再赘述。

特别需要说明的是，写模拟量程序的关键是用 PLC 语言表达出 $A=\dfrac{A_m-A_0}{D_m-D_0}(D-D_0)+A_0$。

此外，若使用 CPU224XP，如果变送器给出的是电流信号，则需在模拟量通道上连接 500Ω

的电阻，将电流型信号转换成电压型信号，因为 CPU224XP 模拟量输入只支持电压信号，具体为何是 500Ω，详见下面的模拟量知识扩展。

（5）模拟量编程知识扩展

① 某压力变送器量程为 0～10MPa，输出信号为 4～20mA，EM231 的模拟量输入模块量程为 0～20mA，转换后数字量为 0～32000，设转换后的数字量为 x，试编程求压力值 p。

解：4～20mA 对应数字量为 6400～32000，即 0～10000kPa 对应数字量为 6400～32000，故压力计算公式为：$p=\dfrac{10000-0}{32000-6400}(AIW0-6400)=\dfrac{100}{256}(AIW0-6400)$，其中 p 表示实际的压力，此时的压力以 kPa 为单位。编模拟量程序时，将此公式用 S7-200 系列 PLC 的指令表达出来即可，这里用到了减法、乘法和除法指令。模拟量扩展参考程序如图 7-29 所示。

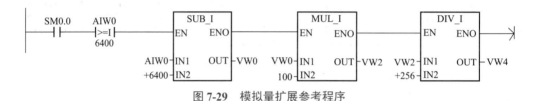

图 7-29　模拟量扩展参考程序

② 用电位器模拟压力变送器信号。电位器模拟压力变送器信号的等效电路如图 7-30 所示。

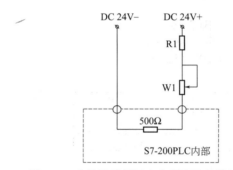

图 7-30　电位器模拟压力变送器信号的等效电路

在模拟量通道中，S7-200PLC 内部电压往往为 DC 2～10V，当 PLC 外部没有任何电阻时，此时电流最大即 20mA，此时的电压为 10V，故此时内部电阻 $R=10V/20mA=500Ω$。

电位器可以替代变送器模拟 4～20mA 的标准信号，模拟电位器阻值的计算过程如下。

当 PLC 内部电压最小时即 2V，此时电位器分来的电压最大，即 24V-2V=22V；此时电流最小为 4mA，故此时 W1=22V/4mA=5.5kΩ。

需要指出的是，此电位器不同于普通的电位器，其内部结构为多圈电阻，故可以非常精确地模拟出 4～20mA 的标准信号，这种性能是普通电位器所无法比拟的。

用电位器模拟标准信号，如果将电位器旋至最小电阻处，即 W1=0，此时 DC 24V 电压就完全加在了 PLC 内部电阻 R 上，这样超出了内部电路的载流能力，很可能将此路模拟量通道烧毁，故此在电位器的一端需串上 R1 电阻，R1 的值计算如下。

PLC 内部电压为 10V，因此 R1 两端的电压为 24V-10V=14V，此时的电流为 20mA，故此，

$R_1=14V/20mA=700\Omega$。

重点提示

① 在实际工程中，编写模拟量程序的关键在于找出实际物理量与模拟量模块内部数字量的对应关系，找对应关系的依据是输入或输出特性曲线；写模拟量程序实际上就是用 PLC 的语言表达出这种对应关系。

② 实用公式：数字量转化为模拟量 $A=\dfrac{A_m-A_0}{D_m-D_0}(D-D_0)+A_0$ 以上 4 个量都需代入实际值。

7.4.5 两种液体混合自动控制调试

① 编程软件 编程软件采用 STEP7-Micro/WIN V4.0。

② 系统调试 将各个输入 / 输出端子和实际控制系统的按钮、所需控制设备正确连接，完成硬件的安装并检查无误后，可以将事先编写的梯形图程序传送到 PLC 中进行调试。

7.4.6 编制控制系统使用说明

根据调试的最终结果整理出完整的技术文件，单位存档，部分资料提供给用户，以利于系统的维修和改进。

编制的文件有：硬件接线图、PLC 编程元件表和带有文字说明的梯形图及顺序功能图。

提供给用户的图纸为硬件接线图。

重点提示

① 处理开关量程序时，采用顺序控制编程法是最佳途径；大型程序一定要画顺序功能图或流程图，这样思路非常清晰。

② 模拟量编程一定找好实际物理量与模块内部数字量的对应关系，用 PLC 语言表达出这一关系，表达这一关系无非用到加减乘除等指令；尽量画出流程图，这样编程有条不紊。

③ 学会应用程序的经典结构，一类程序设置一个子程序，通过主程序调用子程序，思路清晰明了。程序经典结构如下。

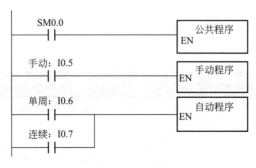

第**8**章

综合应用案例及解析

8.1 家用普通洗衣机

范例示意如图 8-1 所示。

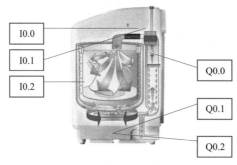

图 **8-1** 范例示意

控制要求

当按下启动按钮时，洗衣机启动运转；当按下停止按钮时，洗衣机停止运转。

元件说明

元件说明见表 8-1。

表 **8-1** 元件说明

PLC 软元件	控制说明
I0.0	洗衣机启动和初始化按钮，按下启动时，I0.0 状态由 Off → On
I0.1	洗衣机停止按钮按下停止时，I0.1 状态由 Off → On
I0.2	高水位传感器，当水位到达高水位时，I0.2 状态由 Off → On
T37	计时 10s 定时器，时基为 100ms 的定时器

PLC 软元件	控制说明
T38	计时 2s 定时器，时基为 100ms 的定时器
T39	计时 10s 定时器，时基为 100ms 的定时器
T40	计时 24s 定时器，时基为 100ms 的定时器
T41	计时 48s 定时器，时基为 100ms 的定时器
T42	计时 2s 定时器，时基为 100ms 的定时器
M0.0	内部辅助继电器
PLC 软元件	控制说明
Q0.0	电磁进水阀
Q0.1	电动机正转接触器
Q0.2	电动机反转接触器

控制程序

控制程序如图 8-2 所示。

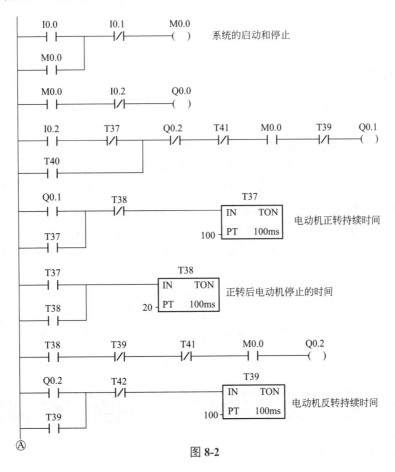

图 8-2

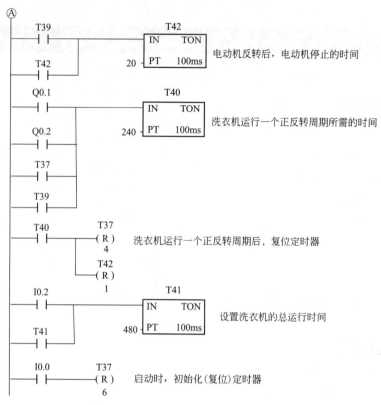

图 8-2 控制程序

➡ ◀ 程序说明 ▶

① 按下启动按钮 I0.0 时，I0.0 得电，常开触点闭合，M0.0 得电自锁，洗衣机自动运行。此时，进水阀门 Q0.0 得电，洗衣机开始进水。

② 当洗衣机内水位达到高水位后，I0.2 得电，常闭触点断开，Q0.0 失电，进水阀门关闭；I0.2 常开触点闭合，Q0.1 得电，洗衣机电动机正转运行。由于 Q0.1=On，则电动机运行计时开始，经 10s 后，T37=On，Q0.1=Off，电动机停止正转运行。同时，间歇计时开始，2s 后，T38=On，Q0.2=On，电动机反转运行，同时反转计时开始，10s 后，T39=On，电动机停止反转运行。同时，间歇计时开始，2s 后，T42=On，定时器 T39 失电，T40=On，RST 指令被执行，T37 ~ T39、T40，T42 被复位，且 Q0.1=On，洗衣机正转运行再次开始，并以此步骤循环运行。

③ 循环时间为用户自行设定的洗涤时间，梯形图中以 T41 中的时间表示，本案例假设为 48s。当洗衣机到达高水位后，开始计时，达到设定的时间后，T41=On，电动机停转。

④ I0.0 既为启动开关，也为初始化开关，按下后，复位操作指令被执行，T37 ~ T42 被复位。

8.2 全自动洗衣机

范例示意如图 8-3 所示。

图 8-3 范例示意

控制要求

该种洗衣机的进水和排水分别由进水电磁阀和排水电磁阀来执行。进水时，通过电控系统使进水阀打开，经过水管将水注入洗衣机。排水时，通过电控系统使排水电磁阀打开，将水排出机外。洗涤正转、反转由洗涤电动机驱动波盘正、反转来实现。脱水时，通过电控系统将脱水电磁阀离合器合上，由电动机带动内桶正转进行甩干。高、低水位开关分别用来检测高、低水位；启动按钮用来启动洗衣机工作；停止按钮用来实现手动停止进水、排水、脱水；排水按钮用来实现手动排水。

PLC 投入运行，启动时开始进水，水位达到高水位时停止进水并开始洗涤正转。正转 20s 后暂停，暂停 3s 后开始反转洗涤，反转洗涤 20s 后暂停。3s 后若正、反转未满 3 次，则返回正转洗涤开始；若正、反转满 3 次，则开始排水。水位下降到低水位时开始脱水并继续排水。脱水后即完成一次从进水到脱水的大循环过程。若未完成 3 次大循环，则返回从进水开始的全部动作，进行下一次大循环；若完成三次大循环，完成指示灯亮。

元件说明

元件说明见表 8-2。

表 8-2 元件说明

PLC 软元件	控制说明
I0.0	洗衣机启动和初始化按钮，按下启动按钮时，I0.0 状态由 Off → On
I0.1	洗衣机停止按钮，按下停止按钮时，I0.1 状态由 Off → On
I0.2	手动排水按钮，按下时，I0.2 状态由 Off → On
I0.3	低水位传感器，当水位到达低水位时，I0.3 状态由 Off → On
I0.4	高水位传感器，当水位到达高水位时，I0.4 状态由 Off → On
T37	计时 20s 定时器，时基为 100ms 的定时器
T38	计时 3s 定时器，时基为 100ms 的定时器
T39	计时 20s 定时器，时基为 100ms 的定时器
T40	计时 3s 定时器，时基为 100ms 的定时器
T41	计时 46s 定时器，时基为 100ms 的定时器

续表

PLC 软元件	控制说明
T42	计时 40s 定时器，时基为 100ms 的定时器
C5	16 位计数器
C6	16 位计数器
M0.0	内部辅助继电器
Q0.0	进水电磁阀
Q0.1	洗涤电动机正转接触器
Q0.2	洗涤电动机反转接触器
Q0.3	排水电磁阀
Q0.4	脱水电磁离合器
Q0.5	完成指示灯

控制程序

控制程序如图 8-4 所示。

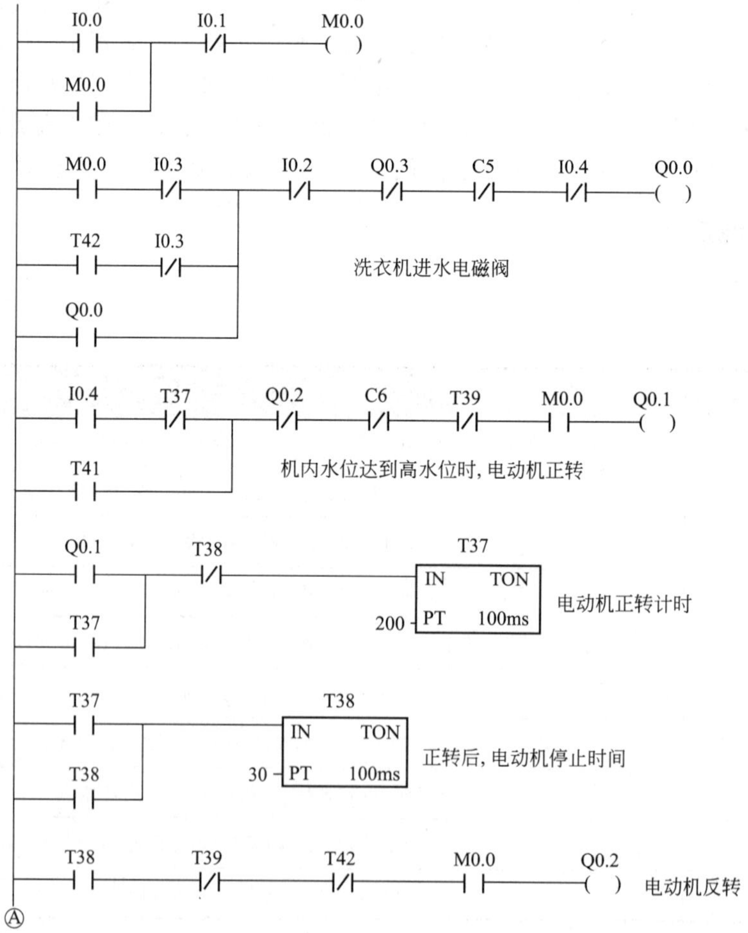

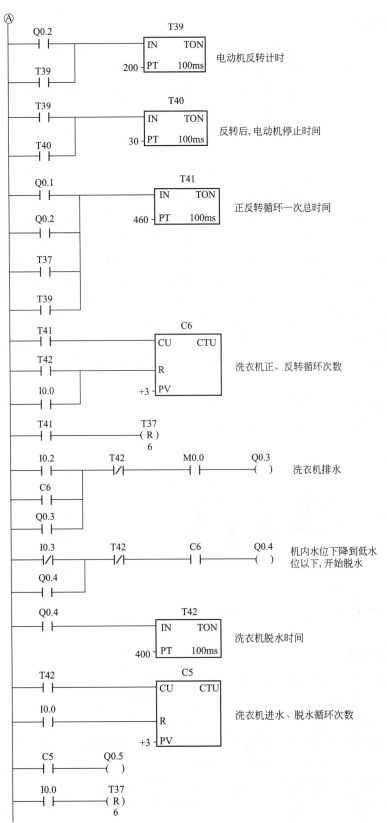

图 8-4　控制程序

程序说明

① 按下启动按钮 I0.0 时，I0.0=On，M0.0=On 并自锁，洗衣机开始运行。若洗衣机内水位低于低水位，此时，进水阀门 Q0.0=On，洗衣机开始进水。

② 当洗衣机内水位达到高水位时，I0.4=On，Q0.1=On，洗衣机电动机正转运行，正转计时开始，经 20s 后，T37=On，Q0.1=Off，电动机停止正转运行。同时，间歇计时开始，3s 后，T38=On，Q0.2=On，电动机开始反转运行，反转计时开始，20s 后，T39=On，Q0.2=Off，电动机停止反转运行。同时，间歇计时开始，3s 后，T40=On，T41=On，小循环计数器 C6 加 1，复位操作指令被执行，T37 ～ T42 被复位，且 Q0.1=On，重复进行以上从正转洗涤开始的全部动作。直到 C6 计满 3 次时，小循环结束。

③ 当 C6 计满 3 次时，C6=On，Q0.3=On，排水电磁阀打开，开始排水。排水低于低水位时，I0.3 常闭触点闭合，Q0.4=On，脱水电磁离合器闭合开始进行脱水，同时开始脱水计时（此时 Q0.3 仍得电，继续进行排水），脱水 40s 后，T42=On，Q0.4=Off，Q0.3=Off，停止脱水和排水，大循环计数 C5 加 1。到此完成一次从进水到脱水的大循环过程。若未完成 3 次大循环，则返回从进水开始的全部动作（T42=On，Q0.0=On，进水电磁阀打开，开始进水）。

④ 若完成 3 次大循环，C5=On，Q0.5=On，完成指示灯亮。

⑤ I0.0 既为启动开关，也为初始化开关，按下后，复位操作指令被执行，T37 ～ T42 被复位。若洗衣中途出现故障，按下 I0.2 按钮可实现手动排水。

8.3　恒压供水的 PLC 控制

范例示意如图 8-5 所示。

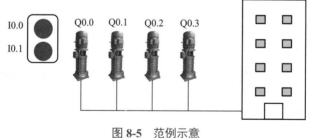

图 8-5　范例示意

 控制要求

恒压供水是某些工业、服务业所必需的重要条件之一，如钢铁冷却、供热、灌溉、洗浴、游泳设施等。这里使用 PLC 进行整个系统的控制，实现根据压力上、下限变化由 4 台供水泵来保证恒压供水的目标。

首先，由供水管道中的压力传感器测出的压力大小来控制供水泵的启停。当供水压力小于标准时，启动 1 台水泵，若 15s 后压力仍低，则再启动 1 台水泵；若供水压力高于标准，则自行切断 1 台水泵，若 15s 后压力仍高，则再切断 1 台水泵。

另外，考虑到电动机的保护原则，要求 4 台水泵轮流运行，需要启动水泵时，启动已停止时间最长的那 1 台，而停止时则停止运行时间最长的那 1 台。

◀ 元件说明 ▶

元件说明见表 8-3。

表 8-3 元件说明

PLC 软元件	控 制 说 明
I0.0	恒压供水启动按钮，按下时，I0.0 状态由 Off → On
I0.1	恒压供水关闭按钮，按下时，I0.1 状态由 Off → On
I0.2	压力下限传感器，压力到达下限时，I0.2 状态由 Off → On
I0.3	压力上限传感器，压力到达上限时，I0.3 状态由 Off → On
M0.0 ～ M0.5	内部辅助继电器
Q0.0	1 号供水泵接触器
Q0.1	2 号供水泵接触器
Q0.2	3 号供水泵接触器
Q0.3	4 号供水泵接触器
T37	计时 15s 定时器，时基为 100ms 的定时器
T38	计时 30s 定时器，时基为 100ms 的定时器
T39	计时 45s 定时器，时基为 100ms 的定时器
T40	计时 15s 定时器，时基为 100ms 的定时器
T41	计时 30s 定时器，时基为 100ms 的定时器
T42	计时 45s 定时器，时基为 100ms 的定时器

◀ 控制程序 ▶

控制程序如图 8-6 所示。

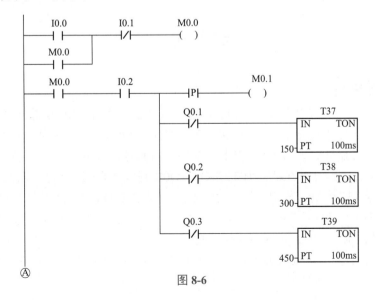

图 8-6

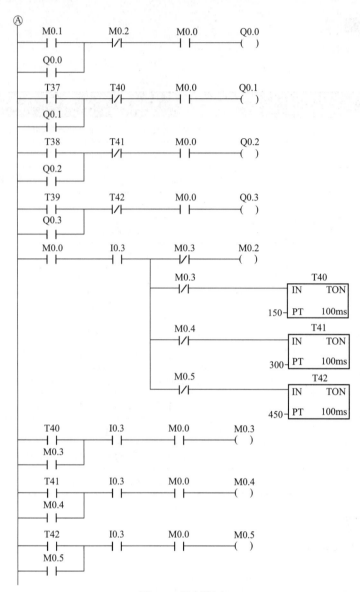

图 8-6　控制程序

⬛◀程序说明▶

① 启动时，按下启动按钮 I0.0，I0.0 得电，常开触点闭合，M0.0 得电自锁，恒压供水设施通电启动，若压力处于下限，则 I0.2=On，此时，M0.1 得电一个扫描周期，同时，定时器 T37～T39 开始计时。当 M0.1 得电一个扫描周期时，Q0.0 得电并自锁，1 号供水泵启动供水。若 15s 后，压力仍不足，则 T37=On，Q0.1 得电并自锁，2 号供水泵启动供水，与此同时，定时器 T37 失电。若 30s 后压力仍不足，则 T38=On，Q0.2 得电并自锁，3 号供水泵启动供水，同时，定时器 T38 失电。若 45s 后压力仍不足，则 T39=On，Q0.3 得电并自锁，4 号供水泵启动供水，同时，定时器 T39 失电。

② 若启动某个供水泵压力满足要求，则 I0.2=Off，定时器 T37～T39 不再计时，进而不必再启动下一个进水泵。

③ 停止时，若水压到达压力上限，压力上限传感器 I0.3 得电，I0.3 得电，常开触点闭合，M0.2 得电，常闭触点断开，此时，Q0.0 失电，1 号供水泵停止运行，定时器 T40 ～ T42 得电，开始计时。若 15s 后，压力仍在上限，则 T40=On，Q0.1 失电，2 号供水泵停止运行，M0.3 得电并自锁，使得 M0.2、T40 失电。若 30s 后压力仍在上限，则 T41=On，Q0.2 失电，3 号供水泵停止运行，M0.4=On，使得 T41 失电。若 45s 后压力仍在上限，则 T42=On，Q0.3 失电，4 号供水泵停止运行，M0.5=On，使得 T42 失电。

④ 若关停某个供水泵后压力满足要求，则 I0.3=Off，定时器 T40 ～ T42 不再计时，进而不必再关闭下一个进水泵。

⑤ 如果需要彻底关闭恒压供水，则需按下停止按钮 I0.1，I0.1 得电，常闭触点断开，M0.0 失电，恒压供水停止。

8.4 住房防盗系统控制

范例示意如图 8-7 所示。

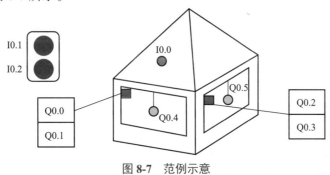

图 8-7 范例示意

控制要求

本案例介绍的居室安全系统是在户主长时间不在家时，通过控制灯光和窗帘等设施来营造家中有人的假象来骗过盗窃分子的一种自动安全系统。本案例中当户主不在家时，两个居室的窗帘在白天打开，在晚上关闭。两个居室的照明灯白天关闭，晚上 6 ～ 10 点第一居室的照明灯持续点亮，第二居室的照明灯间隔 1h 点亮。控制系统需户主在早上 7 点启动。

元件说明

元件说明见表 8-4。

表 8-4 元件说明

PLC 软元件	控 制 说 明
I0.0	光电开关，有光照时，I0.0 状态由 Off → On
I0.1	启动按钮，按下时，I0.1 状态由 Off → On
I0.2	停止按钮，按下时，I0.2 状态由 Off → On

续表

PLC 软元件	控 制 说 明
I0.3	第一居室窗帘上升限位开关，碰触时，I0.3 状态由 Off → On
I0.4	第一居室窗帘下降限位开关，碰触时，I0.4 状态由 Off → On
I0.5	第二居室窗帘上升限位开关，碰触时，I0.5 状态由 Off → On
I0.6	第二居室窗帘下降限位开关，碰触时，I0.6 状态由 Off → On
M1013	特殊辅助继电器：1s 时钟脉冲，0.5sOn/0.5sOff
M0.0 ~ M1.2	内部辅助继电器
Q0.0	第一居室窗帘上升接触器
Q0.1	第一居室窗帘下降接触器
Q0.2	第二居室窗帘上升接触器
Q0.3	第二居室窗帘下降接触器
Q0.4	第一居室照明灯
Q0.5	第二居室照明灯
C0 ~ C3	16 位计数器
T37 ~ T38	计时 1800s（30min）定时器，时基为 100ms 的定时器

◆〈控制程序〉

控制程序如图 8-8 所示。

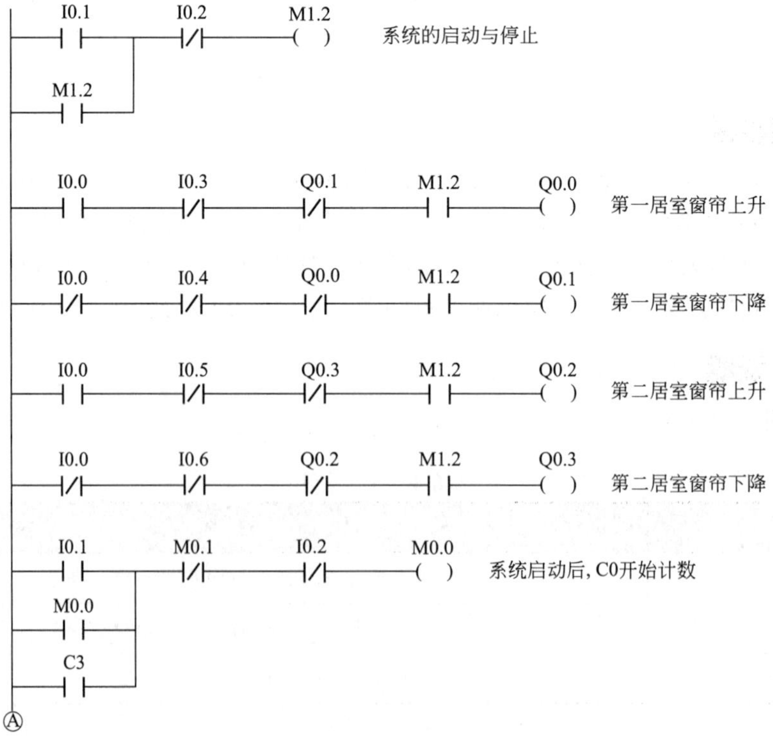

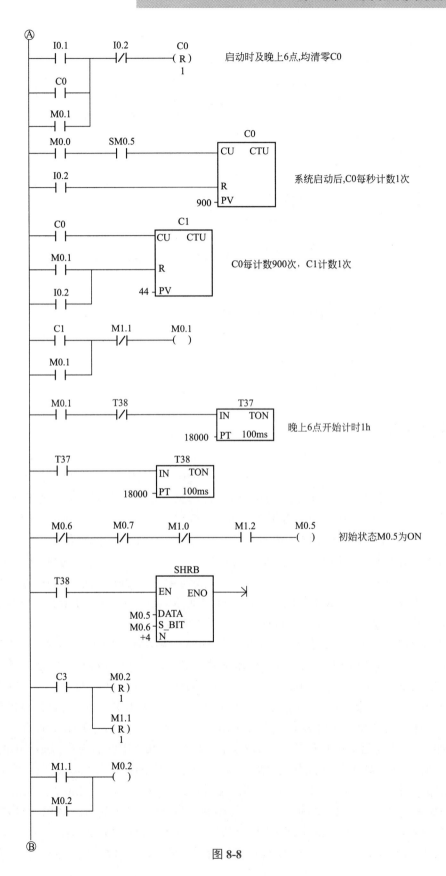

图 8-8

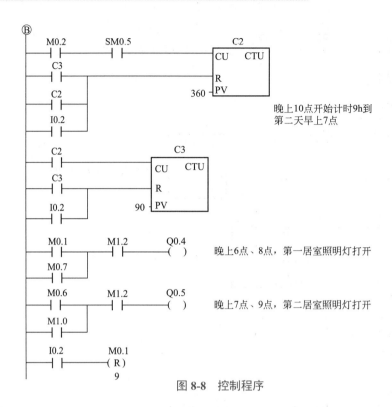

图 8-8　控制程序

程序说明

① 启动时，按下启动按钮 I0.1，I0.1 得电，常开触点闭合，M1.2 得电并自锁，居室安全系统启动。此时，在有光的情况下，光电开关 I0.0=On，Q0.0、Q0.2 得电，两个居室的窗帘上升。碰到上限位开关后，I0.3、I0.5 得电，常闭触点断开，两居室窗帘停止上升。若在无光情况下，光电开关 I0.0=Off，常闭触点闭合，Q0.1、Q0.3 得电，两居室的窗帘下降。碰到下限位开关后，I0.4、I0.6 得电，常闭触点断开，两居室窗帘停止下降。

② 按下启动按钮后，M0.0 得电自锁，C0 复位并开始计数。当计数到 900 时，C0=On，使 C1 计数一次，C0 清零后继续计数，当 C1 计数到 44 时，此时已过去 11h 为晚上 6 点，C1 得电，常开触点闭合，M0.1 得电并自锁，M0.1 使 M0.0、C1 复位，M0.1 常开触点闭合，Q0.4 得电，第一居室照明灯打开。同时，定时器 T37 开始计时。

③ 半小时后，T37=On，定时器 T38 开始计时，半小时后（晚上 7 点），T38=On，SHRB 指令执行，将 M0.5 中的值移动到 M0.6 中，起初，M0.5 始终得电，故其值为 1；移动后，M0.6=On，M0.5 失电，Q0.5=On，第二居室的照明灯点亮。同时，在 T38=On 时，T37、T38 被清零，重新计时。一小时后（晚上 8 点），SHRB 指令再次执行，M0.5 的值为 0，M0.6 的值为 0，M0.7 的值为 1，Q0.5 失电，第二居室的照明灯关闭。随后，定时器再次重新计时，一小时后（晚上 9 点），SHRB 指令执行，M0.5 中的值为 0，M0.6 中的值为 0，M0.7 中的值为 0，M1.0 中的值为 1，Q0.5=On，第二居室的照明灯再次点亮。然后，定时器第三次重新计时，到晚上 10 点 SHRB 指令执行后，M0.5、M0.6、M0.7、M1.0 中的值都为 0，Q0.5 失电。M1.1 中的值为 1，M1.1 常闭触点断开，M0.1 失电，M0.1、M0.7 常开触点都断开，Q0.4 失电，照明灯全部关闭。同时，因 M1.1=On，M0.2 得电自锁，计数器 C2 开始计数，计数到 360 后，C2=On，使自身复位清零，并使 C3 计数一次。当 C3 计数到 90 时，

C3=On，使得 C3、M0.2、M1.1 复位，同时使 M0.0 得电自锁，这时，计数器 C0 再次计数，新的循环开始。此时，时间进入到系统开启第二天的早上 7 点。

④ 关闭系统时，按下停止按钮 I0.2，I0.2=On，M1.2 失电，系统关闭。同时，复原指令执行，使计数器 C0 ～ C3 和辅助继电器 M0.1、M1.1 复位。

8.5 风机的 PLC 控制

范例示意如图 8-9 所示。

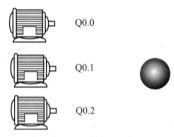

图 8-9 范例示意

控制要求

三台风机用各自的启停按钮控制其运行，并采用一个指示灯显示三台风机的运行状态。

① 3 台风机都不运行，指示灯常亮。

② 1 台风机运行，指示灯慢闪（t=1s）。

③ 2 台及其以上风机运行，指示灯快闪（t=0.4s）。

元件说明

元件说明见表 8-5。

表 8-5 元件说明

PLC 软元件	控制说明	PLC 软元件	控制说明
I0.0	监视开关，按下时 I0.0=On，松开时 I0.0=Off	Q0.0	指示灯
		Q0.1	1 号风机电动机接触器
I0.1	1 号风机启动按钮，按下时，I0.1 状态由 Off → On		
		Q0.2	2 号风机电动机接触器
I0.2	1 号风机停止按钮，按下时，I0.2 状态由 Off → On		
		Q0.3	3 号风机电动机接触器
I0.3	2 号风机启动按钮，按下时，I0.3 状态由 Off → On		
		SM0.5	该位提供周期为 1s、占空比为 50% 的时钟脉冲
I0.4	2 号风机停止按钮，按下时，I0.4 状态由 Off → On		
		M0.0 ～ M0.2	内部辅助继电器
I0.5	3 号风机启动按钮，按下时，I0.5 状态由 Off → On		
		M1.0	内部辅助继电器
I0.6	3 号风机停止按钮，按下时，I0.6 状态由 Off → On	T37 ～ T38	时基 100ms 定时器

⊡ ‹ 控制程序 ›

控制程序如图 8-10 所示。

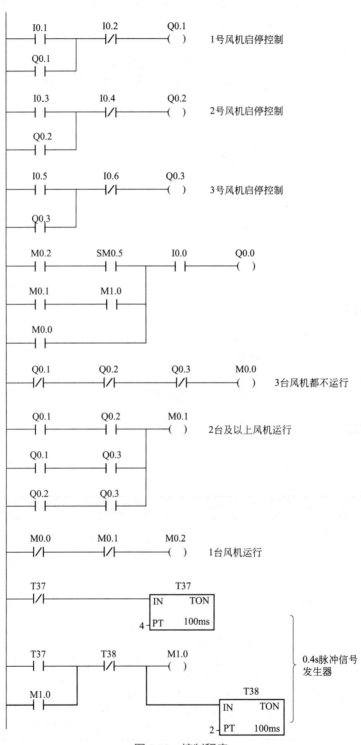

图 8-10 控制程序

程序说明

① 1 ～ 3 号风机的启停控制过程相似，下面以 1 号风机为例进行介绍。按下 1 号风机启动按钮 I0.1，I0.1 得电，常开触点闭合，Q0.1 并自锁，1 号风机启动；按下 1 号风机停止按钮 I0.2，I0.2 得电，常闭触点断开，Q0.1 失电，1 号风机停止运行。

② 当 1 台风机运行时，输出继电器 Q0.1 ～ Q0.3 中只有 1 个得电，因此，M0.1=Off，M0.0=Off。所以，M0.2=On，SM0.5 是周期为 1s 的时钟脉冲，闭合监视开关 I0.0，常开触点闭合，Q0.0 得电，指示灯慢闪。

③ 当 2 台及其以上风机运行时，输出继电器 Q0.1 ～ Q0.3 中必有 2 个得电，因此，M0.1=On，M0.0=Off。所以，M0.2=Off，M0.1=On，通过 M1.0 提供的 0.4s 脉冲，使 Q0.0 得电，指示灯快闪。

④ 当 3 台电动机都不运行时，Q0.1 ～ Q0.3 均未得电，M0.0 得电，Q0.0 得电，指示灯常亮。

⑤ 0.4s 脉冲信号发生器电路介绍：每隔 0.4s，T37 得电一次，其常闭触点断开，使 T37 复位后，又马上开始计时，0.4s 后，T37 又一次得电，如此循环。T37 常开触点闭合，辅助继电器 M1.0 得电并自锁，同时定时器 T38 开始计时，0.2s 后 T38 常闭触点断开，M1.0 和 T38 失电。再过 0.2s 后，定时器 T37 的常开触点再次接通。如此往复循环，构成周期为 0.4s 的脉冲信号发生器电路。

8.6　弯管机的 PLC 控制

范例示意如图 8-11 所示。

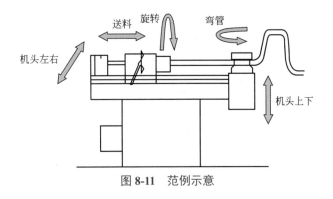

图 8-11　范例示意

控制要求

弯管机在弯管时，首先使用传感器检测是否有管。若没有管，则等待；若有管，则延时 2s 后，电磁卡盘将管子夹紧。随后检测被弯曲的管上是否安装有连接头。若没有连接头，则弯管机将管子松开，推出弯管机，等待下一根管子的到来，同时废品计数器计数；若有连接头，则弯管机在延时 5s 后，启动主电动机开始弯管。弯管完成后，正品计数器计数，并将弯好的管子推出弯管机。系统设有启动按钮和停止按钮。当启动按钮被按下时，弯管机处于等待检测管子的状态。任何时候都可以用停止按钮停止弯管机的运行。

元件说明

元件说明见表 8-6。

表 8-6　元件说明

PLC 软元件	控制说明
I0.0	启动按钮，按下时，I0.0 状态由 Off → On
I0.1	停止按钮，按下时，I0.1 状态由 Off → On
I0.2	管子检测传感器，有管时，I0.2 状态由 Off → On
I0.3	连接头检测传感器，有连接头时，I0.3 状态由 Off → On
I0.4	弯管到位检测开关，弯管到位时，I0.4 状态由 Off → On
Q0.0	电磁卡盘接触器
Q0.1	推管液压阀接触器
Q0.2	弯管主电动机接触器

控制程序

控制程序如图 8-12 所示。

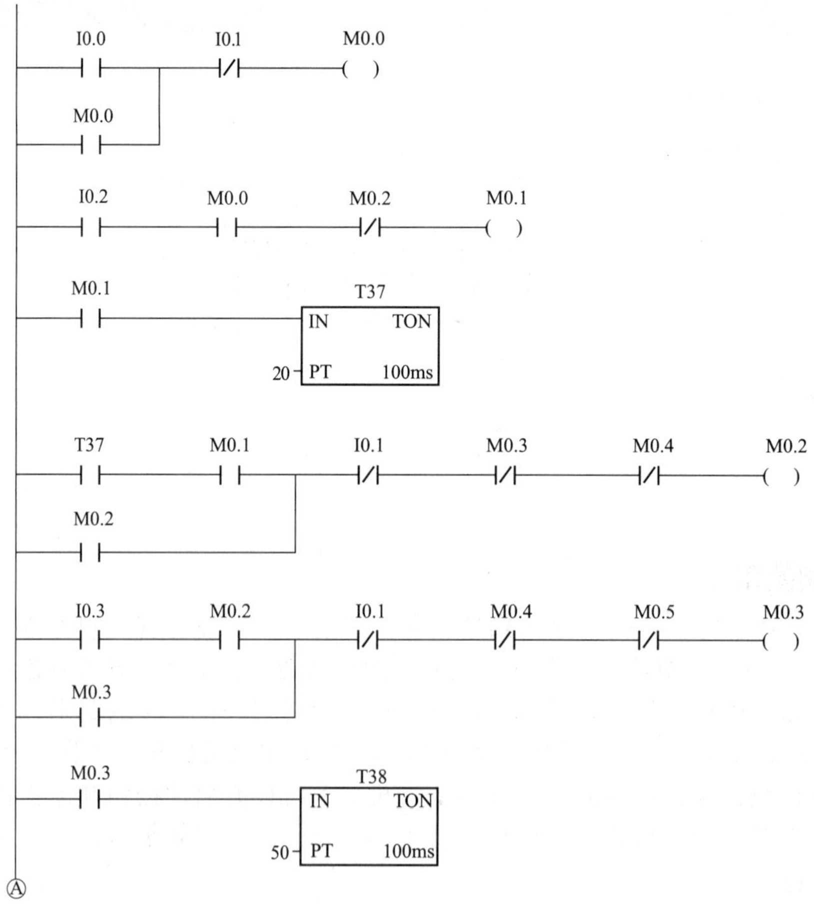

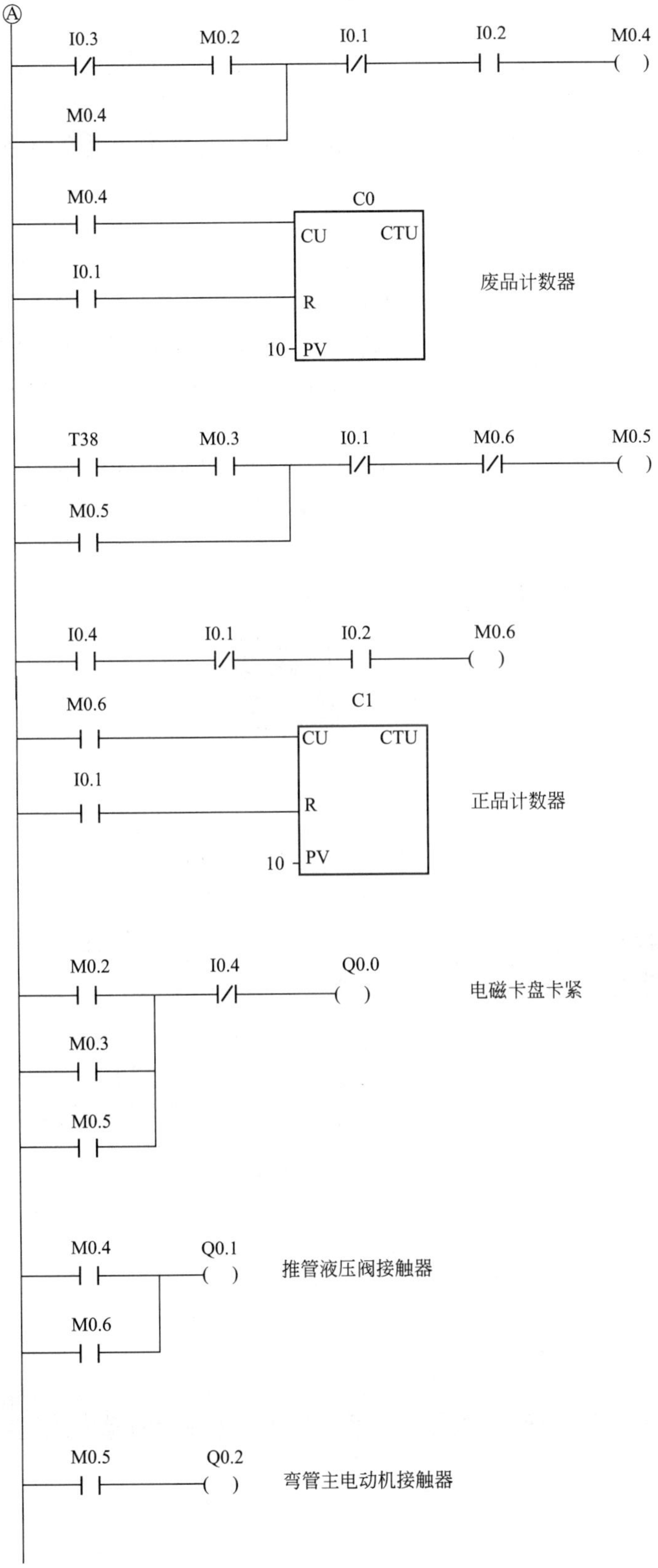

图 8-12 控制程序

程序说明

① 按下启动按钮，I0.0 常开触点闭合，M0.0 得电并自锁。当管子检测传感器检测到有管子时，I0.2 得电并保持，M0.1 得电，常开触点闭合，T37 定时器开始计时，2s 后，T37 得电，常开触点闭合，M0.2 得电并自锁，Q0.0=On，电磁卡盘将管子夹紧，同时 M0.1、T37 失电。

② 检测被弯曲的管上是否安装有连接头，若没有连接头，I0.3=Off，M0.4 得电并自锁，M0.2、Q0.0 失电，电磁卡盘松开，Q0.1 得电，弯管机将管子松开，推出弯管机，同时废品计数器 C0 计数；若有连接头，I0.3 得电，常开触点闭合，M0.3 得电并自锁，M0.2 失电，因 M0.3 常开触点闭合，Q0.0 仍得电，电磁卡盘仍夹紧。同时 T38 定时器开始计时，5s 后，T38=On，M0.5 得电并自锁，T38、M0.3 失电，因 M0.5 常开触点闭合，Q0.0 仍得电，电磁卡盘仍夹紧，同时 Q0.2 得电，弯管主电动机启动，开始弯管。

③ 弯管到位后，弯管到位检测开关 I0.4 得电，M0.6 得电，M0.5=Off，Q0.2、Q0.0 失电，弯管主电动机停止，电磁卡盘松开，Q0.1 得电，弯管机将管子松开，推出弯管机，同时正品计数器 C1 计数。

④ 出现紧急情况时按下停止按钮 I0.1，弯管机立即停止工作。

8.7 加热反应炉

二维码 104

范例示意如图 8-13 所示。

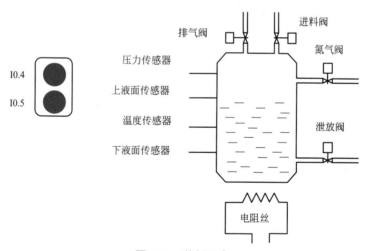

图 8-13 范例示意

 控制要求

按启动按钮后，系统运行；按停止按钮后，系统停止。系统会自动完成送料、加热、泄放过程。

 元件说明

元件说明见表 8-7。

表 8-7　元件说明

PLC 软元件	控制说明
I0.0	下液面传感器，液体下降至低液面以下时，I0.0 状态由 On → Off
I0.1	炉内温度传感器，温度升至给定值时，I0.1 状态由 Off → On
I0.2	上液面传感器，液体上升至高液面时，I0.2 状态由 Off → On
I0.3	炉内压力传感器，压力上升至给定值时，I0.3 状态由 Off → On
I0.4	启动按钮，按下时，I0.4 状态由 Off → On
I0.5	停止按钮，按下时，I0.5 状态由 Off → On
Q0.0	排气阀
Q0.1	进料阀
Q0.2	氮气阀
Q0.3	泄放阀
Q0.4	加热炉电阻丝

控制程序

控制程序如图 8-14 所示。

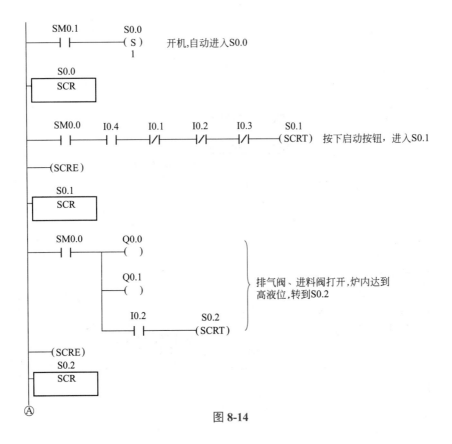

图 8-14

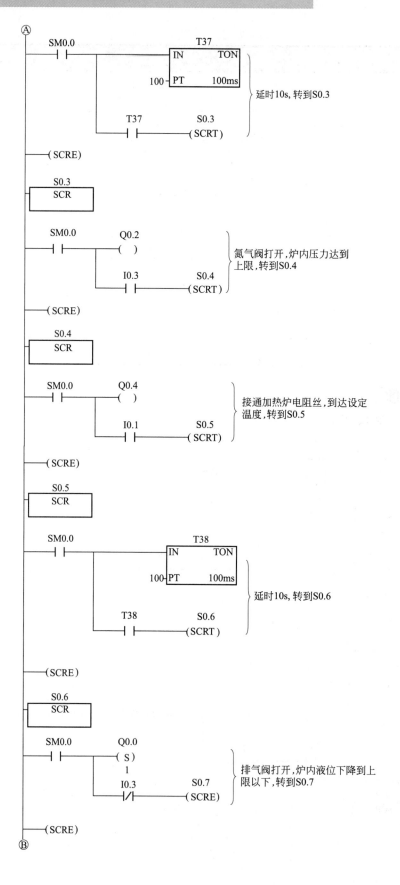

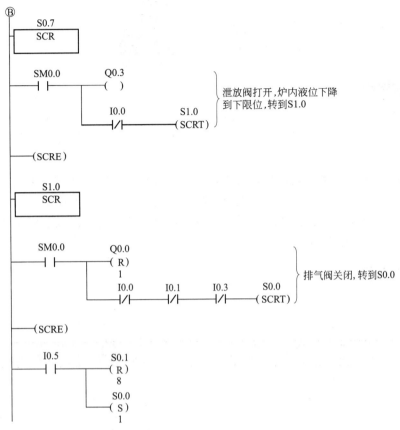

图 8-14　控制程序

程序说明

（1）第一阶段：送料控制

① 检测上液面传感器 I0.2、炉内温度传感器 I0.1、炉内压力传感器 I0.3 均小于给定值，即为 Off 状态。

② 按下启动按钮，I0.4 得电，Q0.0 得电，Q0.1 得电，排气阀、进料阀开启。

③ 当液位上升到高液位时，I0.2 得电，定时器 T37 开始定时，Q0.0、Q0.1 失电，排气阀、进料阀被关闭。

④ 延时 10s，T37 计时到位，Q0.2 得电，氮气阀开启，炉内压力上升。

⑤ 当压力上升到给定值时，压力传感器 I0.3 得电，氮气阀关闭，送料过程结束。

（2）第二阶段：加热反应控制

① 压力传感器 I0.3 得电，Q0.4 得电，接通加热炉电阻丝。

② 当温度升到给定值时，I0.1 得电，Q0.4 失电，停止加热，定时器 T38 开始定时。

（3）第三阶段：泄放过程

延时 10s，T38 得电，常开触点闭合，Q0.0 得电，排气阀打开，炉内压力下降到给定值时，I0.3 失电，Q0.3 得电，泄放阀打开，当炉内液体降到低液位以下时，I0.0、Q0.0 失电，排气阀关闭，Q0.3 失电，泄放阀关闭，系统恢复到原始状态，准备进入下一循环。

如发生紧急情况，则按下停止按钮，I0.5 得电，常闭触点断开，系统即刻停止。

8.8 气囊硫化机

二维码 105

‹控制要求›

气囊硫化机是橡胶硫化的新工艺，硫化机主要用于其周长在 1200mm 以下的圆模 V 带的硫化。硫化机结构包括缸门、锁紧环、模具、胶带、胶套和缸体及外压蒸汽进出口和内压蒸汽进出口。

装在圆模上的半成品套上胶套后装入缸内，闭合缸门并使之转过一个角度（合齿）。然后依次通入外压蒸汽。由于外压蒸汽压力高于内压蒸汽，在压差作用下胶套对半成品进行加压硫化，硫化时间根据胶带的型号不同进行调整。硫化后，按以上相反的程序动作取出产品，结束一次硫化周期。

‹元件说明›

元件说明见表 8-8。

表 8-8　元件说明

PLC 软元件	控制说明
I0.0	关门到位行程开关，机床门闭合时，I0.0 状态由 Off → On
I0.1	开门到位行程开关，机床门打开时，I0.1 状态由 Off → On
I0.2	启动按钮，按下时，I0.2 状态由 Off → On
I0.3	压力传感器，压力小于设定值时，I0.3 状态由 Off → On
Q0.0	合齿
Q0.1	分齿
Q0.2	开门装置
Q0.3	关门装置
Q0.4	进外压汽
Q0.5	进内压汽
Q0.6	排气阀
Q0.7	指示灯

‹控制程序›

控制程序如图 8-15 所示。

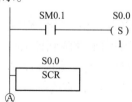

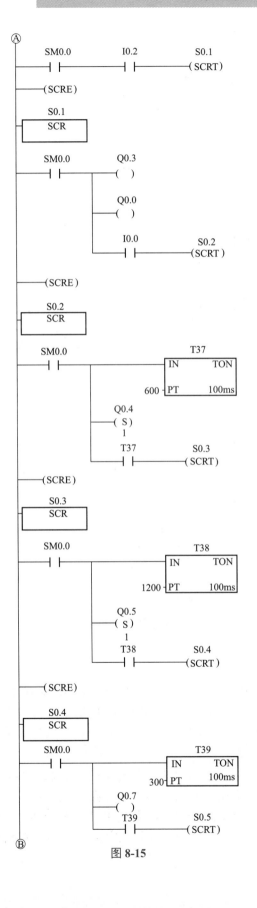

图 8-15

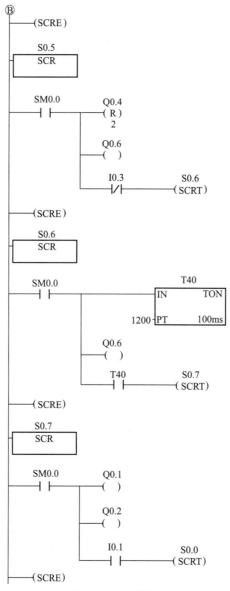

图 8-15　控制程序

程序说明

① SM0.1 在 PLC 为 RUN 的第一次扫描时为 ON，使 S0.0 置位。顺序控制继电器 SCR 段 S0.0 执行。按下启动按钮，I0.2 得电，转到 S0.1 段程序。

② Q0.0 和 Q0.3 得电，执行关门动作，并进行合齿。当关门到位碰到行程开关 I0.0 时，I0.0 得电，程序转入 S0.2 段。

③ Q0.4 得电，进外压蒸汽，同时 T37 开始计时，计时达到 60s 后程序转到 S0.3 段。

④ Q0.5 被置位，开始进内压蒸汽，同时 T38 开始计时，计时达到 120s 后程序转到 S0.4 段。指示灯亮，定时器 T39 开始计时，计时达到 30s 后程序转到 S0.5 段。

⑤ Q0.4 被复位，停止进外压蒸汽；同时 Q0.6 得电，排气阀被打开。当气压下降到设

定值以下时，I0.3 失电，程序转到 S0.6 段。

⑥ 定时器 T40 开始计时，计时达到 120s 后程序转到 S0.7 段。

⑦ Q0.1 和 Q0.2 得电，机床开门动作并进行分齿，当机床门打开后，开门到位行程开关 I0.1 得电，程序转到 S0.0 段。再次按下启动按钮 I0.2，可进行下一次循环。

8.9　大小球分拣系统

二维码 106

范例示意如图 8-16 所示。

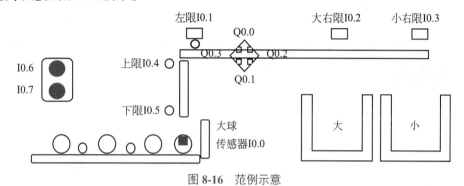

图 8-16　范例示意

◀控制要求▶

① 动作要求　分开大小两种球，并搬到不同的箱子内存放。配置控制盘以供控制。

② 机械手臂动作　下降、夹取、上升、右移、下降、释放、上升、左移，依序完成皮球的搬运。

③ 连续运行　在原点位置按自动启动按钮，开始循环运行。如果按下停止按钮，则不管何时何处，机械臂最终都要停止在原始位置。

◀元件说明▶

元件说明见表 8-9。

表 8-9　元件说明

PLC 软元件	控制说明
I0.0	大球传感器，检测为大球时，I0.0 状态由 Off → On
I0.1	机械手臂左限，触碰时，I0.1 状态由 Off → On
I0.2	大球右移行程开关，碰到时，I0.2 状态由 Off → On
I0.3	小球右移行程开关，碰到时，I0.3 状态由 Off → On
I0.4	上限开关，机械手臂上升至上限位时，I0.4 状态由 Off → On
I0.5	下限开关，机械手臂处于原始位置时，I0.5 状态由 Off → On
I0.6	启动按钮，按下时，I0.6 状态由 Off → On
I0.7	停止按钮，按下时，I0.7 状态由 Off → On

续表

PLC 软元件	控制说明
M0.0	内部辅助继电器
T37 ~ T39	计时 3s 定时器，时基为 100ms 的定时器
Q0.0	机械手臂上升
Q0.1	机械手臂下降
Q0.2	机械手臂右移
Q0.3	机械手臂左移
Q0.4	机械手臂夹取

控制程序

控制程序如图 8-17 所示。

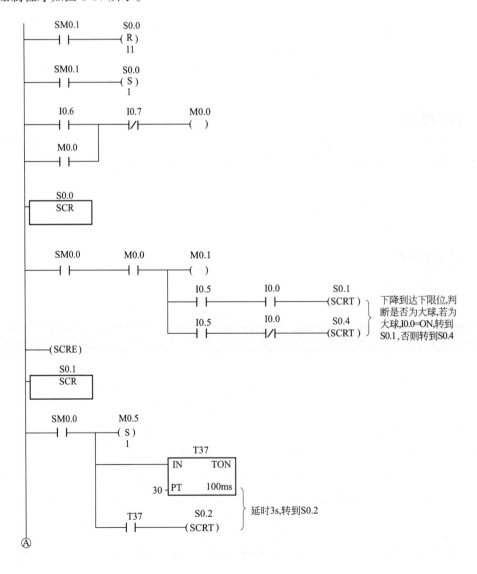

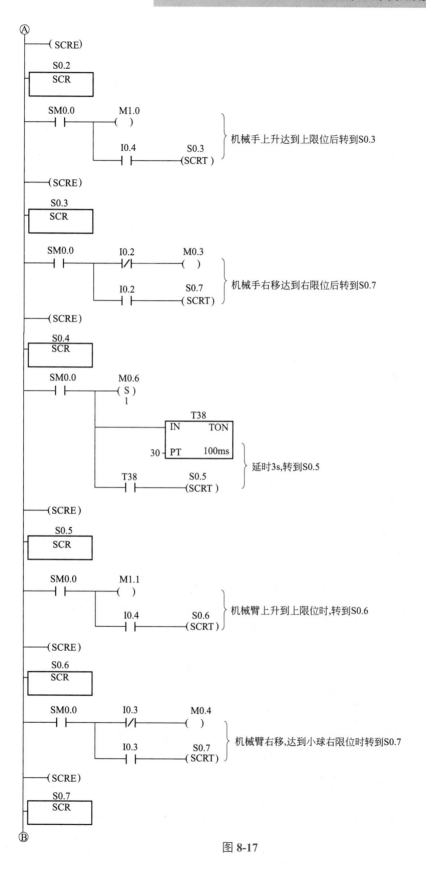

图 8-17

Ⓑ

```
    SM0.0        M0.2
  ——| |————————————( )
                          I0.5              S1.0        ┐ 机械臂下降到达下限位后转到S1.0
                        ——| |—————————————(SCRT)       ┘

  ——(SCRE)

     S1.0
  ┤ ┌─────────┐
    │  SCR    │
    └─────────┘

    SM0.0        M0.7
  ——| |————————————( )
                    │              T39
                    │         ┌──────────────┐
                    ├─────────│IN        TON │
                    │         │              │       ┐ 放开球,延时3s后转到S1.1
                    │      30─│PT      100ms │       │
                    │         └──────────────┘       │
                    │   T39           S1.1            │
                    └──| |————————————(SCRT)          ┘

  ——(SCRE)

     S1.1
  ┤ ┌─────────┐
    │  SCR    │
    └─────────┘

    SM0.0        M1.2
  ——| |————————————( )
                          I0.4              S1.2        ┐ 机械臂上升达到上限位时,转到S1.2
                        ——| |—————————————(SCRT)        ┘

  ——(SCRE)

     S1.2
  ┤ ┌─────────┐
    │  SCR    │
    └─────────┘

    SM0.0        I0.1          Q0.3
  ——| |————————|/|————————————( )
                          I0.1              S0.0        ┐ 机械臂左移达到左限位时,转到S0.0
                        ——| |—————————————(SCRT)        ┘

  ——(SCRE)

     M0.1         Q0.1
  ——| |————————————( )
     M0.2
  ——| |

     M0.3         Q0.2
  ——| |————————————( )       机械臂右移
     M0.4
  ——| |
```

Ⓒ

Ⓒ

| M1.0 | Q0.0 |
| —| |— | —( )— | 机械臂上升

M1.1
—| |—

M1.2
—| |—

| M0.5 | M0.7 | Q0.4 |
| —| |— | —|/|— | —( )— | 机械臂夹取

M0.6
—| |—

图 8-17　控制程序

程序说明

① 在初始时刻状态：SM0.1=On，S0.0 清零，之后 S0.0 置位并保持。

② 开始时机械臂处于原始位置，下限位开关 I0.5=On，此时按下启动按钮 I0.6，I0.6=On，M0.0=On 并保持，程序将进入 S0.0 步，使得 M0.1=On，Q0.1=On，机械手臂下降，大球传感器判断是否为大球。如果是大球，则 I0.0=On，程序进入步 S0.1，M0.5 置位并保持，Q0.4=On，机械手臂抓取大球，3s 计时后，T37=On，程序将进入 S0.2 步，M1.0=On，Q0.0=On，机械手臂上升，到达上限位时，I0.4=On，停止上升，程序进入 S0.3 步，M0.3=On，Q0.2=On，机械手臂右移，到达大球右限位，I0.2=On，停止右移，程序进入 S0.7 步，M0.2=On，Q0.1=On，机械手臂下降，到达下限位开关时，I0.5=On，停止下降，程序进入 S1.0 步，M0.7=On，Q0.4=Off，机械手臂释放大球，3s 计时后，T39=On，程序进入 S1.1 步，M1.2=On，Q0.0=On，机械手臂上升，到达上限位开关，I0.4=On，停止上升，程序进入 S1.2 步，Q0.3=On，机械手臂左移，到达左限位开关，I0.1=On，停止左移，程序返回 S0.0 步，完成一次循环。如果大球传感器判断该球不是大球时，循环过程与之类似。

③ 当按下停止按钮 I0.7 时，I0.7=On，M0.0 失电，M0.0=Off，机械手臂完成动作返回原点时，将不再执行下次循环。

8.10　电动葫芦升降机

范例示意如图 8-18 所示。

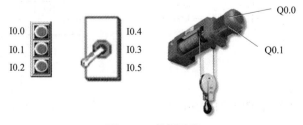

图 8-18　范例示意

控制要求

① 手动方式下，可手动控制电动葫芦升降机上升、下降。

② 自动方式下，电动葫芦升降机上升 6s → 停 9s → 下降 9s → 停 9s，重复运行 1h 后发出声光信号并停止运行。

 元件说明

元件说明见表 8-10。

表 8-10 元件说明

PLC 软元件	控制说明
I0.0	自动方式启动按钮，按下时，I0.0 状态由 Off → On
I0.1	手动上升启动按钮，按下时，I0.1 状态由 Off → On
I0.2	手动下降启动按钮，按下时，I0.2 状态由 Off → On
I0.3	停止拨动开关，推上时，I0.3 状态由 Off → On
I0.4	手动模式拨动开关，推上时，I0.4 状态由 Off → On
I0.5	自动模式拨动开关，推上时，I0.5 状态由 Off → On
T37 ～ T42	时基为 100ms 的定时器
Q0.0	电动机上升接触器
Q0.1	电动机下降接触器
Q0.2	蜂鸣器
Q0.3	指示灯

 控制程序

控制主程序如图 8-19 所示。

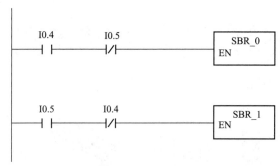

图 8-19 控制主程序

控制子程序如图 8-20 和图 8-21 所示。

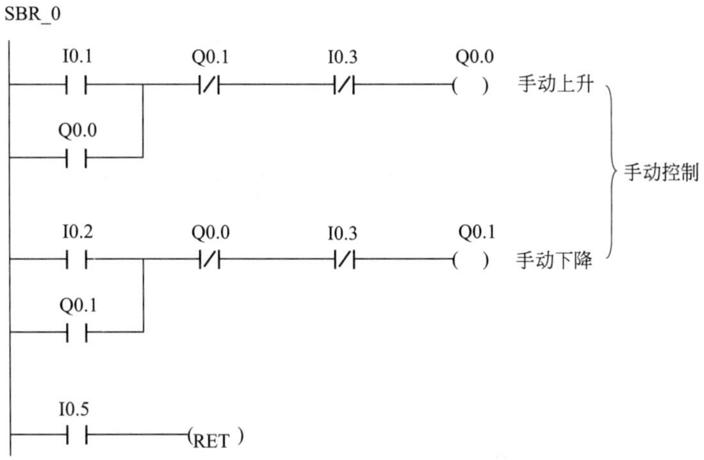

SBR_0

图 8-20　控制子程序（一）

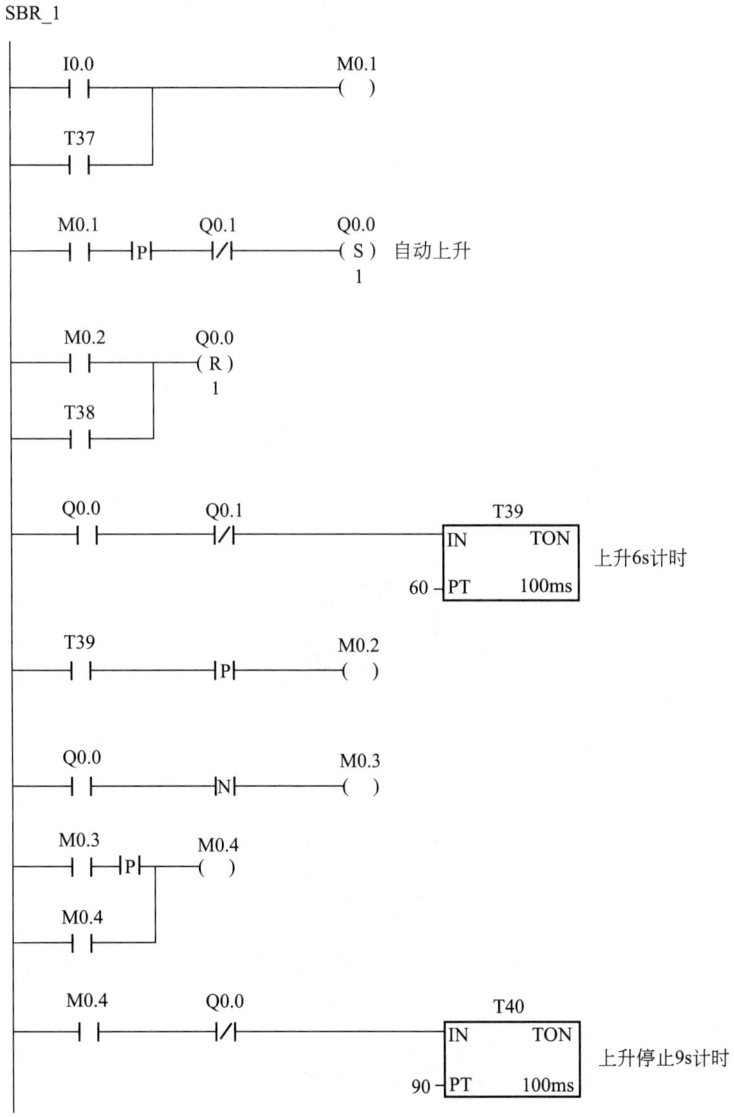

SBR_1

图 8-21

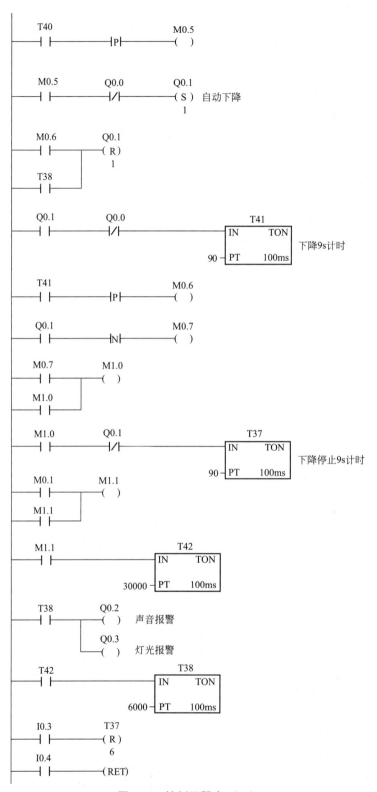

图 8-21　控制子程序（二）

① 当选择手动控制方式时，推上手动模式拨动开关 I0.4，子程序 SBR_0 执行。按下手动上升按钮，I0.1=On，Q0.0 得电并自锁，电动葫芦上升。按下停止按钮，I0.3 得电，常闭触点断开，Q0.0 失电，电动葫芦停止上升；下降工作过程与上升工作过程相似，不再赘述。

② 当选择自动控制方式时，推上自动模式拨动开关 I0.5，I0.5 得电，常闭触点断开，常开触点闭合，子程序 SBR_1 执行。按下自动方式启动按钮，I0.0 得电，M0.1 得电，M0.1 的上升沿触发使 Q0.0 置位，同时 M1.1 得电自锁，电动葫芦上升，同时计时器 T39 开始 6s 计时，计时器 T42 开始 3000s 计时，T39 计时时间到，T39 常开接点闭合，其上升沿使 M0.2 得电，Q0.0 被复位，电动葫芦停止上升，同时其下降沿使 M0.3 得电，M0.4 得电并自锁，计时器 T40 开始 9s 计时，9s 后，T40 常开触点闭合，其上升沿使 M0.5 得电，Q0.1 置位，电动葫芦下降，同时计时器 T41 开始 9s 计时，9s 后，T41 常开触点闭合，其上升沿使 M0.6 得电，Q0.1 复位，电动葫芦停止下降，其下降沿使 M0.7 得电，M1.0 得电并自锁，计时器 T37 开始 9s 计时，T37 计时时间到，开始进入第二次循环，T37 得电，使 M0.1 得电，M0.1 的上升沿使 Q0.0 置位……

③ 由于定时器有最大计时限制，因此使用定时器 T42 和 T38 接力计时 1h。

④ 当循环时间到达 1h 后，T38=On，Q0.2=On，Q0.3=On，发出声光信号。同时 Q0.0、Q0.1 被复位，电动葫芦停止上升与下降。

8.11　两个滑台顺序控制

范例示意如图 8-22 所示。

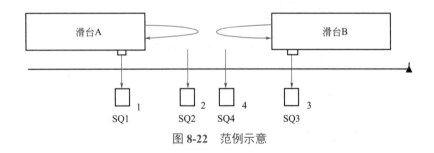

图 8-22　范例示意

控制要求

现有两个滑台 A 和 B，初始状态 A 在左边，限位开关 SQ1 受压，滑台 B 在右边，限位开关 SQ3 受压。当按下启动按钮时，滑台 A 右行，当碰到限位开关 SQ2 时停止并进行能耗制动 5s。之后滑台 B 左行，碰到限位开关 SQ4 时停止并进行能耗制动 5s，停止 100s，两个滑台同时返回原位，碰到限位开关时停止并进行能耗制动，5s 后停止。

元件说明

元件说明见表 8-11。

表 8-11 元件说明

PLC 软元件	控制说明
I0.0	停止按钮，按下时，I0.0 状态由 Off → On
I0.1	启动按钮，按下时，I0.1 状态由 Off → On
I0.2	限位开关 1，SQ1
I0.3	限位开关 2，SQ2
I0.4	限位开关 3，SQ3
I0.5	限位开关 4，SQ4
Q0.0	滑台 A 右行
Q0.1	滑台 A 左行
Q0.2	滑台 A 能耗制动
Q0.3	滑台 B 左行
Q0.4	滑台 B 右行
Q0.5	滑台 B 能耗制动

◀ 控制程序 ▶

控制程序如图 8-23 所示。

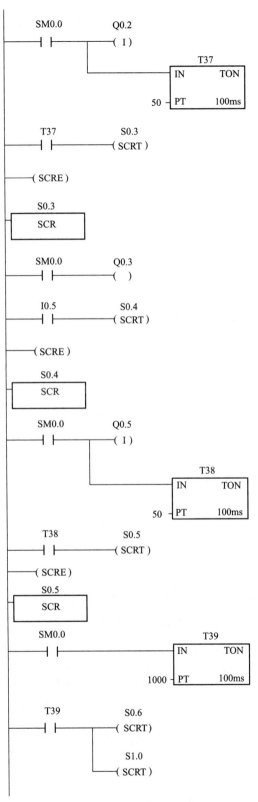

图 8-23

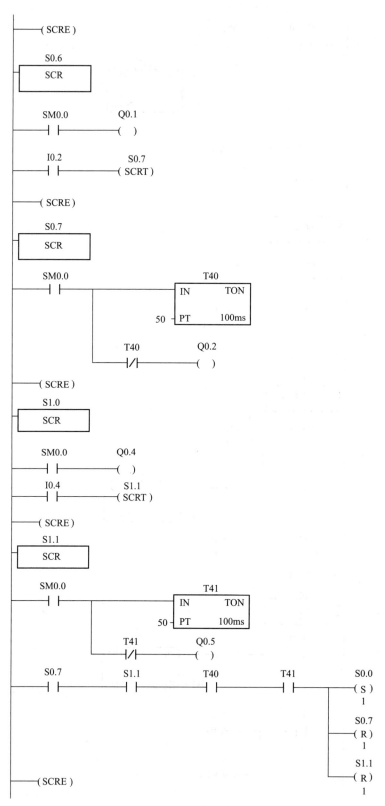

图 8-23　控制程序

程序说明

① PLC 运行时初始化脉冲 SM0.1 使初始状态步 S0.0 置位，两个滑台在初始位置，限位开关 I0.2、I0.4 常开触点闭合。

② 按下启动按钮 I0.1，S0.1 置位，Q0.0 得电，滑台 A 右行，I0.2 触点断开，碰到限位开关 I0.3 时，S0.2 置位，Q0.0 失电，Q0.2 得电，滑台 A 进行能耗制动，5s 后 S0.3 置位，Q0.2 失电，Q0.3 得电，滑台 B 左行，I0.4 触点断开，碰到限位开关 I0.5 时，S0.4 置位，Q0.3 失电，Q0.5 得电，滑台 B 进行能耗制动，5s 后 S0.5 置位，Q0.5 失电。100s 后 S0.6 和 S1.0 同时置位。

③ S0.6 置位，Q0.1 得电，滑台 A 左行，I0.3 触点断开，滑台 A 回到原位碰到限位开关 I0.2。S0.7 置位，Q0.2 得电，5s 后失电，滑台 A 能耗制动 5s 停止。

④ S1.0 置位，Q0.4 得电，滑台 B 右行，I0.5 触点断开，滑台 B 回到原位碰到限位开关 I0.4。S1.1 置位，Q0.5 得电，5s 后失电，滑台 B 能耗制动 5s 停止。

⑤ 两个滑台都制动结束时，T40、T41 触点闭合，S0.7、S1.1 复位，S0.0 置位，转移到初始状态步，全工程完成。

8.12 四层电梯控制

控制要求

采用 PLC 构成四层简易电梯电气控制系统。电梯的上、下行由一台电动机拖动，电动机正转（Q1.7）为电梯上升，电动机反转（Q0.3）为下降。一层有上升呼叫按钮 I0.0 和指示灯 Q0.0；二层有上升呼叫按钮 I0.1 和指示灯 Q0.1，以及下降呼叫按钮 I0.4 和指示灯 Q0.4；三层有上升呼叫按钮 I0.2 和指示灯 Q0.2，以及下降呼叫按钮 I0.5 和指示灯 Q0.5；四层有下降呼叫按钮 I0.6 和指示灯 Q0.6。一至四层有到位行程开关 I2.1 ~ I2.4，电梯开门和关门分别通过电磁铁 YA1（Q1.5）和 YA2（Q1.6）控制，开门、关门到位由行程开关 ST1（I2.6）、ST2（I2.7）检测。

元件说明

元件说明见表 8-12。

表 8-12 元件说明

软元件	功能	1 楼	2 楼	3 楼	4 楼
I 输入 继电器	上呼按钮	I0.0	I0.1	I0.2	—
	下呼按钮	—	I0.4	I0.5	I0.6
	内选层按钮	I1.0	I1.1	I1.2	I1.3
	限位开关	I2.1	I2.2	I2.3	I2.4
	其他	I1.5 开门按钮 （感应开关）	I1.6 关门按钮	I2.6 开门限位	I2.7 关门限位

续表

软元件	功能	1楼	2楼	3楼	4楼
Q 输出 继电器	上呼信号灯	Q0.0	Q0.1	Q0.2	—
	下呼信号灯	—	Q0.4	Q0.5	Q0.6
	电动机控制	Q1.5 开门　Q1.6 关门	Q1.7 上行	Q0.3 下行　Q0.7 低速上行	Q2.7 低速下行
	数码管显示	Q2.0～Q2.6			
M 辅助 继电器	上呼信号	M0.0	M0.1	M0.2	
	下呼信号		M0.4	M0.5	M0.6
	内选信号	M1.0	M1.1	M1.2	M1.3
	上或内选信号	M2.0	M2.1	M2.2	
	下或内选信号		M4.1	M4.2	M4.3
	上或下或内选信号	M3.1	M3.2	M3.3	M3.4
	当前层记忆	M5.1	M5.2	M5.3	M5.4
	其他	M10.0 上行判别	M10.1 下行判别	M10.2 停止信号	
T 定时器	其他	T37 延时关门		T38 低速时间	

控制程序

控制程序如图 8-24 所示。

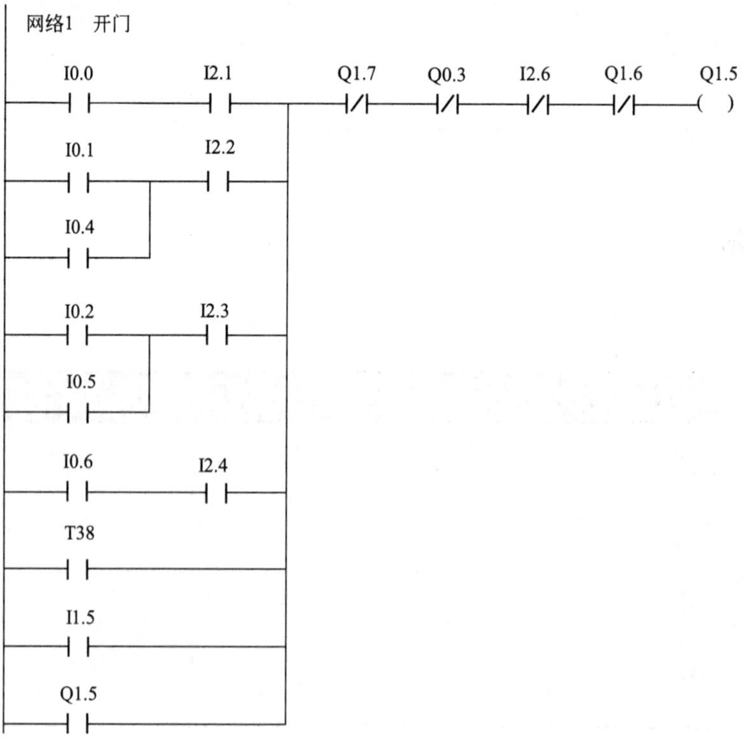

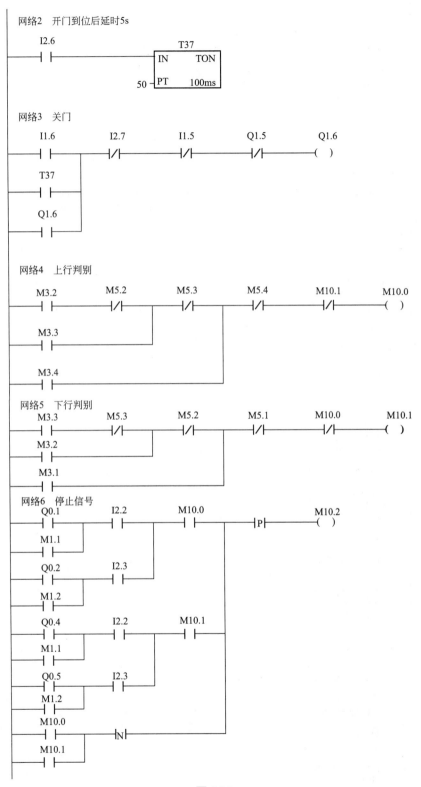

图 8-24

网络7　低速

```
 M10.2      T38      M10.1    Q2.7      Q0.7
 ─┤├──────┬──┤/├──┬──┤/├──┤/├────────( )
  Q0.7    │       │
 ─┤├──────┤       │   M10.0    Q0.7     Q2.7
  Q2.7    │       ├──┤/├──┤/├────────( )
 ─┤├──────┘       │
                  │              T38
                  └───────────┌────────────┐
                              │IN      TON │
                           15─┤PT    100ms │
                              └────────────┘
```

网络8　电梯上行

```
 M10.0      I2.7      Q1.5    T38    Q0.3    I2.4    Q1.7
 ─┤├──────┬──┤├────┤/├──┤/├──┤/├──┤/├────( )
  Q1.7    │
 ─┤├──────┘
```

网络9　电梯下行

```
 M10.1      I2.7      Q1.5    T38    Q1.7    I2.1    Q0.3
 ─┤├──────┬──┤├────┤/├──┤/├──┤/├──┤/├────( )
  Q0.3    │
 ─┤├──────┘
```

网络10　1楼上呼信号

```
 I0.0           M0.0
 ─┤├────────┬────( )
  M0.0      │
 ─┤├────────┘
```

网络11　2楼上呼信号

```
 I0.1           M0.1
 ─┤├────────┬────( )
  M0.1      │
 ─┤├────────┘
```

网络12　2楼下呼信号

```
 I0.4           M0.4
 ─┤├────────┬────( )
  M0.4      │
 ─┤├────────┘
```

网络13　3楼上呼信号

```
 I0.2           M0.2
 ─┤├────────┬────( )
  M0.2      │
 ─┤├────────┘
```

网络14　3楼下呼信号

```
 I0.5           M0.5
 ─┤├────────┬────( )
  M0.5      │
 ─┤├────────┘
```

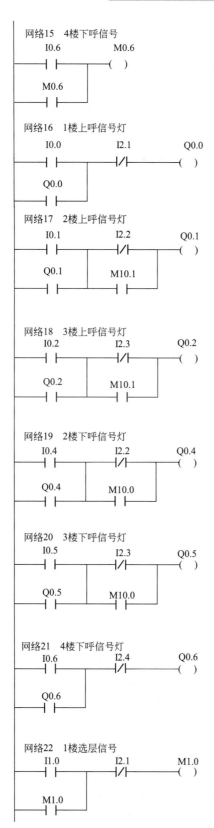

图 8-24

网络23 2楼选层信号

```
    I1.1              I2.2           M1.1
────┤ ├──────┬──────┤/├──────────( )
              │
    M1.1      │
────┤ ├──────┘
```

网络24 3楼选层信号

```
    I1.2              I2.3           M1.2
────┤ ├──────┬──────┤/├──────────( )
              │
    M1.2      │
────┤ ├──────┘
```

网络25 4楼选层信号

```
    I1.3              I2.4           M1.3
────┤ ├──────┬──────┤/├──────────( )
              │
    M1.3      │
────┤ ├──────┘
```

网络26 1楼上呼及选层信号

```
    M0.0           M3.1
────┤ ├──────┬────( )
              │
    M1.0      │
────┤ ├──────┘
```

网络27 2楼上下呼及选层信号

```
    M0.1           M3.2
────┤ ├──────┬────( )
              │
    M1.1      │
────┤ ├──────┤
              │
    M0.4      │
────┤ ├──────┘
```

网络28 3楼上下呼及选层信号

```
    M0.2           M3.3
────┤ ├──────┬────( )
              │
    M1.2      │
────┤ ├──────┤
              │
    M0.5      │
────┤ ├──────┘
```

网络29 4楼下呼及选层信号

```
    M0.6           M3.4
────┤ ├──────┬────( )
              │
    M1.3      │
────┤ ├──────┘
```

网络30 1楼位置记忆

```
    I2.1              I2.2           M5.1
────┤ ├──────┬──────┤/├──────────( )
              │
    M5.1      │
────┤ ├──────┘
```

网络31 2楼位置记忆

```
    I2.2              I2.1           I2.3           M5.2
────┤ ├──────┬──────┤/├──────────┤/├──────────( )
              │
    M5.2      │
────┤ ├──────┘
```

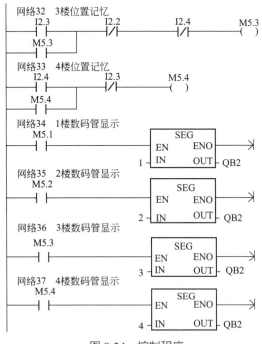

图 8-24 控制程序

程序说明

（1）门厅上行呼叫信号（网络 16 ～ 网络 18）

乘客在 1 ～ 3 楼时，用按钮发出上行信号控制电梯运行到乘客所在楼层。I0.0 ～ I0.2 输入继电器分别为 1 ～ 3 楼的上行按钮，输出继电器 Q0.0 ～ Q0.2 分别控制 1 ～ 3 楼的上行信号灯。若 1 楼乘客按下上行按钮 I0.0 时，Q0.0 得电自锁，1 楼上行信号灯亮，当电梯运行到 1 楼时，1 楼限位开关 I2.1 动作，其上行信号灯 Q0.0 灭。2 楼和 3 楼的上行呼叫信号控制原理与 1 楼基本相同。M10.1 为下行标志，下行时 M10.1 为 On，上行时为 Off，在上行过程中电梯上行到该层时，该楼层的上行信号灯熄灭。如果在下行时到达该层，由于 M10.1 为 On，M10.1 常开触点触合，该楼层上行信号灯不能熄灭。

（2）门厅下行呼叫信号（网络 19 ～ 网络 21）

乘客在 2 ～ 4 楼时，按下下行按钮控制电梯运行到所在楼层。I0.4 ～ I0.6 输入继电器分别为 2 ～ 4 楼的下行按钮，输出继电器 Q0.4 ～ Q0.6 分别控制 2 ～ 4 楼的下行信号灯。若 4 楼乘客按下下行按钮 I0.6，Q0.6 得电自锁，4 楼下行信号灯亮，当电梯运行到 4 楼时，4 楼限位开关 I2.4 动作，其下行信号灯灭。2 楼和 3 楼下行呼叫信号控制原理与 4 楼基本相同。M10.0 为上行标志，上行时 M10.0 为 On，下行时为 Off，在下行过程中电梯下行到该层时，该楼层下行信号灯熄灭。如果在上行时，由于 M10.0 为 On，M10.0 常开触点闭合，该楼层下行信号灯不能熄灭。当按下上下呼叫按钮时，相应的辅助继电器 M0.0 ～ M0.6 得电自锁。

（3）轿厢内选层信号（网络 22 ～ 网络 25）

I1.0 ～ I1.3 输入继电器分别为 1 ～ 4 楼的选层信号按钮，辅助继电器 M1.0 ～ M1.3 分别为 1 ～ 4 楼的选层记忆信号。若轿厢内乘客要到 1 楼，按下 I1.0 选层按钮，M1.0 得电自锁，当电梯到达 1 楼时，1 楼限位开关 I2.1 动作，M1.0 失电，解除 1 楼的选层记忆信号。

（4）楼层位置信号（网络30～网络33）

楼层位置记忆信号用于电梯的上、下控制和楼层数码显示。当电梯到达1楼时，1楼限位开关I2.1动作，M5.1得电自锁。当轿厢离开1楼时，M5.1仍得电，当电梯到达2楼，碰到限位开关I2.2，M5.1失电。

（5）七段数码管显示（网络34～网络37）

当轿厢在1楼时，1楼的限位开关I2.1动作，使1楼记忆继电器M5.1得电，利用SEG指令显示数字1，表示轿厢在1楼。

（6）楼层呼叫选层综合信号（网络26～网络29）

在电梯控制中，电梯的运行是根据门厅的上下行按钮呼叫信号和轿厢内选层按钮呼叫信号来控制的。为了使上下行判别控制梯形图简单清晰，将每一层的门厅上下呼叫信号和轿厢内选层呼叫信号用一个辅助继电器来表示。

（7）开门控制（网络1）

电梯只有在停止（Q1.7、Q0.3为OFF）时，才能开门。

① 当电梯行驶到某楼层停止时，电梯由高速转为低速运行T38时间时，T38触点闭合，Q1.5得电自锁并开门。门打开后碰到限位开关I2.6，Q1.5失电。

② 在轿厢中，按下开门按钮I1.5时，开门。

③ 在关门过程中若有人被夹住，此时感应开关I1.5动作，断开关门线圈Q1.6，Q1.5得电自锁。

④ 轿厢停在某一层时，在门厅按下上呼叫或下呼叫按钮，开门。例如，轿厢停在2楼时，2楼限位开关I2.2为On，按下I0.1或I0.4，电梯开门。

（8）关门控制（网络2、网络3）

当门打开时，开门限位开关I2.6为On，T37得电延时5s，T37常开触点闭合，Q1.6得电自锁。按下关门按钮I1.6，Q1.6得电自锁。关门到位时，关门限位开关I2.7为On，Q1.6失电，关门停止。

（9）停止信号（网络6）

电梯在上行过程中，只接收上行呼叫信号和轿厢内选层信号，当有上行呼叫信号和轿厢内选层信号时，M10.0为On，若2楼有人按上呼叫按钮，Q0.1得电并自锁，当电梯到达2楼时，2楼限位开关I2.2动作，M10.2发出一个停止脉冲。当电梯上行到最高层4楼时，M10.0由1变为0，M10.0下降沿触点接通一个扫描周期，使M10.2发出一个停止脉冲。下行过程停止信号与上行原理相同。

（10）升降控制（网络7～网络9）

当上行信号M10.0为On时，门关闭后，关门限位I2.7常开触点闭合，Q1.7得电，电梯上行。当某层有上行或轿厢选层信号时，M10.2发出停止脉冲，接通Q0.7，升降电动机低速上行，定时器延时1.5s，断开Q0.7、T38、Q1.7，电梯停止。同样地，下行时发出停止脉冲，接通Q2.7，电梯低速下行，延时1.5s后，断开Q2.7、T38、Q1.7，电梯停止。

若轿厢在某层停止，楼上没有上行或轿厢选层信号，M10.0为Off，但Q1.7自锁，此时停止脉冲M10.2接通Q0.7，升降电动机低速运行。定时器延时1.5s，断开Q0.7、Q1.7，电梯停止。

附录1　CPU 规范一览表

项目	CPU221	CPU222	CPU224	CPU224XP	CPU226
存储器					
用户程序大小 　运行模式下编辑 　非运行模式下编辑	4096 字节 4096 字节		8192 字节 11288 字节	11288 字节 16384 字节	16384 字节 24576 字节
用户数据	2048 字节		8192 字节	10240 字节	10240 字节
装备（超级电容） （可选电池）	50h/ 典型值（40℃时最少 8h）		100h/ 典型值 （40℃时 最少 70h）	100h/ 典型值 （40℃时最少 70h）	
I/O					
数字量 I/O	6 输入 /4 输出	8 输入 /6 输出	14 输入 /10 输出	14 输入 /10 输出	24 输入 /16 输出
模拟量 I/O	无			2 输入 /1 输出	无
数字量 I/O 映像区	256（128 入 /128 出）				
模拟量 I/O 映像区	无	32（16 入 /16 出）	64（32 入 /32 出）		
允许最大的扩展模块	无	2 个模块	7 个模块		
允许最大的智能模块	无	2 个模块	7 个模块		
脉冲捕捉输入	6	8	14		24
单向　高速计数	4 个 30kHz		6 个 30kHz	4 个 30kHz 2 个 200kHz	6 个 30kHz
双向　高速计数	2 个 20kHz		4 个 20kHz	3 个 20kHz 1 个 100kHz	4 个 20kHz
脉冲输出	2 个 20kHz（仅限于 DC 输出）			2 个 100kHz （仅限于 DC 输出）	2 个 20kHz （仅限于 DC 输出）

续表

项目	CPU221	CPU222	CPU224	CPU224XP	CPU226
常规					
定时器	256 定时器；4 个定时器（1ms）；16 定时器（10ms）；236 定时器（100ms）				
计数器	256（由超级电容或电池备份）				
内部存储器位 掉电保存	256（由超级电容或电池备份） 112（存储在 EEPROM）				
时间中断	2 个 1ms 分辨率				
边沿中断	4 个上升沿和 / 或 4 个下降沿				
模拟电位器	1 个 8 位分辨率		2 个 8 位分辨率		
布尔量运算执行速度	0.22μs 每条指令				
实时时钟	可选卡件		内置		
卡件选项	存储器、电池和实时时钟		存储卡和电池卡		
集成的通信功能					
端口（受限电源）	一个 RS-485 口			两个 RS-485 口	
PPI，DP/T 波特率	9.6、19.2、187.5k 波特				
自由口波特率	1.2 ～ 15.2k 波特				
每段最大电缆长度	使用隔离的中继器：187.5k 波特可达 1000m，38.4k 波特可达 1200m 未使用隔离中继器：50m				
最大站点数	每段 32 个站，每个网络 126 个站				
最大主站数	32				
点到点（PPI 主站模式）	是（NETR/NETW）				
MPI 连接	共 4 个，2 个保留（1 个给 PG，1 个给 OP）				

附录 2　CPU 电源规范一览表

DC		AC	
输入电源			
输入电压	20.4 ～ 28.8V DC		85 ～ 264V AC（47 ～ 63Hz）
输入电流	仅 CPU，24 V DC	最大负载 24 V DC	仅 CPU	最大负载
CPU221	80mA	450mA	30/15mA　120/240V AC	120/240V AC 时 120/60mA
CPU222	85mA	500mA	40/20mA　120/240V AC	120/240V AC 时 140/70mA

续表

DC			AC	
CPU224	110mA	700mA	60/30mA 120/240V AC	120/240V AC 时 200/100mA
CPU224XP	120mA	900mA	70/35mA 120/240V AC	120/240V AC 时 220/100mA
CPU226	150mA	1050mA	80/40mA 120/240V AC	120/240V AC 时 320/160mA
冲击电流	28.8VDC 时 12A		264V AC 时 20A	
隔离（现场与逻辑）	非隔离		1500 V AC	
保持时间（掉电）	10ms，24VDC		20/80ms，120/240V AC	
熔丝（不可替换）	3A，250V 慢速熔断		2A，250V 慢速熔断	
24V DC 传感器电源				
传感器电压（受限电源）	L+ 减 5V		20.4 ~ 28.8V DC	
电流限定	1.5A 峰值，热量限制无破坏性			
纹波噪声	来自输入电源		小于 1V 峰至峰值	
隔离（传感器与逻辑）	非隔离			

 # 附录 3　西门子 PLC 基本指令一览表

（1）触点指令

指令名称	指令格式
装载	LD　　N
取反装载	LDN　　N
立即装载	LDI　　N
取反后立即装载	LDNI　　N
与	A　　N
与非	AN　　N
或	O　　N
或非	ON　　N
上升沿检测	EU
下降沿检测	ED

（2）输出指令

指令名称	指令格式
线圈驱动输出	=　　N

指令名称	指令格式
置位	S　bit, n
复位	R　bit, n
立即置位	SI　bit, n
立即复位	RI　bit, n

（3）定时器指令

指令名称	指令格式
接通延时定时器	TON　Txxx, PT
断开延时定时器	TOF　Txxx, PT
有记忆接通延时定时器	TONR　Txxx, PT

（4）计数器指令

指令名称	指令格式
递增计数器	CTU　Cxxx, PV
递减计数器	CTD　Cxxx, PV
增 / 减计数器	CTUD　Cxxx, PV

（5）程序控制指令

指令名称	指令格式
程序的条件结束	END
切换到停止模式	STOP
"看门狗"复位	WDR
跳转指令	JMP　n
跳转到的标号	LBL　n
调用子程序	CALL　n（n1, …）
从子程序返回	CRET
循环	FOR　INDX, INIT, FINAL
循环结束	NEXT
诊断 LED	DIAG_LED
顺序控制指令	SCR, SCRT, SCRE, RET

（6）传送指令

指令名称	指令格式
字节传送	MOVB IN, OUT
传送字	MOVW IN, OUT
传送双字	MOVD IN, OUT
传送实数	MOVR IN, OUT
字节立即读	BIR IN, OUT
字节立即写	BIW IN, OUT
传送字节块	BMB IN, OUT
传送字块	BMW IN, OUT
传送双字块	BMD IN, OUT
字节交换	SWAP IN

（7）移位与循环移位指令

指令名称	指令格式
字节右移	SRB OUT, N
字节左移	SLB OUT, N
字右移	SRW OUT, N
字左移	SLW OUT, N
双字右移	SRD OUT, N
双字左移	SLD OUT, N
字节循环右移	RRB OUT, N
字节循环左移	RLB OUT, N
字循环右移	RRW OUT, N
字循环左移	RLW OUT, N
双字循环右移	RRD OUT, N
双字循环左移	RLD OUT, N
移位寄存器	SHRB DATA, S-BIT, N

（8）比较指令

指令名称	字节比较	整数比较	双字整数比较	实数比较	字符串比较
指令格式	LDB=IN1, IN2 AB=IN1, IN2 OB=IN1, IN2	LDW<IN1, IN2 AW<IN1, IN2 OW<IN1, IN2	LDD<IN1, IN2 AD<IN1, IN2 OD<IN1, IN2	LDR<IN1, IN2 AR<IN1, IN2 OR<IN1, IN2	LDS=IN1, IN2 AS=IN1, IN2 OS=IN1, IN2
	LAB<=IN1, IN2 AB<=IN1, IN2 OB<=IN1, IN2	LDW=IN1, IN2 AW=IN1, IN2 OW=IN1, IN2	LDD=IN1, IN2 AD=IN1, IN2 OD=IN1, IN2	LDR=IN1, IN2 AR=IN1, IN2 OR=IN1, IN2	LDS<>IN1, IN2 AS<>IN1, IN2 OS<>IN1, IN2
	LDB>=IN1, IN2 AB>=IN1, IN2 OB>=IN1, IN2	LAW<=IN1, IN2 AW<=IN1, IN2 OW<=IN1, IN2	LDD<=IN1, IN2 AD<=IN1, IN2 OD<=IN1, IN2	LDR<=IN1, IN2 AR<=IN1, IN2 OR<=IN1, IN2	
	LDB<>IN1, IN2 AB<>IN1, IN2 OB<>IN1, IN2	LDW>=IN1, IN2 AW>=IN1, IN2 OW>=IN1, IN2	LDD>=IN1, IN2 AD>=IN1, IN2 OD>=IN1, IN2	LDR>=IN1, IN2 AR>=IN1, IN2 OR>=IN1, IN2	
	LDB>IN1, IN2 AB>IN1, IN2 OB>IN1, IN2	LDW<>IN1, IN2 AW<>IN1, IN2 OW<>IN1, IN2	LDD<IN1, IN2 AD<IN1, IN2 OD<IN1, IN2	LDR<IN1, IN2 AR<IN1, IN2 OR<IN1, IN2	

（9）转换指令

指令名称	指令格式
字节转整数	BTI IN, OUT
整数转字节	ITB IN, OUT
整数转双整数	ITD IN, OUT
双整数转整数	DTI IN, OUT
双整数转实数	DTR IN, OUT
整数转 BCD 码	IBCD OUT
BCD 码转整数	BCDI OUT
实数四舍五入为整数	ROUND IN, OUT
实数取整为双整数	TRUNG IN, OUT
ASC Ⅱ 码转十六进制数	ATH IN, OUT, LEN
十六进制数转 ASC Ⅱ 码	HTA IN, OUT, LEN
整数转 ASC Ⅱ 码	ITA IN, OUT, FMT
双整数转 ASC Ⅱ 码	DTA IN, OUT, FMT
实数转 ASC Ⅱ 码	RTA IN, OUT, FMT
七段数字显示译码	SEG IN, OUT

（10）数学运算指令

指令名称	指令格式
整数加法	+I IN1, OUT
整数减法	-I IN2, OUT
整数乘法	*I IN1, OUT
整数除法	/I IN2, OUT
双整数加法	+D IN1, OUT
双整数减法	-D IN2, OUT
双整数乘法	*D IN1, OUT
双整数除法	/D IN2, OUT
实数加法	+R IN1, OUT
实数减法	-R IN2, OUT
实数乘法	*R IN1, OUT
实数除法	/R IN2, OUT
整数乘法产生双整数	MUL IN1, OUT
带余数的整数除法	DIV IN2, OUT
字节加1	INCB IN
字节减1	DECB IN
字加1	INCW IN
字减1	DECW IN
双字加1	INCD IN
双字减1	DECD IN
正弦	SIN IN, OUT
余弦	COS IN, OUT
正切	TAN IN, OUT
平方根	SQRT IN, OUT
自然对数	LN IN, OUT
指数	EXP IN, OUT

（11）表功能指令

指令名称	指令格式
填表	ATT DATA, TBL
查表（满足等于条件时）	FND= TBL, PATRN, INDX

续表

指令名称	指令格式
查表（满足不等于条件时）	FND<>　TBL, PATRN, INDX
查表（满足小于条件时）	FND<　TBL, PATRN, INDX
查表（满足大于条件时）	FND>　TBL, PATRN, INDX
先入先出	FIFO　TBL, DATA
后入先出	LIFO　TBL, DATA
填充	FILL　IN, OUT, N

（12）字符串指令

指令名称	指令格式
求字符串长度	SLEN　IN, OUT
复制字符串	SCPY　IN, OUT
字符串连接	SCAT　IN, OUT
复制字符串	SSCPY　IN, INDX, N, OUT
字符串搜索	SFEND　IN1, IN2, OUT
字符搜索	CFEND　IN1, IN2, OUT

（13）逻辑运算指令

指令名称	指令格式
字节取反	INVB　OUT
字取反	INVW　OUT
双字取反	INVD　OUT
字节与	ANDB　IN1, OUT
字与	ANDW　IN1, OUT
双字与	ANDD　IN1, OUT
字节或	ORB　IN1, OUT
字或	ORW　IN1, OUT
双字或	ORD　IN1, OUT
字节异或	XORB　IN1, OUT
字异或	XORW　IN1, OUT
双字异或	XORD　IN1, OUT

（14）读写实时时钟指令

指令名称	指令格式
读实时时钟	TODR　　T
写实时时钟	TODW　　T

（15）中断程序

指令名称	指令格式
允许中断	ENI
禁止中断	DISI
连接中断事件和服务程序	ATCH　　INT　EVNT
断开中断事件和中断程序的连接	DTCH　　EVNT
清除中断事件	CEVNT　　EVNT
从中断程序中有条件返回	CRETI

（16）高速计数器指令

指令名称	指令格式
定义高速计数器模式	HDEF　　HSC　MODE
激活高速计数器	HDEE　　N
脉冲输出	PLS　　X

（17）通信指令

指令名称	指令格式
网络读	NETR　　TBL，PORT
网络写	NETW　　TBL，PORT
发送	XMT　　TBL，PORT
接收	RCV　　TBL，PORT
读取端口地址	GPA　　ADDR，PORT
设置端口地址	SPA　　ADDR，PORT

附录4　CPU221/CPU222/CPU224XP/CPU 226 外部接线图

二维码 107

CPU 221DC/DC/DC
(6ES 7 211-0AA23-OXB0)

CPU 221AC/DC/继电器
(6ES 7 211-0BA23-OXB0)

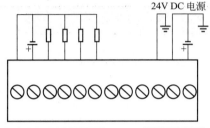

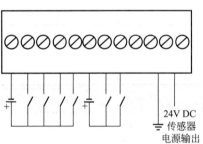

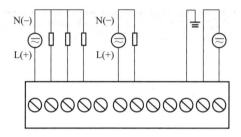

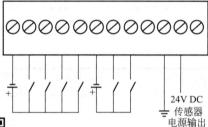

二维码 108

CPU 222DC/DC/DC
(6ES 7 212-1AB23-OXB8)

CPU 222AC/DC/继电器
(6ES 7 212-1BB23-OXB8)

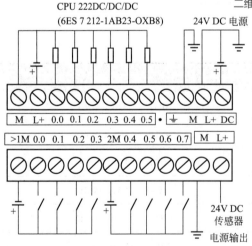

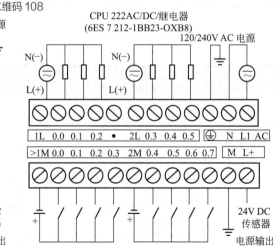

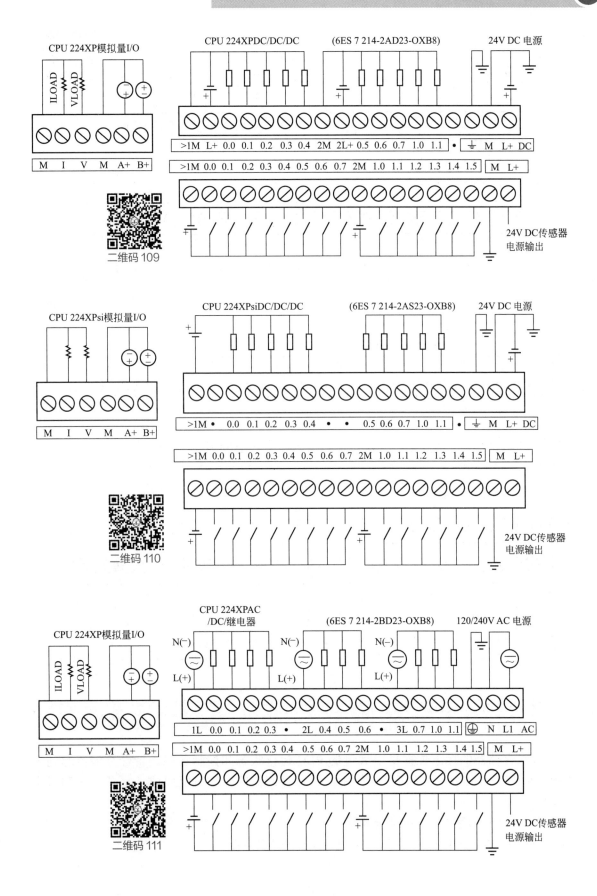

CPU 224XP模拟量I/O

CPU 224XPDC/DC/DC　　(6ES 7 214-2AD23-OXB8)　　24V DC 电源

ILOAD　VLOAD

M　I　V　M　A+　B+

>1M　L+　0.0　0.1　0.2　0.3　0.4　2M　2L+　0.5　0.6　0.7　1.0　1.1　·　⏚　M　L+　DC

>1M　0.0　0.1　0.2　0.3　0.4　0.5　0.6　0.7　2M　1.0　1.1　1.2　1.3　1.4　1.5　M　L+

二维码 109

24V DC传感器
电源输出

CPU 224XPsi模拟量I/O

CPU 224XPsiDC/DC/DC　　(6ES 7 214-2AS23-OXB8)　　24V DC 电源

M　I　V　M　A+　B+

>1M　·　0.0　0.1　0.2　0.3　0.4　·　·　0.5　0.6　0.7　1.0　1.1　·　⏚　M　L+　DC

>1M　0.0　0.1　0.2　0.3　0.4　0.5　0.6　0.7　2M　1.0　1.1　1.2　1.3　1.4　1.5　M　L+

二维码 110

24V DC传感器
电源输出

CPU 224XP模拟量I/O

CPU 224XPAC
/DC/继电器　　(6ES 7 214-2BD23-OXB8)　　120/240V AC 电源

ILOAD　VLOAD

N(−)　L(+)　N(−)　L(+)　N(−)　L(+)

M　I　V　M　A+　B+

1L　0.0　0.1　0.2　0.3　·　2L　0.4　0.5　0.6　·　3L　0.7　1.0　1.1　⏚　N　L1　AC

>1M　0.0　0.1　0.2　0.3　0.4　0.5　0.6　0.7　2M　1.0　1.1　1.2　1.3　1.4　1.5　M　L+

二维码 111

24V DC传感器
电源输出

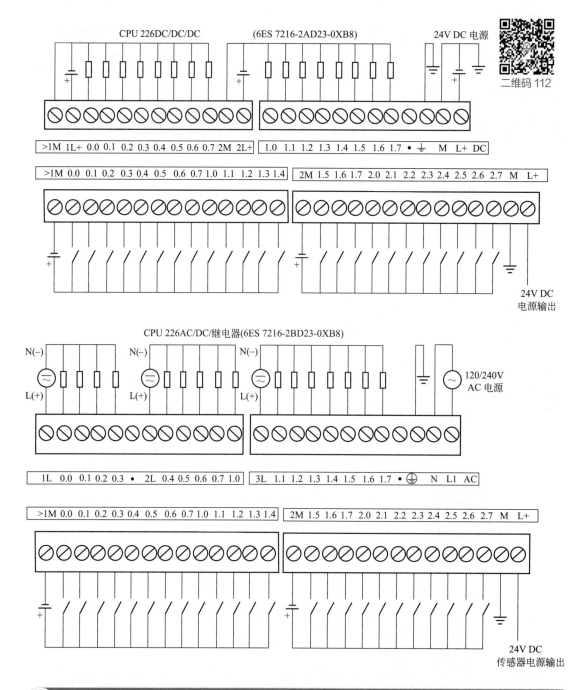

二维码 112

附录 5　S7-200 的特殊存储器

　　特殊存储器的标志位提供了大量的 PLC 运行状态和控制功能，特殊存储器起到了 CPU 和用户程序之间交换信息的作用。特殊存储器的标志可能以位、字节、字和双字使用。

　　（1）SMB0 字节（系统状态位）

　　SM0.0：PLC 运行时这一位始终为 1，是常 ON 继电器。

SM0.1：PLC 首先扫描时为 1，只接通一个扫面周期；用户之一是进行初始化。

SM0.2：若保持数据丢失，该位为 1，一个扫描周期。

SM0.3：开机进入 RUN 方式，将 ON 一个扫描周期。

SM0.4：该位提供了一个周期为 1min、占空比为 0.5 的时钟。

SM0.5：该位提供了一个周期为 1s、占空比为 0.5 的时钟。

SM0.6：该位为扫描时钟，本次扫描置 1，下次扫描置 0，可作为扫描计数器的输入。

SM0.7：该位指示 CPU 工作方式开关的位置，0 为 TEAM 位置，1 为 RUN 位置。

（2）SMB1 字节（系统状态位）

SM1.0：当执行某命令时，其结果为 0 时，该位置 1。

SM1.1：当执行某命令时，其结果溢出或出现非法数据时，该位置 1。

SM1.2：当执行数学运算时，其结果为负数时，该位置 1。

SM1.3：试图除以 0 时，该位为 1。

SM1.4：当执行 ATT 指令，超出表范围时，该位置 1。

SM1.5：当执行 LIFO 或 FIFO，从空表中读数时，该位置 1。

SM1.6：当把一个非 BCD 数转换为二进制数时，位置为 1。

SM1.7：当 ASCII 不能转换成有效的十六进制时，该位置 1。

（3）SMB2 字节（自由口接收字符）

SMB2：自由口端通信方式下，从 PLC 端口 0 或端口 1 接收到的每一字符。

（4）SMB3 字节（自由口奇偶校验）

SM3.0：端口 0 或端口 1 的奇偶校验出错时，该位置 1。

（5）SMB4 字节（队列溢出）

SM4.0：当通信中断队列溢出时，该位置 1。

SM4.1：当输入中断队列溢出时，该位置 1。

SM4.2：当定时中断队列溢出时，该位为 1。

SM4.3：在运行时刻，发现变成问题时，该位置 1。

SM4.4：当全局中断允许时，该位置 1。

SM4.5：当（口 0）发送空闲时，该位置 1。

SM4.6：当（口 1）发送空闲时，该位置 1。

SM4.7：当发生强行置位时，该位置 1。

（6）SMB5 字节（I/O 状态）

SM5.0：有 I/O 错误时，该位置 1。

SM5.1：当 I/O 总线上接了过多的数字量 I/O 点时，该位置 1。

SM5.2：当 I/O 总线上接了过多的模拟量 I/O 点时，该位置 1。

SM5.7：当 DP 标准总线出现错误时，该位置 1。

（7）SMB6 字节（CPU 识别寄存器）

SM6.7 ～ 6.4=0000 为 CPU212/CPU222。

SM6.7 ～ 6.4=0010 为 CPU214/CPU224。

SM6.7 ～ 6.4=0110 为 CPU221。

SM6.7 ～ 6.4=1000 为 CPU215。

SM6.7 ～ 6.4=1001 为 CPU216。

（8）SMB8 ～ SMB21 字节（I/O 模块识别和错误寄存器）

SMB8：模块 0 识别寄存器。

SMB9：模块 0 错误寄存器。

SMB10：模块 1 识别寄存器。

SMB11：模块 1 错误寄存器。

SMB12：模块 2 识别寄存器。

SMB13：模块 3 错误寄存器。

SMB14：模块 3 识别寄存器。

SMB15：模块 3 错误寄存器。

SMB16：模块 4 识别寄存器。

SMB17：模块 4 错误寄存器。

SMB18：模块 5 识别寄存器。

SMB19：模块 5 错误寄存器。

SMB20：模块 6 识别寄存器。

SMB21：模块 6 错误寄存器。

（9）SMW22 ～ SMW26 字（扫描时间）

SMW22：上次扫描时间。

SMW24：进入 RUN 方式后，所记录的最短扫描时间。

SMW26：进入 RUN 方式后，所记录的最长扫描时间。

（10）SMB28 和 SMB29 字节（模拟电位器）

SMB28：存储器模拟电位器 0 的输入值。

SMB29：存储器模拟电位器 1 的输入值。

（11）SMB30 和 SMB130 字节（自由端口控制寄存器）

SMB30：控制自由端口 0 的通信方式。

SMB130：控制自由端口 1 的通信方式。

（12）SMW31 和 SMW32 字节（EEPROM 写控制）

SMB31：存放 EEPROM 命令字。

SMW32：存放 EEPROM 中数据的地址。

（13）SMB34 字节和 SMB35 字节（定时中断时间间隔寄存器）

SMB34：定义定时中断 0 的时间间隔（5 ～ 255ms，以 1ms 为增量）。

SMB35：定义定时中断 1 的时间间隔（5 ～ 255ms，以 1ms 为增量）。

（14）SMB36 ～ SMB65 字节（HSC0、HSC1 和 HSC2 寄存器）

用于监视和控制高速计数 HSC0、HSC1 和 HSC2 的操作。

（15）SMB66 ～ SMB85 字节（PTO/PWM 寄存器）

用于监视和控制脉冲输出（PTO）和脉宽调制（PWM）功能。

（16）SMB86 ～ SMB94 字节（端口 0 接收信息控制）

用于控制和读出接收信息指令的状态。

（17）SMB98 和 SMB99（扩展总线错误计数器）

当扩展总线出现校验错误时加 1，系统得电或用户写入 0 时清零，SMB98 是最高有效字节。

（18）SMB130（自由端口1控制寄存器）

（19）SMB131 ~ SMB165（高速计数器寄存器）

用于监视和控制高速计数器 HSC3 ~ HSC5 的操作（读 / 写）。

（20）SMB166 ~ SMB179（PTO1包络定义表）

（21）SMB186 ~ SMB194（端口1接收信息控制）

（22）SMB200 ~ SMB299（智能模块状态）

SMB200 ~ SMB299 预留给智能扩展模块的状态信息；SMB200 ~ SMB249 预留给系统的第一个扩展模块；SMB250 ~ SMB299 预留给第二高智能模块。

参 考 文 献

[1] 韩相争. 西门子 S7-200PLC 编程与系统设计精讲 [M]. 北京：化学工业出版社，2015.

[2] 陈浩，刘振全，王汉芝. 台达 PLC 编程技术及应用案例 [M]. 北京：化学工业出版社，2014.

[3] 高安邦，黄志欣，高洪升. 西门子 PLC 技术完全攻略 [M]. 北京：化学工业出版社，2014.

[4] 向晓汉，黎雪芬，奚茂龙. 西门子 PLC 完全精通教程 [M]. 北京：化学工业出版社，2017.

[5] 王阿根. 西门子 S7-200PLC 编程实例精解 [M]. 北京：电子工业出版社，2011.

[6] 韩相争. 图解西门子 S7-200PLC 编程快速入门 [M]. 北京：化学工业出版社，2013.

[7] 刘振全，贾红艳，戴凤智，王汉芝. 自动控制原理 [M]. 西安：西安电子科技大学出版社，2017.

[8] 秦绪平. 西门子 S7 系列可编程控制器应用技术 [M]. 北京：化学工业出版社，2011.

[9] 赵光. 西门子 S7-200 系列 PLC 应用实例详解 [M]. 北京：化学工业出版社，2010.